"十四五"职业教育国家规划教材

机械制图

（第6版）

主编 孙 簃 王幼龙

中国教育出版传媒集团

高等教育出版社·北京

内容简介

本书是"十四五"职业教育国家规划教材，是在第 5 版的基础上，参照有关现行国家职业技能标准，并充分调研企业生产和学校教学，广泛听取师生的反馈意见修订而成。

本书的主要内容包括制图基本知识与技能、正投影法与三视图、轴测图、组合体视图、图样的基本表示法、图样的特殊表示法、零件图、装配图、常用零部件的测绘及其他图样等。《机械制图习题集》（第 6 版）与本书同时出版，配套使用。

本书配套电子教案、教学课件等助教助学资源，请登录高等教育出版社新形态教材网（https://abooks.hep.com.cn）获取相关资源。详细使用方法见本书最后一页"郑重声明"下方的"学习卡账号使用说明"。

本书可作为职业院校装备制造类相关专业教材，也可作为岗位培训用书。

图书在版编目（CIP）数据

机械制图 / 孙镕，王幼龙主编 . -- 6 版 . -- 北京：高等教育出版社，2025. 5. -- ISBN 978-7-04-062779-4

I. TH126

中国国家版本馆 CIP 数据核字第 20240NT325 号

机械制图（第 6 版）
Jixie Zhitu

策划编辑	项 杨	责任编辑	项 杨	封面设计	张 志	版式设计	童 丹
责任绘图	杨伟露	责任校对	张 然	责任印制	赵义民		

出版发行	高等教育出版社	网　址	http://www.hep.edu.cn	
社　址	北京市西城区德外大街 4 号		http://www.hep.com.cn	
邮政编码	100120	网上订购	http://www.hepmall.com.cn	
印　刷	三河市春园印刷有限公司		http://www.hepmall.com	
开　本	889mm×1194mm　1/16		http://www.hepmall.cn	
印　张	18	版　次	2001 年 8 月第 1 版	
字　数	380 千字		2025 年 5 月第 6 版	
购书热线	010-58581118	印　次	2025 年 10 月第 5 次印刷	
咨询电话	400-810-0598	定　价	40.80 元	

与本书配套的数字化资源使用说明

本书配套在线开放课程"机械制图",由资深特级教师团队主讲,课程设计精细、全面,讲授精彩、专业,被认定为2023年职业教育国家在线精品课程。可通过计算机或手机APP端进行视频学习、测验考试、互动讨论。同时,还提供"计算机绘图能手——玩转AutoCAD""机械基础""极限配合与技术测量""数控车削加工技术与技能""走进数控""走进模具"等相关课程供参考学习。

职教MOOC

- 计算机端学习方法:访问地址 https://www.icourses.cn/vemooc,或搜索"爱课程",进入"爱课程"网"中国职教MOOC"频道,在搜索栏内搜索课程"机械制图"。
- 手机端学习方法:扫描右侧二维码,或在手机应用商店中搜索"中国大学MOOC",安装APP后,搜索学校为"职教MOOC建设委员会"下的课程"机械制图"。

中国大学MOOC

本书开发了视频、动画、可交互模型等资源,以二维码形式添加在相关内容处,扫描二维码即可随时随地浏览学习资源,享受立体化阅读体验。

二维码教学资源

打开书中附二维码的页面 ·····▶ 扫描二维码 ·····▶ 查看相应资源

本书配套电子教案、教学课件等助教助学资源,请登录高等教育出版社新形态教材网 https://abooks.hep.com.cn 免费获取,详细使用方法见本书最后一页"郑重声明"下方的"学习卡账号使用说明"。

Abooks教学资源

注册 访问网站 abooks.hep.com.cn
自行设定用户名、密码,手机号验证

登录
需匹配用户名、
密码、验证码,也可手机登录

绑定课程
输入图书封底防伪码(20位密码、刮开涂层可见),免费获取资源

Abooks

前　言

本书是"十四五"职业教育国家规划教材,是在第5版的基础上,参照有关现行国家职业技能标准,并充分调研企业生产和学校教学,广泛听取师生反馈意见修订而成。

本书第1版2001年出版,历经2005年、2007年、2013年、2019年四次修订,始终紧跟职业教育教学改革的时代步伐,不断体现新理念、融入新知识、依据新规范、应用新技术、开发新资源,符合职业教育对本课程的要求,被众多职业院校和岗位培训部门采用,教学反响甚好。

党的二十大报告指出,"加快建设国家战略人才力量,努力培养造就更多大师、战略科学家、一流科技领军人才和创新团队、青年科技人才、卓越工程师、大国工匠、高技能人才。"本次修订,以高技能人才培养为目标,全面贯彻党的教育方针,落实立德树人根本任务,践行社会主义核心价值观,遵循职业教育、技术技能人才培养和学生身心发展规律,将机械制图基本理论和基本方法与企业岗位任务相关联,将教学目标与课程内容相融合,为专业学习和职业生涯发展奠定坚实基础。修订后,本书在教育理念、内容设计和编写体例等方面具有以下特色:

1. 坚持立德树人,落实课程思政

本书以"坚持立德树人、德技并修"为宗旨,坚持"思想政治教育与技术技能培养融合统一",系统构建课程思政体系,将执行标准、规范练习、持续专注、开拓进取、精益求精、追求卓越、爱岗敬业等课程思政元素有机融入教学内容之中,强化学生的职业道德意识、吃苦耐劳精神和严谨细致态度。

2. "岗课赛证"融合,优化结构内容

进行模块化构建,每个模块以导语开篇,介绍本模块的学习内容和方法,以概览结尾,帮助学生梳理归纳所学内容,增加"想一想""画一画""小调研"等栏目,激发学生学习兴趣。教材体系全程构建知识探究、技能掌握的场景领域,促进学生深度学习。

精选的图例多为企业生产实例,增加了相关技能比赛题目、职业技能鉴定考题等,体现"岗课赛证"育人思想,彰显职业教育类型特征。

3. 与时俱进追新,贯彻现行标准

严格执行现行国家标准,培养学生的标准意识。

4. 配套资源丰富,提高教学成效

配套在线开放课程、动画、三维可交互模型、典型图例讲解、模块知识回顾、教学课件等资源,同步修订配套习题集,内容设计呈现梯度,激发学生读图、绘图兴趣,助力提高学习成效。

本书由孙镤、王幼龙担任主编,修订工作由孙镤完成。北京中教华兴科技有限公司技术人员对本书的修订提出了有益的建议,在此表示感谢。

本书配套电子教案、教学课件等助教辅学资源,请登录高等教育出版社新形态教材网(https://abooks.hep.com.cn)获取相关资源。详细使用方法见本书最后一页"郑重声明"下方的"学习卡账号使用说明"。

虽经多次修订,书中仍难免存在疏漏之处,恳请广大读者提出宝贵意见和建议,以便不断完善。读者意见反馈邮箱:zz_dzyj@pub.com.cn。

编者

2024 年 8 月

目　录

一、图样及其在生产中的作用

在工程技术领域,产品的设计与制造需要传递大量的信息,设计者要表达设计思想,制造者要明确设计要求,图样就是最好的传递这些信息的工具。根据投影原理、标准或有关规定表示工程对象,并有必要的技术说明的图,称为图样。在现代生产中,无论是机器设备制造还是工程建设等都是根据图样进行的,即"以图示物""按图施工"。因此,图样是传递和交流技术信息和思想的媒介和工具,是工程界通用的技术语言。

机械图样是表达机械零部件和机械设备的图样。图 0-1 所示为固定开口扳手,若要制造该扳手,则必须将实物转换为机械图样,才能根据图样的具体要求加工出合格的扳手。图 0-2 所示为固定开口扳手的机械图样。

可见,图样是设计者表达设计意图和要求,制造者了解设计要求、组织制造和指导生产的依据,也是使用者了解机械结构、性能、操作和维护方法的依据。

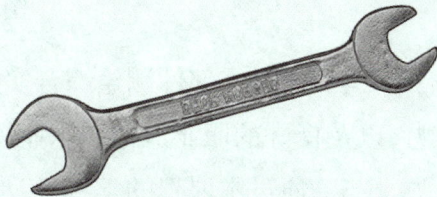

图 0-1　固定开口扳手

二、本课程的学习内容和基本要求

机械制图课程主要内容包括制图基本知识与技能、正投影法与三视图、图样的基本表示法和特殊表示法、零件图和装配图的识读与绘制及零部件测绘等。通过本课程的学习,应达到以下基本要求:

(1)熟悉机械制图国家标准的基本规定,树立标准化的工程意识,培养规范、务实的职业素养。

(2)掌握正投影法的基本原理及图示方法,培养空间想象能力和思维能力,培养分析问题、解决问题的科学思维方法。

(3)熟练掌握并正确运用各种图样表示法,具备识读和绘制中等复杂程度零件图和装配图的能力,树立职业意识和工程意识,增强专业自信。

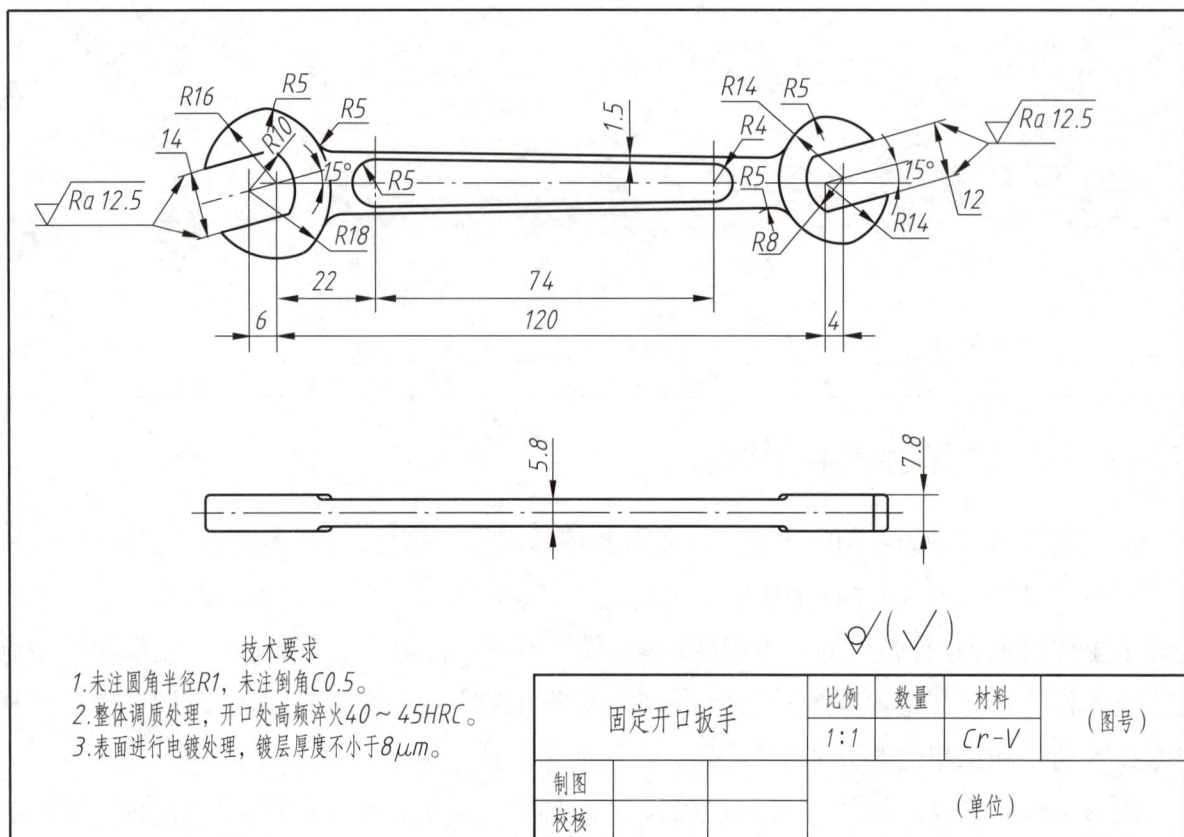

图 0-2　固定开口扳手的机械图样

（4）通过零部件测绘综合实践，培养制订并实施工作计划的能力、团队合作与交流的能力，以及良好的职业道德和职业情感，为今后解决生产实际问题和职业生涯发展奠定基础。

（5）通过本课程的学习，传承精益求精的工匠精神，培养耐心细致的工作态度和严谨敬业的工作作风。

三、学习方法建议

机械制图是装备制造大类相关专业的学生必须掌握的基本知识和技能，在计算机绘图已经广泛应用的今天，具备基本的手工绘图能力仍然是学好机械制图的基础，也是进行计算机绘图的前提。本课程是一门既讲理论又重实践的技术基础课程，学习方法建议如下：

（1）图样是工程界通用的技术语言，其通用的特点体现在投影作图的规律性和制图的规范性。学习本课程时，不仅要熟练掌握空间形体与平面图形的对应关系，即投影规律，同时要了解并熟悉机械制图、技术制图国家标准的有关内容，在读图和绘图的过程中严格遵守。

（2）本课程的核心内容是学习将三维空间形体用二维平面图形表达、由二维平面图形想象三维空间形体。因此，学习过程中要把"物"与"图"紧密联系起来，反复进行由物绘图、由图想物的训练，不断提高空间想象和思维能力。

（3）理实并重,既要掌握基本理论,又要加强实践训练,做中学、学中做,认真完成相应的练习,只有通过一定的绘图和读图训练,才能学好机械制图。

四、工程图学的历史与发展

工程图学的历史几乎与人类历史一样古老而悠久。在文字出现前的很长一段时期,人类是用图画来满足基本表达需求的。随着文字的出现,图画才渐渐摆脱其早期用途的约束而与工程活动联系起来。例如,建造金字塔、锻造三星堆器物时,人们就已用图样作为表达设计思想的工具。从大量史料来看,早期的工程图样较多是和建筑工程联系在一起的,后来才应用于器械制造等方面。

春秋时代的《周礼·考工记》、宋代的《营造法式》《新仪象法要》《武经总要》及元代的《农书》、明代的《天工开物》等著作都反映了我国古代劳动人民对工程图样及其相关几何知识的掌握已达到了非常高的水平。

人类进行工程活动的大量实践,促成了"画法几何"的诞生。1795 年,法国数学家加斯帕尔·蒙日根据平面图形表示空间形体的规律,应用投影方法创建了画法几何学,奠定了图学理论的基础。几百年来,经过不断发展,工程图样在工业生产中得到了广泛的应用。

随着图学理论和制图技术的发展,人们在实践中创造了各种绘图工具,从三角板、圆规、丁字尺到机械式绘图仪,至今广泛应用。毋庸置疑,手工绘图是一项劳累、烦琐、枯燥的工作,且绘图精度也低。而计算机的出现,使古老的图形语言和计算机技术得以结合,产生了计算机图形学。自 1958 年第一台自动绘图机诞生,计算机不仅能输出文字、数字和符号,还能直接输出图形。随着计算机图形输入、输出设备的不断发展,绘图方式也由初期的编程绘图发展到目前的人机交互绘图。

计算机辅助设计（computer aided design, CAD）的发展,推动了几乎所有领域的设计革命,从根本上改变了手工绘图、按图组织生产的管理方式,并已逐步实现了计算机辅助设计、计算机辅助工艺设计和计算机辅助制造及计算机辅助管理一体化的系统解决方案。但是,计算机的广泛应用并不意味着可以取代人的作用,同时,无图纸生产也不等于无图形生产,任何设计都离不开运用图形来表达、构思,因此图形的作用不仅不会降低,反而显得更加重要。要用好先进的计算机绘图系统,首先需要有扎实的制图基础知识、深厚的图学功底,"千里之行,始于足下",努力学好机械制图的基础知识,为中国智造贡献自己的力量!

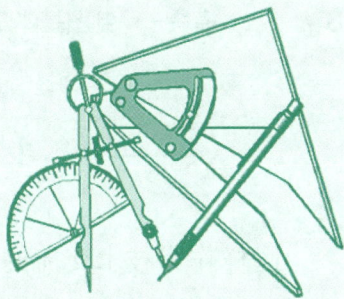

模块一　制图基本知识与技能

导　语

　　工程图样是现代工业生产的重要技术资料，是工程界通用的技术语言，具有严格的标准规范要求。在阅读和绘制机械工程图样时，必须严格遵守现行技术制图、机械制图国家标准和有关规定。正确使用绘图工具，掌握作图的基本方法，是绘图技能形成的基础。

　　本模块主要介绍国家标准中关于"图纸幅面和格式""比例""字体""图线""尺寸标注"等有关规定。通过绘制平面图形，熟悉常用绘图工具的使用方法，掌握几何作图的基本方法及徒手画草图的基本技能。

　　图形之美源于标准之美、技术之美！初学制图，要自觉培养认真负责的工作态度、严谨规范的工作作风，这也是工程技术人员的必备品格。

1

1.1　机械制图国家标准的基本规定

图样作为技术交流的共同语言,必须有统一的标准。我国颁布了一系列机械制图和技术制图国家标准,对图样的内容、格式、表示法等做了统一规定。

我国国家标准的代号是"GB"。例如,《技术制图 图纸幅面和格式》(GB/T 14689—2008)表示制图标准中的图纸幅面和格式,其中 GB/T 表示推荐性国家标准,14689 为发布顺序号,2008 是发布年号。

读一读

在半殖民地半封建的旧中国,国家没有自己的标准,德、美、日、法等外国标准在我国均有使用,非常混乱。新中国成立后,工农业生产得到飞速发展,国家十分重视标准化工作,1956年,原第一机械工业部颁布了第一个部颁标准《机械制图》,结束了机械制图标准混乱的局面。1959 年,国家科学技术委员会颁布了第一个国家标准《机械制图》,而后于 1970 年、1974 年、1984 年相继进行了修订,并与国际标准接轨。自 1988 年起,我国又陆续制定了多项适用于多种专业的技术制图国家标准。我国的制图标准体系达到了国际先进水平,对工业生产、社会发展起到了极大的促进作用。

需要注意的是,机械制图国家标准适用于机械图样,技术制图国家标准则适用于工程界各种专业技术图样。

一、图纸幅面和格式(GB/T 14689—2008)

1. 图纸幅面

图纸幅面是指绘制图样的图纸的大小。基本幅面有 A0、A1、A2、A3 和 A4 共 5 种,如图 1-1 中粗实线所示。绘制图样时,应优先选用表 1-1 中规定的基本幅面。必要时,允许选用加长幅面。加长幅面的尺寸由基本幅面的短边成整数倍增加后得出,如图 1-1 中细实线所示为加长幅面第二选择,细虚线所示为加长幅面第三选择。

表 1-1　基本幅面及其尺寸   mm

幅面代号	A0	A1	A2	A3	A4
$B \times L$	841×1 189	594×841	420×594	297×420	210×297
e	20			10	
c	10			5	
a	25				

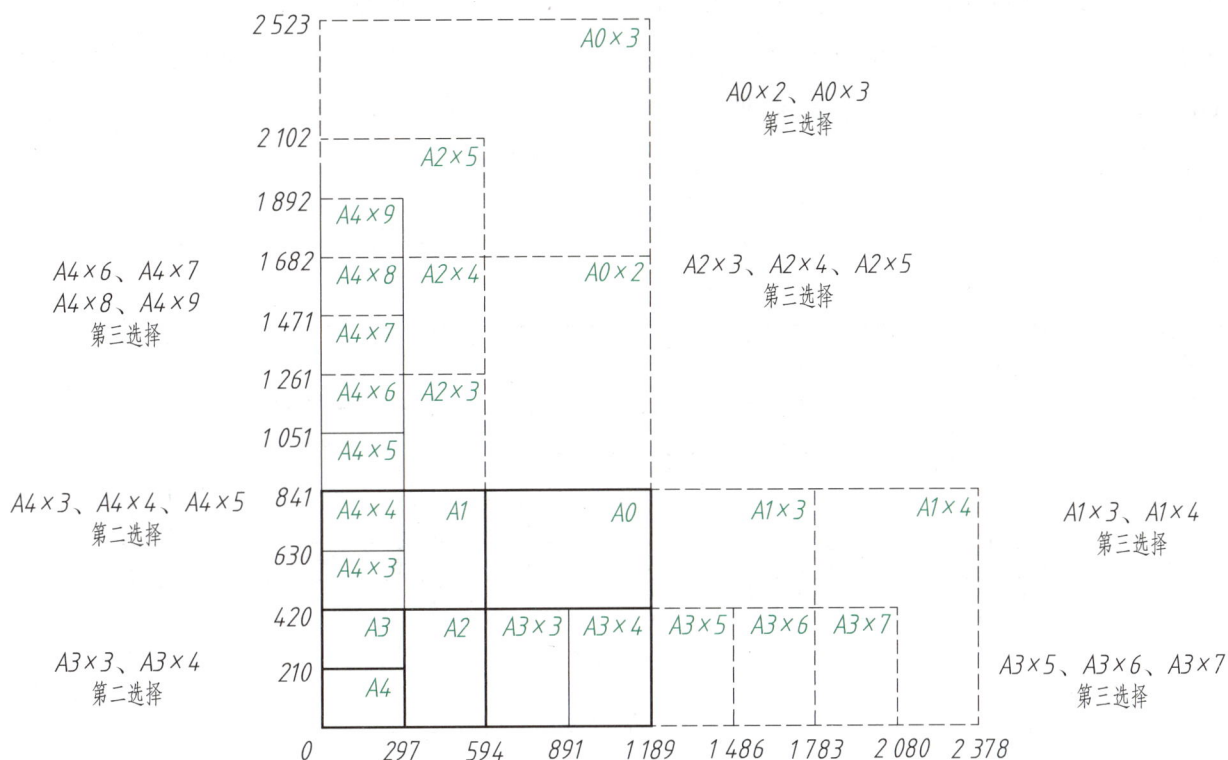

图 1-1 基本幅面及加长幅面

2. 图框格式

图框是图纸上限定绘图区域的线框。在图纸上必须用粗实线画出图框,其格式分为留装订边和不留装订边两种,分别如图 1-2a、b 所示。具体尺寸见表 1-1。同一产品的图样只能采用一种图框格式。

为了使图样复制和缩微摄影时定位方便,应在图框各边长的中点处分别画出对中符号(粗短线)。采用横式图纸竖放或竖式图纸横放时,应在图纸下边对中符号处画出一个方向符号,以表明绘图与读图方向,如图 1-2c 所示。

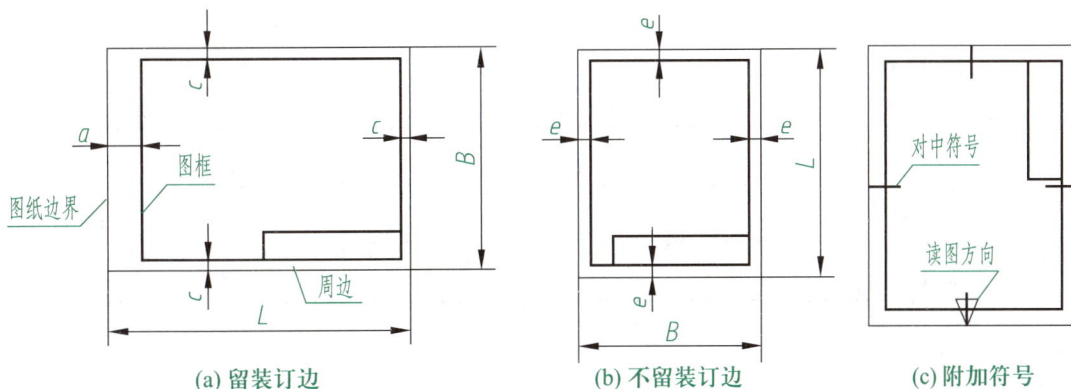

(a) 留装订边   (b) 不留装订边   (c) 附加符号

图 1-2 图框格式

3. 标题栏和明细栏

标题栏是由名称及代号区、签字区、更改区和其他区组成的栏目。标题栏的格式和尺寸应按 GB/T 10609.1—2008《技术制图 标题栏》的规定绘制,如图 1-3a 所示。在装配图中应有明细栏,明细栏一般配置在装配图标题栏的上方。明细栏的内容、格式和尺寸应按 GB/T 10609.2—2009《技术制图 明细栏》的规定绘制,如图 1-3b 所示。

在制图练习中,建议采用图 1-4 所示的简化标题栏。

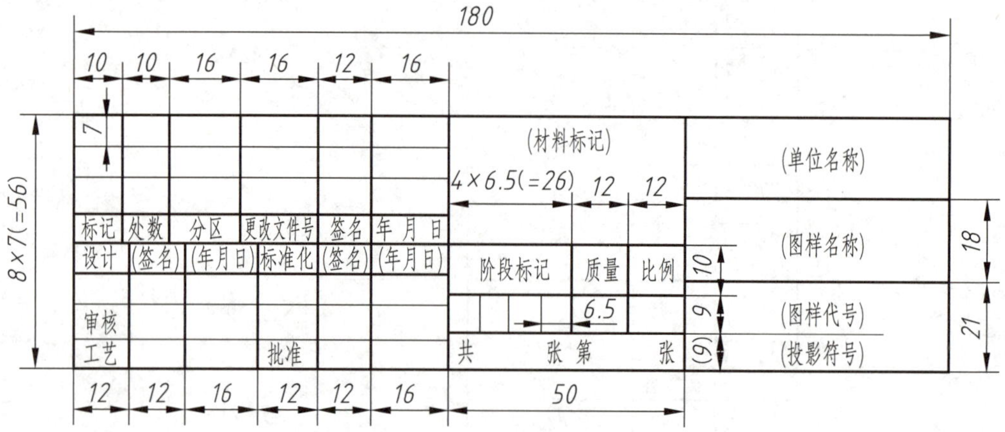

(a) 标题栏的格式和尺寸

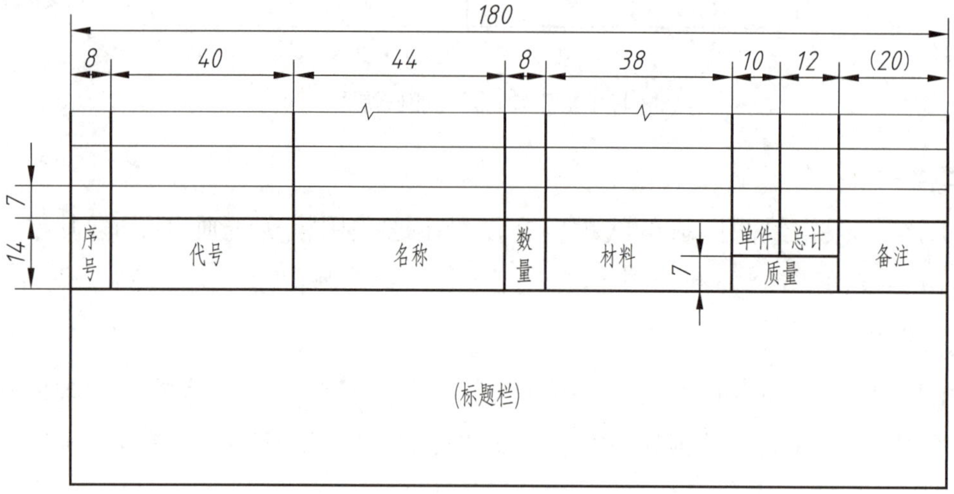

(b) 明细栏的格式和尺寸

图 1-3   标题栏与明细栏的格式和尺寸

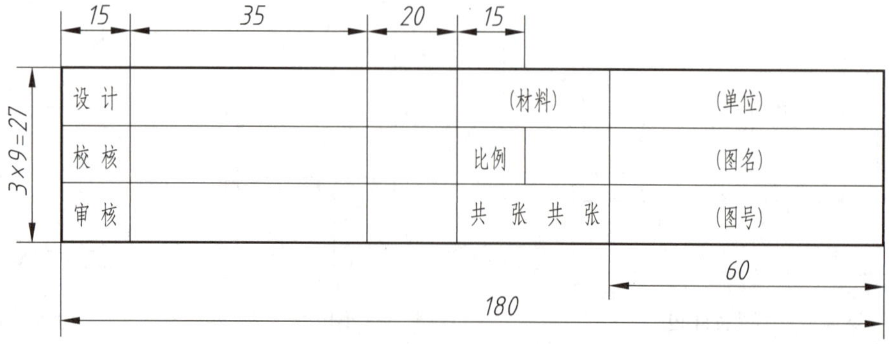

图 1-4   简化标题栏

二、比例（GB/T 14690—1993）

图样中图形与其实物相应要素的线性尺寸之比称为比例。常用绘图比例见表 1-2。

表 1-2　常用绘图比例

种类	比　例						
原值比例	1:1						
放大比例	2:1	5:1	10:1	（2.5:1）	（4:1）		
缩小比例	1:2	1:5	1:10	（1:1.5）	（1:2.5）	（1:3）	（1:4）　（1:6）

注：优先选用不带括号的比例。

绘图时尽可能采用原值比例。根据表达对象的特点，也可选用放大或缩小比例。选用比例的原则是有利于图形的最佳表达效果和图面的有效利用。不论采用何种比例，图样中所注的尺寸数值都是所表达对象的真实大小，与图形比例无关。同一物体采用不同比例绘制的图形与标注如图 1-5 所示。

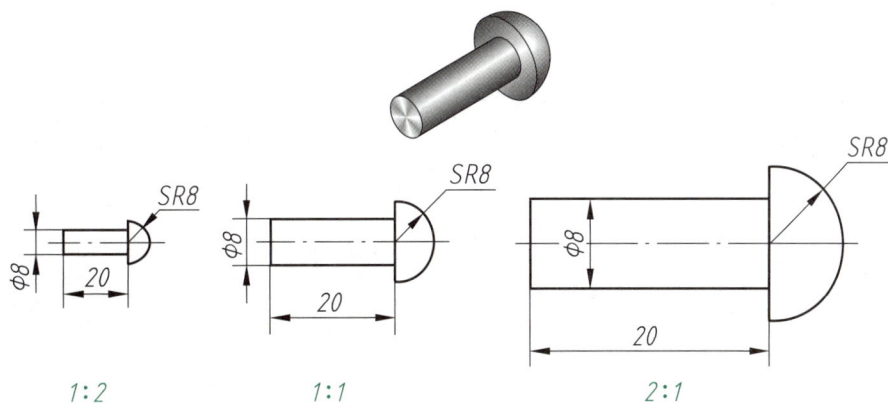

图 1-5　同一物体采用不同比例绘制的图形与标注

三、字体（GB/T 14691—1993）

1. 基本要求

字体是指图样中的文字、字母、数字的书写形式。书写字必须做到字体工整、笔画清楚、间隔均匀、排列整齐。字体的高度（h）分为 20 mm、14 mm、10 mm、7 mm、5 mm、3.5 mm、2.5 mm 和 1.8 mm 共 8 种。字体的高度代表字体的号数。

汉字应写成长仿宋体，并采用中华人民共和国国务院正式公布推行的《汉字简化方案》中规定的简化字。汉字的高度 h 不应小于 3.5 mm，字宽一般为 $h/\sqrt{2}$。

数字和字母可写成斜体或直体。斜体字字头向右倾斜，与水平基准线约成 75°。用作指数、分数、极限偏差、注脚等的数字及字母，一般应采用小一号的字体。

1

同一图样只允许选用一种形式的字体。

2. 字体示例

（1）长仿宋体汉字示例

10号字　字体工整　笔画清楚　间隔均匀　排列整齐

7号字　　横平竖直　注意起落　结构均匀　填满方格

5号字　　技术　制图　机械　电子　汽车　航空　船舶　土木　建筑　矿山　井坑　港口

3.5号字　　螺纹 齿轮 端子 接线 飞行指导 驾驶舱位 挖填施工 引水通风 闸阀坝 棉麻化纤

（2）斜体阿拉伯数字示例

0123456789

（3）斜体拉丁字母示例

ABCDEFGHIJKLMNOP

QRSTUVWXYZ

abcdefghijklmnopq

rstuvwxyz

（4）斜体罗马数字示例

Ⅰ Ⅱ Ⅲ Ⅳ Ⅴ Ⅵ Ⅶ Ⅷ Ⅸ Ⅹ

四、图线（GB/T 17450—1998、GB/T 4457.4—2002）

1. 线型及应用

图样中所采用的各种形式的线称为图线。国家标准《技术制图　图线》（GB/T 17450—1998）规定了绘制各种技术图样的 15 种基本线型，并允许变形及相互组合，适用于机械、电气、土建等图样。国家标准《机械制图　图样画法　图线》（GB/T 4457.4—2002）规定了绘制机械图样的 9 种线型及其应用，见表 1-3。

表 1-3　机械图样中的线型与应用（GB/T 4457.4—2002）

线型	名称	图线宽度	一般应用
———————	粗实线	d	可见轮廓线、螺纹牙顶线、螺纹长度终止线
———————	细实线	$d/2$	尺寸线、尺寸界线、剖面线、重合断面的轮廓线、指引线和基准线、过渡线、螺纹牙底线、分界线及范围线、重复要素表示线、辅助线、不连续的同一表面连线、成规律分布的相同要素连线、投射线、网格线
- - - - - -	细虚线	$d/2$	不可见轮廓线
—·—·—	细点画线	$d/2$	轴线、对称中心线
～～～	波浪线	$d/2$	断裂处分界线、视图与剖视图的分界线
—\/—	双折线	$d/2$	断裂处分界线、视图与剖视图的分界线
━ ━ ━ ━	粗虚线	d	允许表面处理的表示线
━·━·━	粗点画线	d	限定范围表示线
—··—··—	细双点画线	$d/2$	相邻辅助零件的轮廓线、可动零件处于极限位置时的轮廓线、成形前轮廓线、轨迹线、中断线

2. 图线宽度

所有线型的图线宽度 d 应按图样的类型和尺寸在 0.13 mm、0.18 mm、0.25 mm、0.35 mm、0.5 mm、0.7 mm、1.0 mm、1.4 mm、2.0 mm 系列中选择。

机械图样中采用粗、细两种图线。粗线的宽度 d 可在 0.5~2 mm 之间选择（练习时一般用 0.7 mm），粗细线宽度之比为 2:1。图线的应用示例如图 1-6 所示。

3. 图线画法

在同一图样中，同类图线的宽度应基本一致，虚线、点画线、细双点画线中的线段长度与间隔应各自大致相等。常用图线的长度与间隔如图 1-7 所示。

图样中，虚线相交及各种点画线相交时，应相交于画，而不应相交于点或间隔；虚线与粗实线、虚线与虚线、虚线与点画线相接处应留有空隙，如图 1-8 所示。

可动零件极限位置的轮廓线
细双点画线

不可见轮廓线
细虚线

可见轮廓线
粗实线

视图与剖视图的分界线
波浪线

剖面线
细实线

断裂处的边界线
双折线

(a)

轨迹线
细双点画线

轴线及对称中心线
细点画线

过渡线
细实线

重合断面轮廓线
细实线

尺寸线
细实线

尺寸界线
细实线

相邻辅助零件的轮廓线
细双点画线

(b)

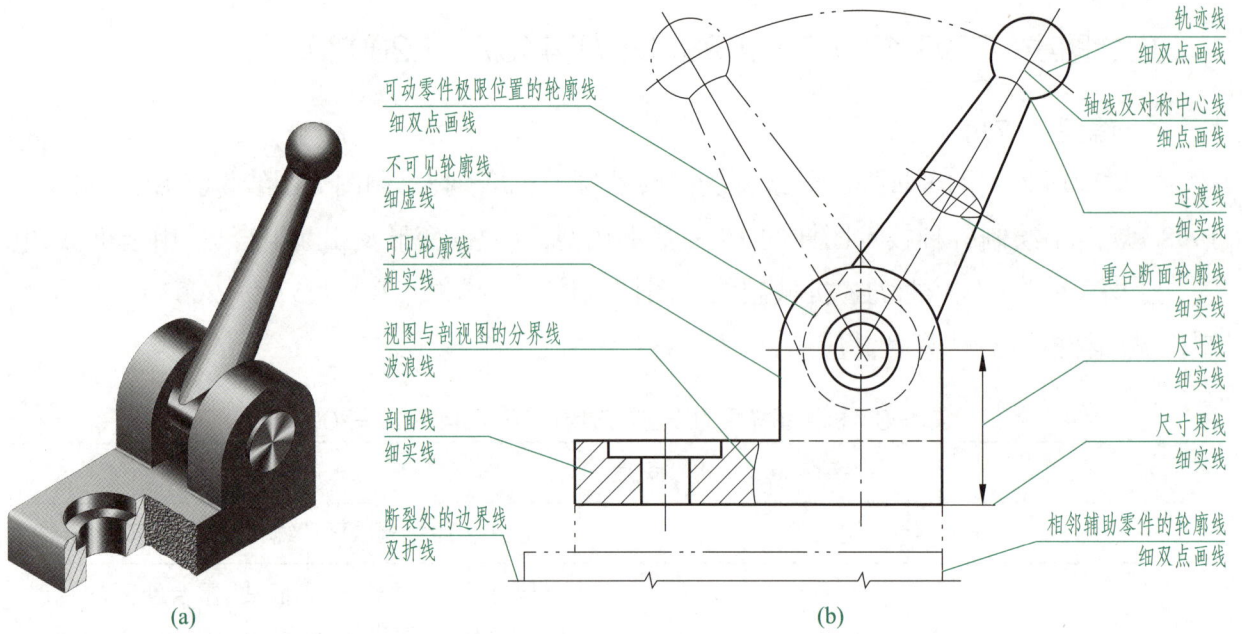

图 1-6   图线的应用示例

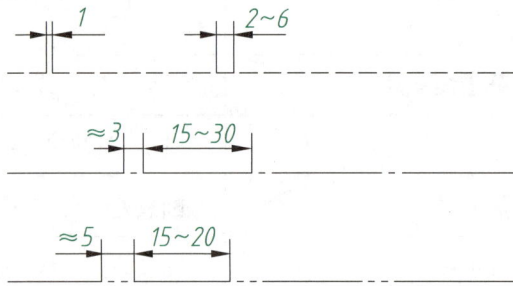

图 1-7   常用图线的长度与间隔

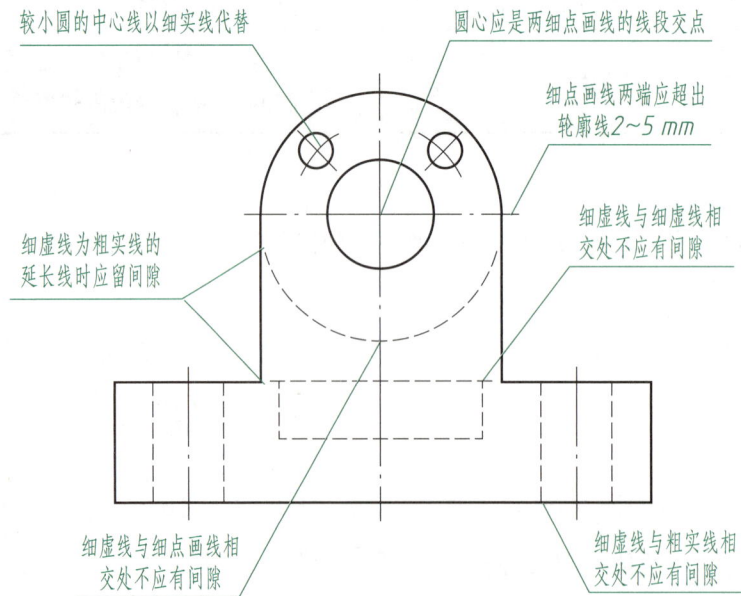

较小圆的中心线以细实线代替

圆心应是两细点画线的线段交点

细点画线两端应超出
轮廓线2~5 mm

细虚线为粗实线的
延长线时应留间隙

细虚线与细虚线相
交处不应有间隙

细虚线与细点画线相
交处不应有间隙

细虚线与粗实线相
交处不应有间隙

图 1-8   图线相交的画法

图线相
交的画法

当两种或两种以上图线重叠时,应按以下顺序优先画出所需的图线:可见轮廓线(粗实线)→不可见轮廓线(细虚线)→轴线和对称中心线(细点画线)→假想轮廓线(细双点画线)。

1.2 尺寸注法

在图样上,图形只表示机件的形状,其大小由标注的尺寸确定。尺寸是图样的重要内容之一,是制造零件的直接依据。标注尺寸时,应严格执行国家标准,做到正确、齐全、清晰、合理。尺寸注法的依据是国家标准《机械制图　尺寸注法》(GB/T 4458.4—2003)和《技术制图　简化表示法　第 2 部分:尺寸注法》(GB/T 16675.2—2012)。

一、标注尺寸的基本规则

(1)机件的真实大小应以图样上所注的尺寸数值为依据,与图形的大小及绘图的准确度无关。

(2)图样中的尺寸,以 mm(毫米)为单位时,不需标注计量单位的符号或名称。若采用其他单位,则必须注明相应计量单位的符号或名称。

(3)图样中所标注的尺寸为该图样所示机件的最后完工尺寸,否则应另加说明。

(4)机件的每一尺寸一般只标注一次,并应标注在反映该结构最清晰的图形上。

二、标注尺寸的要素

一个标注完整的尺寸由尺寸界线、尺寸线和尺寸数字三个要素组成,如图 1-9 所示。

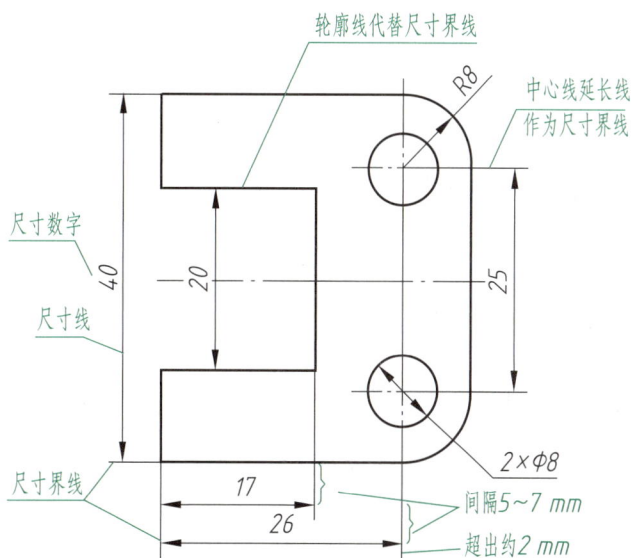

图 1-9　尺寸标注的要素

1. 尺寸界线

尺寸界线表示所注尺寸的起始位置和终止位置,用细实线绘制。尺寸界线由图形的轮廓线、轴线或对称中心线处引出,也可直接用轮廓线、轴线或对称中心线替代(图1-9)。

尺寸界线一般应与尺寸线垂直,并超出尺寸线2~3 mm。必要时才允许倾斜,但两尺寸界线必须相互平行,如图1-10所示。

2. 尺寸线

尺寸线表示尺寸度量的方向,用细实线绘制。尺寸线不能用其他图线代替,也不能与其他图线重合或画在其延长线上,并应尽量避免与其他尺寸线或尺寸界线相交。

标注线性尺寸时,尺寸线必须与所标注的线段平行;当有几条相互平行的尺寸线时,要小尺寸在内、大尺寸在外,以保持尺寸清晰。

尺寸线的终端有箭头(图1-11a)和斜线(图1-11b)两种形式。通常机械图样的尺寸终端画箭头,建筑图样的尺寸终端画斜线。当没有足够位置画箭头时,可用小圆点(图1-11c)或斜线(图1-11d)代替。

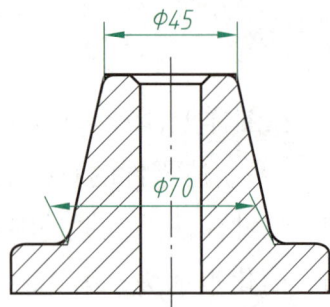

图1-10　尺寸界线与
尺寸线倾斜画法

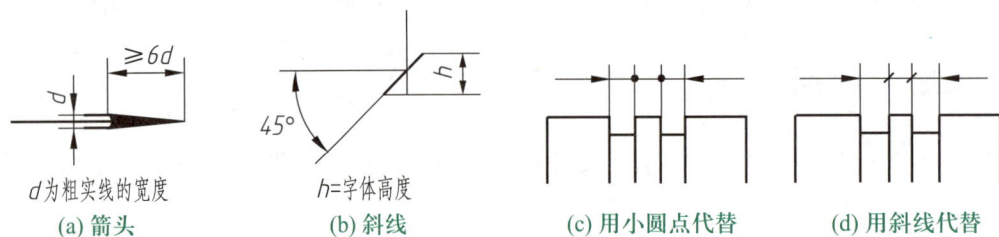

d为粗实线的宽度	h=字体高度		
(a) 箭头	(b) 斜线	(c) 用小圆点代替	(d) 用斜线代替

图1-11　尺寸线的终端

3. 尺寸数字

尺寸数字表示尺寸度量的大小。尺寸数字不得被任何图线所通过,当不可避免时,必须将所遇图线断开。同一图样中的注写形式要统一。

三、常见的尺寸注法

常见的尺寸标注有线性尺寸标注、圆和圆弧尺寸标注、球面尺寸标注、角度尺寸标注、小尺寸标注及对称图形尺寸标注等。尺寸注法示例见表1-4。

表1-4　尺寸注法示例

标注内容	示例	说明
线性尺寸	 (a)　　　　　　　　　(b)	线性尺寸数字一般应注写在尺寸线的上方或左方。线性尺寸的数字方向: 水平方向字头向上, 竖直方向字头向左, 倾斜方向字头保持向上的趋势, 并尽量避免在图a所示30° 范围内标注数字, 当不可避免时, 可按图b所示形式注写
	 第一种注法　　　第二种注法　　　必要时, 尺寸界线与尺寸线允许倾斜	优先采用第一种注法
角度		角度的尺寸界线应沿径向引出, 尺寸线应画成圆弧, 其圆心是该角的顶点。角度的尺寸数字一律水平书写, 一般注写在尺寸线的中断处, 必要时也可引出标注
圆和圆弧		圆的直径数字前加注符号" φ "。当尺寸线的一端无法画出箭头时, 尺寸线要超出圆心。圆弧半径数字前加注符号" R "。尺寸线的终端一般应指向圆心。半圆弧以上标注直径, 小于或等于半圆弧标注半径

续表

标注内容	示例	说明
球面尺寸	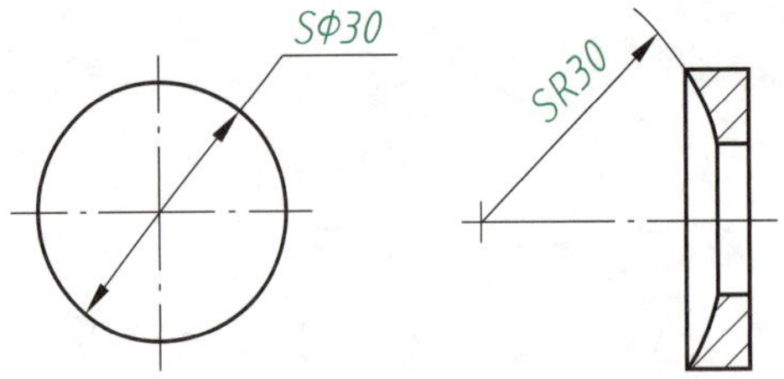	标注球面尺寸时,应在 ϕ 或 R 前加注"S"
小尺寸	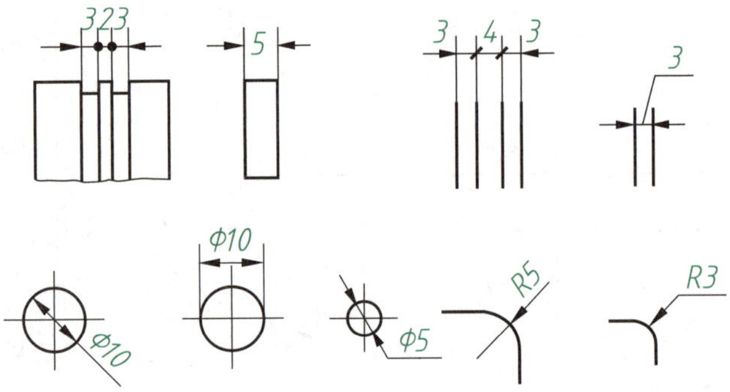	当无足够位置画箭头或注写数字时,箭头可外移或用小圆点、斜线代替两个箭头,尺寸数字也可注写在尺寸界线外或引出标注
正方形结构	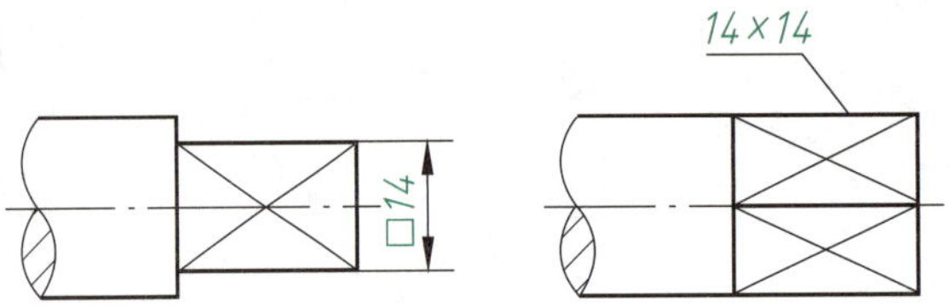	标注剖面为正方形结构的尺寸时,可在正方形边长尺寸数字前加注符号"□",或标注"$B \times B$"(B为正方形的对边距离)
对称图形	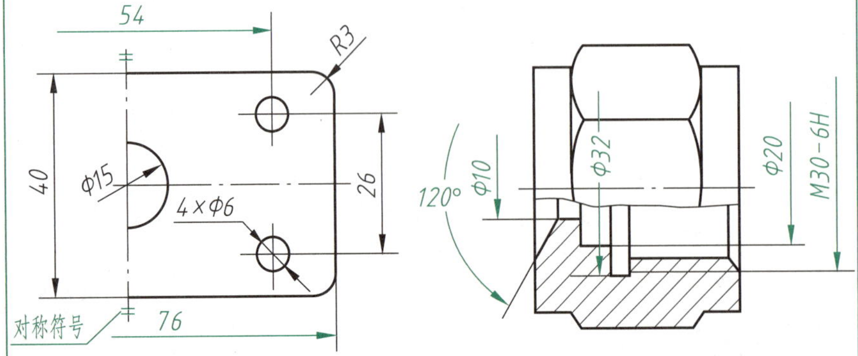	当对称机件的图形只画一半或略大于一半时,尺寸线应略超过对称中心线或断裂处的边界,此时仅在尺寸线的一端画出箭头,并在对称中心线的两端画两条与其垂直的平行细实线

四、简化注法

在很多情况下，只要不会产生误解，就可以用简化形式标注尺寸，见表1-5。

表1-5　尺寸的简化注法

内容	简化示例	说明
退刀槽及砂轮越程槽	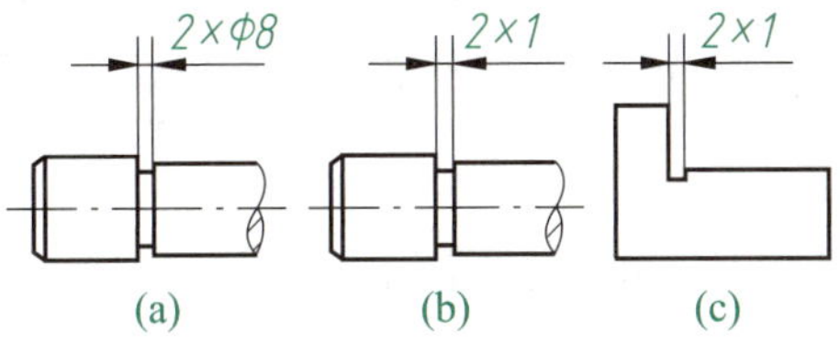 $2\times\phi8$　　2×1　　2×1 (a)　　　(b)　　　(c)	可用槽宽（2 mm）×直径（$\phi8$ mm）标注（图a），或用槽宽 × 槽深标注（图b、c）
锥销孔	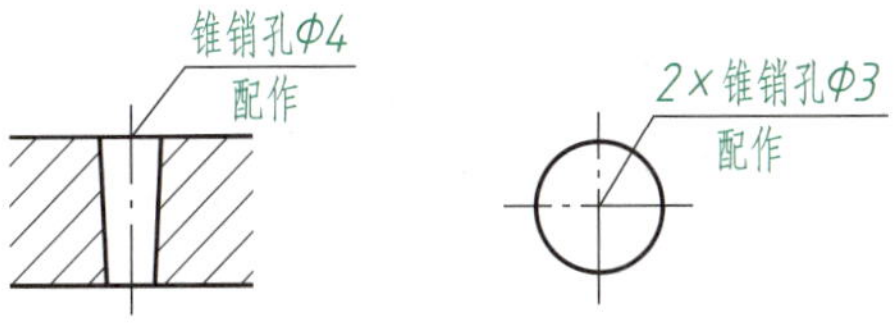 锥销孔$\phi4$ 配作　　$2\times$锥销孔$\phi3$ 配作	锥销孔所标注的尺寸是所配合的圆锥销的公称直径，不一定是图样中所画的小径或大径

查一查

　　查阅国家标准 GB/T 16675.1—2012《技术制图　简化表示法　第一部分：图样画法》，看看还有哪些简化形式的尺寸注法。

——　1.3　常用绘图工具及其使用　——

　　尺规绘图是指用铅笔、图板、丁字尺、三角板和圆规等绘图仪器和工具来绘制图样，即使在广泛应用计算机绘图的今天，尺规绘图仍然是工程技术人员必备的基本技能，同时也是学习图学理论不可或缺的方法。

一、图板和丁字尺

　　图板用于铺放和固定图纸。丁字尺主要用于绘制水平线。绘图时，先将图纸用胶带固定在图板上，丁字尺头部紧靠图板左边，铅笔垂直于纸面并向右倾斜30°画线，如图1-12所示。

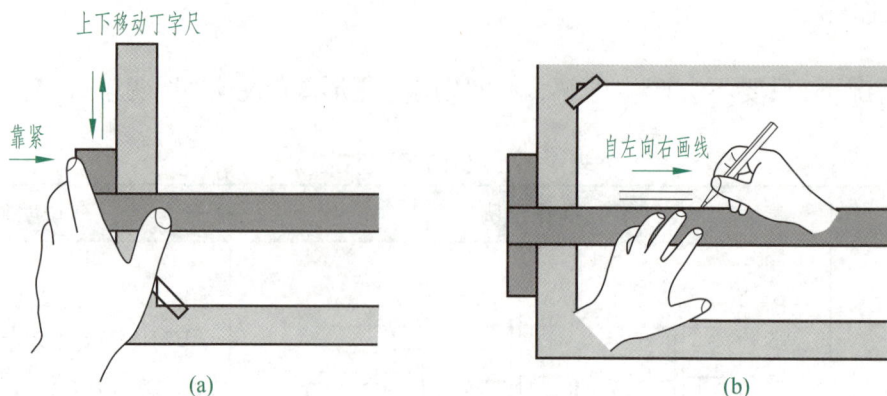

上下移动丁字尺

靠紧

自左向右画线

(a)   (b)

图 1-12   用丁字尺画水平线

二、三角板

一副三角板由 45° 和 30°（60°）两块直角三角形板组成。三角板与丁字尺配合使用可画垂直线和与水平线成 15° 倍数角的各种倾斜线，如图 1-13 所示。

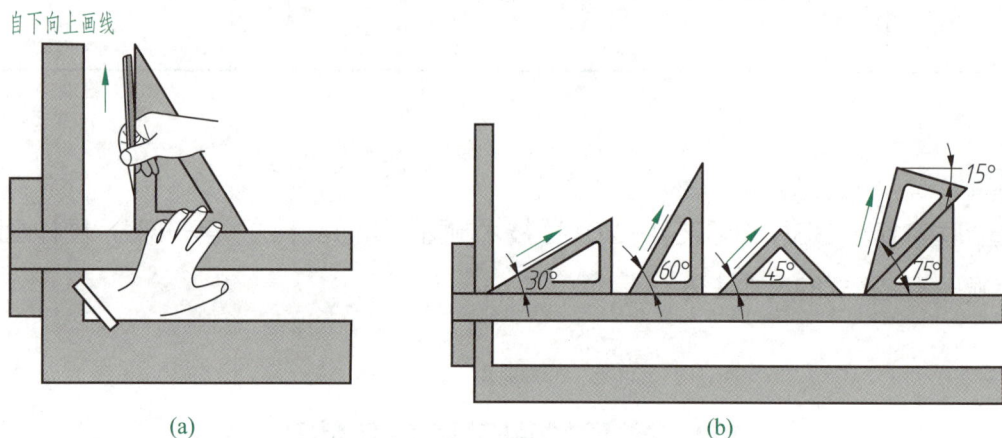

自下向上画线

30°   60°   45°   75°   15°

(a)   (b)

图 1-13   用三角板与丁字尺配合画垂直线和角度线

画一画

用两块三角板配合，画任意已知直线的平行线或垂直线。

三、圆规和分规

圆规（图 1-14a）用于画圆和圆弧。圆规的一条腿上装有带台阶的小钢针，用来定圆心，并防止针孔扩大；另一条腿上可安装铅芯。画圆时，笔尖与纸面应保持垂直。

分规主要用于量取线段和等分线段（图 1-14b）。

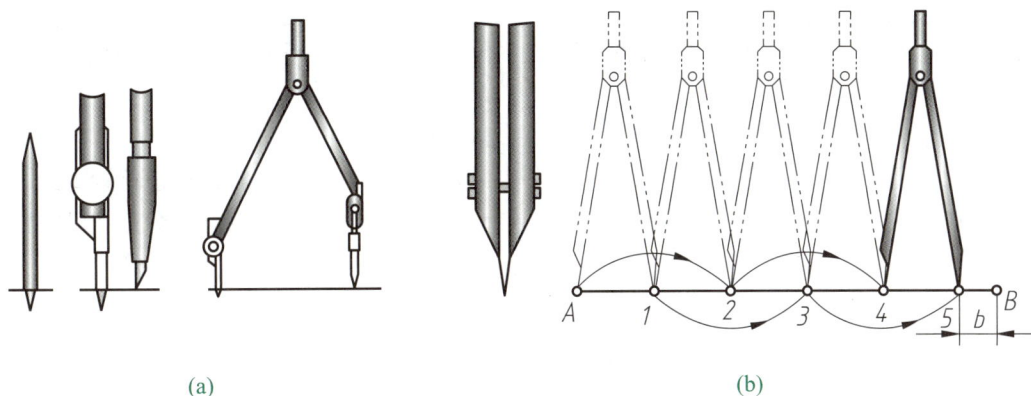

图 1-14　圆规和分规的使用方法

四、铅笔

绘图铅笔的铅芯用标号 "H" 和 "B" 来表示其软硬程度。"H" 表示硬性铅笔,前面数字越大,表示铅芯越硬而铅色越淡;"B" 表示软性铅笔,前面数字越大,表示铅芯越软而铅色越黑。"HB" 表示软硬适中。

绘图时,建议用 "H" 或 "HB" 铅笔画细线和底稿线,用 B 或 HB 铅笔画粗实线(描深轮廓线)。

1.4　几何作图

绘制几何图形称为几何作图。机件的轮廓形状虽各不相同,但分析起来,都是由直线、圆弧和其他一些非圆曲线组成的几何图形。熟练掌握几何作图的方法,将会大大提高绘图的速度和质量。

一、等分圆周和作正多边形

等分圆周与作正多边形见表 1-6。

表 1-6　等分圆周与作正多边形

种类	作图方法	说明
圆周四、八等分		用 45° 三角板与丁字尺配合,可直接进行圆周四、八等分,连接各等分点即可得到正四边形和正八边形

种类	作图方法	说明
圆周三、六等分		用圆规进行圆周三、六等分，连接各等分点即可得到正三角形和正六边形
圆周五等分	 (a)　　(b) (c)　　(d)	（1）作半径 OB 的等分点 P。 （2）以点 P 为圆心，以 PC 为半径画圆弧与 OA 交于点 H。 （3）CH 即为正五边形边长（近似），以长度 CH 五等分圆周，连接各点即得正五边形

二、斜度和锥度

1. 斜度

斜度是指一直线相对于另一直线或一平面相对于另一平面的倾斜程度。斜度的大小用该两直线或两平面间夹角的正切值来表示，如图 1-15 所示。

$$斜度 = \tan\alpha = H/L = (H-h)/l$$

斜度在图样中以 1:n 的形式标注，并在数字前加注斜度符号"∠"。

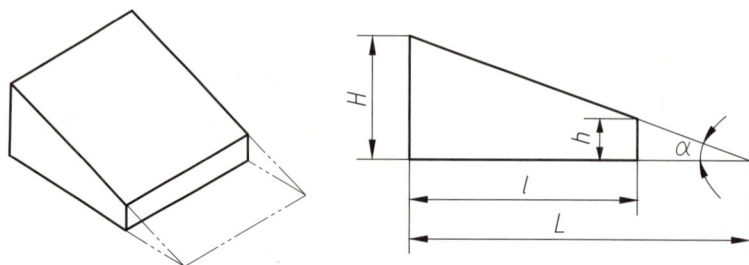

图 1-15　斜度

2. 锥度

锥度是指正圆锥体底圆直径与锥高之比。如果是圆锥台,则为上、下底圆直径之差与圆锥台高度之比,如图 1–16 所示。

$$锥度 =2\tan \alpha =D/L=(D-d)/l$$

锥度在图样上也以 1:n 的简化形式标注,并在数字前加注锥度符号"▷"。

斜度与锥度的画法与标注见表 1–7。

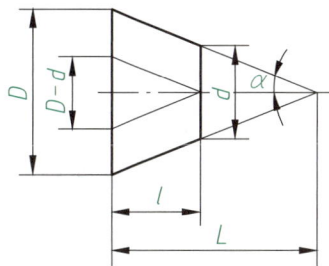

图 1–16　锥度

表 1–7　斜度和锥度的画法与标注

名称	作图方法	说明
斜度		(1)斜度符号如图 a 所示。 (2)给定图形(图 b)。 (3)作 $AC \perp BA$,AC 为 1 个单位长度,BA 为 6 个单位长度,连接 BC,即得 1:6 的斜度线(图 c)。 (4)过点 K 作 BC 的平行线,即为所求图形。标注时,在数字前加注斜度符号,符号的方向应与斜度一致(图 d)
锥度		(1)锥度符号如图 a 所示。 (2)给定图形(图 b)。 (3)作 $EF \perp BA$,由点 A 沿垂线向上和向下分别取 1/2 个单位长度得点 C 和点 C_1,由点 A 沿轴线向左取 3 个单位长度得点 B,连接 BC、BC_1,即得 1:3 的锥度线(图 c)。 (4)分别过点 E、F 作 BC 和 BC_1 的平行线,即为所求图形。标注时,在数字前加注锥度符号,符号的方向应与锥度一致(图 d)

三、椭圆画法

椭圆有两条相互垂直且对称的轴,即长轴和短轴。椭圆的画法很多,四心圆法是椭圆的近似画法。当已知椭圆的长轴和短轴时,多用四心圆法画椭圆。

四心圆法是用四段光滑连接的圆弧来近似地代替椭圆。其作图的关键是求出四段圆弧的圆心和连接点(即切点)。

已知椭圆长轴 AB 和短轴 CD,用四心圆法画椭圆的步骤如下:

① 画出相互垂直且平分的长轴 AB 与短轴 CD。

② 连接 AC,并在 AC 上取 $CE=OA-OC$,如图 1-17a 所示。

③ 作 AE 的中垂线,与长轴、短轴分别交于点 O_1、O_2,再作对称点 O_3、O_4,如图 1-17b 所示。

④ 以点 O_1、O_2、O_3、O_4 为圆心,以 O_1A、O_2C、O_3B、O_4D 为半径分别画圆弧,即得近似椭圆,如图 1-17c 所示。

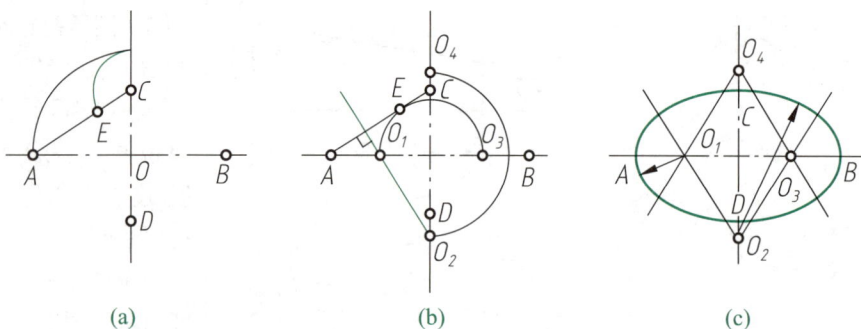

(a)　　　　(b)　　　　(c)

图 1-17　用四心圆法画椭圆

四、圆弧连接

用一圆弧光滑地连接相邻两已知线段(直线或圆弧)的作图方法称为圆弧连接。

圆弧连接的实质就是要使连接圆弧与相邻线段(直线或圆弧)相切,以达到光滑连接的目的。如图 1-18 所示,用圆弧 R16 连接两直线,用圆弧 R12 连接一直线和一圆弧,用圆弧 R35 连接两圆弧等。圆弧连接的作图方法见表 1-8。

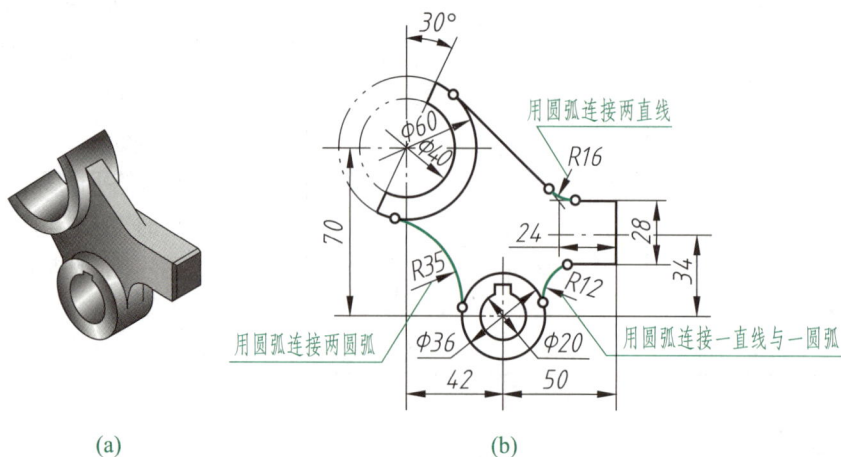

(a)　　　　　　　(b)

图 1-18　圆弧连接的三种情况

表1-8　圆弧连接的作图方法

圆弧连接	已知条件	作图方法		
		求连接圆弧圆心	求切点	画连接弧
用圆弧连接两已知直线				
用圆弧外接已知直线和圆弧				
用圆弧外连接两已知圆弧				
用圆弧内连接两已知圆弧				

— 1.5   平面图形的画法 —

平面图形由若干直线或曲线封闭连接而成,这些线段之间的相对位置和连接关系靠给定的尺寸来确定。因此,绘制平面图形的关键是通过分析平面图形的尺寸,弄清各线段的连接关系,从而确定作图顺序,正确画出平面图形的各条线段。

一、尺寸分析

平面图形中的尺寸根据所起的作用不同,分为定形尺寸和定位尺寸两类。要确定平面图形中线段的上下、左右相对位置,必须先理解尺寸基准。

1. 尺寸基准

尺寸基准是确定尺寸位置的几何元素。平面图形的尺寸有水平和垂直两个方向的基准。图形中有很多尺寸都是以基准为出发点的。常选择图形的中心线、较长的直线段、较大圆的中心线等作为平面图形的基准。如图 1-19 所示手柄图形,以水平轴线 A 作为垂直方向的尺寸基准,以较长的竖直线 B 作为水平方向的尺寸基准。

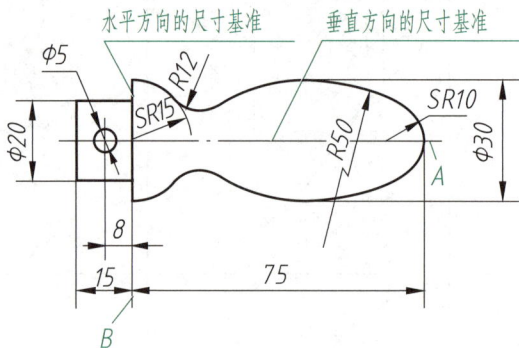

图 1-19   手柄图形

2. 定形尺寸

确定图形中各部分几何形状大小的尺寸称为定形尺寸,如直线段的长度、倾斜线的角度、圆或圆弧的直径和半径等。在图 1-19 中,$\phi20$ 和 15 确定圆柱的大小,$SR10$ 和 $SR15$ 确定圆弧半径的大小,这些尺寸都是定形尺寸。

3. 定位尺寸

确定图形中各几何形状相对位置的尺寸称为定位尺寸。在图 1-19 中,$\phi30$ 是以水平对称轴线 A 为基准,确定 $R50$ mm 圆弧的位置;75 是以中间的铅垂线为基准确定 $SR10$ mm 圆弧的中心位置。这些尺寸都是定位尺寸。

> **想一想**
>
> 图 1-19 所示手柄图形中,还有哪些定形尺寸和定位尺寸?

二、线段分析

平面图形中的线段按所给的尺寸齐全与否可分为已知线段、中间线段和连接线段三类。

1. 已知线段

具有完整的定形尺寸和定位尺寸,能直接画出的线段,称为已知线段。如图 1–19 中,$SR15$、$SR10$、$\phi5$ 均为已知线段。

2. 中间线段

只有定形尺寸和一个定位尺寸,而缺少另一个定位尺寸的线段,称为中间线段。如图 1–19 中,$R50$ 是中间线段,其圆心的一个定位尺寸,即铅垂方向的定位尺寸 35(铅垂方向 50 mm–15 mm=35 mm)是已知的,而圆心的另一个定位尺寸则需借助与其相切的已知圆弧($SR10$ 圆弧)才能定出。

3. 连接线段

只有定形尺寸而缺少定位尺寸的线段,称为连接线段。如图 1–19 中,$R12$ 是连接线段,圆心的两个定位尺寸都没有注出,需借助与其两端相切的线段($SR15$ mm 圆弧和 $R50$ mm 圆弧)求出圆心后才能画出。

三、作图步骤

根据上述分析,画平面图形时,首先要进行尺寸分析和线段分析,按先画已知线段,再画中间线段,最后画连接线段的顺序依次进行。以图 1–19 所示手柄图形为例,作图步骤如下:

① 画基准线,并根据定位尺寸画出定位线,如图 1–20a 所示。

② 画已知线段,如图 1–20b 所示。

③ 画中间线段,如图 1–20c 所示。

④ 画连接线段并描深,如图 1–20d 所示。

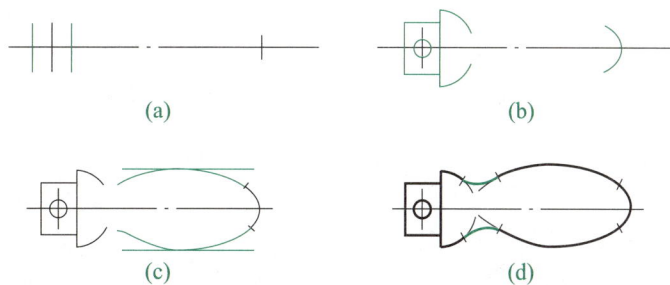

(a)   (b)

(c)   (d)

图 1–20　平面图形绘制步骤

例　画图 1–21 所示定位块的平面图形。

解　作图步骤如下:

① 画基准线及已知线段的定位尺寸,如尺寸 19、9 及 $R15$ 等,如图 1–22a 所示。

② 画已知线段,如 $\phi6$ mm、$\phi2.5$ mm 圆和 $R5.5$ mm、$R4$ mm 圆弧等。它们是能够直接画

出来的轮廓线,如图 1-22b 所示。

③ 画中间线段,如 R18 mm 圆弧。它需借助与 R4 mm 圆弧相内切的几何条件才能画出,如图 1-22c 所示。

④ 画连接线段,如 R3 mm、R2.5 mm 圆弧等。它们要根据与两已知线段相切的几何条件找到圆心位置后方能画出,如图 1-22d 所示。

⑤ 整理和检查无误后,按规定线型描深并标注尺寸,完成图形,如图 1-21b 所示。

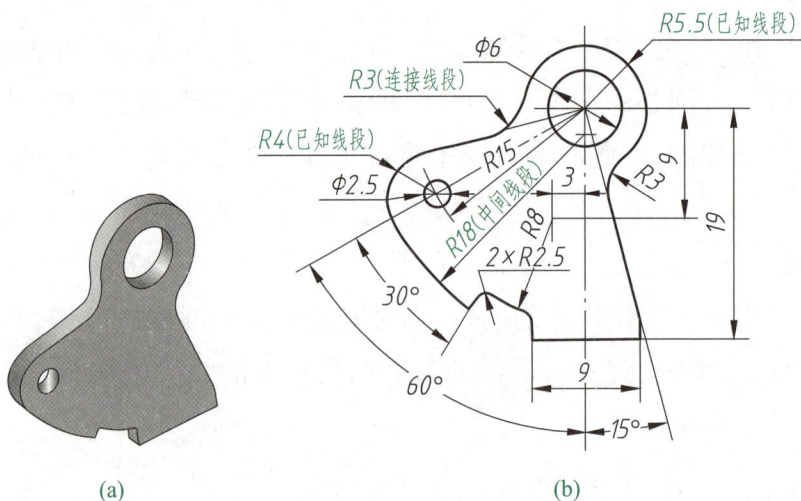

(a)   (b)

图 1-21 定位块

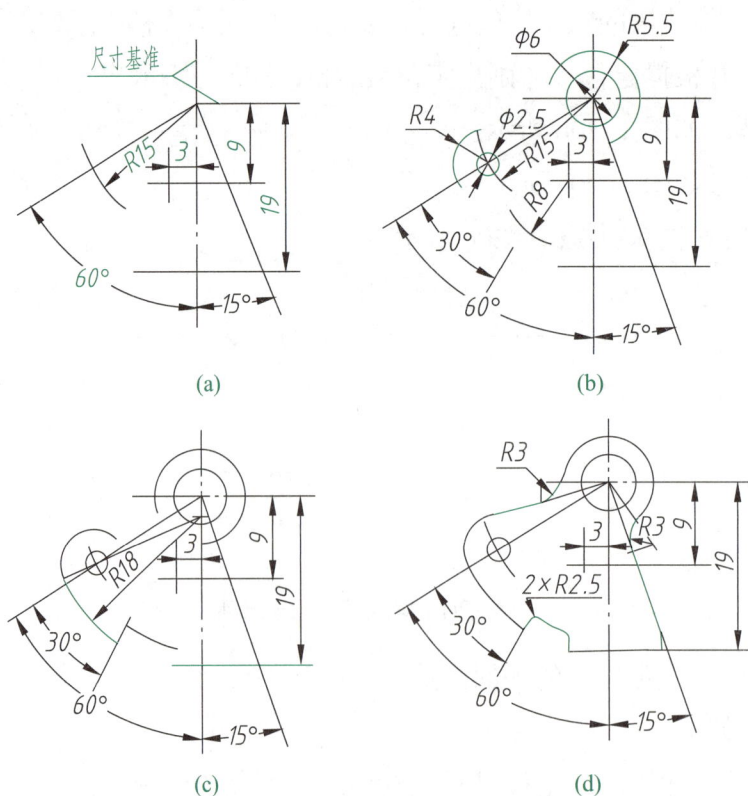

(a)   (b)

(c)   (d)

图 1-22 定位块平面图形作图步骤

1.6 徒手绘图基本技法

工程实践中经常需要通过草图来交流、记录、构思。不用绘图仪器和工具,按目测估计图形与物体的比例,徒手绘制的图样就是徒手草图。徒手绘图仍应基本做到线型分明、比例匀称、字体工整、图面整洁。徒手绘图是工程技术人员必备的一项重要基本技能,应通过实践,努力提高徒手绘图的速度和技巧。

一、徒手画直线

手指可握在离笔尖约 35 mm 处。画直线时,可先标出直线段的两端点,然后执笔悬空沿直线方向比画一下,掌握好方向和走势后再落笔画线。画水平线和斜线时,为了运笔方便,可将图纸斜放。画直线的运笔方向如图 1-23 所示。

图 1-23 画直线的运笔方向

二、徒手画常用角度

画 45°、30°、60° 等常用角度,可根据直角三角形两直角边的比例关系,在两直角边上定出两点,然后连接而成。画角度的运笔方向如图 1-24 所示。

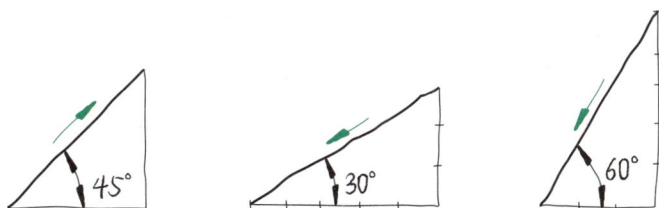

图 1-24 画角度的运笔方向

三、徒手画圆

画圆时,首先画出垂直相交的两条细点画线,定出圆心,再按圆的半径在中心线上目测定出 4 个点,然后徒手将各点连线为圆。可以先画左半圆再画右半圆,如图 1-25a 所示。画直径较大的圆时,可过圆心加画两条 45° 斜线,按半径目测定出 8 个点,然后过这 8 个点画圆,如图 1-25b 所示。

1

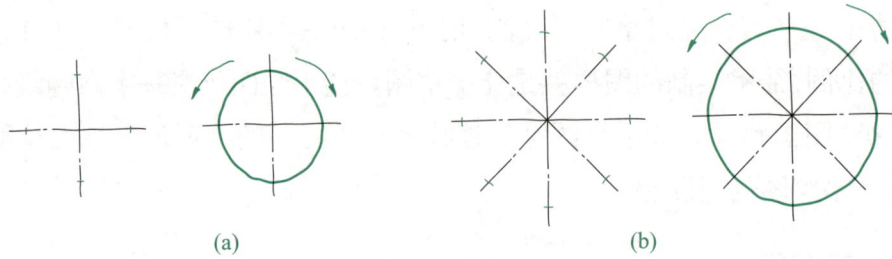

(a)   (b)

图 1-25   圆的徒手画法

四、徒手画椭圆

徒手画椭圆的方法如图 1-26 所示。

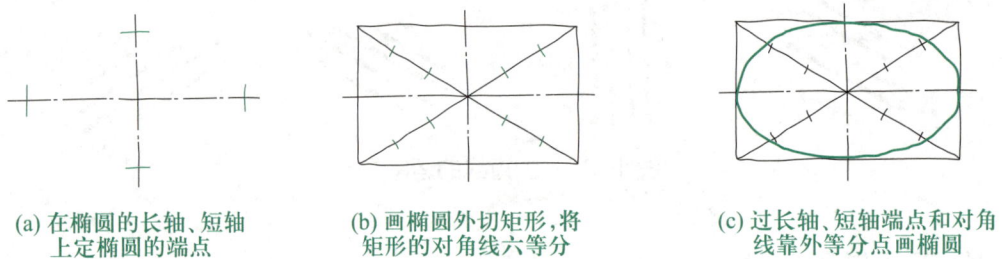

(a) 在椭圆的长轴、短轴   (b) 画椭圆外切矩形,将   (c) 过长轴、短轴端点和对角
　　上定椭圆的端点   　　矩形的对角线六等分   　　线靠外等分点画椭圆

图 1-26   椭圆的徒手画法

五、徒手画平面图形

初学徒手绘图,可在方格纸上进行。在方格纸上画平面图形时,大圆的中心线和主要轮廓线应尽可能利用方格纸上的线条。图形各部分之间的比例可按方格纸上的格数来确定。当然,与尺规绘图一样,分析图形尺寸和图形线段是首先要进行的工作。

图 1-27 所示为在方格纸上徒手画平面图形示例。

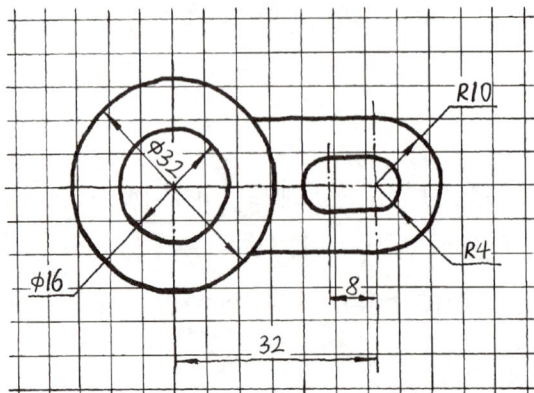

图 1-27   在方格纸上徒手画平面图形示例

概览与思考

一、内容概览

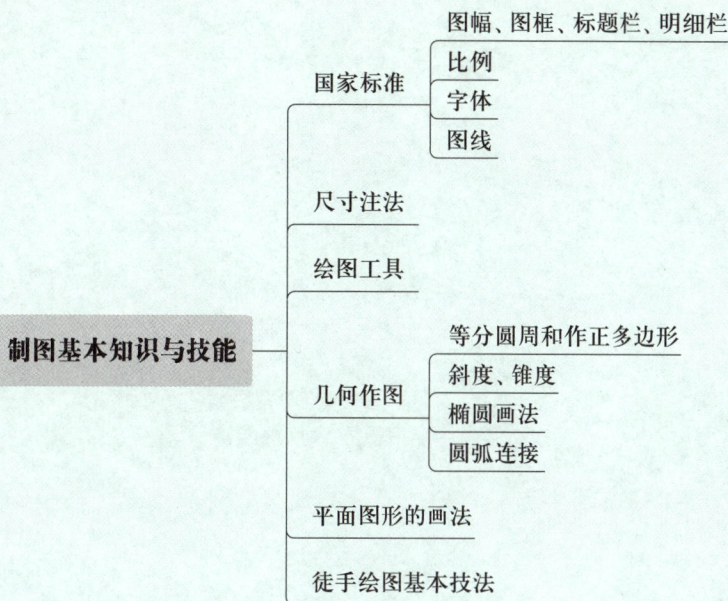

模块一
小结

二、思考与实践

1. 本模块学习了机械制图国家标准,理解了严格遵守国家标准的意义。那么 ISO 又是什么?

2. 绘制机械图样的图纸图幅有哪几种? 一张 A0 图纸可以制成几张 A4 图纸?

3. 分别以 1:2 和 2:1 的比例绘制图 1-19 所示手柄图形,哪一个图形大? 两张图样中的尺寸一样吗?

4. 绘制机械图样用的图线有哪几种? 其图线宽度各为多少?

5. 尺寸标注的要求是什么? 一个完整的尺寸由哪三个要素组成?

6. 图样上的尺寸单位是什么? 解释尺寸 $\phi15$、$R10$ 和 $SR8$ 的含义。

7. 圆弧和圆弧连接时,连接点应在什么位置?

8. 在圆弧连接中,如何求连接线段的圆心及连接线段与已知线段的切点?

9. 如何分析平面图形的尺寸和线段?

10. 自选一张平面图形,按照平面图形的作图步骤徒手绘制草图。

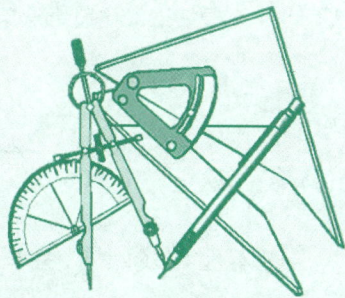

模块二　正投影法与三视图

导　语

　　正投影图能准确表达物体的形状，度量性好，作图方便，在工程界得到广泛应用。机械图样中表达物体形状的图形主要是应用正投影法绘制的，正投影法是绘图和读图的重要理论基础。点、直线、平面是构成物体最基本的几何元素，掌握其投影特性和规律，有助于分析物体的形状和结构，是正确、迅速地绘制或识读物体视图的重要基础。基本几何体是零件的基本组成单元，学习基本几何体的三视图，能进一步理解物与图的转换规律和对应关系，逐步建立起空间概念。

　　本模块以投影原理为基础，从点、直线、平面的投影特性，到基本几何体的三视图，是培养空间思维能力和空间想象能力的基础和关键。

　　"千里之行，积于跬步；万里之船，成于罗盘"，绘制三视图要注重点滴积累，遵循客观规律，自觉规范训练，强化实践能力。

2.1 投影法基础

物体被光线照射,会在地面、桌面或墙面上产生影子,这就是投影现象,如图 2-1a 所示。人们在上述现象的启示下,经过科学研究,总结出影子与物体之间的对应几何关系,进而形成了投影法,使在图纸上表达物体形状和大小的愿望得以实现。

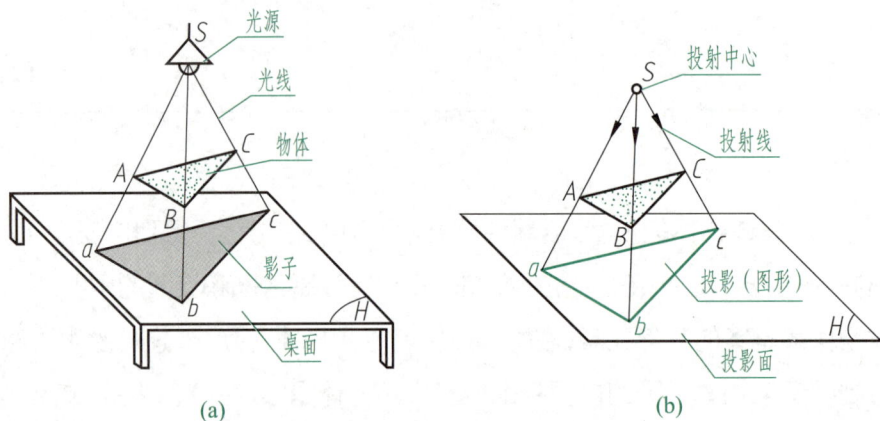

图 2-1 投影法的建立

一、投影法及其分类

1. 投影法

在投影法中,得到投影的面称为投影面,所有投射线的起点称为投射中心,发自投射中心且通过物体上各点的直线称为投射线,如图 2-1b 所示。投射线通过物体,向选定的投影面投射,并在该面上得到图形的方法称为投影法。根据投影法得到的图形称为投影。

2. 投影法的分类

要获得投影,必须具备投射线、物体和投影面三个基本条件。根据投射线汇交或平行,可将投影法分为中心投影法和平行投影法。

（1）中心投影法

投射线汇交于一点的投影法称为中心投影法,如图 2-1b 所示,得到的投影大小随物体、投影面和投射中心三者之间相对距离的不同而变化。中心投影法不能反映物体的真实大小,因此不适用于机械图样。在工程上,中心投影法主要用于绘制建筑物的透视图。

（2）平行投影法

在图 2-1b 中,设想将光源移至无穷远处,这时投射线可视为相互平行。投射线相互平行的投影法称为平行投影法。

在平行投影法中,根据投射线是否垂直于投影面,又分为斜投影法和正投影法。投射线倾斜于投影面的平行投影法称为斜投影法,如图 2-2a 所示。投射线垂直于投影面的平行投影法称为正投影法,如图 2-2b 所示。

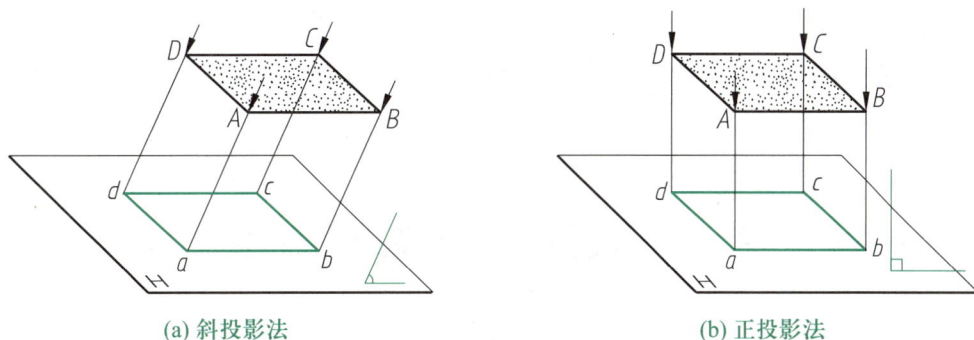

(a) 斜投影法　　　　　　　　(b) 正投影法

图 2-2　平行投影法

由于用正投影法得到的投影能够表达物体的真实形状和大小,度量性好,绘图简便,因此在工程上广泛应用。

二、正投影的基本特性

1. 点的正投影特性

点的投影永远是点。过空间点 A 作投影面 H 的垂线,其垂足 a 即为空间点 A 在 H 面上的正投影,如图 2-3 所示。在 H 面及空间点 A 的位置都确定的情况下,点 A 的投影 a 唯一确定。

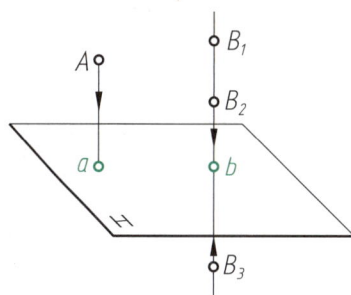

图 2-3　点的正投影特性

> **想一想**
>
> 如图 2-3 所示,如果空间点 B 在 H 面上的投影 b 已知,则点 B 的空间位置唯一确定吗?

2. 直线、平面的正投影特性

（1）真实性

直线或平面平行于投影面时,其正投影反映实长（或实形）,这种投影特性称为真实性,如图 2-4a 所示。

（2）积聚性

直段或平面垂直于投影面时,其正投影积聚为一点（或一直线）,这种投影特性称为积聚性,如图 2-4b 所示。

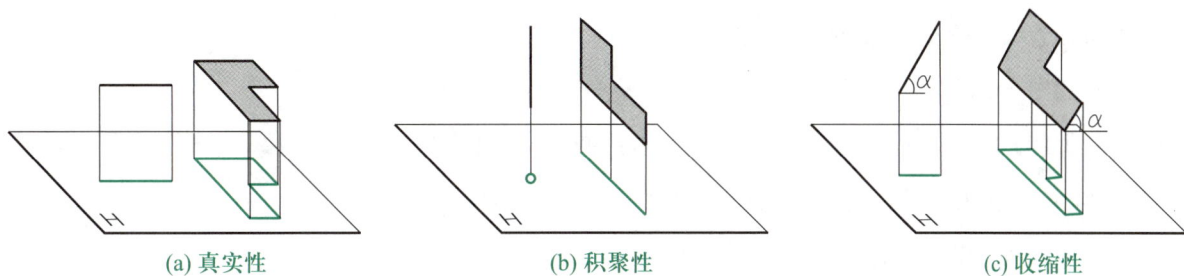

(a) 真实性　　　　　　(b) 积聚性　　　　　　(c) 收缩性

图 2-4　直线、平面的正投影特性

（3）收缩性

直线或平面倾斜于投影面时,其正投影变短或变小,这种投影特性称为收缩性,如图 2-4c 所示。

2.2　三视图的形成及投影规律

一般情况下,由物体的一个投影不能确定物体的形状。如图 2-5 所示,四个不同形状的物体,只取其一个投影面上的投影,而不附加其他说明时,是不能确定各物体的完整形状的。要反映物体的完整形状,必须根据其繁简,多取几个投影面上的投影,才能把物体的形状表达清楚。

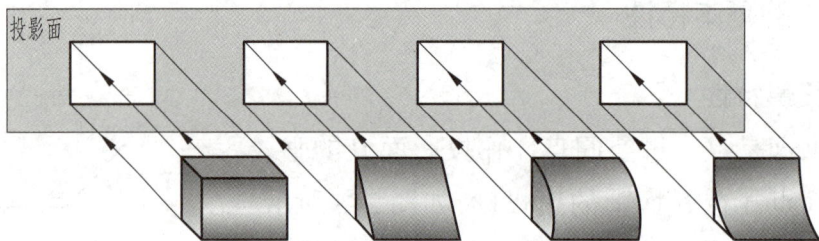

图 2-5　不同形状的物体在同一投影面上可以得到相同的投影

一、三面投影体系

三面投影体系由三个互相垂直的投影面组成,如图 2-6 所示。三个投影面分别是:

正对观察者的投影面,称为正立投影面(简称正面),用"V"表示。

右边侧立的投影面,称为侧立投影面(简称侧面),用"W"表示。

水平位置的投影面,称为水平投影面(简称水平面),用"H"表示。

在三面投影体系中,互相垂直的投影面之间的交线称为投影轴,三根投影轴分别是:

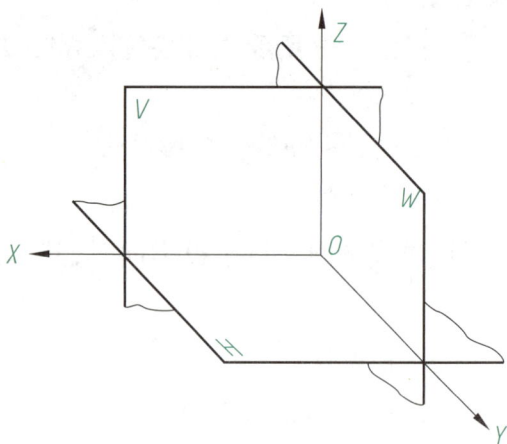

图 2-6　三面投影体系

正面(V)与水平面(H)的交线,称为 OX 轴,简称 X 轴。

水平面(H)与侧面(W)的交线,称为 OY 轴,简称 Y 轴。

正面(V)与侧面(W)的交线,称为 OZ 轴,简称 Z 轴。

X、Y、Z 三轴的交点称为原点,用"O"表示。

环顾教室,你能找到一个角来模拟三面投影体系吗?

二、三视图的形成

将物体置于三面投影体系中(使之处于观察者和投影面之间),如图 2-7a 所示,按正投影法并根据有关标准和规定画出的物体的图形,称为视图。正面投影(由物体的前方向后方投射所得到的视图)称为主视图,水平面投影(由物体的上方向下方投射所得到的视图)称为俯视图,侧面投影(由物体的左方向右方投射所得到的视图)称为左视图。

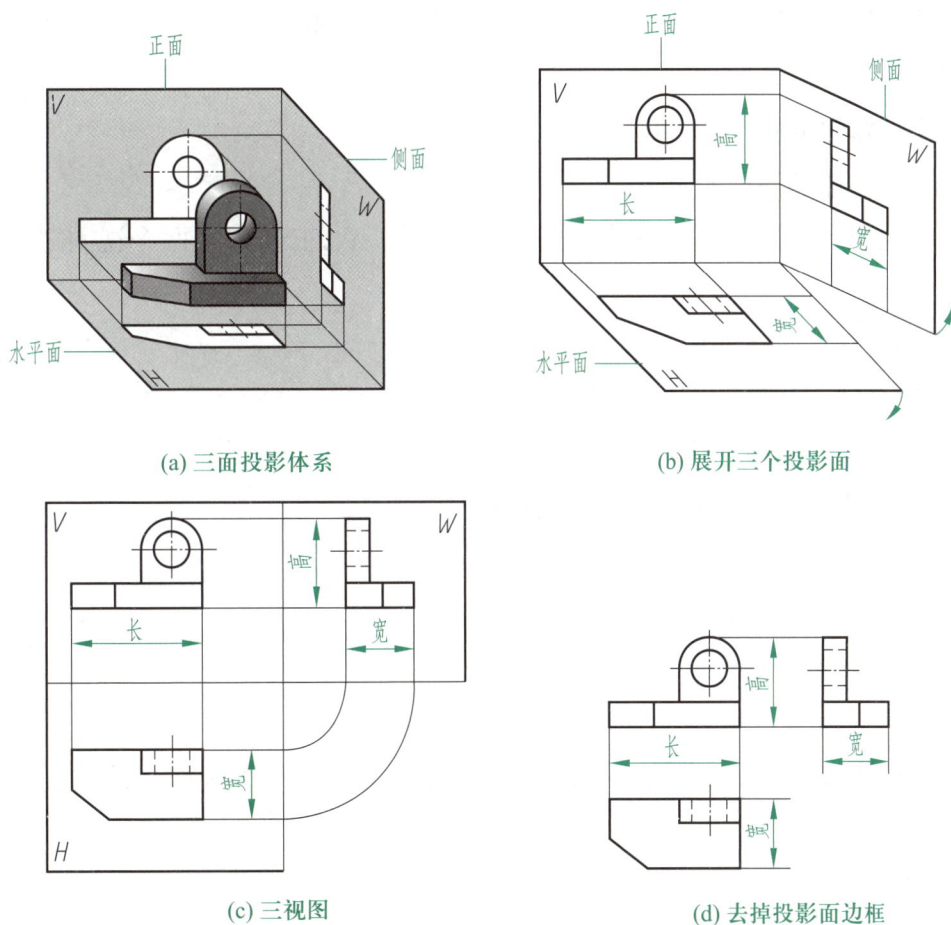

(a) 三面投影体系　　　　(b) 展开三个投影面

(c) 三视图　　　　(d) 去掉投影面边框

图 2-7　三视图的形成

三视图的形成

为了把空间的三个视图画在一个平面上,就必须把三个投影面展开摊平。展开的方法是:正面(V)保持不动,水平面(H)绕 X 轴向下旋转 $90°$,侧面(W)绕 Z 轴向右旋转 $90°$,使它们和正面(V)展成一个平面,如图 2-7b、c 所示。这样展开在一个平面上的三个视图称为物体的三面视图,简称三视图。由于投影面的边框是设想的,所以不必画出。去掉投影面边框后的物体的三视图,如图 2-7d 所示。

做一做

准备一张硬纸，自己动手做一个三面投影体系。

三、三视图的关系及投影规律

从三视图的形成过程可以总结出三视图的位置关系、投影关系和方位关系。

1. 位置关系

由图 2-7 可知，物体的三个视图按规定展开，放在同一平面上后，具有明确的位置关系，以主视图为准，俯视图在主视图的正下方，左视图在主视图的正右方。

2. 投影关系

从物体的三视图（图 2-7）可以看出，物体都有长、宽、高三个方向的尺寸，即

主视图反映物体的长度和高度。

俯视图反映物体的长度和宽度。

左视图反映物体的高度和宽度。

由于三个视图反映的是同一物体，其长、宽、高是一致的，所以每两个视图之间必有一个相同的度量，即：

主、俯视图反映了物体的同样长度（等长）。

主、左视图反映了物体的同样高度（等高）。

俯、左视图反映了物体的同样宽度（等宽）。

因此，三视图之间的投影关系可以归纳为"三等"关系：

主、俯视图长对正（等长）。

主、左视图高平齐（等高）。

俯、左视图宽相等（等宽）。

对于任何一个物体，不论是整体，还是局部，这个"长对正、高平齐、宽相等"的投影关系都保持不变（图 2-8）。"三等"关系反映了三个视图之间的投影规律，是画图、读图的重要依据。

3. 方位关系

三视图不仅反映了物体的长、宽、高，同时也反映了物体的上、下、左、右、前、后六个方位的关系。从图 2-9 可以看出：

主视图反映了物体的上、下、左、右方位。

俯视图反映了物体的前、后、左、右方位。

左视图反映了物体的上、下、前、后方位。

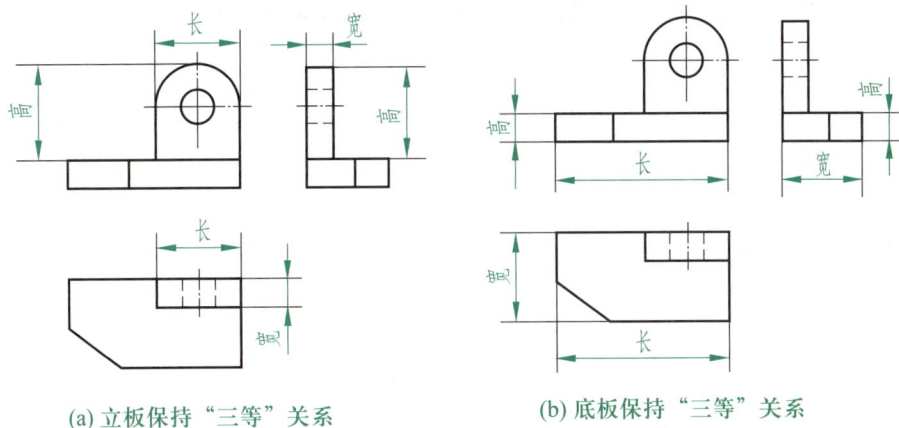

(a) 立板保持"三等"关系　　　　　　(b) 底板保持"三等"关系

图 2-8　三视图的"三等"关系

三视图的"三等"关系

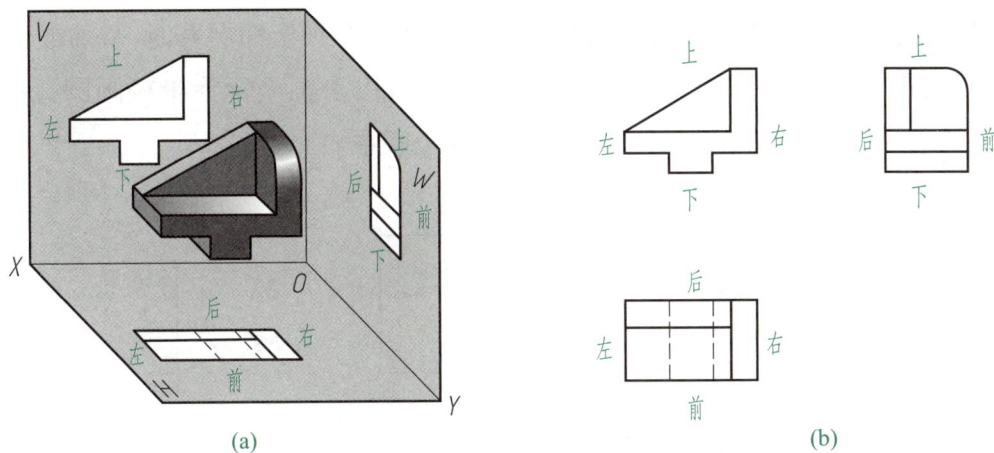

(a)　　　　　　　　　　　　　　　(b)

图 2-9　三视图反映物体六个方位的关系

四、三视图的作图方法

绘制物体的三视图,先要选定主视图的投射方向,然后将物体摆正,使其主要表面与投影面平行。

作图时,先画三视图的定位线,一般从最能反映物体形状的那个视图入手,再按投影关系画出其他视图。注意,物体的每一个组成部分,最好是三个视图配合着画,这样能避免漏线、多线,提高绘图效率,不建议把一个视图画完后再画另一个视图。

练一练

自己动手,画出图 2-7a 所示物体的三视图,体会上述作图方法。

—— 2.3 点、直线和平面的投影 ——

点、直线、平面是构成物体形状的基本几何元素。要准确、迅速地绘制、识读物体的视图,必须掌握它们的投影特性和作图方法。

一、点的投影

1. 点的三面投影

如图 2-10a 所示,将空间点 A 置于三面投影体系中,自点 A 分别向 V、H、W 面投射,得到的三面投影分别是 a'、a、a''。

将三面投影体系按投影面展开法展开(图 2-10b),并将投影面边框去掉,便得到图 2-10c 所示点的三面投影。

为了便于进行投影分析,用细实线将点的相邻两面投影连起来,如图 2-10d 所示。aa' 和 $a'a''$ 称为投影连线。a 与 a'' 不能直接相连,因为在三个投影面展开时,Y 轴被分开了,Y_H 和 Y_W 均表示同一根 Y 轴,因而作图时常以 O 为圆心、以 Y 轴坐标为半径画圆弧把 a 和 a'' 联系起来,或者用图 2-10e、f 所示的辅助线实现这个联系。

点的三面投影

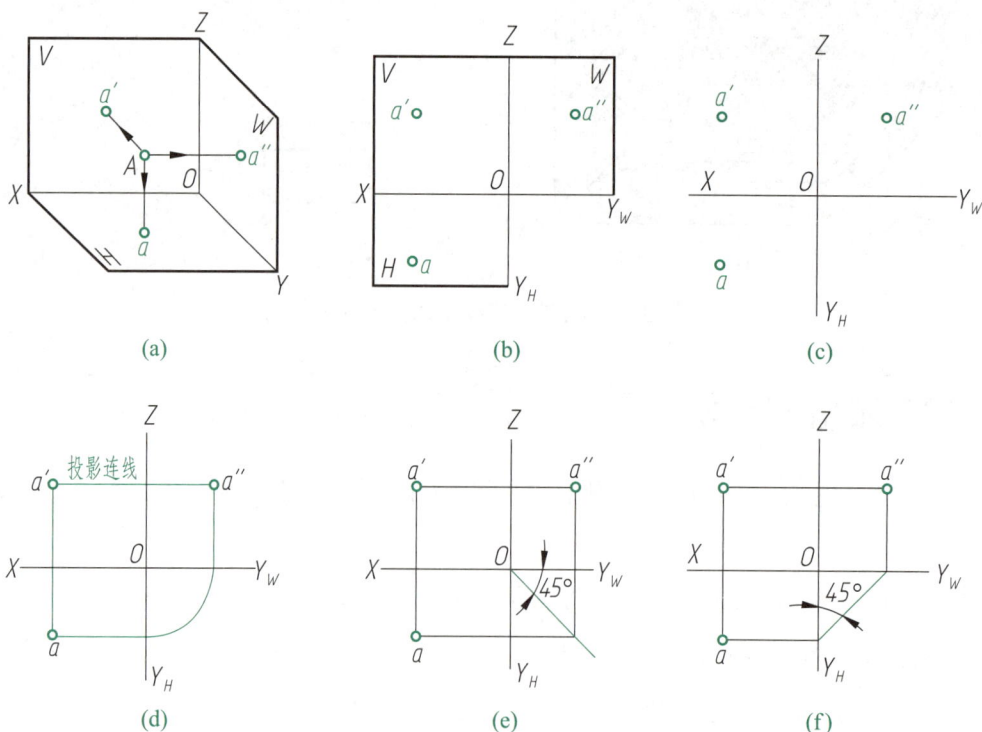

图 2-10 点的三面投影

读一读

按统一规定,空间点用大写字母 A、B、C 等标记。空间点在 H 面上的投影用相应的小写字

母 a、b、c 等标记,在 V 面上的投影用小写字母加一撇 a'、b'、c' 等标记,在 W 面上的投影用小写字母加两撇 a''、b''、c'' 等标记。

2. 点的投影规律

（1）点的两面投影的连线必定垂直于相应的投影轴,如图 2-11 所示：

$$a'a \perp OX$$

$$a'a'' \perp OZ$$

$$aa_{Y_H} \perp OY_H 、a''a_{Y_W} \perp OY_W$$

（2）点的投影到投影轴的距离等于空间点到相应投影面的距离,如图 2-11 所示：

$$a'a_X = a''a_{Y_H} = Aa$$

$$aa_X = a''a_Z = Aa'$$

$$aa_{Y_H} = a'a_Z = Aa''$$

归纳起来即影轴距等于点面距。

点的投影永远是点。点本身没有长、宽、高,但点在三面投影体系中的投影规律实质上与三视图的"三等"关系是一致的。几何体上每一个点的投影都符合这一投影规律。

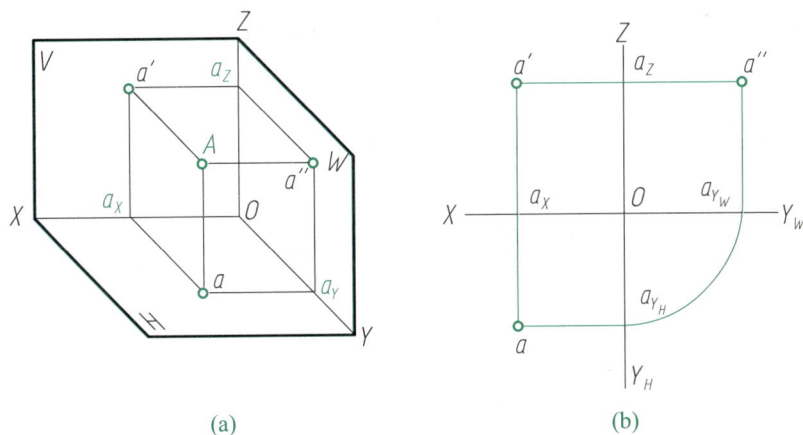

(a)　　　　　　　　　　(b)

图 2-11　点的投影规律

3. 点的投影与坐标

点的空间位置可由点到三个投影面的距离来确定。如图 2-12 所示,如果将投影面作为坐标面,投影轴作为坐标轴,则点的三面投影与点的三个坐标值有以下对应关系：

点 A 到 W 面的距离　　$Aa'' = aa_Y = a'a_Z = Oa_X$,以坐标 x 标记。

点 A 到 V 面的距离　　$Aa' = aa_X = a''a_Z = Oa_Y$,以坐标 y 标记。

点 A 到 H 面的距离　　$Aa = a'a_X = a''a_Y = Oa_Z$,以坐标 z 标记。

空间点的位置可由该点的坐标（x、y、z）确定。如点 A 的坐标为 $A(20,15,30)$,即表示点 A 的 x 坐标为 20 mm、y 坐标为 15 mm、z 坐标为 30 mm。

点的投影规律

(a)　　　　　　　　　　(b)

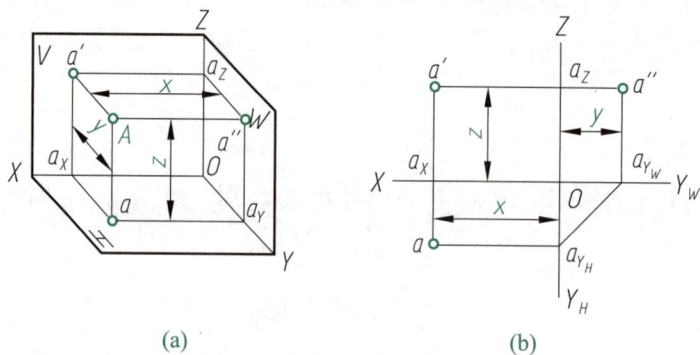

图 2-12　点的投影与坐标

例 2-1　如图 2-13a 所示,已知点 A(20,10,18),求作它的三面投影。

解　根据点的坐标的含义可知:

$$x=20 \text{ mm}=Oa_X$$

$$y=10 \text{ mm}=Oa_Y$$

$$z=18 \text{ mm}=Oa_Z$$

作图步骤如图 2-13b、c、d 所示。

① 画投影轴,定原点 O。

② 在 X 轴的正向量取 $Oa_x=20$ mm,定出 a_x(图 2-13b)。

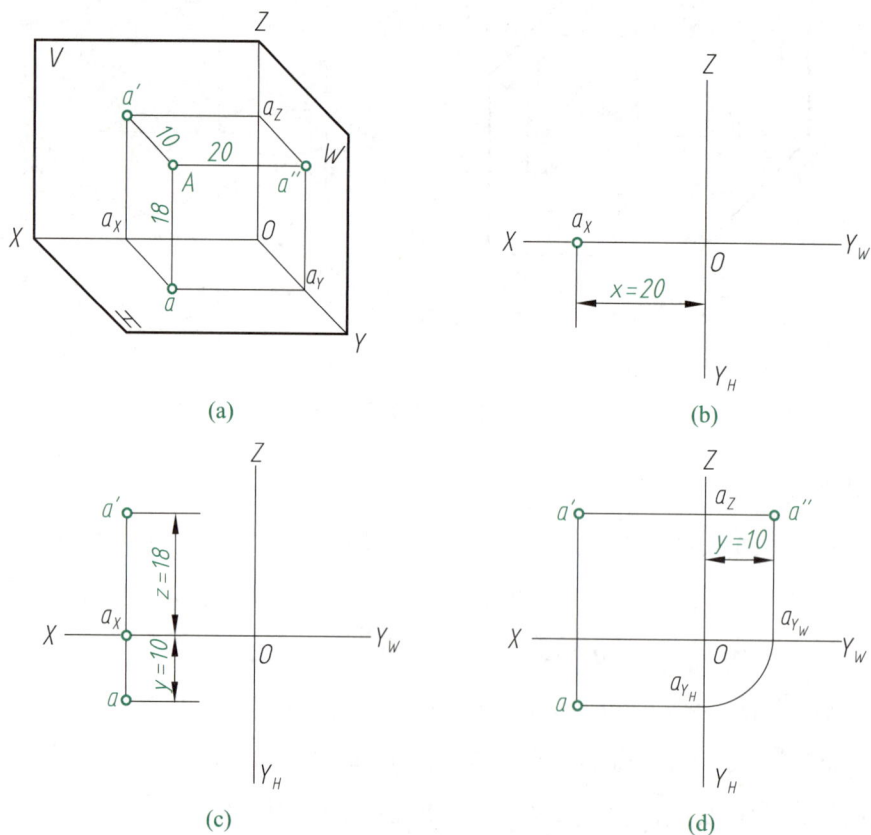

(a)　　　　　　　　　　(b)

(c)　　　　　　　　　　(d)

图 2-13　由点的坐标画出点的三面投影

③ 过 a_X 作 X 轴的垂线,在垂线上沿 OZ 方向量取 $a_X a' = 18$ mm,沿 OY_H 方向量取 $a_X a = 10$ mm,分别得 a'、a(图 2-13c)。

④ 过 a' 作 Z 轴的垂线,得交点 a_Z,在垂线上沿 OY_W 方向量取 $a_Z a'' = 10$ mm,定出 a'';或由 a 作 X 轴平行线,得交点 a_{Y_H},再用圆规作图得 a''(图 2-13d)。

例 2-2 已知点的两面投影,求作其第三面投影。

解 给出点的两面投影,则点的三个坐标就完全确定了,因而点的第三面投影必能唯一作出;或者根据点的投影规律,按照第三面投影与已知两面投影的关系,也能唯一求出,如图 2-14 所示。

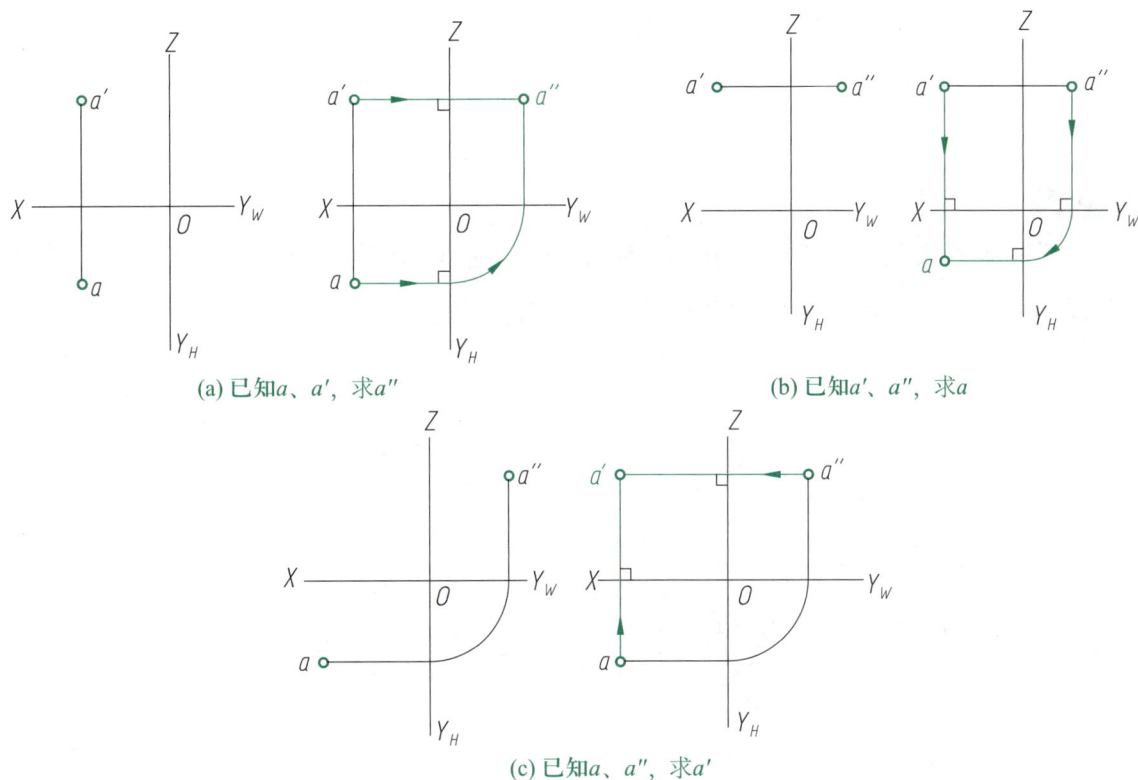

(a) 已知 a、a',求 a''　　(b) 已知 a'、a'',求 a

(c) 已知 a、a'',求 a'

图 2-14　由两面投影求第三面投影

4. 点的相对位置

两点的相对位置是以一点为基准,判别另一点相对于这一点的左右、上下、前后位置关系。

在三面投影体系中,两点的相对位置是由两点的坐标差决定的。如图 2-15 所示,已知空间点 $A(x_A, y_A, z_A)$ 和 $B(x_B, y_B, z_B)$,点 A、B 的左右位置:由于 $x_A > x_B$,所以点 A 在左,点 B 在右;点 A、B 的前后位置:由于 $y_B > y_A$,所以点 B 在前,点 A 在后;点 A、B 的上下位置:由于 $z_B > z_A$,所以点 B 在上,点 A 在下。

空间两点的上下、左右位置比较容易判别,要特别注意两点前后位置的判断。

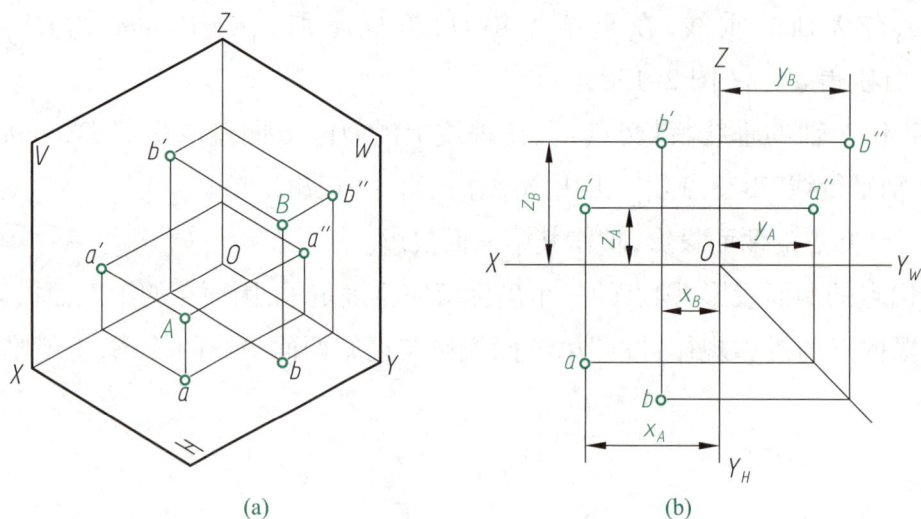

(a)   (b)

图 2-15   两点的相对位置

　　若空间两点在某一投影面上的投影重合,则这两点称为重影点,对不可见的点,规定要加括号表示,如图 2-16 所示的点 E、F 的正面投影 e' 和 f' 重影成一点。

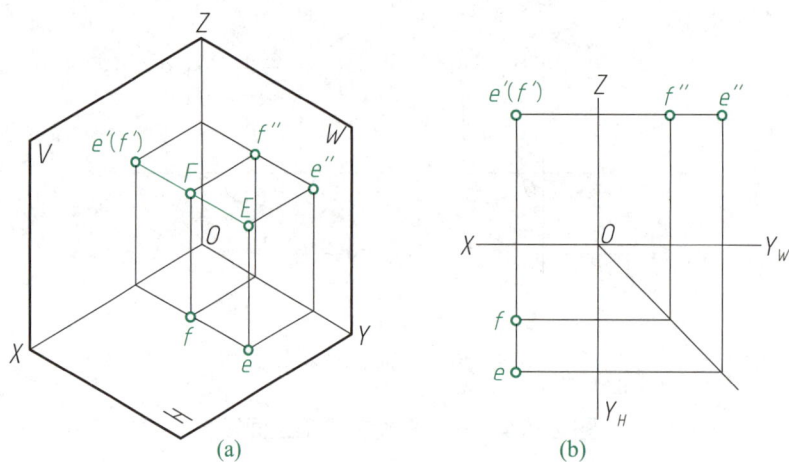

(a)   (b)

图 2-16   重影点的投影

二、直线[①] 的投影

1. 直线的三面投影

　　根据"两点确定一直线"的几何定理,在作直线的投影时,只要作出直线上任意两点的投影,再将两点的同面投影连接起来,即得到直线的三面投影,如图 2-17 所示。

---

　　① 直线的长度为无限,若限定长度应称为直线段。本书中"直线"仅指直线段。

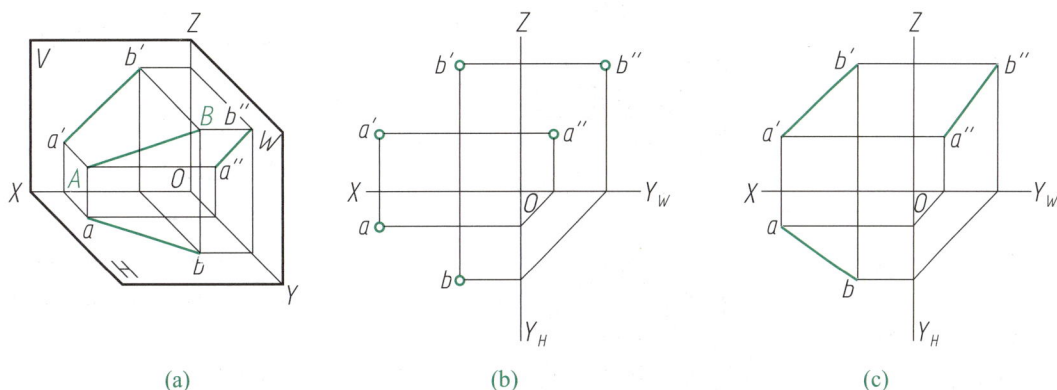

图 2-17　直线的三面投影

2. 直线在三面投影体系中的投影特性

在三面投影体系中，根据直线相对于投影面的位置可将直线分为一般位置直线和特殊位置直线（投影面平行线、投影面垂直线）。

（1）一般位置直线　相对于三个投影面均处于倾斜位置的直线，如图 2-18 所示四棱台的四条棱线。一般位置直线的投影特性如下：

① 在三个投影面上的投影均是倾斜直线。

② 投影长度均小于实长。

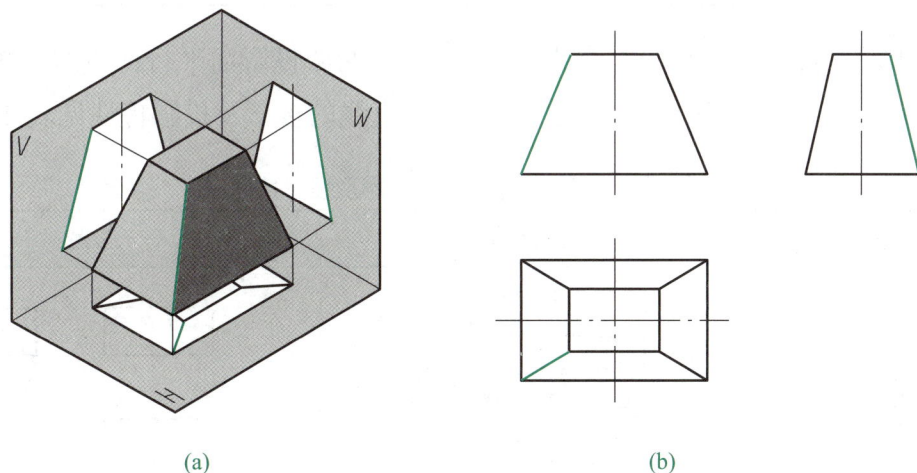

图 2-18　一般位置直线

（2）投影面平行线　只平行于一个投影面，而倾斜于其他两个投影面的直线。投影面平行线有三种位置：正平线、水平线、侧平线。投影面平行线的投影及投影特性见表 2-1。

表 2-1　投影面平行线的投影及投影特性

名称	立体图	投影
正平线 （∥V面）	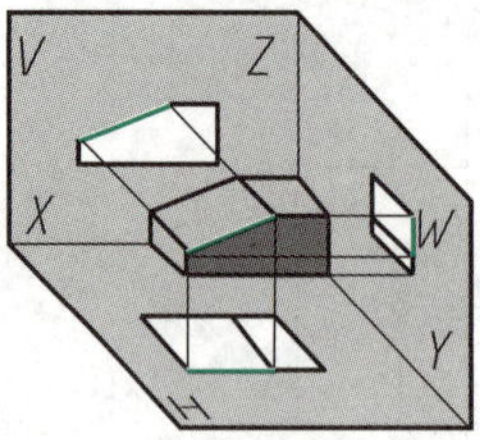	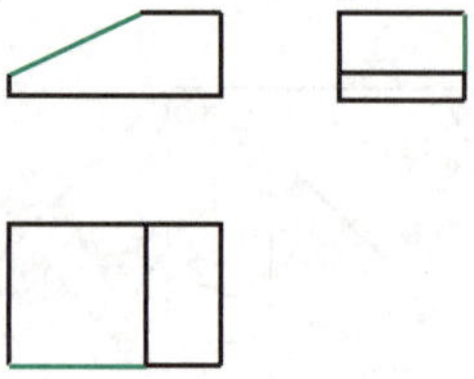
水平线 （∥H面）	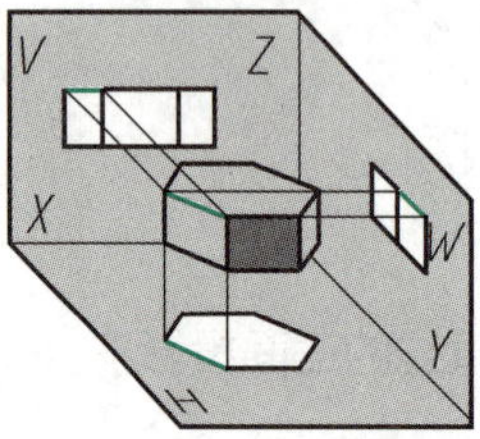	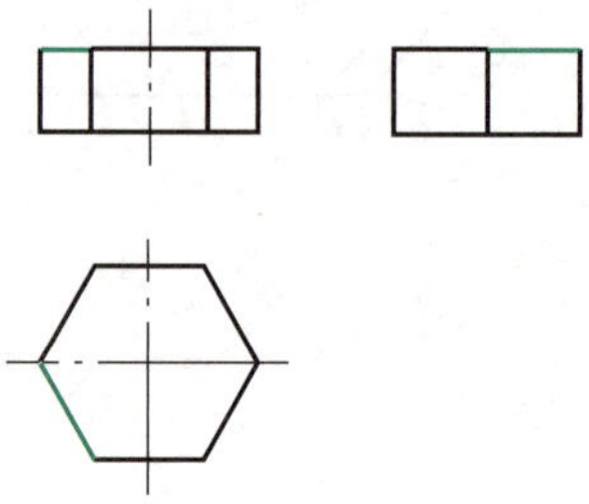
侧平线 （∥W面）	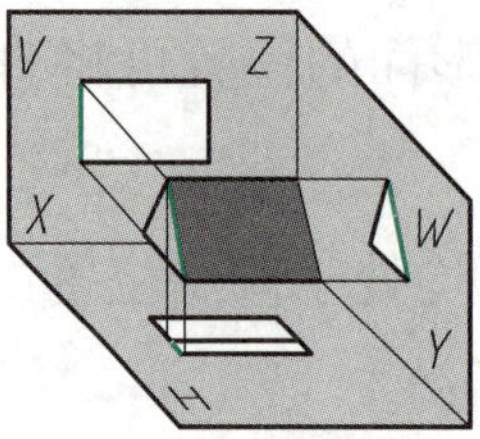	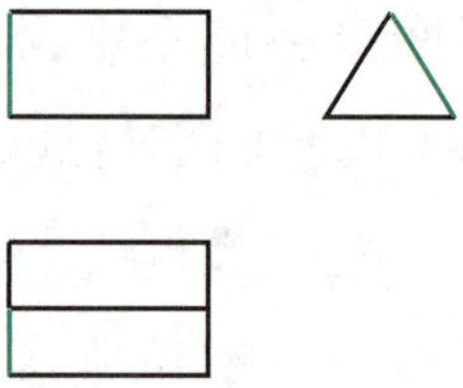

投影面
平行线的
投影

投影特性：

1. 在所平行的投影面上的投影为一段反映实长的斜线。
2. 在其他两个投影面上的投影分别平行于相应的投影轴，长度缩短

（3）投影面垂直线　垂直于一个投影面，与另外两个投影面平行的直线。投影面垂直线有三种位置：正垂线、铅垂线、侧垂线。投影面垂直线的投影及投影特性见表 2-2。

表 2-2　投影面垂直线的投影及投影特性

名称	立体图	投影
正垂线 （⊥V面）	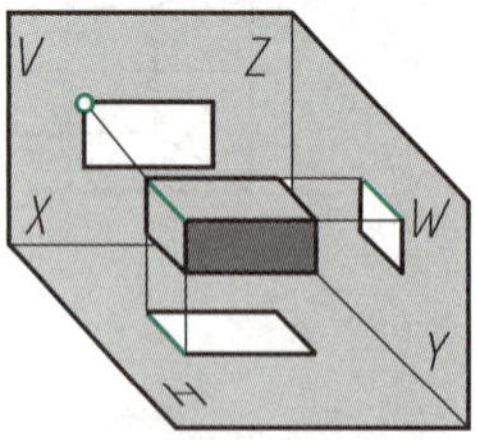	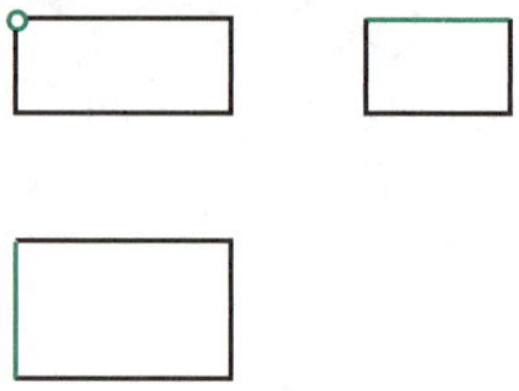
铅垂线 （⊥H面）	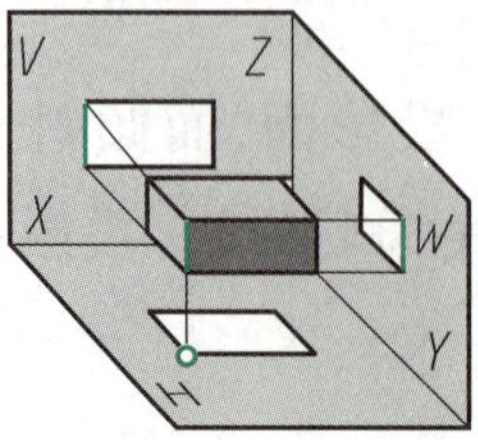	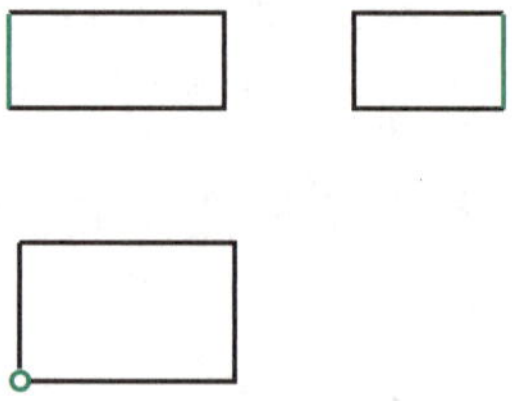

续表

名称	立体图	投影
侧垂线 （⊥ W 面）		

投影特性：

1. 在所垂直的投影面上的投影积聚为一点。

2. 在其他两个投影面上的投影分别平行于相应的投影轴，且反映实长

例 2-3 分析正三棱锥棱线 SB、AC 及 SA 与投影面的相对位置（图 2-19）。

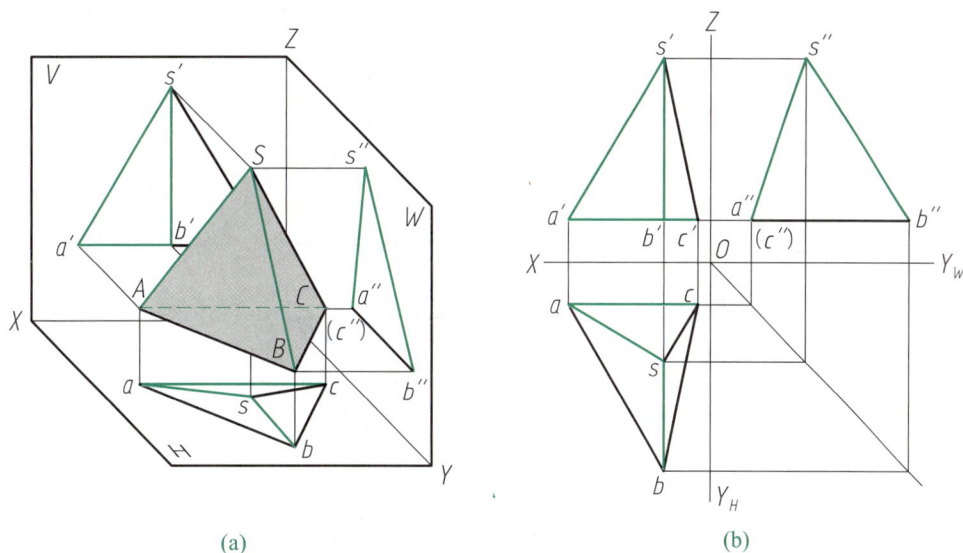

（a）   （b）

图 2-19 分析棱线与投影面的相对位置

① 棱线 SB：sb 和 $s'b'$ 分别平行于 Y_H 轴和 Z 轴，SB 为侧平线，侧面投影 $s''b''$ 反映实长。

② 棱线 AC：侧面投影 a''（c''）重影，AC 为侧垂线，$a'c'=ac=AC$。

③ 棱线 SA：在三个投影面上的投影 sa、$s'a'$、$s''a''$ 对投影轴倾斜，为一般位置直线。

三、平面的投影

1. 平面的三面投影

不在同一直线上的三点可以确定一个平面。在作平面的投影时，只要作出平面上各点的投影，然后连接这些点的同面投影，即得到平面的三面投影，如图 2-20 所示。

(a)   (b)

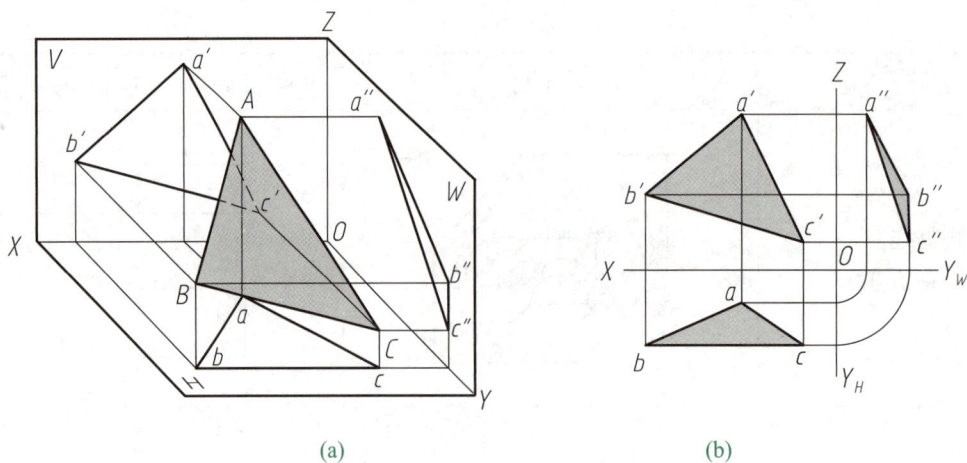

图 2-20　多边形平面的三面投影

2. 平面在三面投影体系中的投影特性

在三面投影体系中,根据平面相对于投影面的位置可将平面分为一般位置平面和特殊位置平面(投影面平行面、投影面垂直面)。

(1)一般位置平面　与三个投影面均处于倾斜位置的平面,如图 2-21 所示平面 *SAB*。

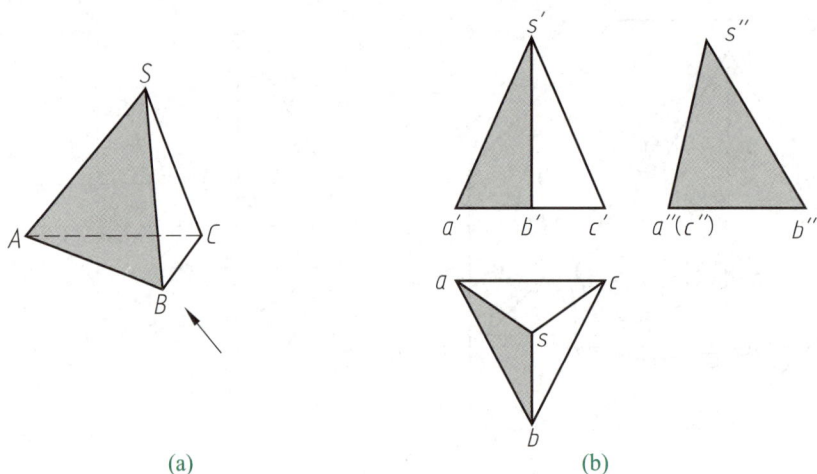

(a)   (b)

图 2-21　正三棱锥上的一般位置平面的投影

一般位置平面的投影特性:在三个投影面上的投影均为原平面的类似形,且面积缩小。

(2)投影面平行面　平行于一个投影面,而垂直于另外两个投影面的平面。投影面平行面也可分为三种位置:正平面、水平面、侧平面。投影面平行面的投影及投影特性见表 2-3。

表 2-3　投影面平行面的投影及投影特性

名称	立体图	投影
正平面 (∥ *V* 面)		

续表

名称	立体图	投影
水平面 （∥ H 面）	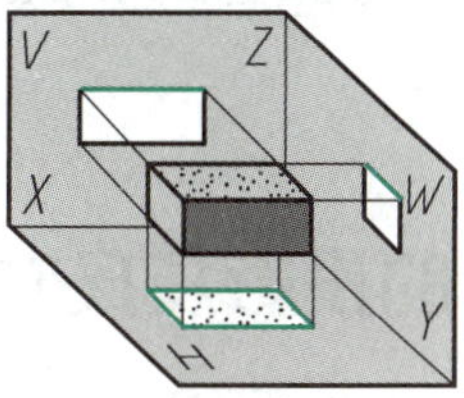	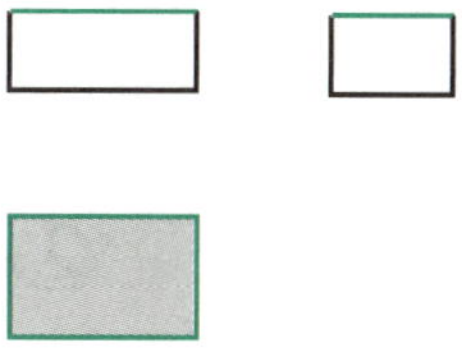
侧平面 （∥ W 面）	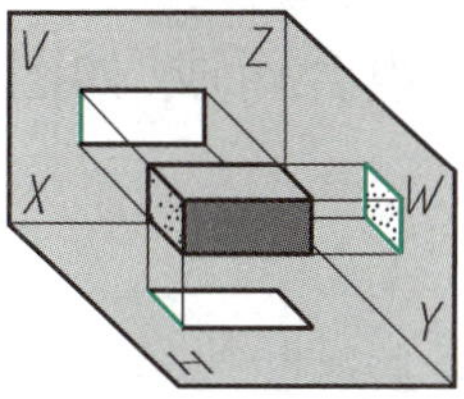	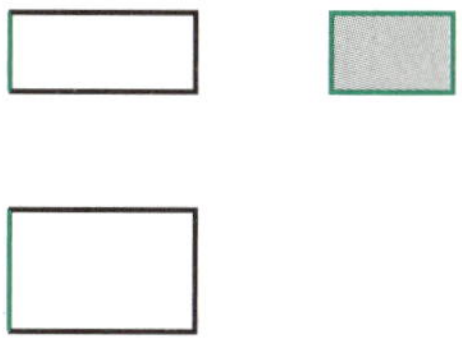

投影特性：

1. 在所平行的投影面上的投影反映实形。
2. 在其他两投影面上的投影分别积聚成直线，且平行于相应的投影轴

（3）投影面垂直面　垂直于一个投影面，而倾斜于另外两个投影面的平面。投影面垂直面也有三种位置：正垂面、铅垂面、侧垂面。投影面垂直面的投影及投影特性见表2-4。

表2-4　投影面垂直面的投影及投影特性

名称	立体图	投影
正垂面 （⊥ V 面）	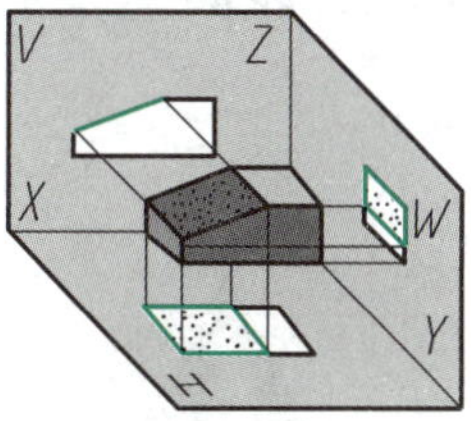	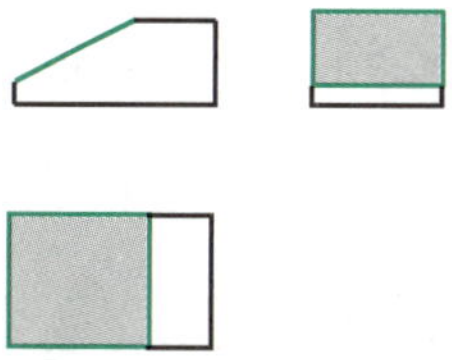
铅垂面 （⊥ H 面）	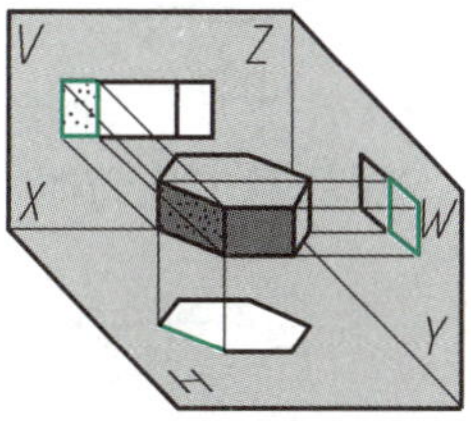	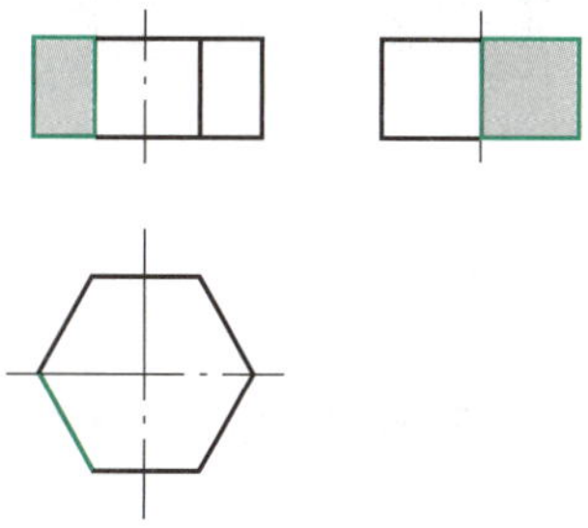
侧垂面 （⊥ W 面）	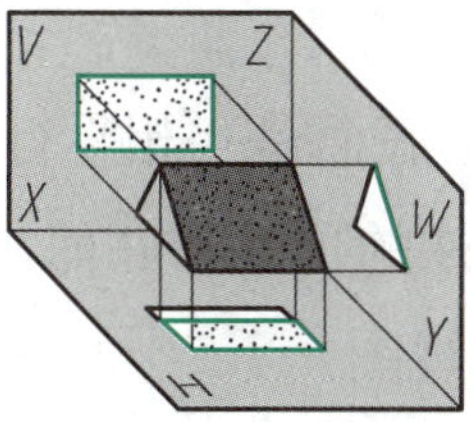	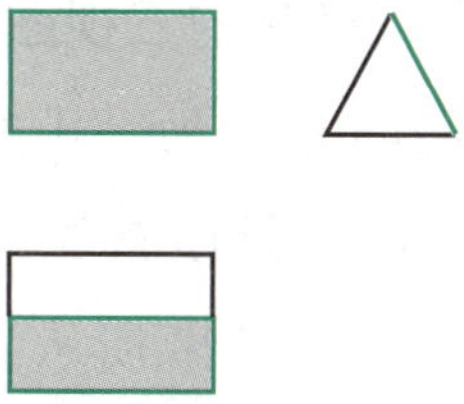

投影特性：

1. 在所垂直的投影面上的投影积聚为一段斜线。
2. 在其他两投影面上的投影均为缩小的类似形

投影面平行面的投影

投影面垂直面的投影

想一想

怎样从点、直线和平面的空间位置自如转换到点、直线和平面的投影？

2.4　基本几何体的投影及尺寸标注

复杂物体都可以看成由若干基本几何体组合而成，如图 2-22 所示的顶尖、螺栓坯和手柄。

(a) 顶尖　　　　　(b) 螺栓坯　　　　　(c) 手柄

图 2-22　顶尖、螺栓坯和手柄

常见的基本几何体有棱柱、棱锥、圆柱、圆锥、球、圆环等，如图 2-23 所示。表面都是平面的几何体称为平面立体，如图 2-23a、b 所示，表面至少有一个曲面的几何体称为曲面立体，如图 2-23c、d、e、f 所示。

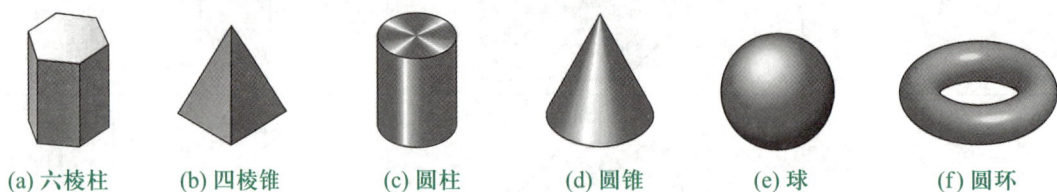

(a) 六棱柱　　(b) 四棱锥　　(c) 圆柱　　(d) 圆锥　　(e) 球　　(f) 圆环

图 2-23　常见的基本几何体

一、平面立体——棱柱

1. 正六棱柱的三视图分析

图 2-24a 所示为一正六棱柱，其顶面和底面是互相平行的正六边形，六个侧面都是相同的矩形且与底面、顶面垂直。选择正六棱柱的顶面和底面与 H 面平行，同时前、后两个面与 V 面平行。图 2-24b 所示为正六棱柱的三视图。

（1）俯视图　为正六边形，反映顶面、底面的实形；六条边是六个侧面在 H 面的积聚性投影。

（2）主视图　为三个矩形线框，中间的矩形是前、后两个侧面的重合投影；左、右两个矩形是正六棱柱其余四个侧面的重合投影,均为收缩的类似形;顶面和底面在 V 面的投影积聚为上、下两条水平线。

（3）**左视图**　为两个相同的矩形线框,是左、右四个侧面的重合投影,均为收缩的类似形;前、后两个侧面在 W 面的投影积聚为两条直线;顶面和底面在 W 面的投影积聚为上、下两条水平线。

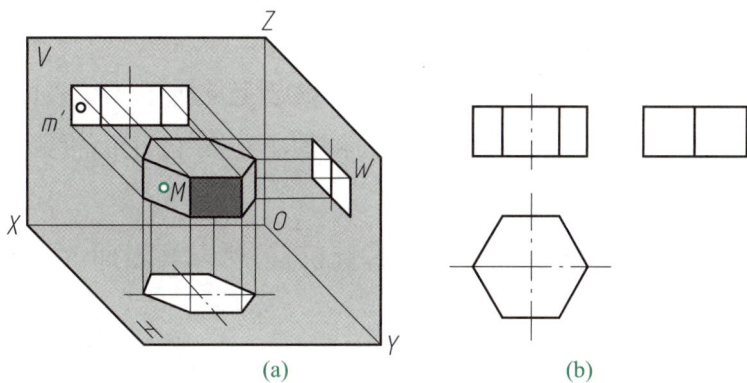

图 2-24　正六棱柱的三视图

2. 正六棱柱三视图的作图步骤

正六棱柱三视图的作图步骤如图 2-25 所示,一般先从反映形状特征的视图画起,然后按视图间投影关系完成其他两面视图。

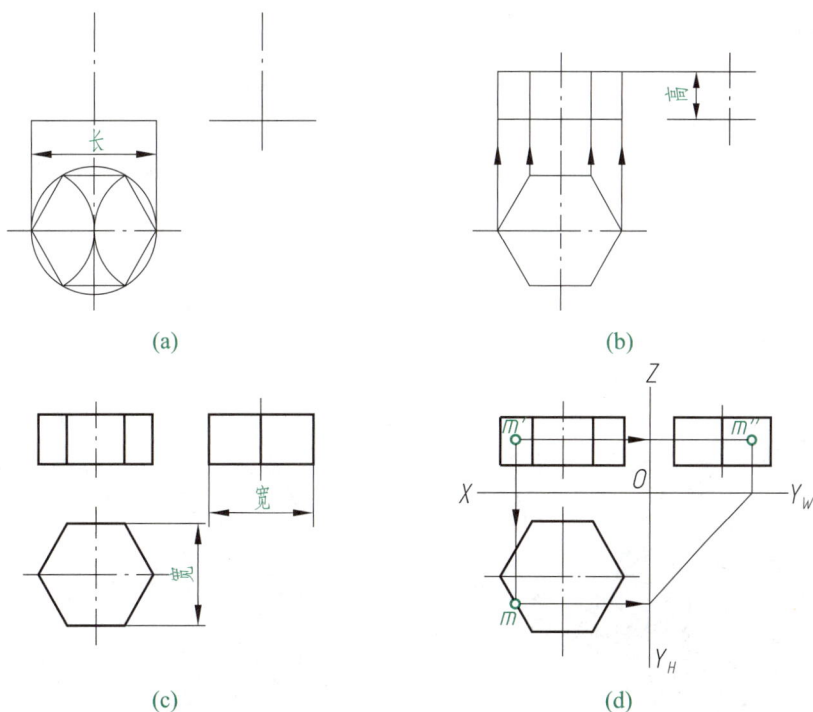

图 2-25　正六棱柱三视图的作图步骤及求表面上点的投影

作图步骤如下：

① 画三个视图的对称中心线作为基准线，然后画具有轮廓特征的俯视图——正六边形，如图 2-25a 所示。

② 根据"长对正"和正六棱柱的高度画主视图，并根据"高平齐"画左视图的高度线，如图 2-25b 所示。

③ 根据"宽相等"完成左视图，检查、描深，如图 2-25c 所示。

3. 正六棱柱表面上点的投影

若点在基本几何体的某个表面上，则该点的投影必定从属于所在表面的同面投影。

例 2-4   在图 2-25a 中，已知正六棱柱左前侧面上点 M 的正面投影 m'，求其余两个投影 m 和 m''。

分析   由于图示正六棱柱的表面都处在特殊位置，所以其表面上点的投影均可利用平面投影的积聚性求得。

作图步骤如下：

① 由于左前侧面的水平面投影积聚成直线，所以点 M 的水平面投影 m 一定在左前侧面的水平面投影上。据此从 m' 向俯视图作投影连线，与该直线的交点即为 m，如图 2-25d 所示。

② 根据"高平齐、宽相等"的投影规律，由正面投影 m' 和水平面投影 m 就可求得侧面投影 m''，如图 2-25d 所示。

二、平面立体——棱锥

1. 正四棱锥的三视图分析

图 2-26a 所示为一正四棱锥，底面为一正方形，四个侧面均为等腰三角形；底面为水平面，左、右侧面为正垂面、前、后面为侧垂面；四条棱线交于一点，即锥顶 S。图 2-26b 所示为正四棱锥的三视图。

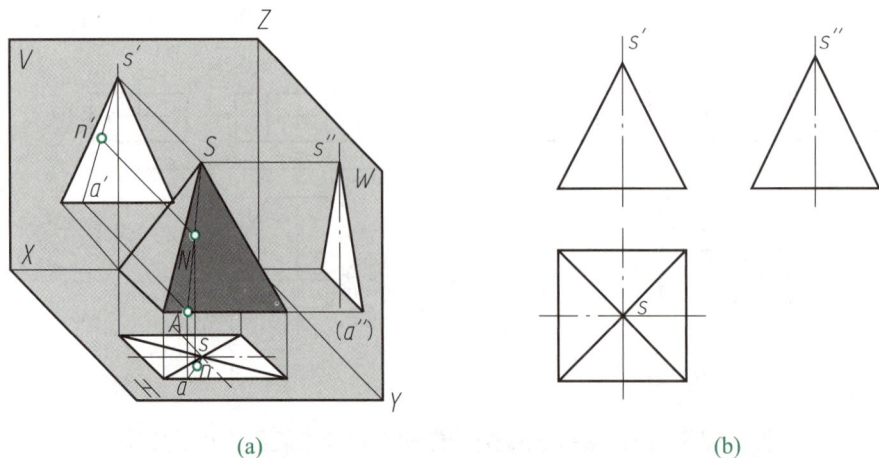

图 2-26   正四棱锥及其三视图

（1）**主视图**　为一个三角形线框,两条斜边是正四棱锥左、右侧面的积聚性投影,底边是底面的积聚性投影;三角形线框同时反映了正四棱锥前、后面在 V 面的投影,但并不反映实形。

（2）**俯视图**　为四个三角形组成的正方形线框。四个三角形是四个侧面的类似形投影,四条棱线的投影构成了正方形的对角线;正方形是底面的实形投影,被四个侧面遮挡。

（3）**左视图**　也为一个三角形线框,两条斜边是正四棱锥前、后面的积聚性投影;整个三角形线框是左、右侧面的投影,但不反映实形;三角形线框的底边是底面的积聚性投影。

三视图中的细点画线为正四棱锥对称面的积聚性投影。

2. 正四棱锥三视图的作图步骤

（1）画三个视图的基准线,然后画正四棱锥的俯视图,如图 2-27a 所示。

（2）根据"长对正"和正四棱锥的高度画主视图的锥顶和底面,并根据"高平齐、宽相等"画左视图的锥顶和底面,如图 2-27b 所示。

（3）连接棱线的投影,检查、描深,完成全图,如图 2-27c 所示。

3. 正四棱锥表面上点的投影

例 2-5　在图 2-26a 中,已知正四棱锥前面上点 N 的正面投影 n' ,求其余两面投影 n 和 n'' 。

分析　凡属于特殊位置表面上的点,可利用投影的积聚性直接求得;而对于一般位置表面上的点,则要通过在该面上作辅助线的方法求得。

作图步骤如下:

① 过锥顶点 S 及点 N 作一条辅助线 SA,点 N 的水平面投影 n 必在 SA 的水平面投影 sa 上,如图 2-26a 和图 2-27d 所示。

② 根据"长对正"由 n' 求出 n,如图 2-27d 所示。

③ 由 n' 和 n 求出 n'' 。

由于正四棱锥的前面垂直于 W 面,也可以先求出 n'',再由 n'' 和 n' 求出 n,这样就不必作辅助线（图 2-27d）。

通过对棱柱和棱锥的分析可知,绘制平面立体的三视图,实际上就是画出组成平面立体的各表面的投影。绘图时,首先确定平面立体与投影面的相对位置;然后分析立体表面相对于投影面的位置,是平行于投影面,还是垂直于投影面,或是倾斜于投影面;最后根据平面的投影特性弄清各视图的形状,并按照视图之间的投影规律逐步画出三视图。

在平面立体表面上取点的作图方法是:若立体表面是特殊位置平面,则可利用积聚性的投影特性;若立体表面是一般位置平面,则要先作一辅助线,然后在此辅助线上取点。

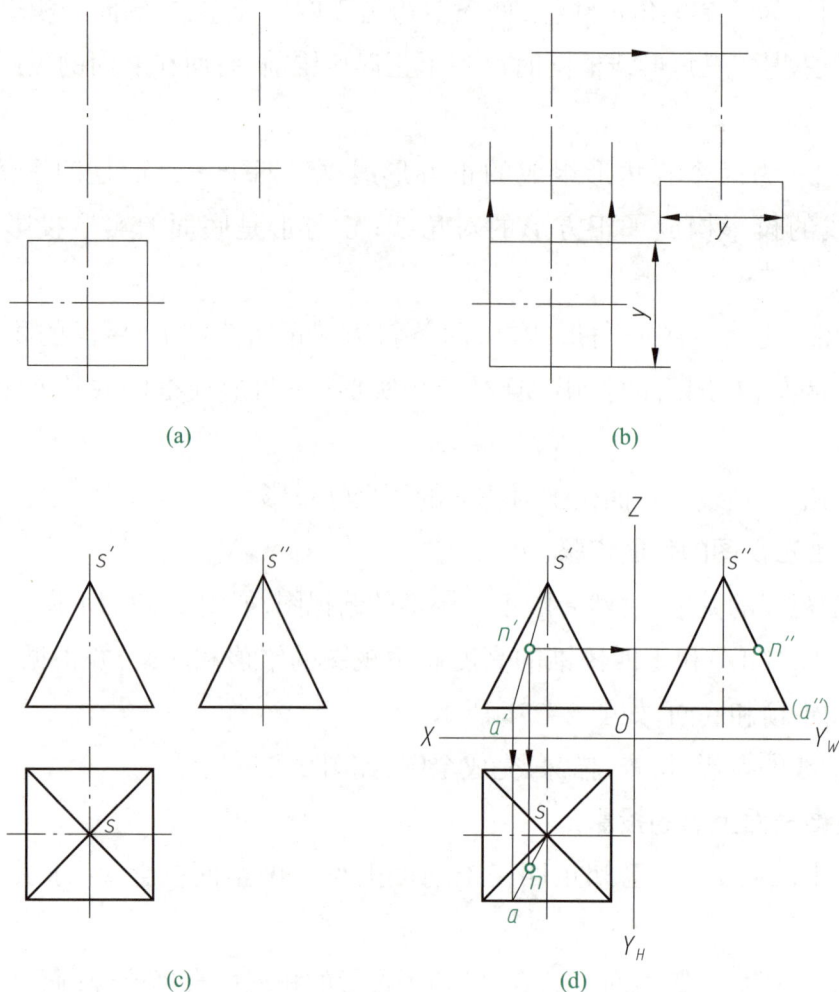

(a)   (b)

(c)   (d)

图 2-27   正四棱锥三视图的作图步骤及求表面上点的投影

三、曲面立体——圆柱

1. 圆柱的形成

如图 2-28 所示，圆柱表面包括圆柱面和上、下底面。圆柱面是回转面，可以看作由一条与轴线平行的直母线绕轴线旋转而成。圆柱面上任意一条平行于轴线的直线称为圆柱面的素线。在投影图中处于轮廓位置的素线称为轮廓素线（或称为转向轮廓线）。

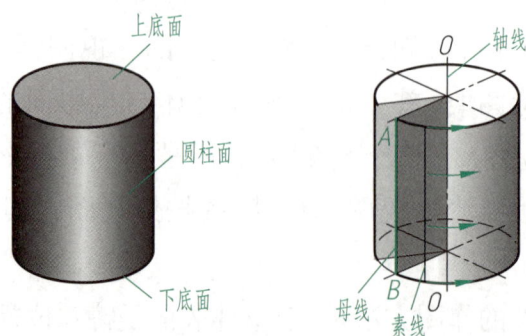

图 2-28   圆柱的形成

2. 圆柱的三视图分析

图 2-29a 所示圆柱,其圆柱面和上、下底面垂直,圆柱轴线为铅垂线。图 2-29b 所示为圆柱的三视图。

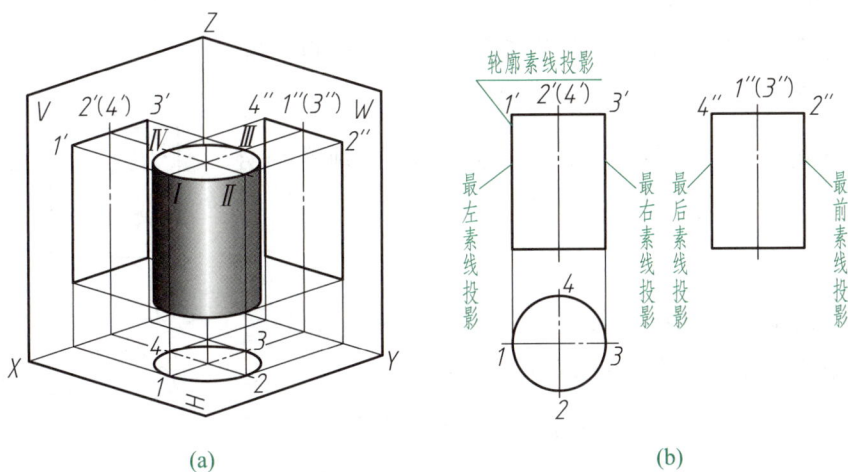

图 2-29　圆柱及其三视图

（1）**主视图**　为一个长方形线框,是圆柱面的投影;线框的上、下两条直线是圆柱上、下底面的积聚性投影;左、右两条直线是圆柱面最左、最右素线的投影。

（2）**俯视图**　为一个圆,圆平面是上、下底面的实形投影,圆周则是圆柱面的积聚性投影。

（3）**左视图**　也为一个长方形线框,是圆柱面的投影;上、下两条直线是圆柱上、下底面的投影;两条竖线是圆柱面最前、最后素线的投影。

主、左视图中的细点画线和俯视图中细点画线的交点表示圆柱轴线的投影。

做一做

用软纸板做一个圆柱,做好后观察:在主视图和左视图中,圆柱面可见性的分界线在哪里?

3. 圆柱三视图的作图步骤

（1）画圆柱轴线的投影和中心线作为基线,如图 2-30a 所示。

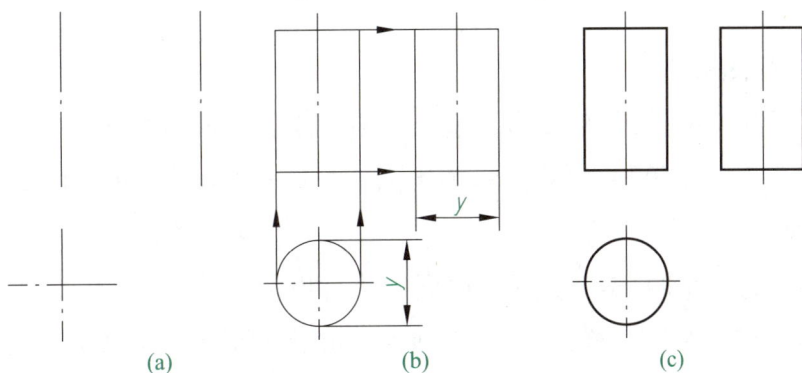

图 2-30　圆柱三视图的作图步骤

（2）从最具轮廓特征的俯视图画起，再根据投影的对应关系画出主视图和左视图，如图 2-30b 所示。

（3）检查、描深，完成全图，如图 2-30c 所示。

4. 圆柱表面上点的投影

例 2-6　如图 2-31 所示，已知圆柱面上点 A、B 的 V 面投影 a' 和（b'）重影，求作点 A、B 的 H 面投影和 W 面投影。

分析　由图可知，a' 为可见，（b'）为不可见，判断点 A 在前半圆柱面上，点 B 在后半圆柱面上。

作图步骤如下：

① 根据圆柱面在 H 面的投影具有积聚性，按"长对正"由 a'、（b'）作出 a 和 b，如图 2-31 所示。

② 根据"高平齐、宽相等"由 a'、a 和（b'）、b 作出 a'' 和 b''。由于点 A、B 都在左半圆柱面上，所以 a''、b'' 都是可见的。

求圆柱表面上点的投影

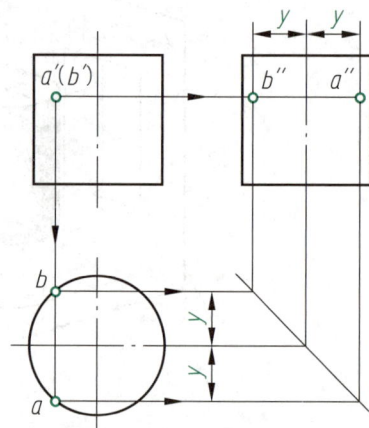

图 2-31　求圆柱表面上点的投影

四、曲面立体——圆锥

1. 圆锥的形成

圆锥的表面由圆锥面和圆形底面围成，圆锥面可以看作由母线绕与其斜交的轴线旋转而成，如图 2-32 所示。圆锥也是回转体。

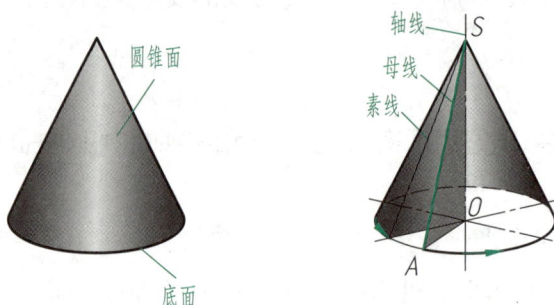

图 2-32　圆锥的形成

2. 圆锥的三视图分析

图 2-33a 所示为一圆锥，其轴线为铅垂线。图 2-33b 所示为圆锥的三视图。

（1）**主视图**　为一个等腰三角形，是圆锥面的投影；底边是圆锥底面的积聚性投影；两腰是最左、最右素线的投影。

（2）**俯视图**　为一个圆，是圆锥面和底面的重合投影。

（3）**左视图**　和主视图一样，也为一个等腰三角形，是圆锥面的投影；底面是圆锥底面的积聚性投影；两腰是最前、最后素线的投影。

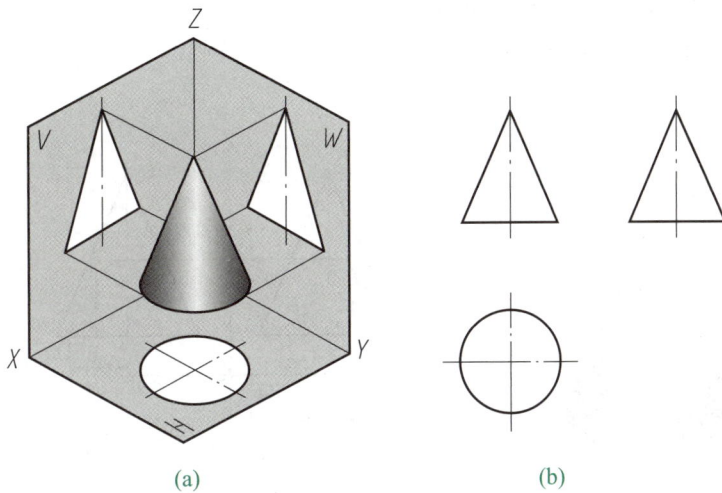

图 2-33 圆锥及其三视图

3. 圆锥三视图的作图步骤

（1）画圆锥轴线和中心线，然后画圆锥底圆在 H 面的投影，再画圆锥底面在主、左视图中的投影，如图 2-34a 所示。

（2）根据圆锥的高度，在主、左视图中画出锥顶的投影，如图 2-34b 所示。

（3）连接轮廓线，检查、描深，完成全图，如图 2-34c 所示。

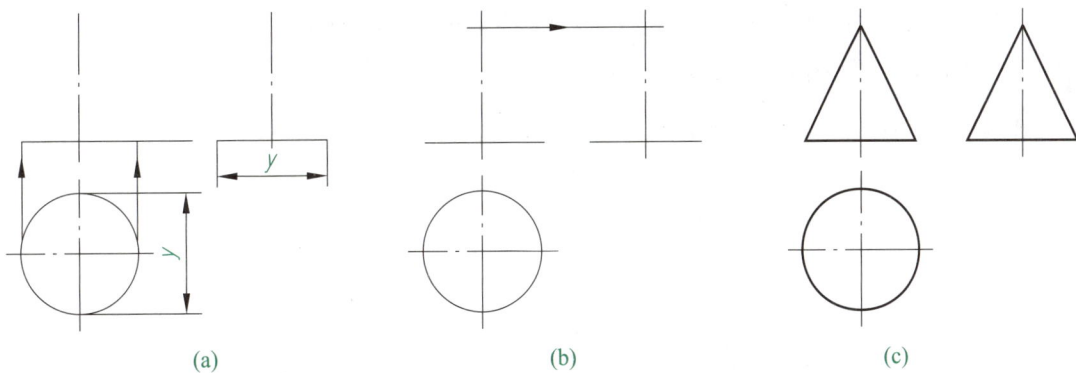

图 2-34 圆锥三视图的作图步骤

4. 圆锥表面上点的投影

例 2-7 如图 2-35 所示，已知圆锥面上有点 A 在 V 面上的投影为 a'，求作 a 和 a''。

分析 由图可知，a' 为可见，判断点 A 在前圆锥面上。求作圆锥面上点的投影，可用下列两种方法：

（1）辅助线法 如图 2-35 所示，作图步骤如下：

① 在 V 面上过 $s'\,a'$ 作辅助线交底圆投影，交点为 m'。

② 由 m' 作出 m。

③ 连接点 s、m, sm 为辅助线 SM 在 H 面上的投影。

④ 根据"长对正",由 a' 在 sm 上求出 a。

⑤ 由 a' 和 a 求出 a''（图 2-35b）。

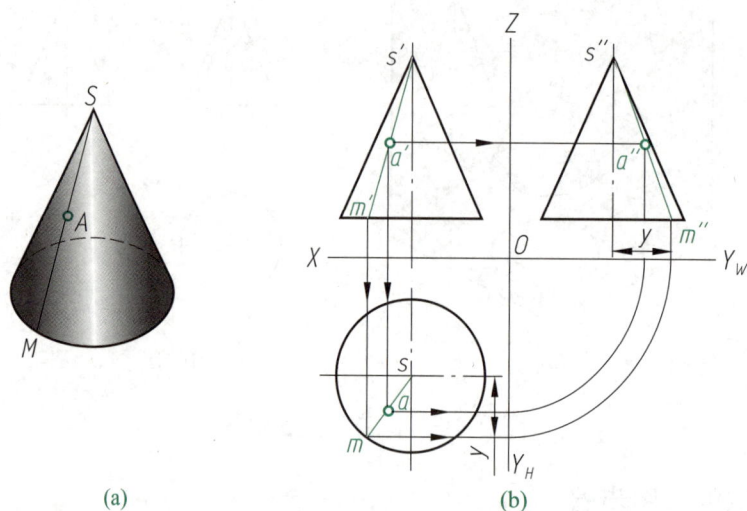

用辅助线法求圆锥面上点的投影

图 2-35   用辅助线法求圆锥面上点的投影

（2）辅助面法   如图 2-36 所示,作图步骤如下:

① 过点 A 作一垂直于圆锥轴线的辅助平面 P 与圆锥相交;平面 P 与圆锥面的交线是一个水平圆,该圆的 V 面投影为过 a' 且平行于底圆投影的直线（即 $b'c'$）。

② 以 $b'c'$ 为直径作水平圆的 H 面投影,投影 a 必定在该圆周上。

③ 根据"长对正",由 a' 求出 a。

④ 由 a'、a 求出 a''（图 2-36b）。

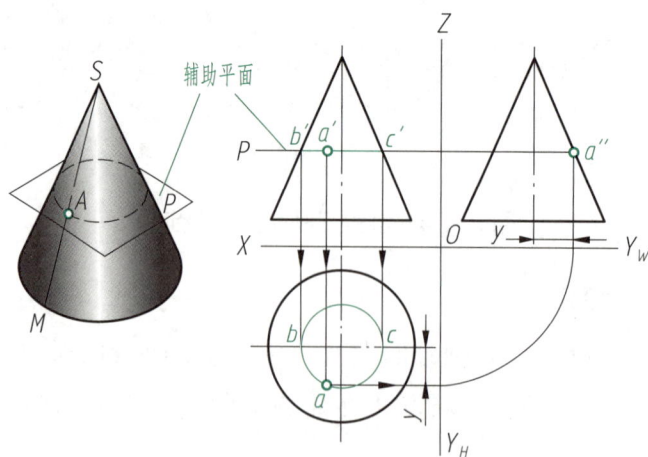

图 2-36   用辅助面法求圆锥面上点的投影

五、曲面立体——球

1. 球的形成

如图 2-37a 所示,球的表面可以看作以一个圆为母线,绕其自身的直径(即轴线)旋转而成。球也是回转体。

2. 球的三视图分析

如图 2-37b 所示,球的三个视图都是等径的圆,分别是球表面上平行于相应投影面的三个可见性分界圆的投影。

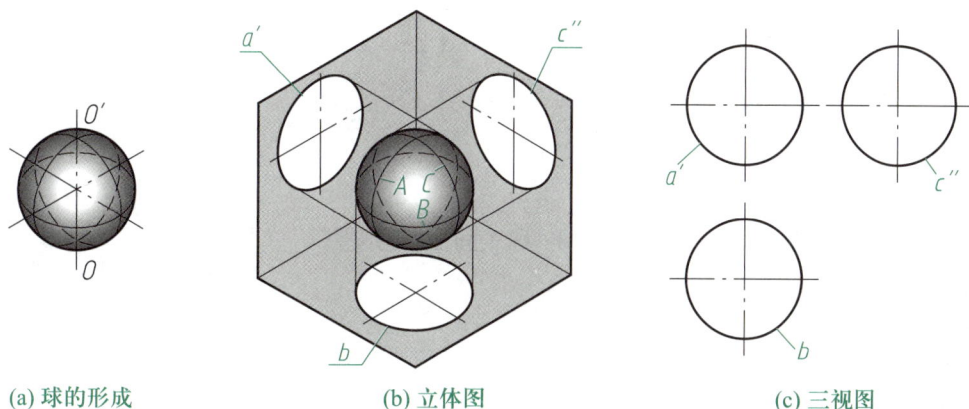

| (a) 球的形成 | (b) 立体图 | (c) 三视图 |

图 2-37　球的形成及三视图分析

主视图中的圆 a' 是轮廓素线圆 A 的 V 面投影,是球表面上平行于 V 面的素线圆,也就是前半球面和后半球面的分界圆。它在俯、左视图中的投影都与球的中心线重合,不应画出。

> **想一想**
>
> 俯视图、左视图中的轮廓素线 b'、c'' 分别是什么分界圆?

3. 球三视图的作图步骤

(1)画各视图圆的中心线。

(2)画三个与球等径的圆(图 2-37c)。

4. 球表面上点的投影

例 2-8　在图 2-38 中,已知球表面上点 A 的正面投影(a')和点 B 的侧面投影 b'',求作这两点的其余两面投影。

分析　由图上(a')的位置可知,点 A 位于球表面的右上部分,在后半球面上,V 面投影为不可见。用辅助面法作图,作图步骤如下:

① 过点 A 作一平行于水平面的辅助平面与球相交,辅助平面与球表面的交线在 V 面上的投影为过(a')的水平线段(图 2-38b);在 H 面上的投影为以这条水平线段为直径的圆,

点 A 的水平面投影 a 必定在这个圆周上。

② 根据投影关系由（a'）求出 a。

③ 由（a'）、a 求出 a''。根据可见性判别 a 是可见的，a'' 是不可见的（图 2-38b）。

求球表面上点的投影

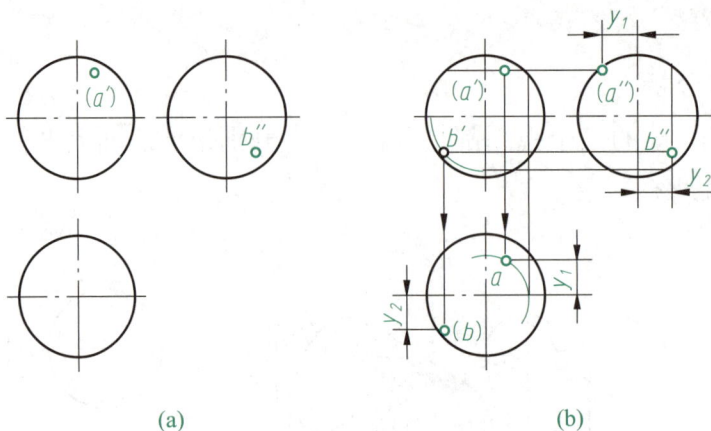

(a)   (b)

图 2-38   球表面上点的投影

做一做

在图 2-38 中，已知点 b''，求点 b 和 b'。

六、基本几何体的尺寸标注

任何物体都具有长、宽、高三个方向的尺寸。在视图上标注基本几何体的尺寸时，应将三个方向的尺寸标注齐全。

常见基本几何体的尺寸标注见表 2-5。

表 2-5   常见基本几何体的尺寸标注

平面立体		曲面立体	
立体图	三视图	立体图	三视图
正四棱柱	左视图可省略	圆柱	俯视图、左视图可省略

续表

平面立体		曲面立体	
立体图	三视图	立体图	三视图
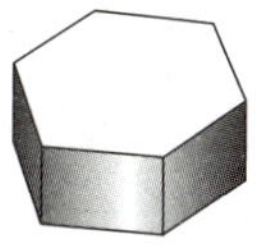 正六棱柱	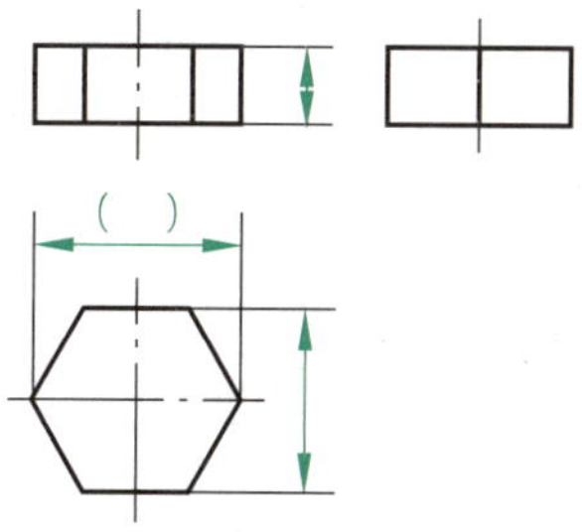 左视图可省略	 圆锥	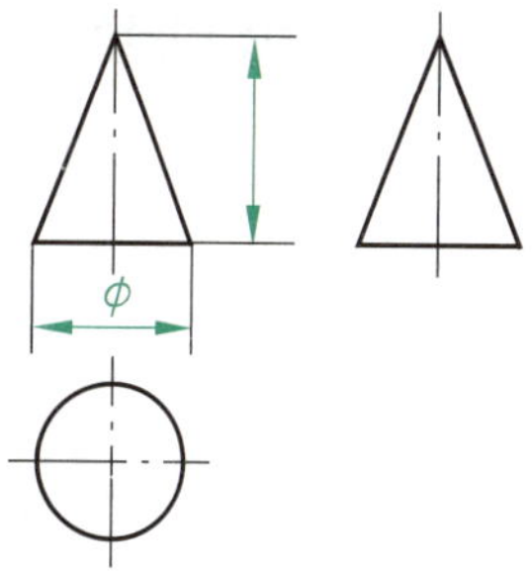 俯视图、左视图可省略
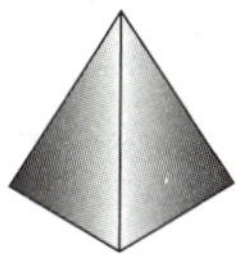 正四棱锥	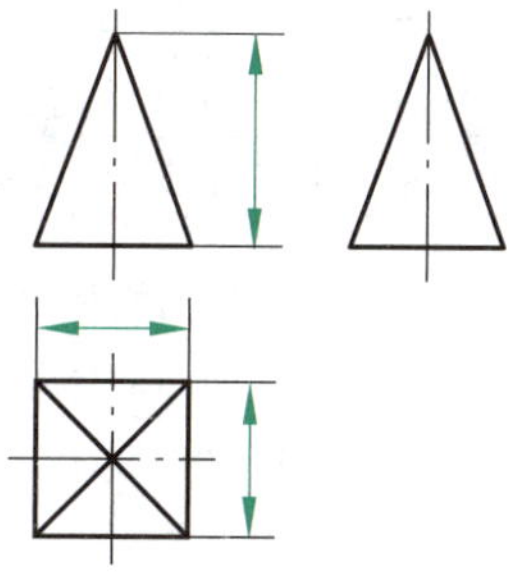 左视图可省略	 圆台	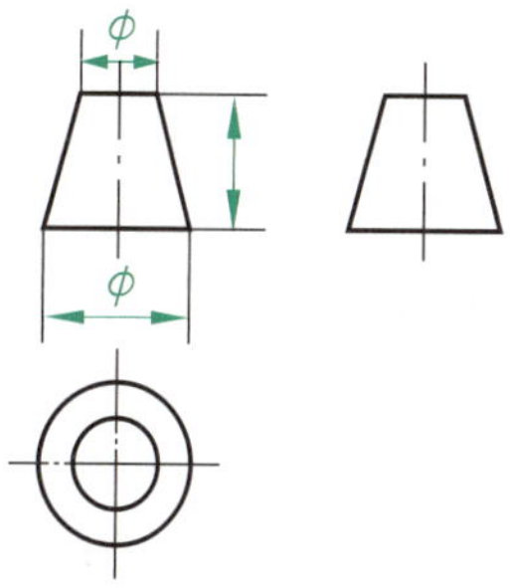 俯视图、左视图可省略
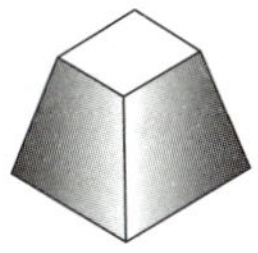 正四棱台	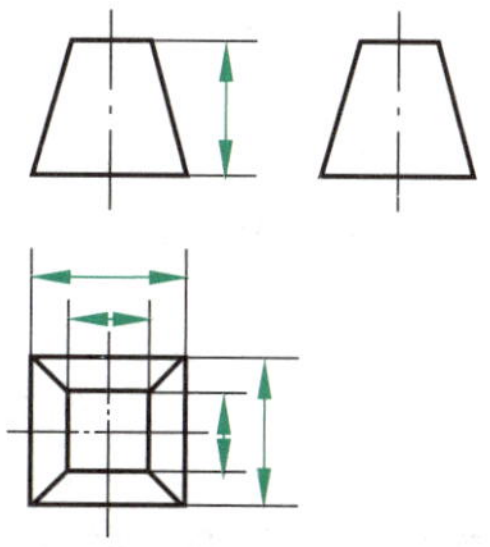 左视图可省略	 球	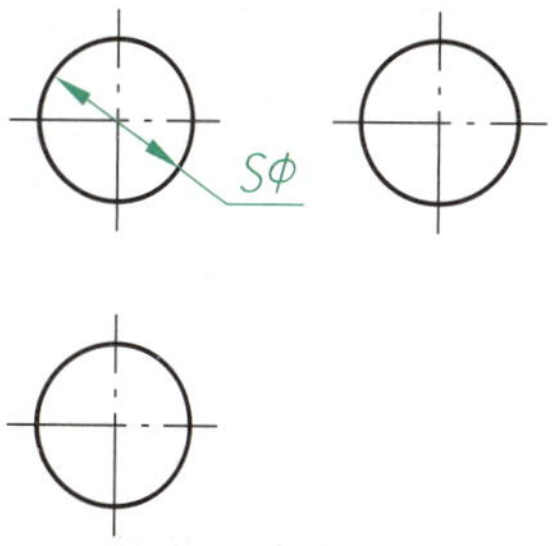 俯视图、左视图可省略

想一想

在表 2-5 中,三视图中的尺寸应尽量注在反映基本几何体形状特征的视图上,而圆的直径一般注在投影为非圆的视图上。

2

▶模块二
小结

概览与思考

一、内容概览

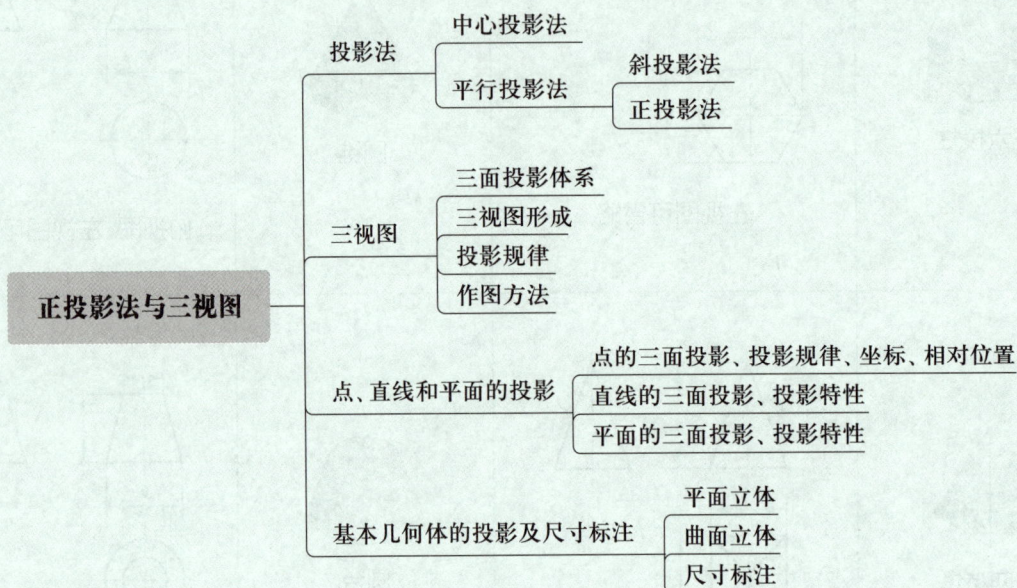

二、思考与实践

1. 投影法有哪两类？

2. 什么是平行投影法？斜投影法和正投影法有何区别？

3. 三视图的投影规律是什么？

4. 如何根据视图判断物体各部分的上下、左右和前后的位置？

5. 点的投影规律是什么？

6. 已知点的两面投影，怎样作出第三面投影？

7. 直线的投影特性是什么？举例说明水平线和侧垂线的投影特性。

8. 平面的投影特性是什么？举例说明正平面和侧平面的投影特性。

9. 举例说明利用积聚性、辅助线法和辅助面法求点的投影的作图步骤。

10. 基本几何体的尺寸应尽量标注在哪个视图上？

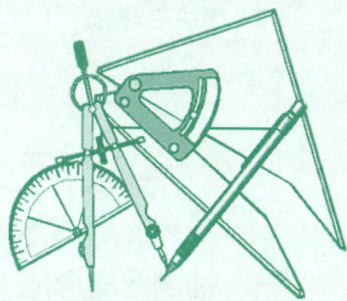

模块三　轴测图

导　语

　　用正投影法绘制的三视图能够准确、完整地表达物体的形状且作图方便,但缺乏直观性。轴测图作为一种富有立体感的投影图,常用来表达机器的外形、内部结构。随着计算机绘图的广泛应用,轴测图在工业造型设计、产品样品及产品广告等方面更显示其独特的优势。

　　本模块的学习重点是熟练掌握轴测图的绘图技能。三视图、正等轴测图和斜二等轴测图都是采用平行投影法获得的图形,都具有平行投影的基本性质,理解并熟练运用平行投影性质是作图的关键。

　　练就绘制轴测图,尤其是轴测草图的技能,是掌握物与图之间的转换规律,提高表达能力、空间想象能力和构思创新能力的有效方法。

3.1　轴测图的基本概念

一、轴测图的形成

将物体连同其参考直角坐标系,沿不平行于任一坐标平面的方向,用平行投影法投射在单一投影面上所得的图形,称为轴测图,如图 3-1 所示。

二、术语与定义（GB/T 4458.3—2013）

1. 轴测轴

空间直角坐标轴在轴测投影面上的投影称为轴测轴,如图 3-1 所示的 OX 轴、OY 轴、OZ 轴。

2. 轴间角

轴测图中两轴测轴之间的夹角称为轴间角,如图 3-1 中的 $\angle XOY$、$\angle YOZ$、$\angle XOZ$。

3. 轴向伸缩系数

轴测轴上的单位长度与相应投影轴上的单位长度的比值称为轴向伸缩系数。不同的轴测图,其轴向伸缩系数不同,OX 轴、OY 轴、OZ 轴上的伸缩系数分别用 p、q、r 简化表示。

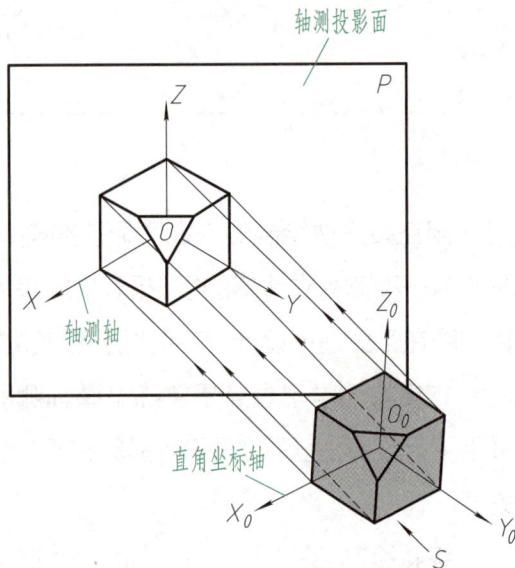

图 3-1　轴测图的形成

三、一般规定（GB/T 4458.3—2013）

理论上说轴测图可以有无数种,但从作图简便等因素考虑,一般采用三种:正等轴测图、正二等轴测图和斜二等轴测图。本模块主要介绍工程上应用最广泛的正等轴测图和斜二等轴测图。

1. 正等轴测图（正等轴测投影）

用正投影法得到的轴测投影称为正轴测投影。三个轴向伸缩系数均相等的正轴测投影称为正等测轴测投影,简称正等测。此时三个轴间角相等。绘制正等轴测图时,其轴间角和轴向伸缩系数（p、q、r）按图 3-2a 所示的规定。

2. 斜二等轴测图（斜二等轴测投影）

轴测投影面平行于一个坐标平面,且平行于坐标平面的两根轴的轴向伸缩系数相等的斜轴测投影,称为斜二等轴测投影,简称斜二测。绘制斜二等轴测图时,其轴间角和轴向伸缩系数（p、q、r）按图 3-2b 所示的规定。

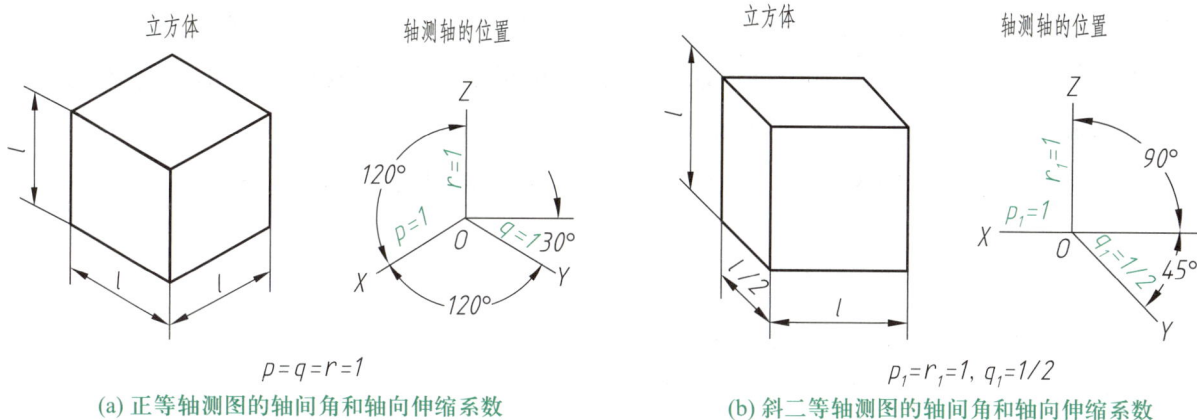

立方体　　　轴测轴的位置

$p = q = r = 1$

(a) 正等轴测图的轴间角和轴向伸缩系数

立方体　　　轴测轴的位置

$p_1 = r_1 = 1,\ q_1 = 1/2$

(b) 斜二等轴测图的轴间角和轴向伸缩系数

图 3-2　轴间角和轴向伸缩系数的规定

四、轴测图的投影特性

由于轴测图是用平行投影法绘制的,所以具有平行投影的特性。

(1) 物体上与坐标轴平行的线段,其投影在轴测图中平行于对应的轴测轴。

(2) 物体上相互平行的线段,其投影在轴测图中相互平行。

—— 3.2　正等轴测图的画法 ——

绘制轴测图,首先要准确画出轴测轴,然后按轴向伸缩系数,根据轴测图的投影特性表达物体形状。常用的轴测图画法是坐标法和切割法。坐标法是根据坐标关系,画出物体表面各顶点的轴测投影,然后连接有关各点形成物体的轴测图。坐标法是画轴测图的基本方法。对于不完整的物体,可先按完整物体画出,然后再利用轴测投影的特性对切割部分进行作图,这种方法称为切割法。实际作图时,往往是将坐标法、切割法综合起来使用。

正等轴测图的轴间角相等,均为 $120°$,作图时,一般使 OZ 轴处于垂直位置,OX、OY 轴与水平成 $30°$;轴向伸缩系数都相等($p=q=r=1$),这样,沿轴向的尺寸都可在投影图上的相应轴按 $1:1$ 的比例量取。

一、平面立体

例 3-1　已知长方体的三视图(图 3-3a),画它的正等轴测图。

分析　长方体共有八个顶点,用坐标确定各顶点在其轴测图中的位置,然后连接各顶点间的棱线即为所求。

作图步骤如下:

① 在三视图上选定原点和坐标轴的位置。选右后上方的棱角为原点 O_0,构成棱角的三条棱线是坐标轴 X_0、Y_0、Z_0,如图 3-3a 所示。

② 画三根轴测轴。在 OX 轴上量取长方体的长 l,在 OY 轴上量取长方体的宽 b;由端

点 I 和 II 分别画 OY、OX 轴的平行线,画出长方体顶面的形状,如图 3-3b 所示。

③ 由长方体顶面各端点向下画 OZ 轴方向的可见棱线,在各棱线上量取长方体的高度 h,连接各点,即得到长方体可见的正面和侧面的形状,如图 3-3c 所示。

④ 擦去轴测轴,描深轮廓线,即得长方体的正等轴测图,如图 3-3d 所示。

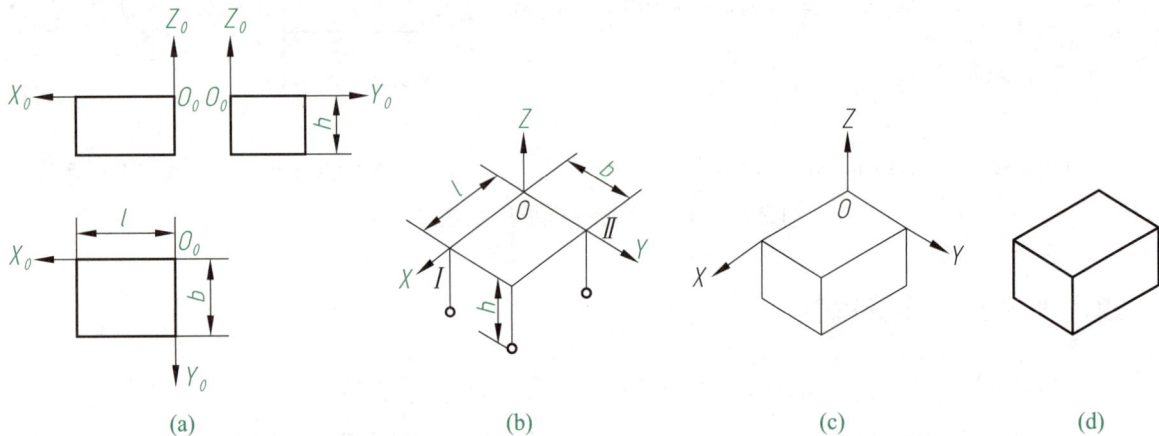

图 3-3   画长方体的正等轴测图

从该例可看出,将坐标原点取在可见表面上,就避免了绘制不可见棱线,使作图简化。

例 3-2   已知凹形槽的三视图(图 3-4a),画它的正等轴测图。

分析   图示凹形槽是在一长方体上面的中间切去一个小长方体而形成的。先画出长方体,再切割小长方体即可得到凹形槽的正等轴测图。

作图步骤如下:

① 选定原点和坐标轴。选左前下棱角为原点 O_0,构成棱角的三条棱线为坐标轴 O_0X_0、O_0Y_0、O_0Z_0,如图 3-4a 所示。

② 画 OX、OY、OZ 轴。

③ 根据三视图的尺寸画出大长方体的正等轴测图。

④ 根据三视图中的凹槽尺寸,在大长方体的相应部分画出被切去的小长方体,如图 3-4b 所示。

⑤ 整理图线,擦去多余线条,描深轮廓线,即得凹形槽的正等轴测图,如图 3-4c 所示。

例 3-3   已知垫块的三视图(图 3-5a),画它的正等轴测图。

分析   图示垫块为一简单组合体,由两个长方体与一个三棱柱组合而成。应用叠加法来画垫块的正等轴测图。

作图步骤如下:

① 选定坐标原点 O_0 和坐标轴 O_0X_0、O_0Y_0、O_0Z_0,如图 3-5a 所示。

② 画三根轴测轴,根据三视图尺寸画出底部长方体的正等轴测图,如图 3-5b 所示。

③ 根据图示的相对位置,画出上部长方体竖板与中央部位的三棱柱,如图 3-5c 所示。

④ 擦去不必要的图线,描深轮廓线,即得垫块的正等轴测图,如图 3-5d 所示。

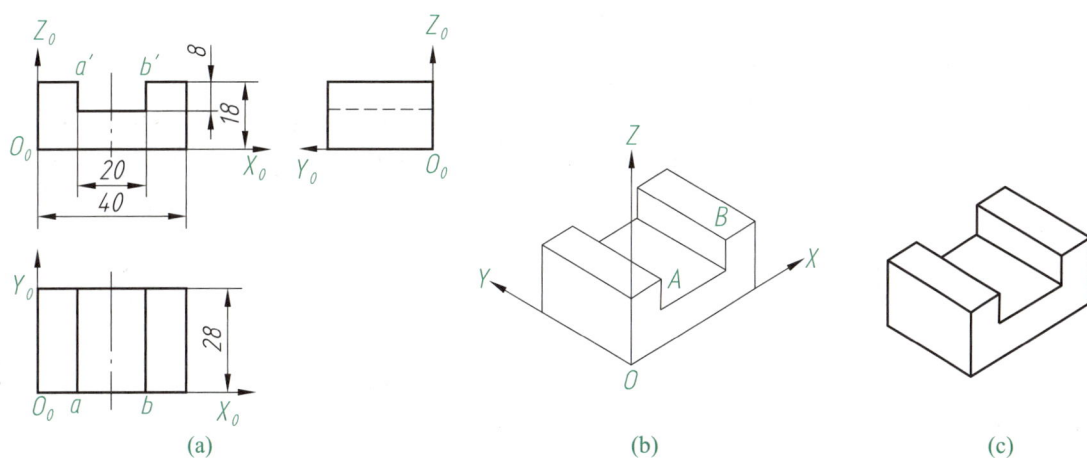

图 3-4 画凹形槽的正等轴测图

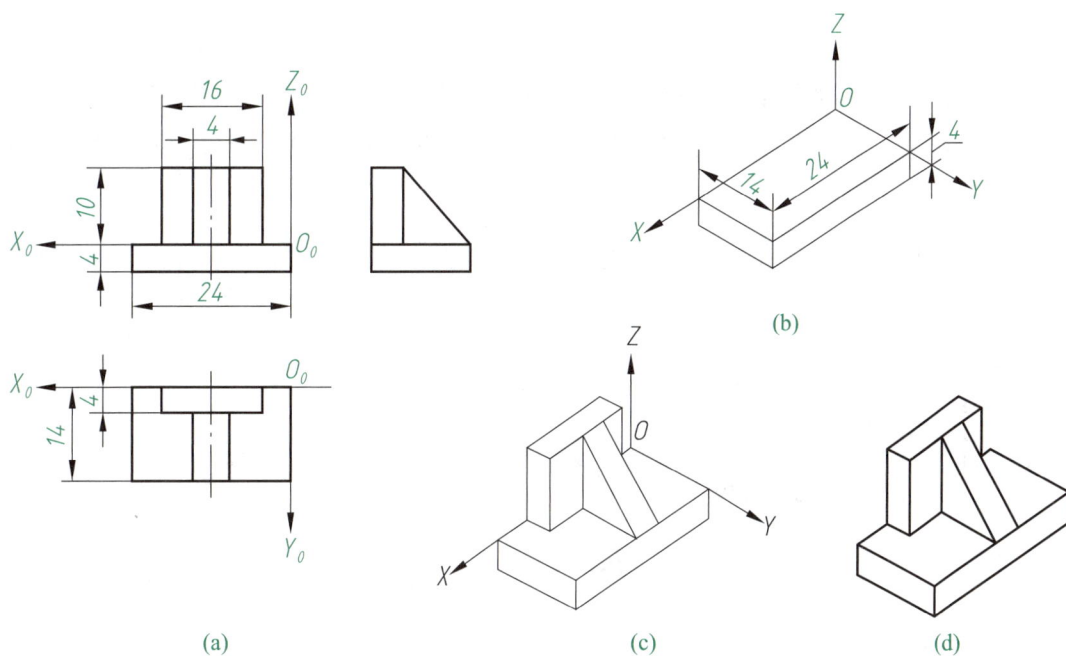

图 3-5 画垫块的正等轴测图

画垫块
的正等轴
测图

想一想

上述图例中运用了坐标法还是切割法?

二、曲面立体

1. 平行于坐标面的圆柱

例 3-4 已知圆柱的二视图(图 3-6a),画它的正等轴测图。

分析 图 3-6a 所示圆柱的轴线垂直于水平面,上、下底面为两个平行于水平面的圆,在正等轴测图中为椭圆,完成椭圆的绘制,再作两椭圆的轮廓素线即得圆柱的正等轴测图。

作图步骤如下:

① 确定 O_0X_0、O_0Y_0、O_0Z_0 轴的方向和原点 O_0 的位置。取上底面圆心为原点 O_0,O_0Z_0 轴与圆柱轴线重合。在俯视图圆的外切正方形中,切点为 1、2、3、4,如图 3-6a 所示。

② 画顶圆的轴测图。先画轴测轴 OX、OY、OZ,沿轴向可直接量得切点 1、2、3、4。过这些点分别作 OX、OY 轴的平行线,即得正方形的轴测图——菱形,如图 3-6b 所示。

③ 过切点 1、2、3、4 作菱形相应各边的垂线。它们的交点 O_1、O_2、O_3、O_4 就是画近似椭圆的四个圆心。

④ 用四心圆法画椭圆。以 $O_41=O_42=O_23=O_24$ 为半径,以 O_4、O_2 为圆心,画出大圆弧 $\overparen{12}$、$\overparen{34}$;以 $O_11=O_14=O_32=O_33$ 为半径,以 O_1、O_3 为圆心,画出小圆弧 $\overparen{14}$、$\overparen{23}$,完成顶圆的轴测图,如图 3-6c 所示。

⑤ 用圆心平移法画底面可见的半个椭圆。将顶面椭圆的 O_1、O_3、O_4 沿 OZ 轴向下度量圆柱的高度 H,即可得底面椭圆各圆心的位置,并由此画出底面可见的半个椭圆,如图 3-6c 所示。

⑥ 画椭圆的轮廓素线,擦去多余的线段,描深轮廓线,即得圆柱体的正等轴测图,如图 3-6d 所示。

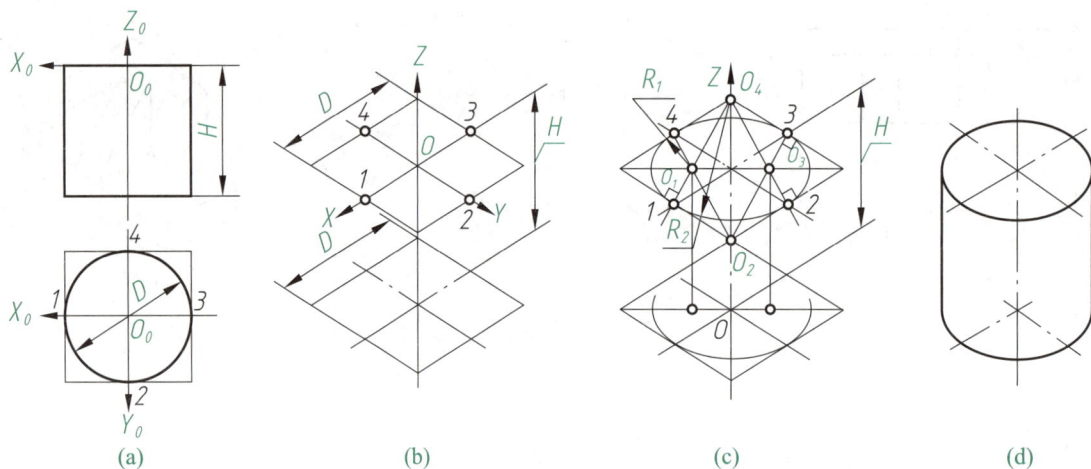

图 3-6　画圆柱的正等轴测图

在正等轴测图中,平行于三个坐标面的圆的图形都是椭圆,即水平面椭圆、正面椭圆、侧面椭圆,它们的外切菱形的方位有所不同。作图时,选好该坐标面上的两根轴,组成新的方位菱形,按图 3-6c 所示顶面椭圆作法,即得新的方位椭圆。三向正等测圆的画法如图 3-7 所示。

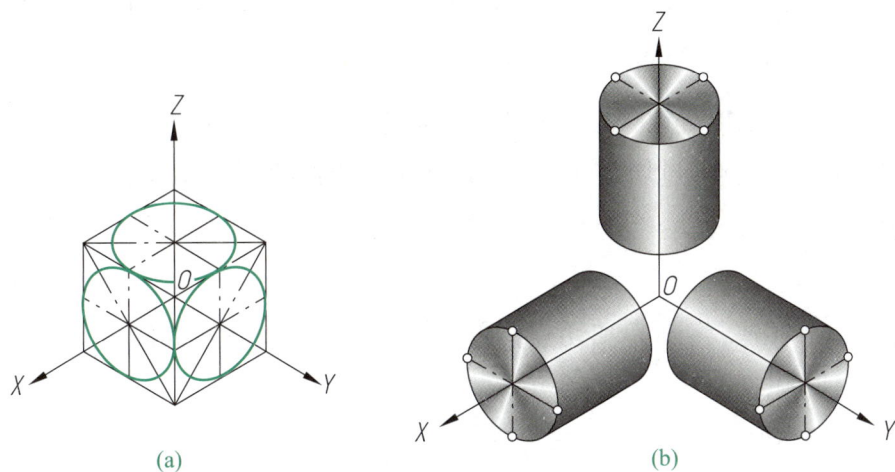

图 3-7　三向正等测圆的画法

2. 圆角

物体上由四分之一圆弧所形成的圆角,其正等轴测图为四分之一椭圆。图 3-8 所示为正等轴测图中圆角的画法。

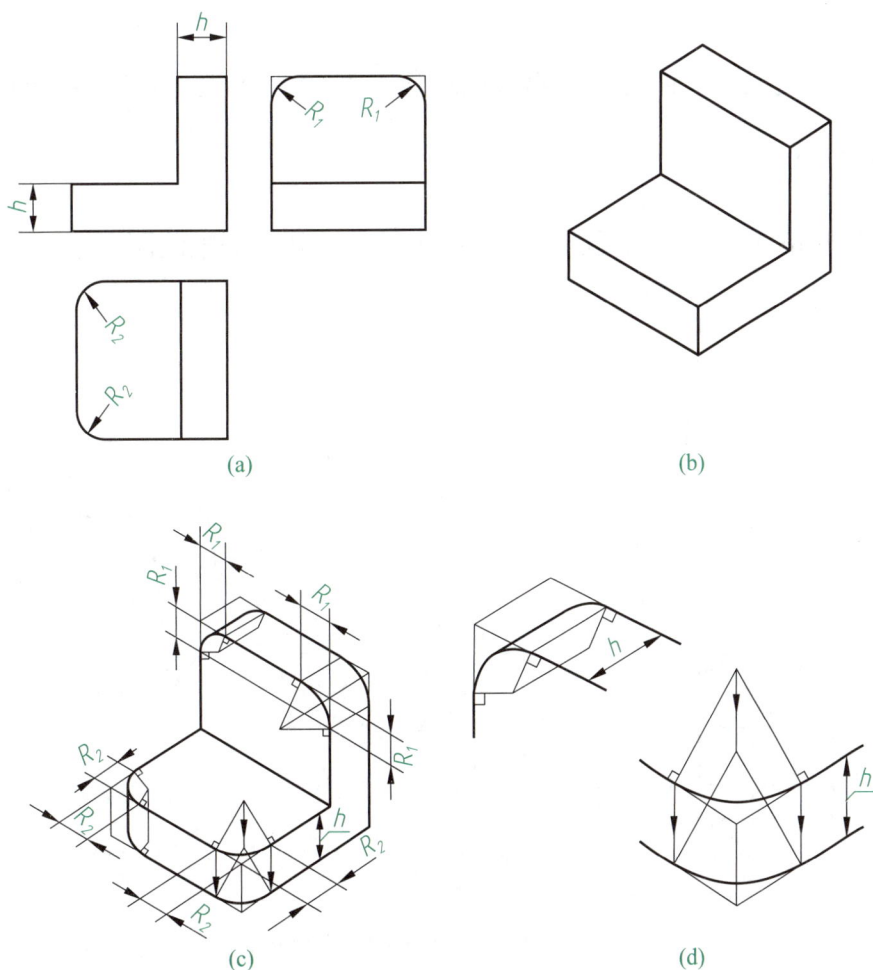

图 3-8　正等轴测图中圆角的画法

例 3-5　已知直角弯板的三视图（图 3-8a），画它的正等轴测图。

分析　由图 3-8a 可知，直角弯板由底板和竖板组成，底板和竖板上均有圆角。

作图步骤如下：

① 根据三视图画直角弯板（方角）的正等轴测图，如图 3-8b 所示。

② 以 R 的大小定切点，过切点作垂线，交点即为圆弧的圆心，如图 3-8c 所示。

以各圆弧的圆心到其垂足（切点）的距离为半径在两切点间画圆弧，即为所求圆角的正等轴测图。

③ 应用圆心平移法，将圆心和切点向厚度方向平移 h，如图 3-8d 所示，即可画出相同部分圆角的正等轴测图。

3.3　斜二等轴测图的画法

由图 3-2b 可知，斜二等轴测图的轴间角 $\angle XOZ=90°$，$\angle XOY=\angle YOZ=135°$，$OY$ 轴与水平方向成 45°。三根轴的轴向伸缩系数分别为 $p_1=r_1=1$，$q_1=1/2$。绘制斜二等轴测图时，沿 OX 轴和 OZ 轴方向的尺寸，可按实际尺寸选取比例度量，沿 OY 轴方向的尺寸，则要缩短一半度量。

斜二等轴测图能反映物体正面的实形且画圆方便，适用于正面有较多圆的机件。

一、平面立体

例 3-6　已知正四棱台的二视图（图 3-9a），画它的斜二等轴测图。

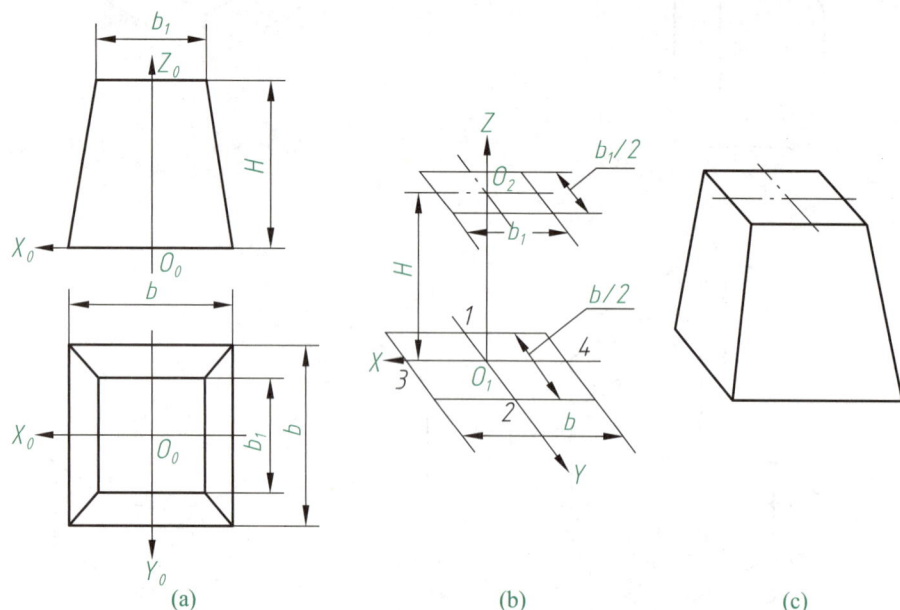

图 3-9　画正四棱台的斜二等轴测图

作图步骤如下：

① 选定坐标原点 O_0 和坐标轴 O_0X_0、O_0Y_0、O_0Z_0，如图 3-9a 所示。

② 作轴测轴 OX、OY、OZ，在 OX 轴上量取 $O_13=O_14=\dfrac{b}{2}$，在 OY 轴上量取 $O_11=O_12=\dfrac{b}{4}$。过点 1、2、3、4 作 OX、OY 轴的平行线，得四边形，完成底面的斜二等轴测图，如图 3-9b 所示；在 OZ 轴上取 $O_1O_2=H$，过 O_2 作正四棱台顶面的斜二等轴测图，如图 3-9b 所示。

③ 连接顶面、底面对应角点，画出可见棱线。擦去作图辅助线并描深图线，完成全图，如图 3-9c 所示。

二、曲面立体

例 3-7　画图 3-10a 所示支架的斜二等轴测图。

分析　图示支架的正面有孔且圆弧曲线较多，形状较复杂。在斜二等轴测图中，凡是平行于 XOZ 坐标面的平面图形，其轴测投影均反映实形。因此，当物体只有一个方向有圆时，宜采用斜二等轴测图画法。

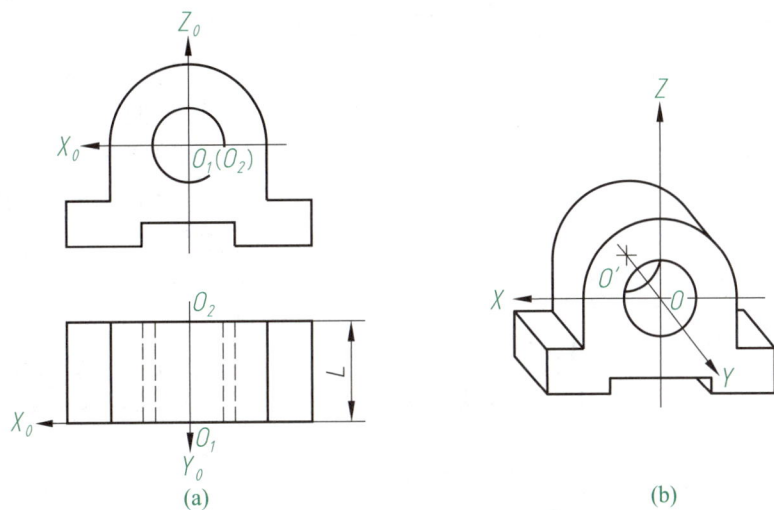

图 3-10　画支架的斜二等轴测图

作图步骤如下：

① 选定前表面孔的圆心 O_1 为坐标原点，确定坐标轴 O_1X_0、O_1Y_0、O_1Z_0，如图 3-10a 所示。

② 如图 3-10b 所示，取圆及孔所在的平面为正平面，在轴测投影面 XOZ 上得与图 3-10a 所示主视图一样的实形。支架的宽为 L，反映在 OY 轴上应为 $L/2$。

③ 在 OY 轴上沿圆心 O 向后移 $L/2$ 定点 O' 位置；以点 O' 画后面的圆及其他部分。最后作圆头部分的公切线，补全轮廓线，擦去作图辅助线并描深，完成全图，如图 3-10b 所示。

由上例可以体会到，当物体一个方向上的圆形结构较多时，采用斜二等轴测图比较简便。

想一想

正等轴测图与斜二等轴测图在画法上各有什么特点?

—— 3.4 轴测图的尺寸标注 ——

国家标准 GB/T 4458.3—2013《机械制图 轴测图》规定了轴测图的尺寸标注。
轴测图尺寸标注的一般方法见表 3–1。

表 3–1 轴测图尺寸标注的一般方法

尺寸类型	图 例	说 明
线性尺寸	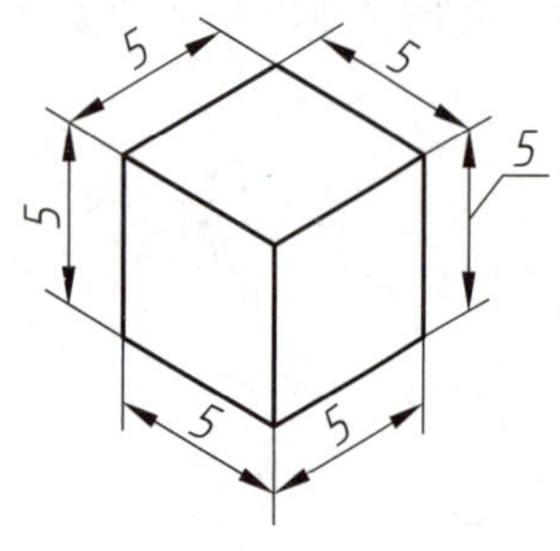 (a) 正等轴测图 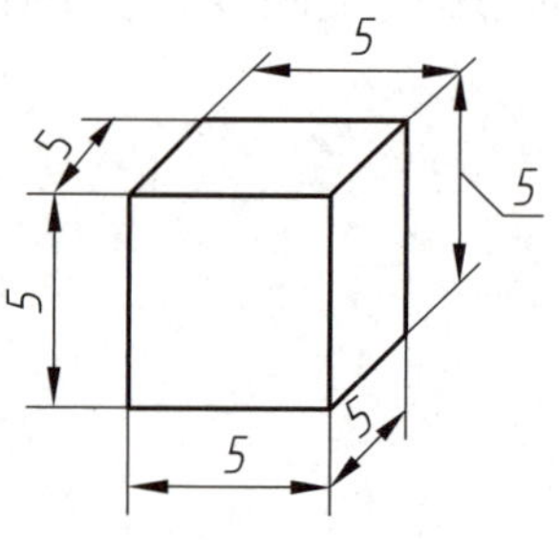　　(b) 斜二等轴测图	(1)一般应沿轴测轴的方向标注。 (2)尺寸数字为零件的公称尺寸。 (3)尺寸数字应标注在尺寸线的上方。 (4)尺寸线必须和所标注的线段平行,尺寸界线一般应平行于某轴测轴。 (5)当图形中出现字头向下的情况时,应引出标注,将尺寸数字按水平位置注写
圆和圆弧	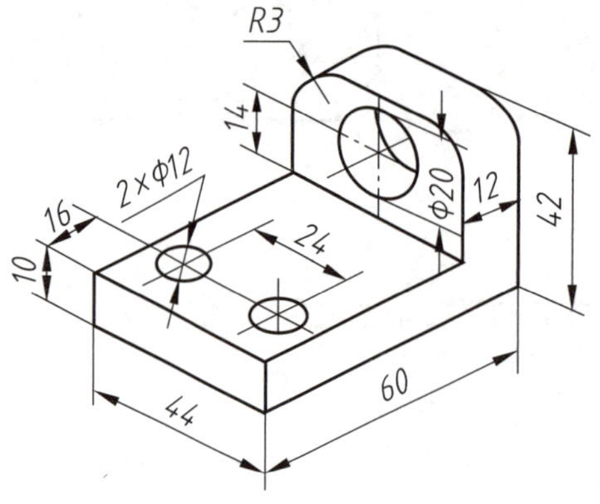	(1)标注圆的直径时,尺寸线和尺寸界线应平行于圆所在平面内的轴测轴。 (2)标注圆弧半径或较小的圆的直径时,尺寸线可从(或通过)圆心引出标注,但注写数字的横线必须平行于轴测轴
角度尺寸	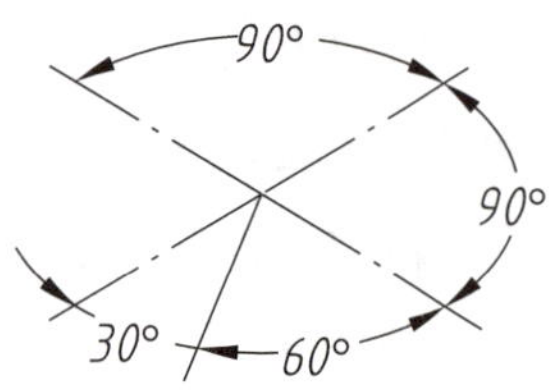 (a) 水平方向角度 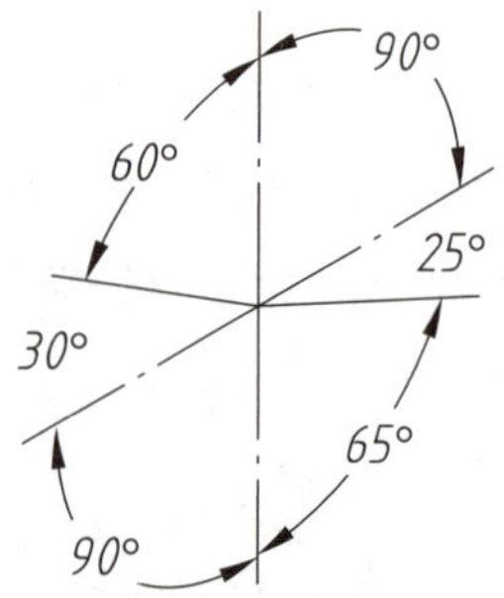　　(b) 垂直方向角度	(1)尺寸线应画成与该坐标平面相应的椭圆弧。 (2)角度数字一般写在尺寸线的中断处,字头向上

例 3-8 标注支座轴测图的尺寸（图 3-11）。

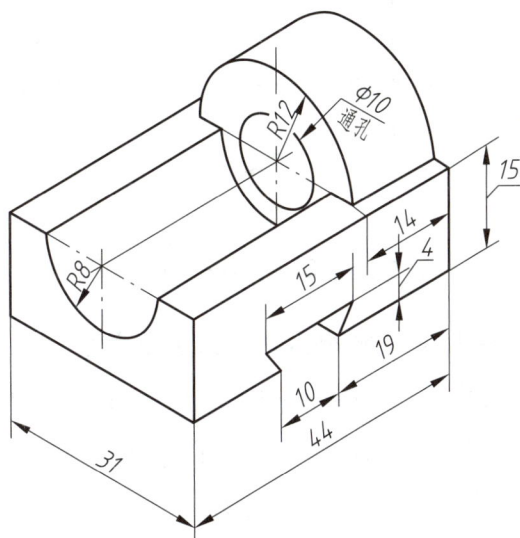

图 3-11 支座轴测图的尺寸标注

分析 X 方向的线性尺寸 44、10、19、15 和 14 都平行于 OX 轴，尺寸数字标注在尺寸线上方；Y 方向的线性尺寸 31 平行于 OY 轴；Z 方向的线性尺寸 15、4 平行于 OZ 轴，尺寸数字引出标注。

半径尺寸 R12 和 R8 平行于圆弧所在的 YOZ 平面；通孔尺寸 ϕ10 为引出标注，同样在圆所在的 YOZ 平面，引出线平行于 OY 轴。

3.5 轴测草图的画法

徒手绘制的轴测图称为轴测草图。轴测草图是创意构思、零件测绘及技术交流常用的绘图方法。

徒手绘制轴测草图的作图原理和过程与用尺规作轴测图一样，所不同的是不受条件限制，更灵活、快捷，有很大的实用价值。

一、画轴测草图的基本技法

1. 轴测轴的画法

图 3-12a 所示为正等测轴测轴的徒手画法。作轴测轴 OZ，过 OZ 轴作水平辅助线，交点 O 为坐标原点，过点 O 向左五等分，得点 M，过点 M 作垂直线，分别向上、向下各三等分，得点 A₁、A，连接 OA，即得轴测轴 OX，连接 A₁O 并延长即得轴测轴 OY。

图 3-12b 所示为斜二测轴测轴的徒手画法。

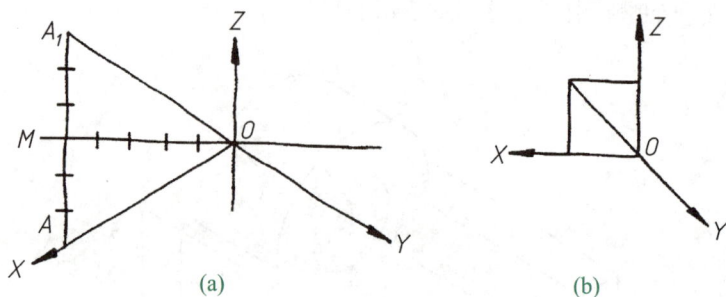

图 3-12　正等测轴测轴的徒手画法

2. 已知正六边形的对角线,徒手画正六边形及其正等测

如图 3-13a 所示,作出两垂直中心线并确定对角线 AD,取 OM 等于 OA(即等于正六边形边长)并六等分。过 OM 上第五等分点 K 作水平线,过 OA 中点 N 作垂直线,两线交于点 B,再作出各对称点 C、E、F,连接各点成正六边形。

正六边形的正等测画法如图 3-13b 所示。

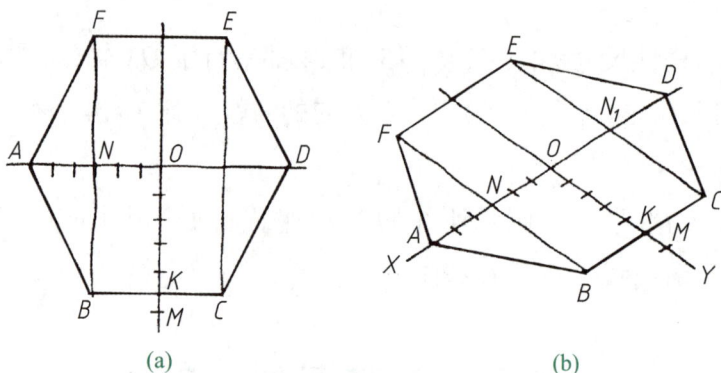

图 3-13　徒手画正六边形及其正等测

3. 三向正等测椭圆的徒手画法

在正等测中,平行于坐标面的三种椭圆的画法前已述及,除各面上椭圆长短轴投影的方向不同以外,画法完全一样,作图关键在于熟知各面椭圆长短轴(相互垂直)的位置关系,这对于徒手绘图尤为重要。

如图 3-14 所示,各面椭圆长短轴的位置关系:三面椭圆长轴构成一个正三角形,与其垂直的轴测轴 OX、OY、OZ 分别与各椭圆短轴重合。

已知圆的直径为 D(图 3-15a),徒手绘制三向正等测椭圆的画法如图 3-15b、c、d 所示。

下面以正面椭圆为例加以说明(图 3-15b):

(1)画 OX、OZ 轴,交点为 O,在 OX 轴上截取 D/2,得到交点 1 和 3,分别过点 1、3 画两条平行于 OZ 轴的直线;用同样的方法在 OZ 轴上截取 D/2,得到交点 2 和 4,分别过点 2、4 画两条平行于 OX 轴的直线,得到一个菱形

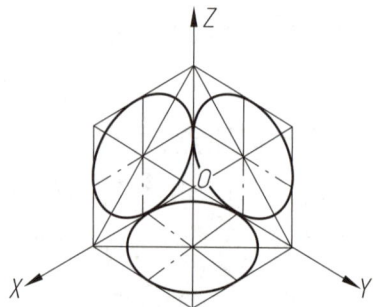

图 3-14　正等测椭圆轴的位置关系

ACBD。

（2）连接菱形对角线 *AC*、*BD*，分别将 *OA*、*OB*、*OC*、*OD* 三等分，得到点 8、5、6、7。

（3）光滑连接点 1、6、2、7、3、8、4、5，即可得到比较规整的椭圆，如图 3-15b 所示。

（4）用相同的方法画 *XOY*、*YOZ* 面的椭圆，如图 3-15c、d 所示。

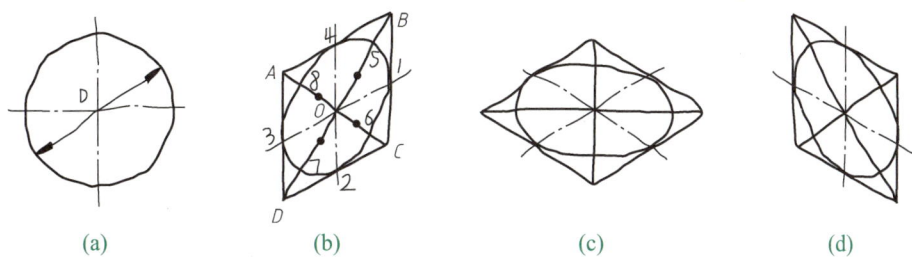

(a)   (b)   (c)   (d)

图 3-15　三向正等测椭圆的徒手画法

二、轴测草图画法综合举例

例 3-9　接头的主、俯视图如图 3-16a 所示，画接头的正等测草图。

分析　接头主要由左、右两个带孔的圆柱拱形体和中间一个长方体组合而成，左端拱形体的主要平面平行于正面，右端拱形体的主要平面平行于水平面。作图时，一般先画三个部分的大致轮廓，再画拱形体的半圆头和圆孔等结构。

作图步骤如下：

① 根据接头的形体特征画长方体大致轮廓，再进行分割，画三个组成部分的轮廓，如图 3-16b 所示。

② 画拱形体半圆头的椭圆弧和表示孔的椭圆，如图 3-16c 所示。

③ 擦去多余作图线，得到接头的正等测草图，如图 3-16d 所示。

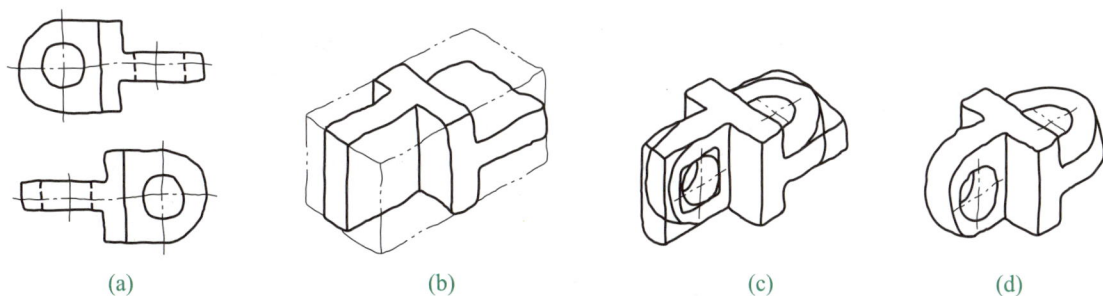

(a)   (b)   (c)   (d)

图 3-16　画接头的正等测草图

例 3-10　根据支座的主、俯视图（图 3-17a）画它的斜二测草图。

分析　支座由带槽的长方体底板和中间有半圆柱槽、两侧切角的竖板组成。两部分的原形都是长方体，其主要结构特征面都是正平面，而且带有半圆弧，其他两侧形状都是简单的矩形平面。因此，支座更适合用斜二测草图来表达。

作图步骤如下：

① 画支座的基本轮廓，如图 3-17b 所示。

② 按照主视图画竖板、底板的正面形状，再画半圆槽和切角，如图 3-17c 所示。

③ 擦去多余作图线，完成支座的斜二测草图，如图 3-17d 所示。

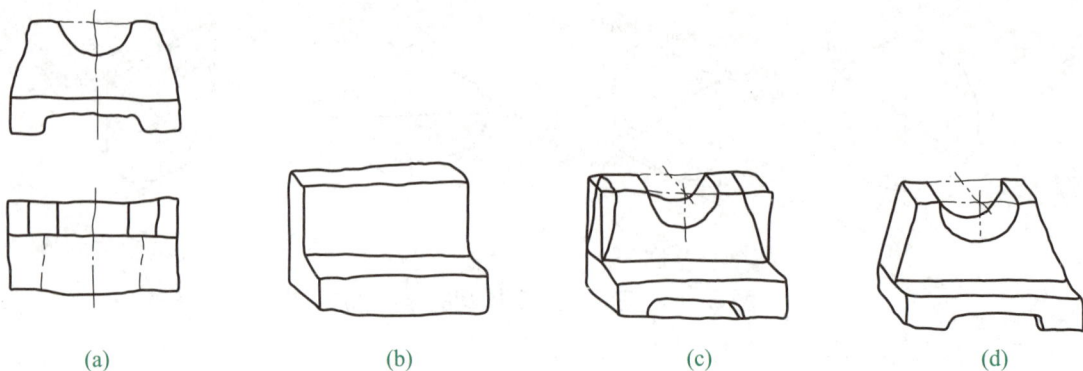

(a)   (b)   (c)   (d)

图 3-17　画支座的斜二测草图

概览与思考

一、内容概览

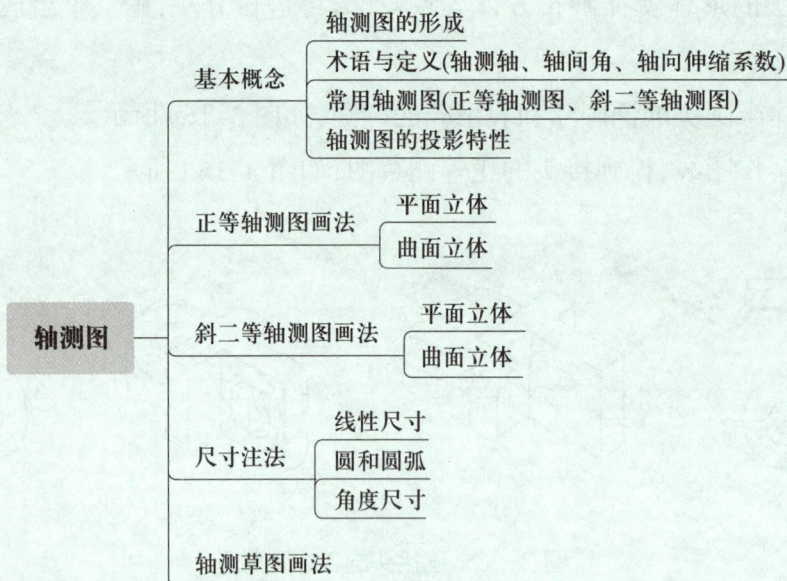

模块三
小结

二、思考与实践

1. 轴测图是怎样形成的？

2. 什么是轴间角？什么是轴向伸缩系数？

3. 轴测图有哪些投影特性?

4. 正等轴测图和斜二等轴测图各有何特点? 在什么情况下采用斜二等轴测图较为简便?

5. 在轴测图上标注线性尺寸时应注意什么?

6. 轴测图上的角度尺寸如何标注?

7. 在轴测图上标注圆尺寸时应注意什么?

8. 自选一张轴测图,徒手绘制其轴测草图,再跟同伴交流一下作图感受。

3

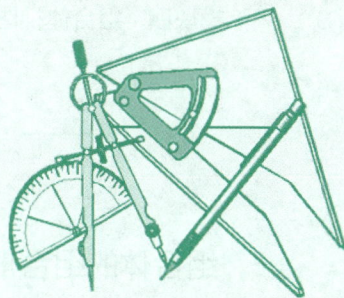

模块四　组合体视图

导　语

　　任何机器零件，从形体的角度分析，都可以看成由一些简单的基本形体经过叠加、切割等方式组合而成。这种由两个或两个以上的基本形体组成的整体称为组合体。组合体大都是由机械零件抽象而成的几何模型，分析组合体，不单是模型或线框的组合与拆解，也是由整体到局部逐步细化、由局部到整体逐步整合的形象思维过程，更是"化整为零""积零为整"辩证地认识事物和分析问题的科学方法。

　　组合体是本课程的核心内容之一，具有承上启下的关键作用，既是以投影理论和基本形体视图为基础的综合运用，又为图样表达和零件图的学习奠定基础。

　　本模块的学习重点是灵活运用形体分析法，熟练掌握组合体视图的识读、绘制和尺寸标注。在读图和绘图的训练中，坚持刻苦认真、耐心细致，掌握要领，不仅能进一步提高空间思维和空间想象能力，更能培养持续专注、持之以恒的进取精神。

4.1　组合体的组成分析

一、组合体的组合形式

组合体按组合形式可分为叠加型、切割型两种。叠加型组合体是由若干个基本形体叠加而成的,切割型组合体是由基本形体经过切割或穿孔后形成的。多数组合体则是既有叠加又有切割的综合体。

在组合体的识读分析、视图绘制和尺寸标注过程中,通常是假想将组合体分解为若干个基本形体,分析各基本形体的形状、相对位置、组合形式及相邻表面的连接关系,这种分析组合体的方法称为形体分析法。形体分析法是绘图和读图的基本方法。

图 4-1a 所示连杆可看成由一块连接板、一块肋板和大圆筒、小圆筒叠加而成的综合体,如图 4-1b 所示。进一步分析,连接板和肋板以平面相接触,肋板跟大、小圆筒相交,连接板跟大、小圆筒相切。

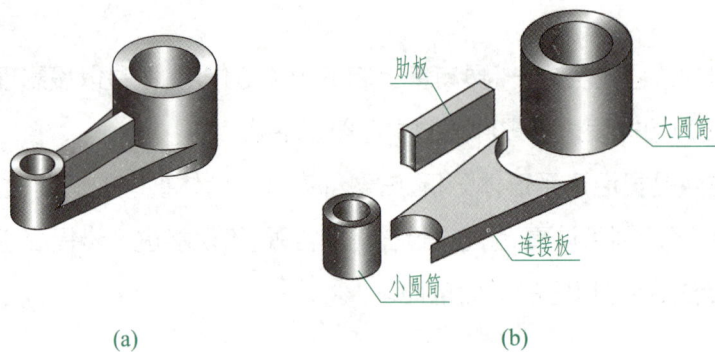

肋板
大圆筒
连接板
小圆筒

(a)　　　　　　　　　　　　(b)

图 4-1　形体分析

形体分析法的关键是"分"与"合"的辩证思维,"分"即是把复杂的组合体分解为若干基本形体,"合"则是根据各组成部分的相对位置及表面连接关系把所有的基本形体合成组合体。"分"是看清局部细节,"合"是认识整体全貌,因此"分"与"合"是相辅相成的。

二、组合体相邻表面的连接关系

组合体的基本形体经过叠加或切割后,各基本形体的相邻表面可能形成相错、平齐、相切或相交四种关系。

1. 两表面相错

当相邻两基本形体的表面相错(不平齐)叠加时,在两基本形体的连接处应画出交线。如图 4-2a 所示支座,可以看成由一块底板和一个座体叠加而成,如图 4-2b 所示。座体 A 面与底板 B 面相错(不在一个平面),因此在主视图上要画出两者之间的交线,同样 C 面和 D 面也是如此,如图 4-2c 所示。

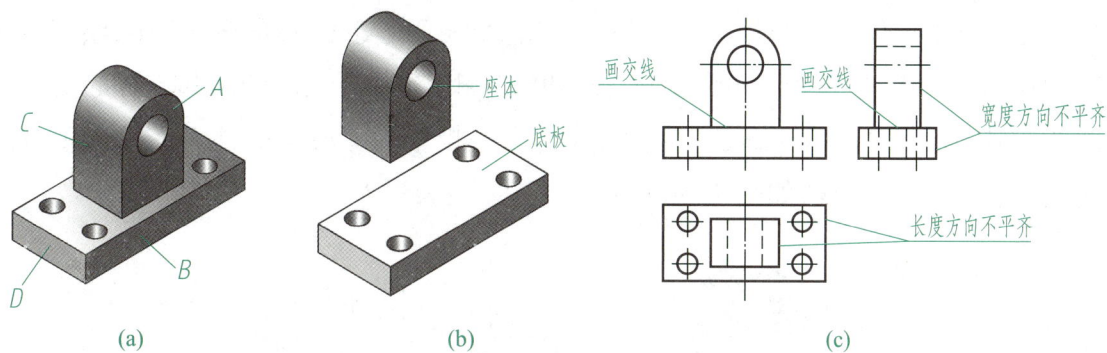

图 4-2　两表面相错

2. 两表面平齐

当相邻两基本形体的表面相互平齐,连成一个平面时,两者之间没有交线。如图 4-3a 所示支座座体的 A 面与底板的 B 面平齐,A 面和 B 面构成了一个平面,因此主视图上两者中间不应画线,如图 4-3b 所示。

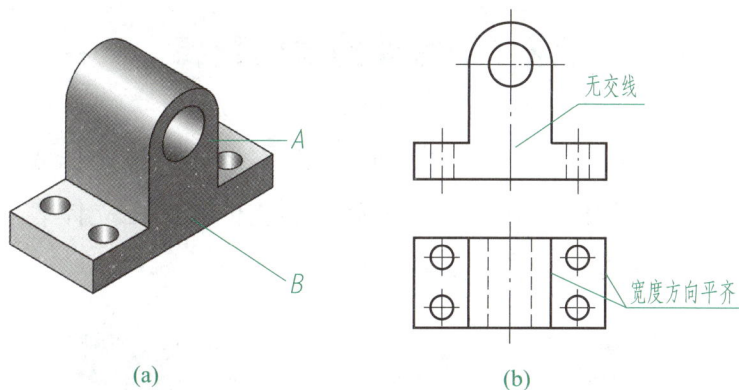

图 4-3　两表面平齐

3. 两表面相切

当相邻两基本形体的表面相切时,相切处为光滑过渡,切线的投影不应画出。如图 4-4a 所示套筒,由圆筒和支耳相切叠加而成,圆筒的 A 面与支耳的 B 面相切,从主视图和左视图看,相切处不画线,支耳上表面的投影只画到切点处,如图 4-4b 所示。

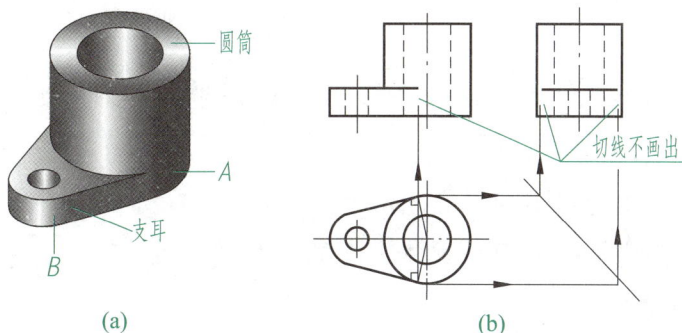

图 4-4　两表面相切

4. 两表面相交

当相邻两基本形体的表面相交时,相交处必有交线(截交线、相贯线)产生,绘图时应注意交线的投影。如图 4-5a 所示套筒,由圆筒和支耳相交叠加而成,圆筒和支耳的交线由直线和曲线组成,交线的正面投影是直线,交线的水平投影是一段与圆柱表面投影重合的圆弧,交线的侧面投影是直线,如图 4-5b 所示。

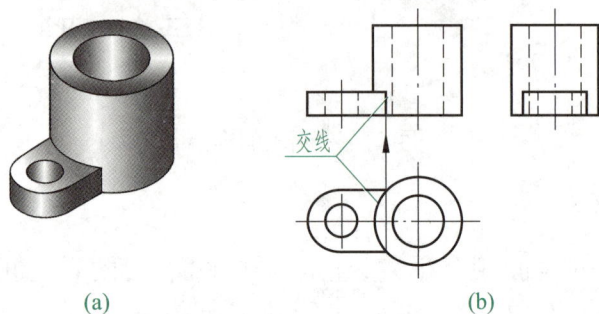

交线

(a)   (b)

图 4-5   两表面相交

—— 4.2   组合体的表面交线 ——

组合体是由基本形体经过叠加或切割形成的,基本形体经过叠加或切割后所产生的表面交线使其轮廓发生变化,如图 4-6 所示。掌握平面立体和曲面立体表面交线的变化趋势和一般规律,有助于组合体视图的进一步学习。

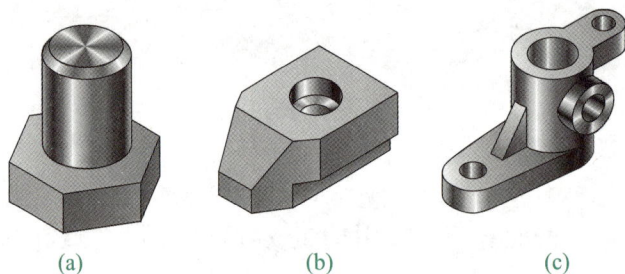

(a)   (b)   (c)

图 4-6   组合体的表面交线

一、截交线

由平面截切立体所形成的表面交线称为截交线,该平面称为截平面。截交线的形状虽有多种,但均具有以下两个基本特征:

(1)封闭性   截交线为封闭的平面图形。

(2)共有性   截交线是截平面与立体表面的共有线。

1. 平面截切平面立体

平面截切平面立体时,其截交线为一平面多边形。

（1）平面截切正六棱柱

如图 4-7a 所示,用正垂面 P 截切正六棱柱,截平面与正六棱柱的六个棱面都相交,所以截交线 ABCDEF 为一个六边形,截去正六棱柱的上部,将截切体向三个投影面投射,即得到图 4-7b 所示的三视图。

截交线的正面投影积聚成一条直线,a'、b'、c'、d'、(e')、(f') 分别为各棱线与截平面 P 交点的正面投影。由于正六棱柱六个棱面在俯视图上的投影具有积聚性,所以截交线的水平投影 abcdef 为已知。根据截交线的正面投影和水平投影可作出其侧面投影,并且截交线的侧面投影为类似于水平投影的六边形。

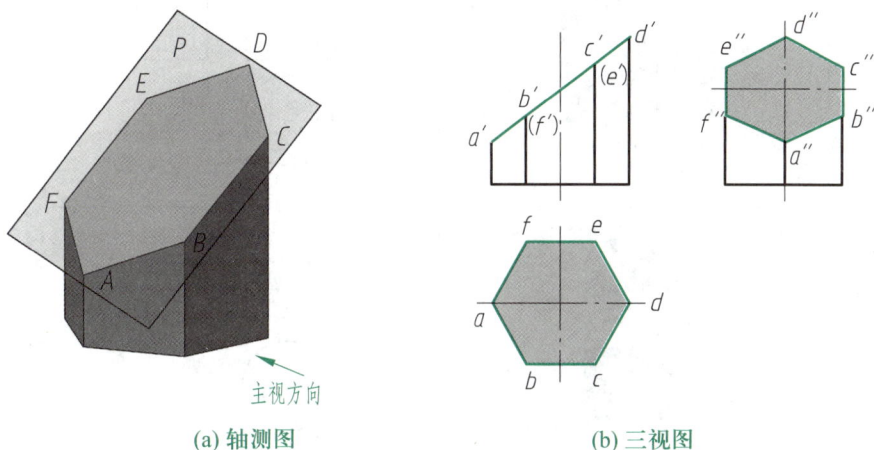

(a) 轴测图   (b) 三视图

图 4-7 正六棱柱的截交线

（2）平面截切正四棱锥

如图 4-8a 所示,用正垂面 P 截切正四棱锥,截交线为一个四边形,四边形的顶点是四条棱线与截平面的交点。截交线的正面投影积聚为一条直线,在左视图和俯视图上的投影为类似的四边形,如图 4-8b 所示。

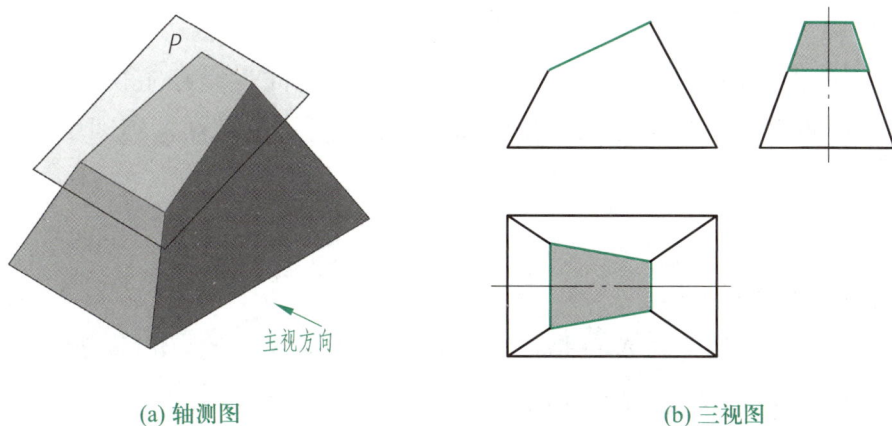

(a) 轴测图   (b) 三视图

图 4-8 正四棱锥的截交线

2. 平面截切曲面立体

平面截切曲面立体时,截交线的形状取决于曲面立体的表面形状及截平面与曲面立体的相对位置。

（1）平面截切圆柱

用一截平面截切圆柱,所形成的截交线有三种情况,见表4-1。

表4-1　圆柱的截交线

截平面的位置	轴测图	三视图	截交线的形状
平行于轴	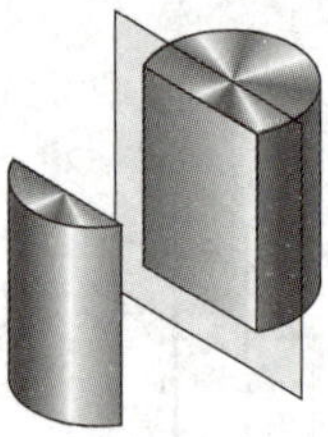	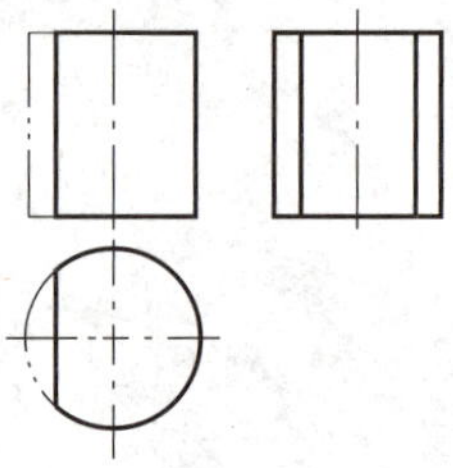	矩形
垂直于轴	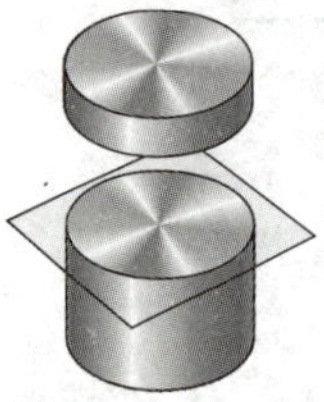	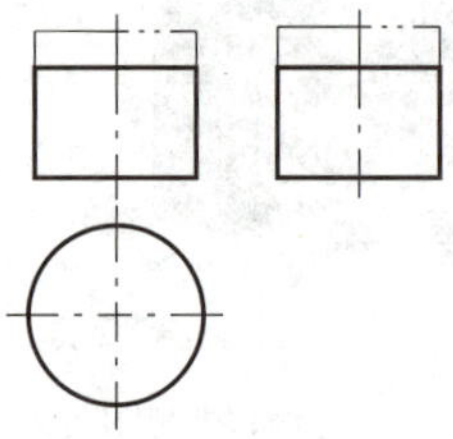	圆
倾斜于轴	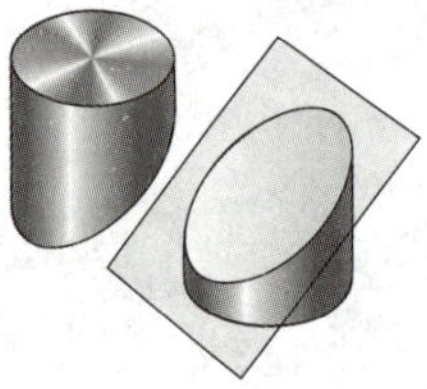	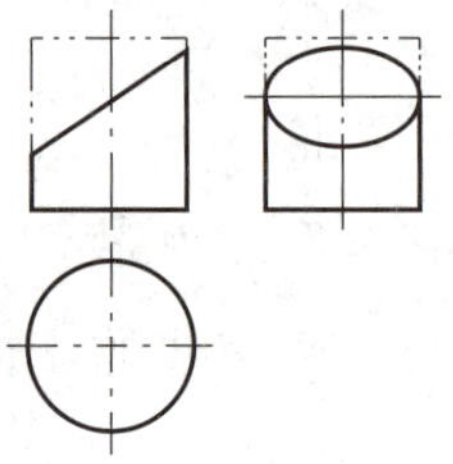	椭圆

例4-1　如图4-9所示,补画圆柱斜切后的左视图。

分析　圆柱被正垂面所切,截交线为椭圆。椭圆的正面投影在主视图中积聚为一条斜直线,水平投影在俯视图中与圆柱面的投影重合为圆,侧面投影在左视图中是类似形,仍为椭圆。

作图步骤如下:

① 画完整圆柱的轮廓线。

② 求特殊位置点。特殊位置点是指位于圆柱轮廓素线上的点和截交线上的极限位置点（最高点、最低点、最左点、最右点、最前点、最后点）,各点投影有重合。

如图所示,圆柱上点 I 、II 、III 、IV为其轮廓素线上的点,也是最低、最高、最前和最后的极限位置点。根据水平投影 *1* 、*2* 、*3* 和 *4* 和正面投影 *1'* 、*2'* 、*3'* 、（*4'* ）可求出侧面投影 *1"* 、*2"* 、*3"* 、*4"* 。

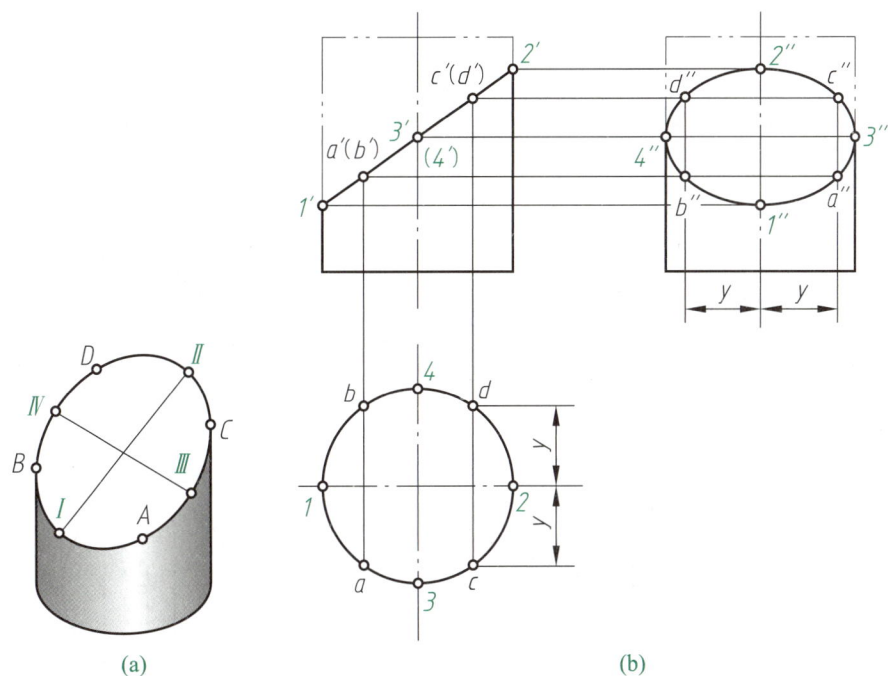

图 4-9　补画圆柱斜切后的左视图

③ 求一般位置点。为使作图更趋准确，作图时可在有积聚性的正面投影上取重影点 a'、(b')、c'、(d') 四点，由"长对正"得到水平面投影 a、b、c、d；由"高平齐、宽相等"得到侧面投影 a''、b''、c''、d''。

④ 依次光滑连接各点的侧面投影，即得截交线椭圆的侧面投影。

⑤ 整理图线，完成全图。

画一画

当已知截交线为椭圆时，在求出其长短轴上的四个特殊位置点后，尝试用四心圆法近似画出椭圆。

例 4-2　绘制调整斜铁的三视图。

分析　如图 4-10a 所示，调整斜铁由圆柱经过侧平面、水平面和正垂面三个截平面截切而成，产生的截交线分别为矩形、圆的一部分和椭圆的一部分。

在主视图中，各截交线均积聚为直线，左视图中矩形反映实形，部分圆为直线，部分椭圆为类似形。俯视图自行分析。

作图步骤如下：

① 如图 4-10b 所示，先画调整斜铁的主视图和俯视图，根据投影关系画出左视图中的实形和积聚性投影，然后求出椭圆部分的特殊点和一般位置点的侧面投影。

② 按投影关系检查、确认各线交点在各视图中的位置的对应性和可见性，无误后，擦去多余线条，描深，完成全图，如图 4-10c 所示。

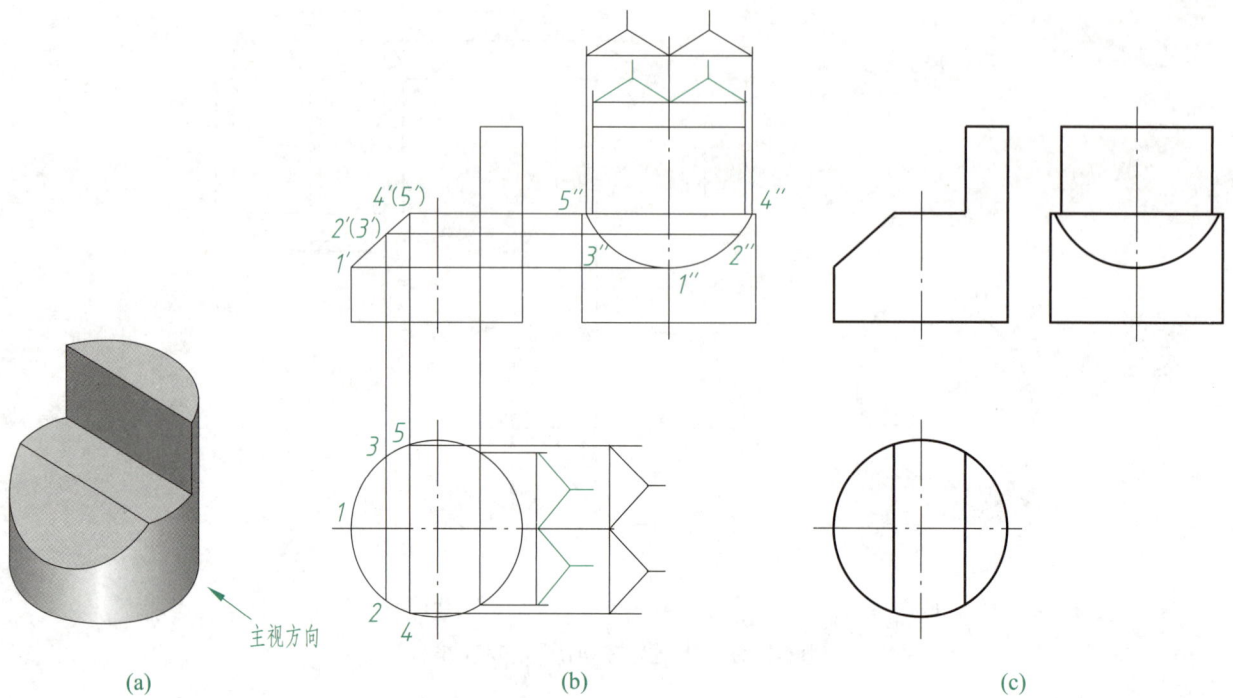

图 4-10 绘制调整斜铁的三视图

例 4-3 补画图 4-11 所示圆筒开槽体的左视图。

分析 由图可见,圆筒上部中间用两个侧平面和一个水平面切出一个左右对称的通槽。圆筒由内外两个同轴圆柱面构成,因贯通开槽,各截平面同时与内外两个圆柱面相交,两圆柱面与各截平面的交线形状相同,作图方法一样。作图步骤及各截交线的可见性判别,可结合图例自行分析。

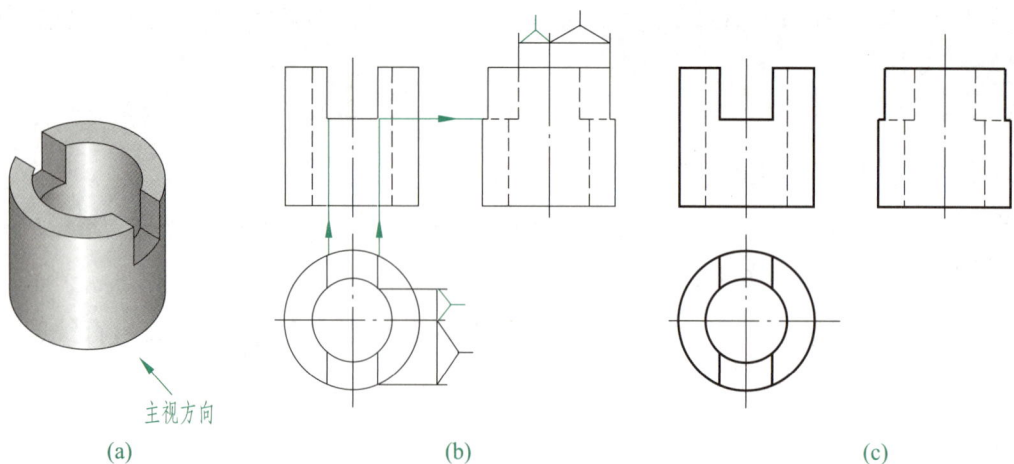

图 4-11 补画圆筒开槽体的左视图

（2）平面截切圆锥

用一截平面截切圆锥,所形成的截交线见表 4-2。

表 4-2   圆锥的截交线

截平面的位置	轴测图	三视图	截交线的形状
垂直于轴线	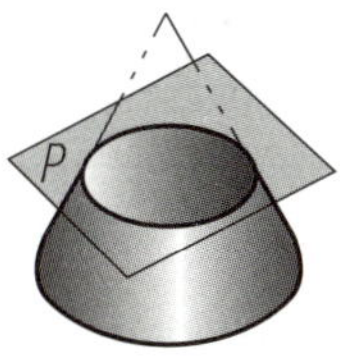	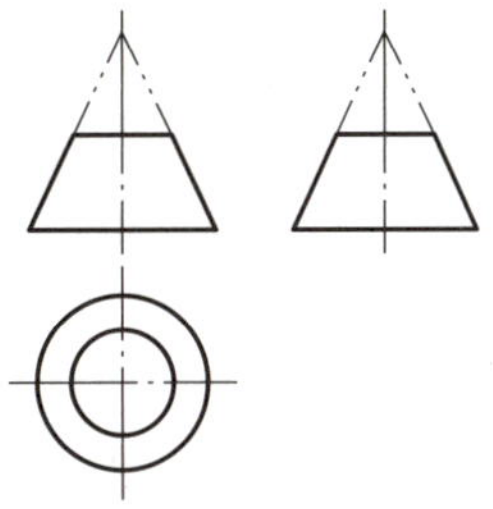	圆
倾斜于轴线 （与全部素线相交）	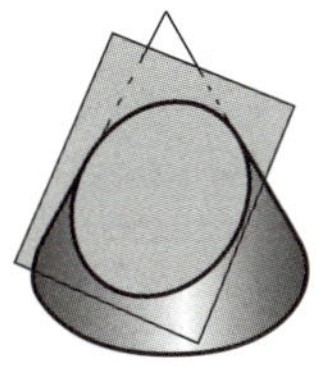	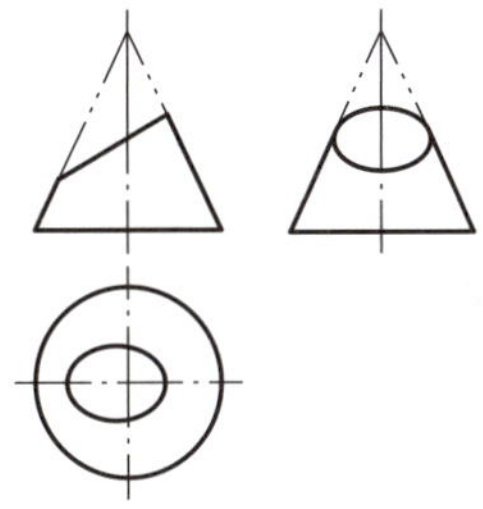	椭圆
倾斜于轴线 （平行于一条素线）	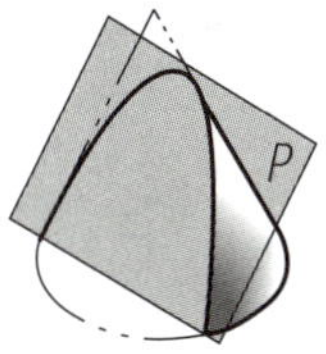	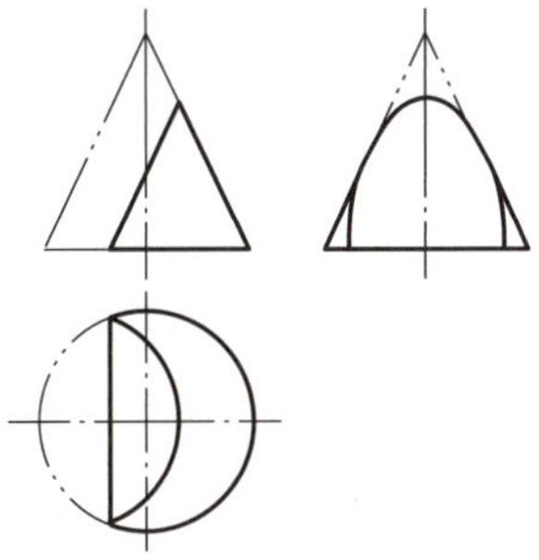	抛物线 + 直线
平行于轴线	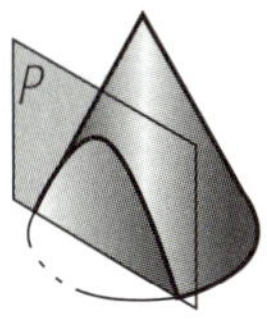	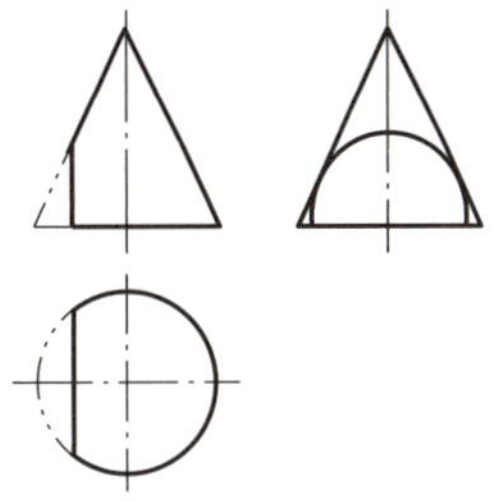	双曲线 + 直线
通过锥顶	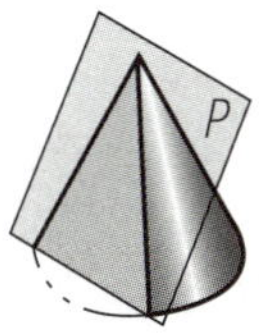	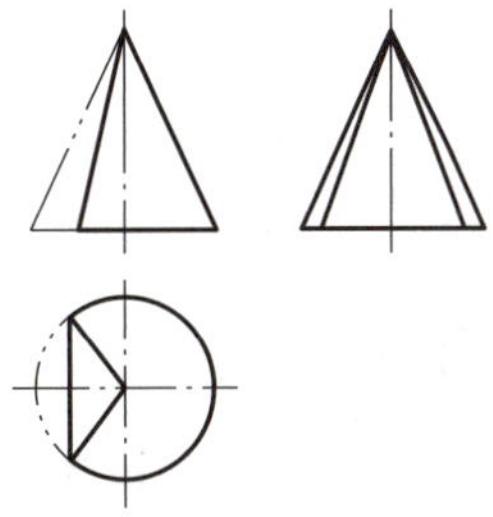	过锥顶的等腰三角形

例 4-4   求作圆锥被平面 P 截切后的投影，如图 4-12 所示。

分析   圆锥被正垂面截切，截交线是椭圆。该椭圆在主视图上的投影为直线，在左视图、俯视图上的投影为类似形椭圆。

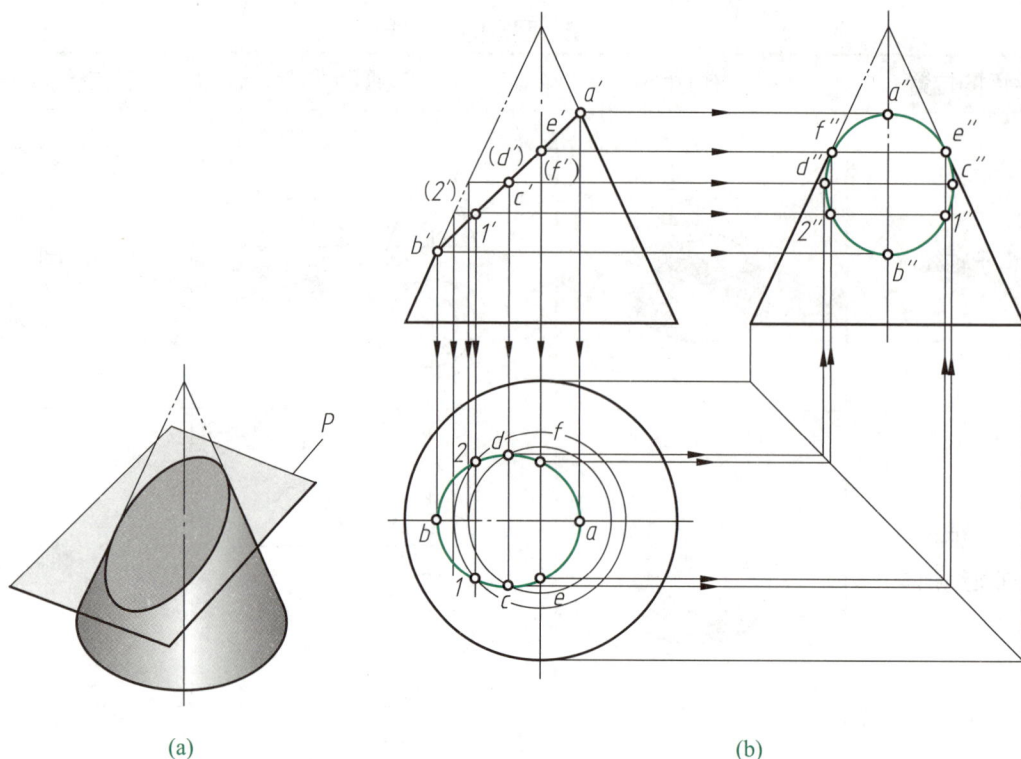

(a)   (b)

图 4-12　求作圆锥的截交线

作图步骤如下：

① 绘制完整圆锥的轮廓线。

② 求特殊点的投影。

由截交线椭圆长轴端点的 V 面投影 a'、b'，按点的投影规律求出 a、b 和 a''、b''。

截交线椭圆短轴端点的 V 面投影 c'、(d') 是长轴投影 a' b' 的中点，在 H 面作辅助圆，按投影规律求得 c、d 和 c''、d''。

截交线椭圆的 V 面投影 a' b' 与回转轴的交点 e'、(f')，对应的侧面投影是左视图轮廓线上的点，按投影规律求得 e、f 和 e''、f''。

③ 在 V 面投影上确定一般位置点 $1'$、$(2')$，通过在 H 面作辅助圆求出 1、2，按投影规律求得 $1''$、$2''$。

④ 光滑连接投影椭圆，描深，补全投影轮廓线。

例 4-5　求作顶尖头部的截交线（图 4-13）。

分析　顶尖头部由同轴的圆锥与圆柱组合而成，被平行于轴线的水平面 Q 和垂直于轴线的侧平面 P 所截切。截平面 Q 截切形体后的截交线是由双曲线和矩形复合而成的封闭的平面交线，其曲、直线的分界点在圆柱与圆锥的圆交线上。截平面 P 的交线自行分析。

作图步骤如下：

① 在主视图、俯视图和左视图中分别作出截交线的各积聚性投影。

② 根据截交线主、左视图中的积聚性投影，先求出俯视图中双曲线上特殊位置点 1、2、3，再用辅助圆法由 $4''$、$5''$ 求出双曲线上的一般位置点 4、5，光滑连接各点，补全实形投影。

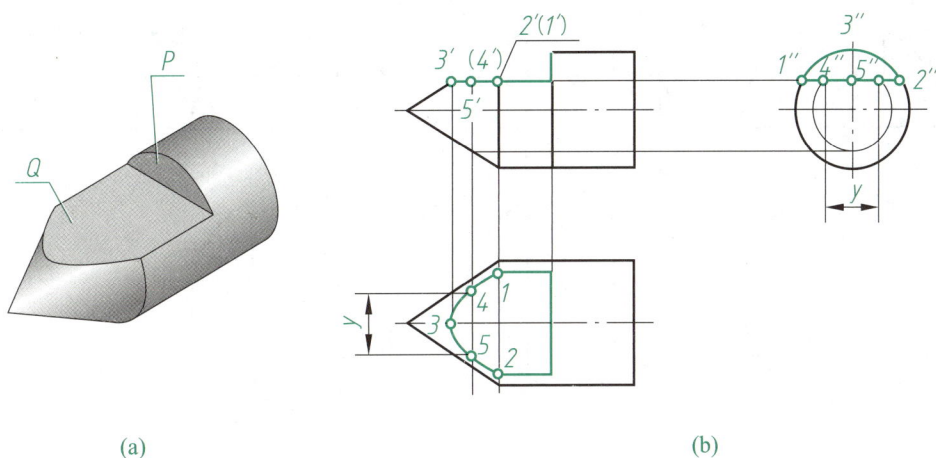

图 4-13 求作顶尖头部的截交线

（3）平面截切球

用任何位置的平面截切球，所形成的截交线都是圆。截交线的投影因截平面位置不同而改变。当截平面与投影面平行时，截交线在所平行的投影面上的投影为一圆，在其余两面上的投影积聚为直线，如图 4-14 所示。

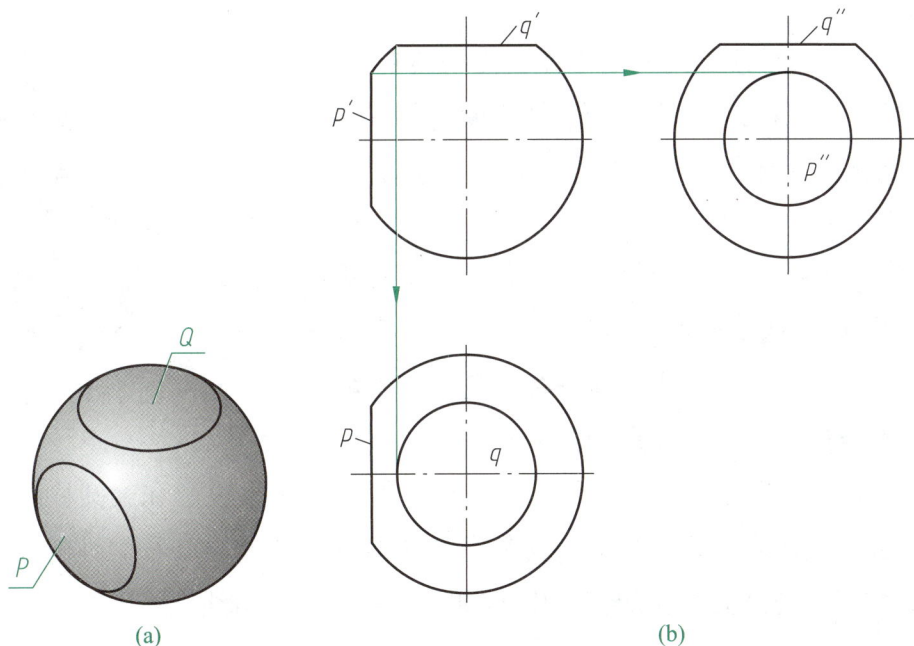

图 4-14 球的截交线

例 4-6 已知开槽半球的主视图如图 4-15a 所示，求作其俯视图和左视图。

分析 半球被两个对称的侧平面和一个水平面截切，截交线均为圆的一部分，在主视图中都积聚为直线；在俯视图中，水平截平面交线的投影反映实形，其余积聚为直线。同理，在左视图中，两侧平截平面交线的投影反映实形，其余积聚为直线。

作图步骤如下：如图 4-15b、c 所示，确定各截交线所在圆的半径（R_1、R_2），在所平行的投影面上分别画出实形，并判断可见性。

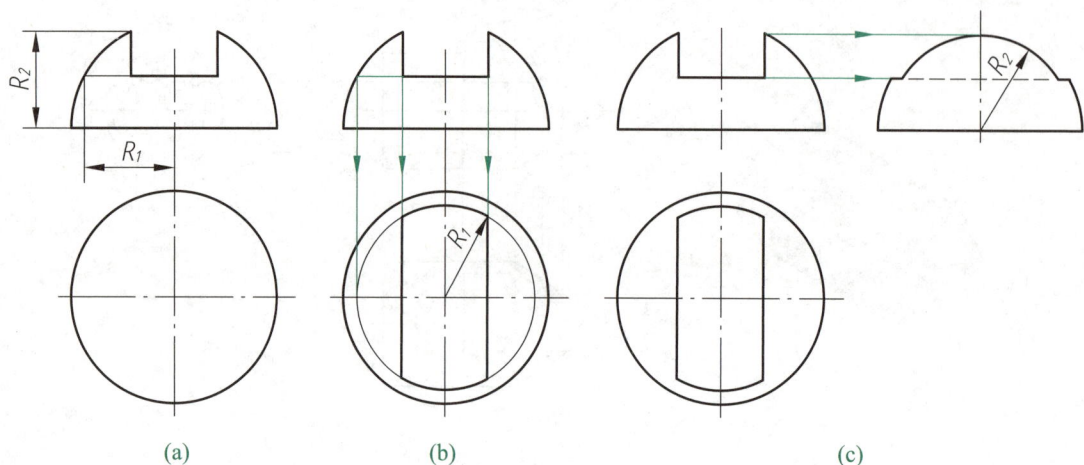

图 4-15　求作开槽半球的俯、左视图

4

二、相贯线

两立体相交称为相贯,表面形成的交线称为相贯线。

相贯线是常见的一种表面交线,图 4-16 所示为圆柱与圆柱相贯。相贯线具有以下基本特性:

（1）共有性　相贯线是两相交立体表面的共有线,也是两立体表面的分界线;相贯线上的点是两立体表面的共有点。

（2）封闭性　一般情况下,相贯线是闭合的空间曲线或折线,特殊情况下是平面曲线或直线。

相贯线的画法和截交线一样,都是求作相交立体表面一系列共有点的投影,再将所得到的点的同面投影用光滑曲线连接起来,即为所求的相贯线。相贯线的画法有规定画法和简化画法。

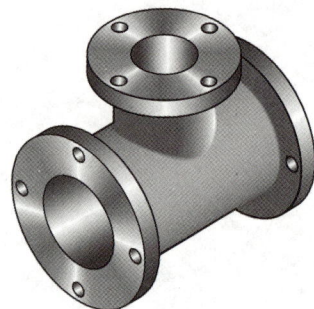

图 4-16　圆柱与圆柱相贯

1. 两不等径圆柱正交时相贯线的画法

分析　图 4-17a 所示为两不等径圆柱正交,小圆柱的水平投影和大圆柱的侧面投影都积聚为圆,因此两圆柱表面共有的相贯线在俯、左视图中必然重合在积聚性的投影圆上。因此,对于两圆柱正交的情况,只需求出两圆柱非圆投影上的相贯线即可。

作图步骤如下:

① 作出两圆柱正交的三视图,如图 4-17b 所示。

② 求相贯线上特殊点的投影。找出特殊点 I、II、III、IV,利用圆柱面投影的积聚性,由 H 面的投影 1、2、3、4 和 W 面的投影 $1''$、$(2'')$、$3''$、$4''$,求出 V 面的投影 $1'$、$2'$、$3'$、$(4')$,如图 4-17c 所示。

③ 求相贯线上一般位置点的投影。在俯视图适当位置作辅助正平面,得到小圆柱面上两个一般位置点 m、n,由"宽相等"得到 W 面投影 m''、(n''),再由"长对正、高平齐"得到 V 面投影 m'、n',如图 4-17c 所示。

④ 用光滑曲线连接 $1'$、m'、$3'$、n'、$2'$，完成相贯线的正面投影，即完成全图。

一般情况下，两不等径圆柱的相贯线可采用国家标准允许的简化画法，用一段圆弧代替。相贯线的正面投影以大圆柱的半径为半径画圆弧，圆弧凸向大圆柱，作图步骤如图 4-17d、e 所示。

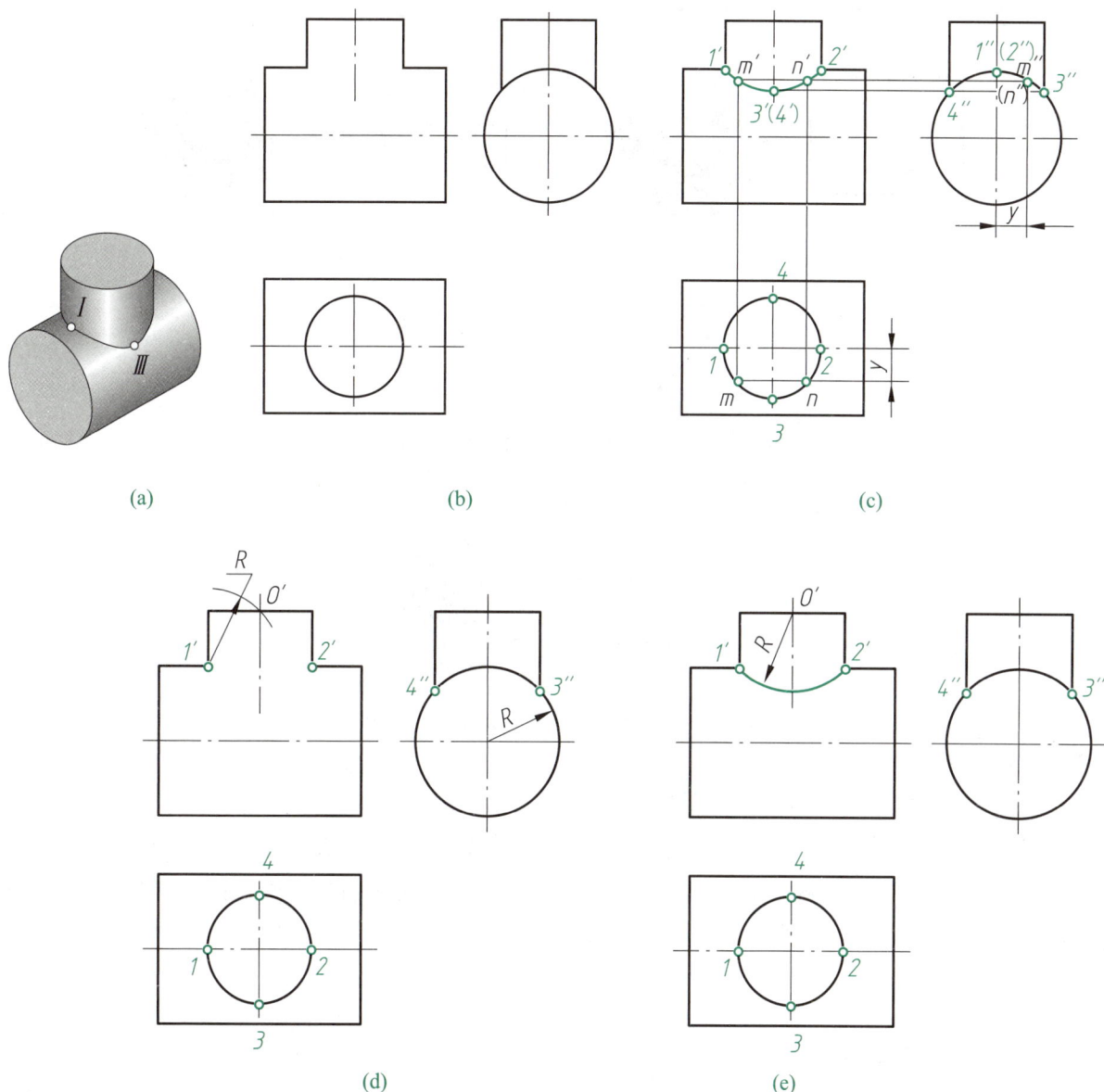

(a)　　　　　　　(b)　　　　　　　(c)

(d)　　　　　　　(e)

图 4-17　不等径两圆柱正交时相贯线的画法

不等径两圆柱正交时相贯线的画法

2. 两圆柱正交时相贯线的变化

两圆柱正交时，其相贯线会因两圆柱直径的相对变化而变化，变化规律如图 4-18 所示。

（1）相贯线的投影曲线始终由小圆柱向大圆柱轴线弯曲，如图 4-18a 所示。

（2）两圆柱直径差越小，相贯线的投影曲线越弯，且更趋近大圆柱轴线，如图 4-18b 所示。

（3）当两圆柱直径相等时，相贯线为两个相交的椭圆，在与圆柱轴线平行的投影面上为两正交直线，如图 4-18c 所示。

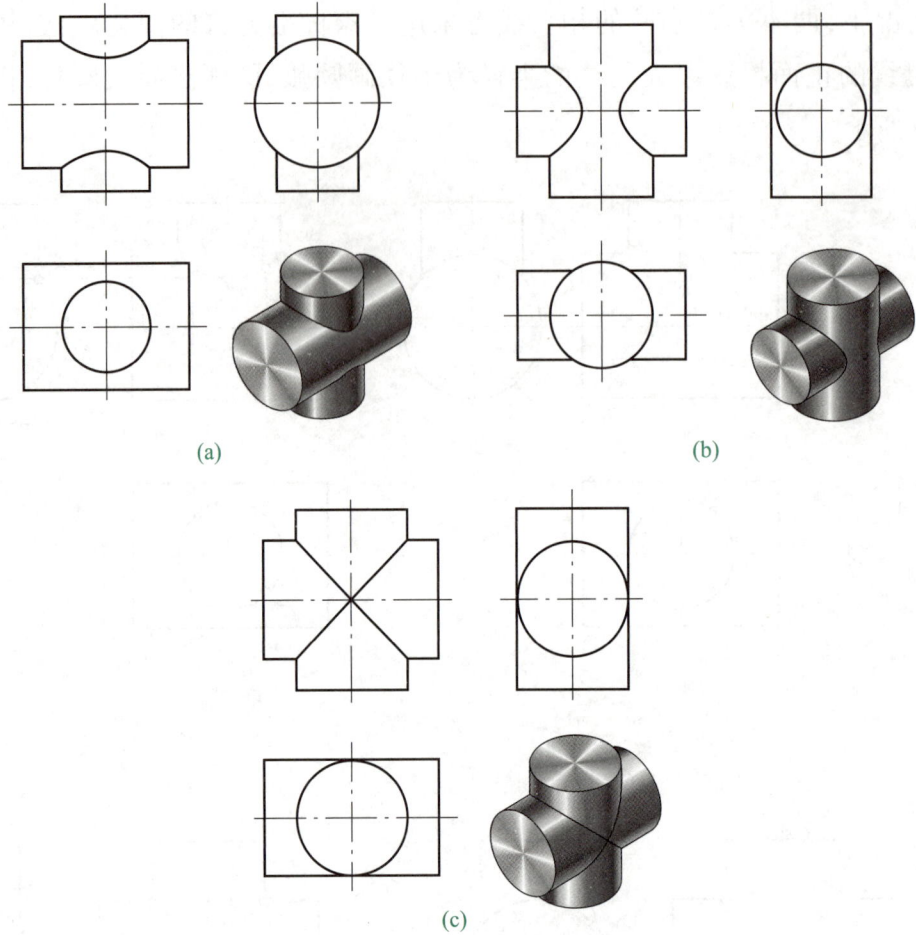

(a)   (b)

(c)

图 4-18   两圆柱正交时相贯线的变化

3. 内、外圆柱面正交时的相贯线

圆柱孔与外圆柱面正交时,在孔口会形成相贯线,如图 4-19a 所示。两圆柱孔正交时,在内表面也会形成相贯线,如图 4-19b 所示。内、外圆柱面相贯线的形状及作图方法完全相同。

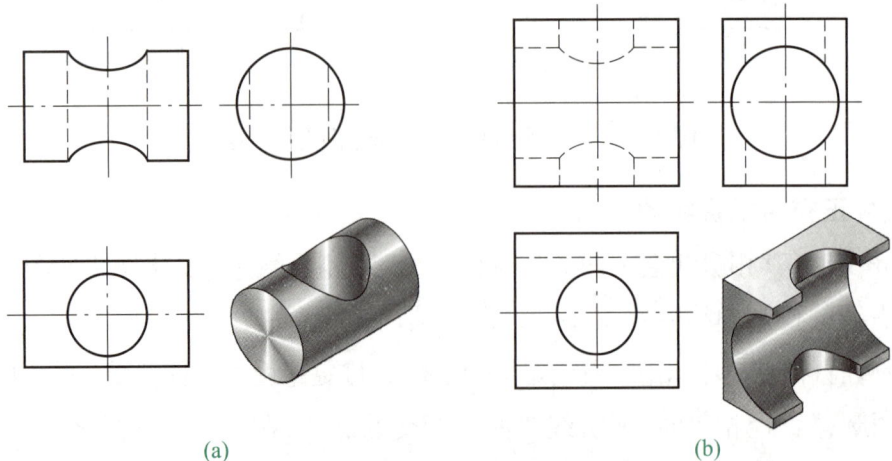

(a)   (b)

图 4-19   内、外圆柱面正交

4. 同轴回转体的相贯线

同轴回转体是由两个回转体以共轴线的形式相交形成的,此时的相贯线已不是空间曲线,而是垂直于回转体轴线的圆,在与轴线平行的投影面上为垂直于轴线的直线,如图 4-20 所示。

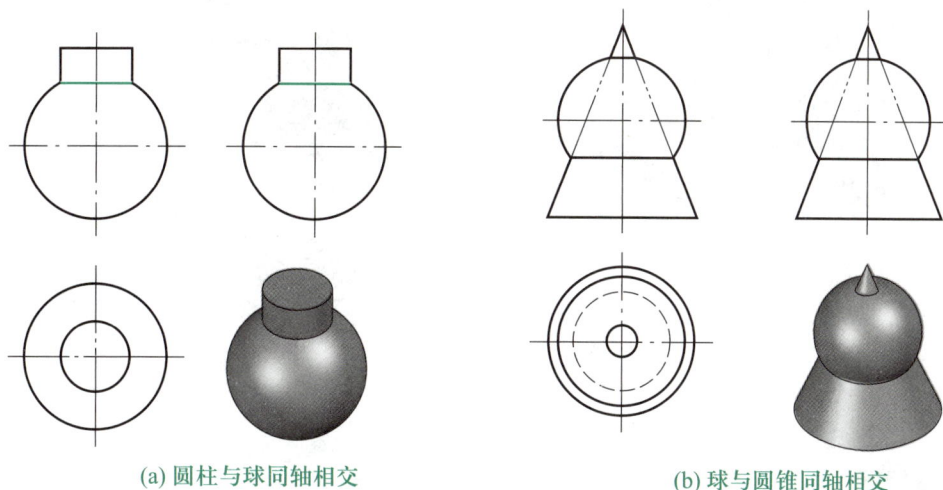

(a) 圆柱与球同轴相交   (b) 球与圆锥同轴相交

图 4-20 同轴回转体的相贯线

—— 4.3 绘制组合体视图 ——

一、绘图步骤

绘制组合体视图的一般步骤:形体分析→选择视图→选择比例,确定图幅→布局图形→初画底图→检查,描深,完成全图。

二、绘制叠加型组合体视图

1. 形体分析

首先应对组合体进行形体分析,弄清其形状、结构特点及各表面之间的相互关系,明确组合形式;然后将组合体分解成若干基本形体,进一步了解各组成部分之间的分界线特点,为绘制三视图做好准备。

图 4-21a 所示为轴承座的轴测图。通过形体分析可知,它由底板、支承板、加强肋板、圆筒及圆凸台组成,如图 4-21b 所示。底板、支承板和加强肋板两两的组合形式为相接;支承板的左、右侧面和圆筒的外表面相切;加强肋板与圆筒相贯,相贯线是圆弧和直线;圆筒和圆凸台的中间有圆柱形通孔,它们的组合形式为相贯;底板上有两个圆柱形通孔,底面还有一矩形通槽。

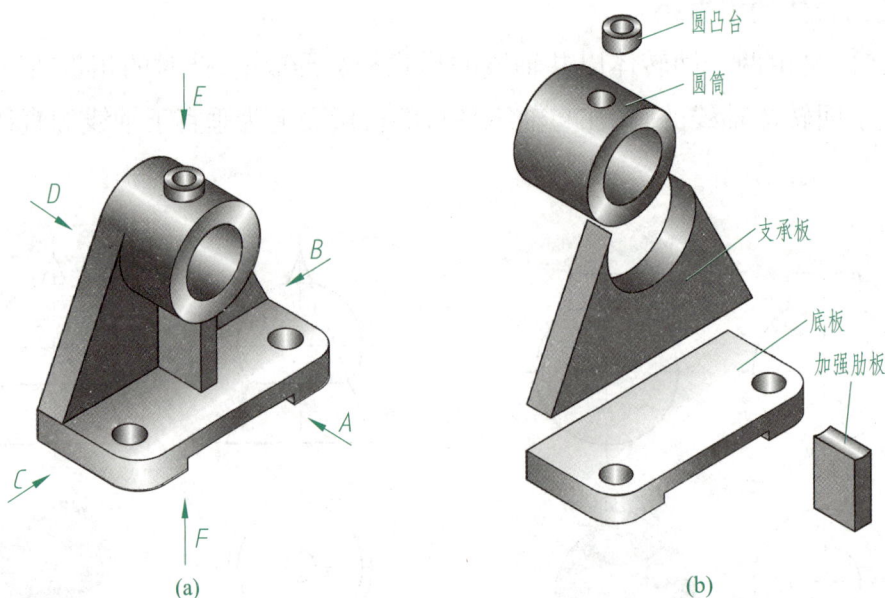

图 4-21　轴承座

2. 选择视图

选择视图时,首先需要确定主视图。通常要求主视图能较多地表达物体的形状和特征,即尽量将组成部分的形状和相互关系反映在主视图上,并使主要平面平行于投影面,以便投影表达实形。对于图 4-21a 所示的轴承座,从 A 方向看去,所得到的视图满足上述基本要求,可以作为主视图。

其次确定其他视图。俯视图主要表达底板的形状和两孔中心的位置;左视图主要表达肋板的形状。因此,三个视图都是必需的,缺少一个视图都不能将物体表达清楚。

3. 选择比例,确定图幅

根据组合体的大小选择适当的作图比例和图幅,此时要注意遵守制图国家标准的规定。所选幅面的大小应便于标注尺寸、画标题栏和写说明等。

4. 布局图形

布局图形时,要根据各视图每个方向的最大尺寸和视图间预留的空隙来确定每个视图的位置。视图间的空隙应保证标注尺寸后尚有适当的余地,并且要求布置均匀,不宜偏向一方。

5. 初画底图

初画底图时,应注意以下几点:

(1)合理布局后,画每个视图互相垂直的两条基准线,如图 4-22a 所示。

(2)逐一画每个基本形体的三视图。先画底板的三视图,如图 4-22b 所示;再画圆筒和圆凸台的三视图,如图 4-22c 所示;最后画支承板和加强肋板的三视图,如图 4-22d 所示;补画底板上的圆角、圆孔、通槽的三视图,如图 4-22e 所示。画图的先后顺序,一般是从主视图到俯视图和左视图;先画主要部分,后画次要部分;先画看得见的部分,后画看不见的部分;先画主要的圆或圆弧,后画直线。

（3）画每个基本形体的视图时,一般是三个视图对应着一起画。先画反映实形或有特征(圆、多边形)的视图,再按投影关系画其他视图(如图 4-22 中的箭头所示的顺序),尤其注意必须按投影关系正确地画出相接、相切和相贯处的投影。

6. 检查,描深

检查底稿,改正错误,然后再描深,如图 4-22f 所示。描深时应注意全图同类线型深浅、粗细保持一致,以达到美观的效果。

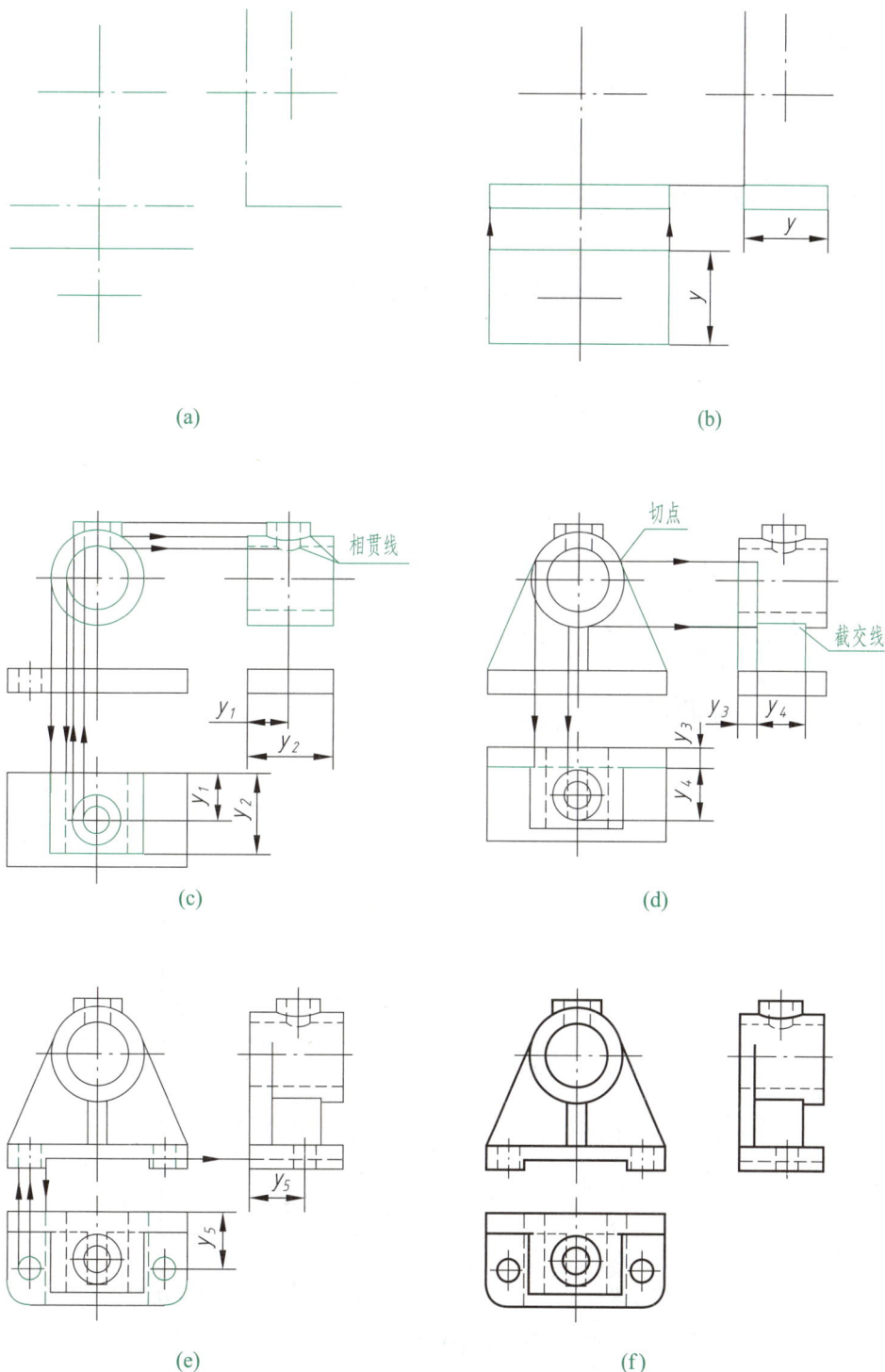

(a)

(b)

(c)

(d)

(e)

(f)

图 4-22 轴承座三视图的绘图步骤

分组并分别以图 4-21a 中 *B*、*C*、*D*、*E*、*F* 方向作为主视图投射方向,徒手画出三视图,其结果如何?

三、绘制切割型组合体视图

1. 分析形体

图 4-23a 所示组合体可看作由长方体切去基本形体 *I*、*II*、*III* 所形成。

2. 选择视图

选择图示箭头所指方向为主视图的投射方向。

3. 绘制视图

绘制切割型组合体三视图的步骤如图 4-23b、c、d 所示。

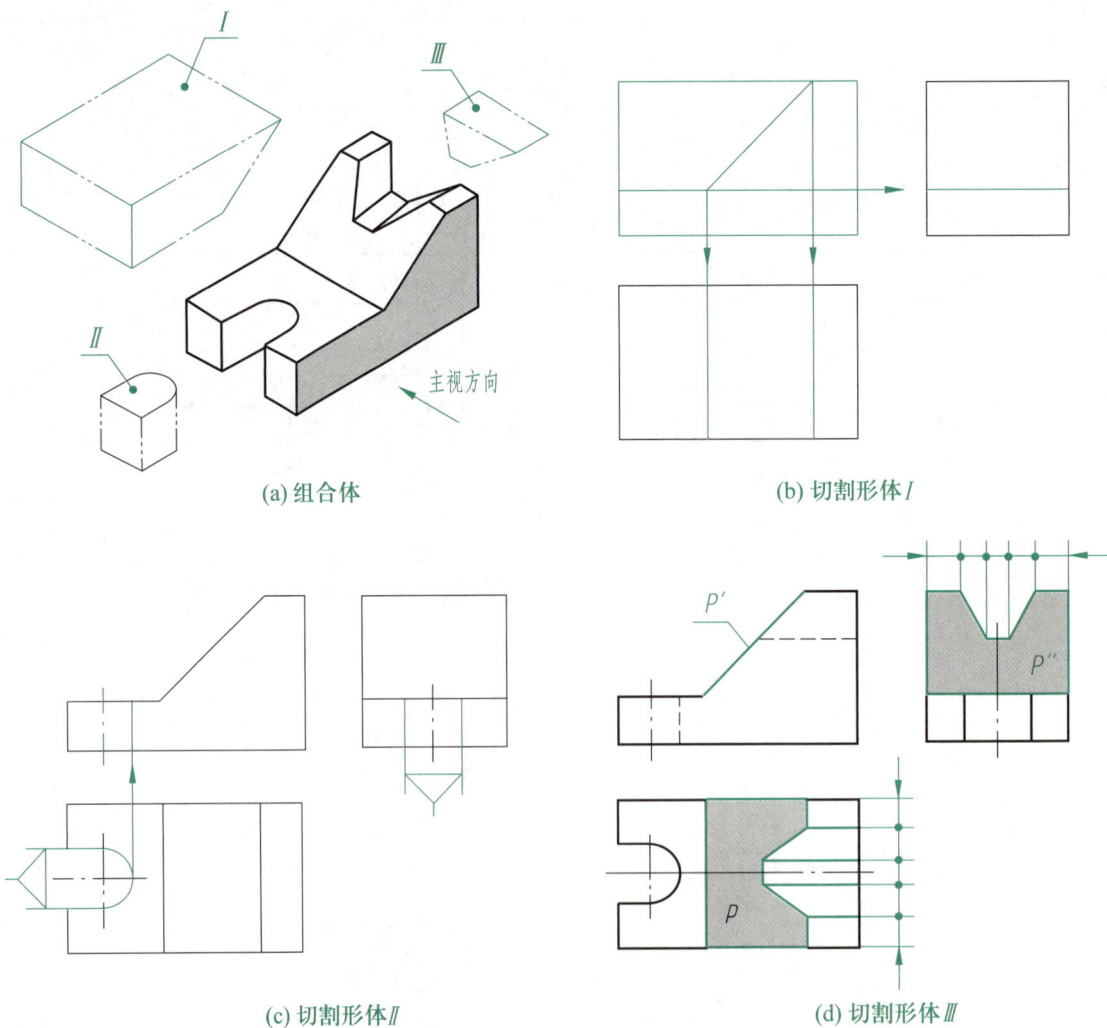

(a) 组合体

(b) 切割形体 *I*

(c) 切割形体 *II*

(d) 切割形体 *III*

图 4-23 切割型组合体形体分析与三视图的绘图步骤

4.4　组合体视图的尺寸标注

组合体视图只能表达其结构形状,要表示组合体的大小和各组成部分的相对位置,需要在视图中标注尺寸。

一、基本要求

在组合体视图上标注尺寸应做到正确、完整、清晰。

（1）正确　尺寸标注必须符合国家标准的规定。

（2）完整　所注各类尺寸应齐全,做到不遗漏、不多余。

（3）清晰　尺寸布置要整齐、清晰、醒目,便于阅读查找。

二、尺寸种类

组合体由若干基本形体按一定的位置和方式组合而成,因此在视图上除了要确定基本形体的大小外,还需要表达它们之间的相对位置和组合体本身的总体尺寸。通常,组合体的尺寸包括以下三种:

（1）定形尺寸　表示各基本形体形状大小（长、宽、高）的尺寸。

（2）定位尺寸　表示各基本形体相对位置（上下、左右、前后）的尺寸。

（3）总体尺寸　表示组合体总长、总宽、总高的尺寸。

三、尺寸基准

确定尺寸位置的点、直线、平面称为尺寸基准（简称基准）。

组合体具有长、宽、高三个方向的尺寸,标注每个方向的尺寸前都应先选择好基准。通常选择组合体的底面、端面、对称面、轴线、对称中心线等作为基准。对于图 4-21 所示轴承座,长度方向尺寸以对称面为基准,宽度方向尺寸以后端面为基准,高度方向尺寸以底面为基准,如图 4-24所示。

四、方法与步骤

标注组合体尺寸的基本方法是形体分析法。将组合体分解为若干个基本形体,选择组合体长、宽、高方向的主要尺寸基准;逐一标注各基本形体的定形尺寸及表示各基本形体位置关系的定位尺寸;标注组合

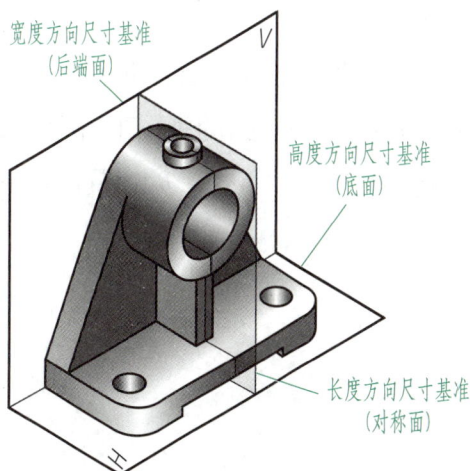

图 4-24　轴承座的尺寸基准

体的总体尺寸;最后检查、调整尺寸。

　　在图 4-25 所示轴承座三视图上标注尺寸。

　　(1)标注定形尺寸

　　如图 4-25a、b、c、d 所示,逐个标注底板、圆筒、圆凸台、支承板和肋板的定形尺寸。

　　(2)标注定位尺寸

　　长度方向注出底板上两圆孔的定位尺寸 30,宽度方向注出底板上两圆孔与支承板端面的定位尺寸 12、圆凸台到支承板端面的定位尺寸 10,高度方向注出圆筒到底面的定位尺寸 25,如图 4-25e 所示。

　　(3)标注总体尺寸

　　标注总高尺寸 37。轴承座的总体尺寸(长、宽、高)为 40、20、37,如图 4-25e 所示。

　　按上述步骤标注尺寸后,还要按形体逐个检查有无重复或遗漏,进行修正和调整。

五、尺寸布置

　　在组合体视图上标注尺寸时,除了要求完整、准确地注出三类尺寸以外,还要注意尺寸布置,使其清晰,以便阅读。因此,标注尺寸除应严格遵守国家标准的有关规定外,还要注意以下几点:

　　(1)突出特征　尺寸应注在表达形体特征最明显的视图上,并尽量避免注在虚线上。如上述轴承座底板的定形尺寸 40、20、$R5$、$2 \times \phi 4$ 及定位尺寸 30、12,标注在反映底板形体特征最明显的俯视图上(图 4-25e)。

　　(2)相对集中　各基本形体的定形尺寸和有关定位尺寸应尽量集中标注在一个或两个视图上,便于看图查找。如上述轴承座圆筒的定形尺寸 $\phi 20$、$\phi 14$、18 和定位尺寸 30 都集中标注在主、左视图上(图 4-25e)。

　　(3)布局清晰　尺寸尽量布置在两视图之间,便于对照。同方向的平行尺寸,应使较小的尺寸靠近视图,较大的尺寸依次向外分布,尺寸线间隔均匀,避免尺寸线与尺寸界线相交,如图 4-25e 所示主视图中的尺寸 5、25、37。两个视图之间同方向的尺寸不要错开,既整齐又便于绘图,如图 4-25e 所示俯视图中的尺寸 12、20 与主视图中的尺寸 5、25。圆的直径一般注在投影为非圆的视图上,圆弧的半径则应标注在投影为圆弧的视图上,如图 4-25e 所示主视图中的尺寸 $\phi 6$、$\phi 10$ 及俯视图中的尺寸 $R5$。

(a) 底板的定形尺寸

(b) 圆筒和圆凸台的定形尺寸

(c) 支承板的定形尺寸

(d) 肋板的定形尺寸

(e) 轴承座的完整尺寸

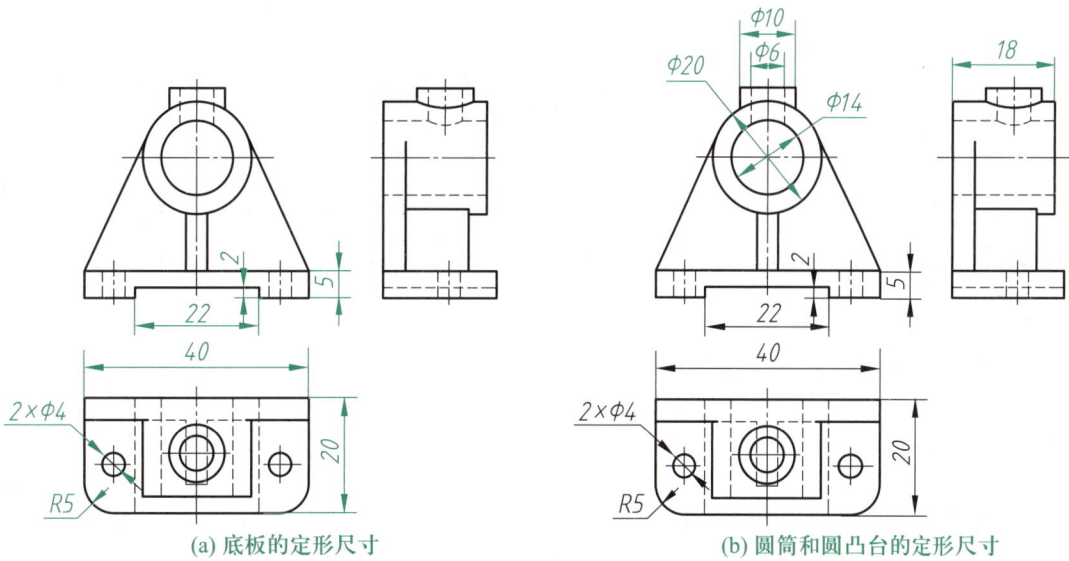

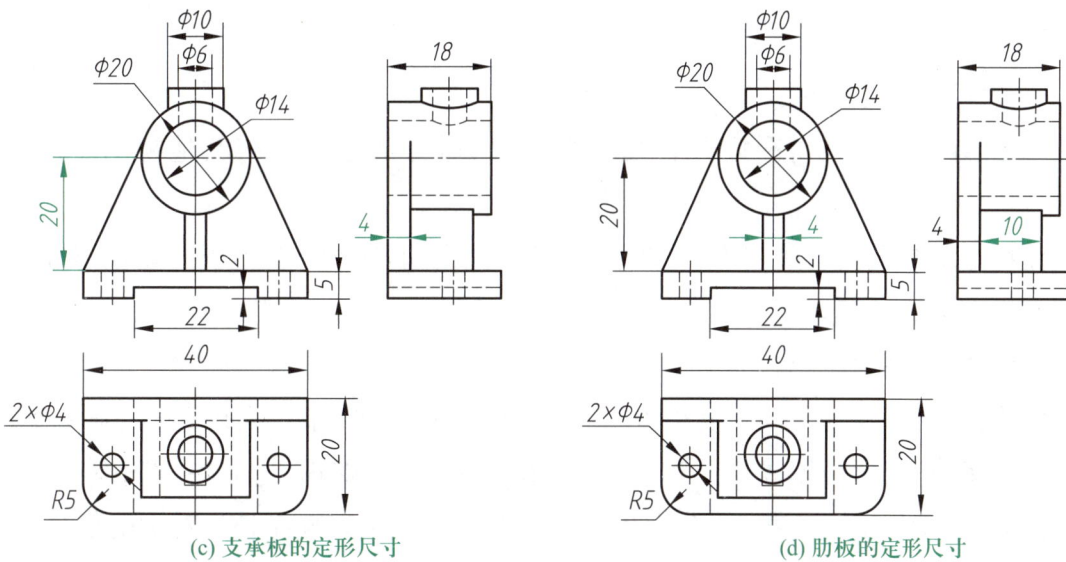

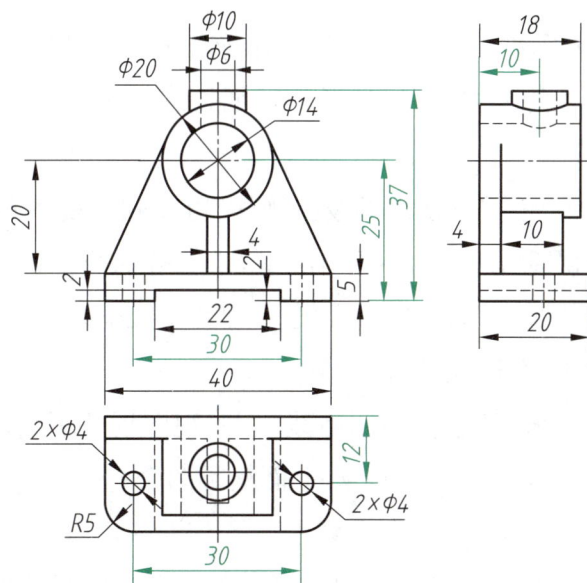

图 4-25 轴承座三视图的尺寸标注

轴承座
三视图的
尺寸标注

4.5 识读组合体视图

绘图是将实物或想象（设计）中的物体运用正投影法表达在图纸上，是一种从空间形体到平面图形的表达过程。读图则是这一过程的逆过程，是根据平面图形（视图）想象空间形体的结构形状。

读图运用的基本方法是形体分析法和线面分析法。

一、形体分析法

形体分析法是根据视图的特点、基本形体的投影特征，把物体分解成若干个简单形体，分析出组合形式后，再将它们组合起来，构成一个完整的组合体。

读图步骤与方法如下：

1. 认识视图，抓住特征

认识视图就是先弄清图样共有几个视图，然后分清主视图与其他视图之间的位置关系。

抓住特征就是先找出最能代表物体构形的特征视图，通过与其他视图配合，对物体的空间构形有一个大概了解。

2. 分析投影，联想形体

参照物体的特征视图，从图上对物体进行形体分析，按照每个封闭线框代表一个形体轮廓的投影原理，把图形分解成几个部分。再根据三视图"长对正、高平齐、宽相等"的投影规律，划分出每个形体的三个投影，分别想出它们的形状。一般顺序是先看主要部分，后看次要部分；先看容易确定的部分，后看难以确定的部分；先看整体形状，后看细节形状。

下面以图 4-26 所示轴承座三视图为例，说明用形体分析法读图的步骤。

图 4-26a 所示为轴承座的三视图，反映形状特征较多的是主视图，它反映了 I、II 两个形体的特征形状。

从形体 I 的主视图入手，根据三视图的投影规律，可找到俯视图和左视图上相对应的投影，如图 4-26b 所示的封闭粗线框。可以想象出形体 I 是一个长方体，上部挖了一个半圆槽。

同样，可以找出三角形肋板 II 的其他两个投影，如图 4-26c 所示的封闭粗线框。可以想象出它的形状是一个三角块，左边、右边各一个。

最后看底板 III，如图 4-26d 所示的封闭粗线框，俯视图反映了它的形状特征，再配合左视图可以想象出它的形状是带弯边的矩形板，上面钻了两个孔。

3. 综合起来，想象整体

在看懂每个形体形状的基础上，再根据整体的三视图，找它们之间的相对位置关系，想象整体形状。

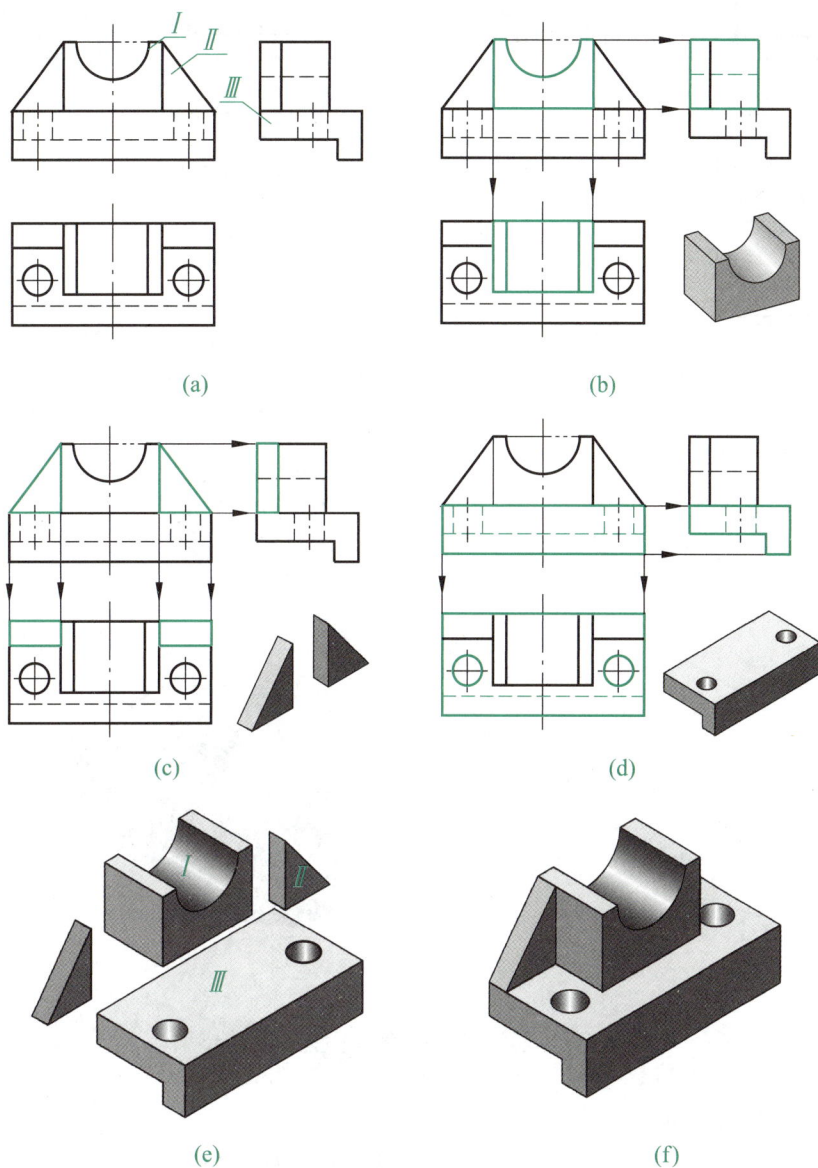

图 4-26　轴承座三视图及读图方法

　　通过对轴承座的分析可知,长方体 I 在底板 III 的上面并居中靠后。肋板 II 在长方体 I 的左、右两侧,并与后面平齐。从左视图中可见,底板 III 后面与 I 、II 后面平齐,前面带弯边。综合起来想象其整体形状如图 4-26f 所示。

二、线面分析法

　　线面分析法就是运用线面的投影规律,分析视图中的线条、线框的含义和空间位置,从而读懂视图。线面分析法是形体分析法读图的补充,当形体被切割、形体不规则或形体投影重合时,尤其需要线面分析法来辅助,集中解决读图难点。

　　下面以图 4-27 所示压块为例,说明用线面分析法读图的步骤。

轴承座
三视图的
读图方法

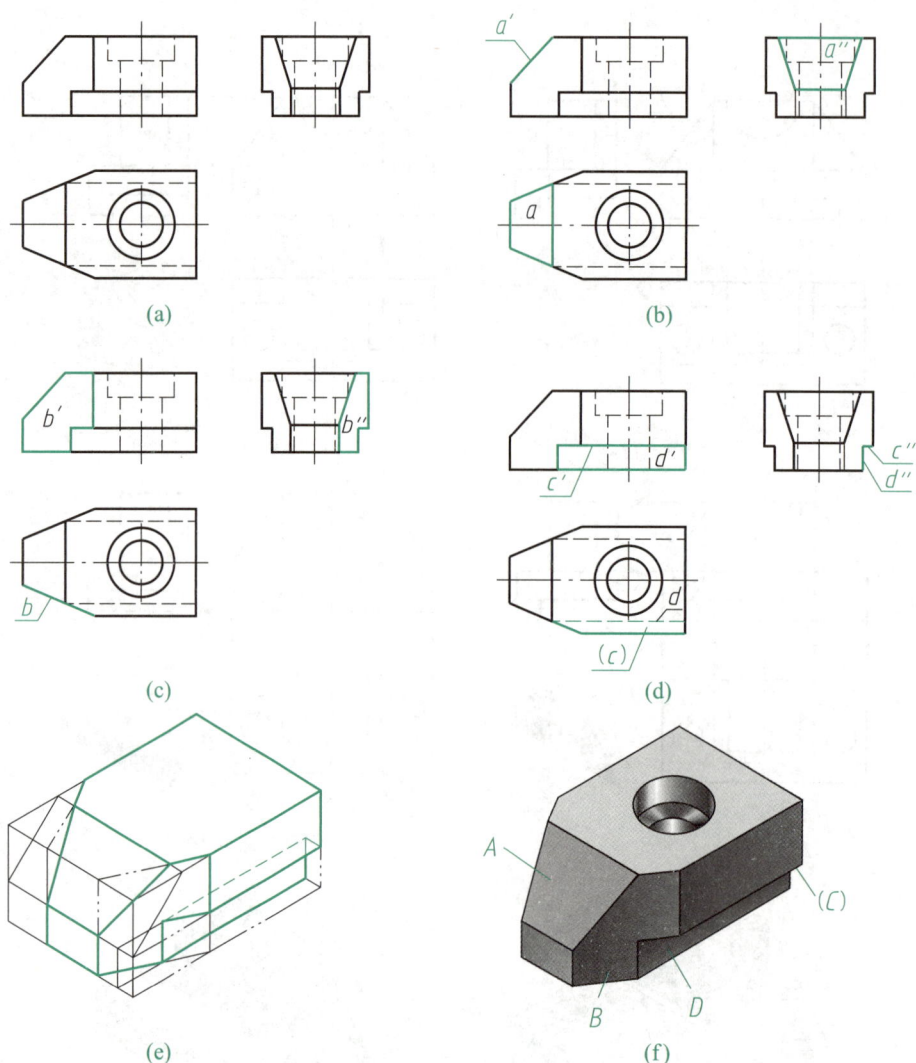

图 4-27   压块及用线面分析法读图的步骤

1. 形体分析,想象概貌

从图 4-27a 所示压块的三视图可看出,压块的基本形体是长方体。从主视图可知,长方体的中上部有一个阶梯孔,在它的左上方切掉一角;从俯视图可知,长方体的左端切掉前、后两个角;由左视图可知,长方体的前、后两边各切去一块长条。

2. 线面分析,构思细节

从图 4-27b 可知,在俯视图中有梯形线框 a,而在主视图中可找出与它对应的斜线 a',由此可见 A 面是垂直于 V 面的梯形平面,长方体的左上角是由 A 面截切而成的。A 面与 W 面和 H 面都处于倾斜位置,所以它的侧面投影 a'' 和水平面投影 a 是类似形,不反映 A 面的真实形状。

从图 4-27c 可知,在主视图中有七边形线框 b',而在俯视图中可找出与它对应的斜线 b,由此可见 B 面垂直于 H 面。长方体的左端就是由这样的两个平面截切而成的。B 面对 V 面和 W 面都处于倾斜位置,因而侧面投影 b'' 也是个类似的七边形线框。

从图 4-27d 可知,由主视图中的长方形线框 d' 入手,可找到 D 面的三个投影;由俯视图中的四边形线框（c）入手，可找到 C 面的三个投影；从投影图中可知 D 面为正平面，C 面为水平面。长方体的前、后两边是由这两个平面截切而成的。

3. 综合起来，思考整体

通过以上分析，逐步弄清各部分的形状和其他一些细节，最后综合起来想象压块的整体形状，如图 4–27e、f 所示。

概览与思考

一、内容概览

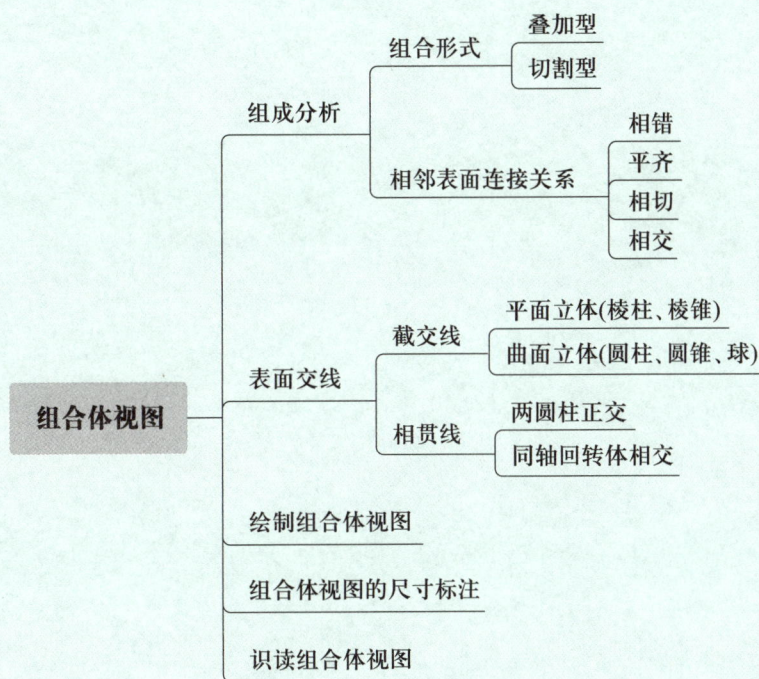

二、思考与实践

1. 什么是形体分析法？

2. 组合体有几种组合形式？

3. 组合体相邻表面的连接关系有哪些？绘图时有何特点？

4. 什么是截交线？有何特点？如何绘制其投影？

5. 什么是相贯线？有何特点？如何绘制其投影？

6. 组合体视图的尺寸标注有哪些基本要求？组合体的尺寸包括哪几种？

7. 怎样合理选择组合体的主视图？

8. 识读组合体视图的主要方法有哪些？

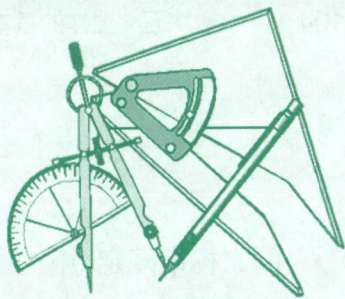

模块五　图样的基本表示法

导　语

　　三视图能将组合体表达清楚,延伸到机件,也能通过三视图将其结构形状表达完整。但在工程实际中,当机件的形状和内、外结构比较复杂时,仅用三视图就很难将其完整、清晰地表达出来。为此,技术制图和机械制图国家标准规定了机件图样的基本表示法,包括视图、剖视图、断面图和简化画法等。

　　自本模块起,研究对象的载体已由点、线、面、基本几何体、组合体过渡到机件,不仅在文字表述中启用"机件"一词,图例也均为包含各种工艺结构的机件。本模块是识读和绘制零件图的基础,只有熟练掌握图样的基本表示法,才能根据不同机件的结构特征,灵活选用最佳方法,完整、清晰地表达机件的结构形状。

　　透过现象看本质。剖视图和断面图主要用来表达机件的内部结构和断面形状,是本模块的学习重点。学习过程中要牢固掌握标准、全面分析机件、融通绘图理论、选择最优表达,在绘图训练中养成独立思考、勤于动手、吃苦耐劳、持之以恒的优良品质。

── 5.1 视　图 ──

国家标准规定,用正投影法绘制的物体的图形称为视图。视图主要用于表达机件的外部结构形状,包括基本视图、向视图、局部视图和斜视图。视图一般只画可见部分,必要时才用细虚线表达不可见部分。

一、基本视图(GB/T 13361—2012,GB/T 17451—1998)

将机件向基本投影面投射所得的视图称为基本视图。为了分别表达机件上下、左右、前后六个方向的结构形状,国家标准规定:用正六面体的六个面作为六个投影面,称为基本投影面。将机件置于正六面体中,分别向各投影面投射,得到六个基本视图,再按图 5-1 所示方法展开,便得到位于同一平面的六个基本视图,如图 5-2 所示。六个基本视图分别为:

主视图——由前向后投射所得的视图;后视图——由后向前投射所得的视图;
俯视图——由上向下投射所得的视图;仰视图——由下向上投射所得的视图;
左视图——由左向右投射所得的视图;右视图——由右向左投射所得的视图。

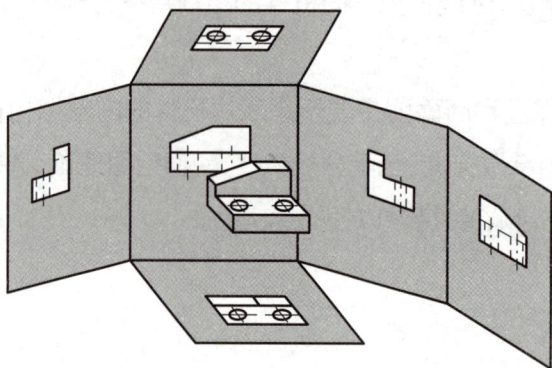

基本
视图

图 5-1　基本视图

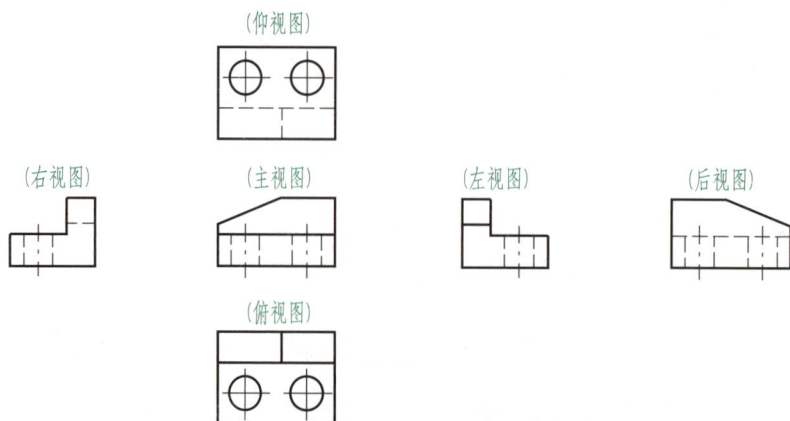

基本视
图的配置

图 5-2　基本视图的配置

六个基本视图之间仍符合"长对正、高平齐、宽相等"的投影关系。在同一张图纸上按图 5-2 所示配置视图时,一律不标注视图的名称。

绘制图样时,一般并不需要将六个视图全部画出,而是根据机件的结构形状,按实际需要选用视图。优先选用主视图、俯视图、左视图三个基本视图。总的要求是表达完整、清晰、不重复,使视图数量最少。

二、向视图（ GB/T 17451—1998 ）

向视图是可自由配置的视图。当某个基本视图不能按投影关系配置时,可按向视图配置。向视图必须在其上方标注大写拉丁字母"×",在相应视图的附近用箭头指明投射方向,并标注相同字母,如图 5-3 所示。向视图是基本视图的另一种表达方法,是移位（不旋转）配置的基本视图。

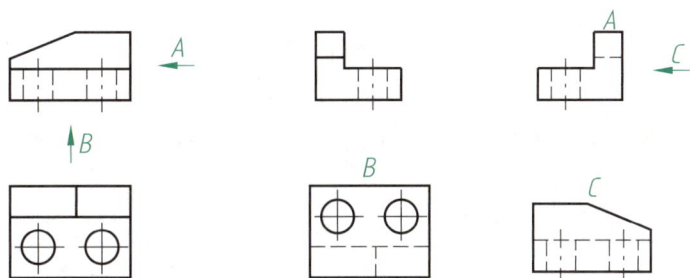

图 5-3 向视图

三、局部视图（ GB/T 17451—1998、GB/T 445.8.1—2002 ）

将机件的某一部分向基本投影面投射所得的视图称为局部视图。如图 5-4 所示圆筒左侧凸台部分的形状在主、俯视图中未表达清楚,选用局部只画基本视图的一部分表示凸台,省略大部分左视图,使图形重点更突出、更清晰。

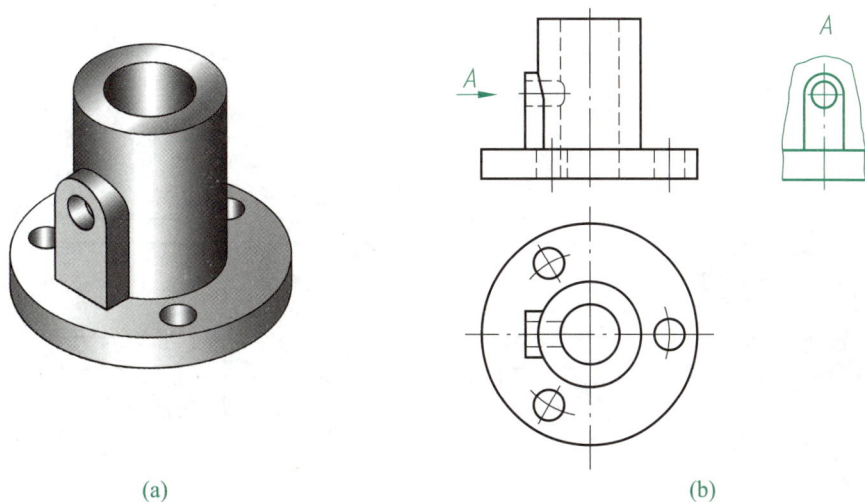

(a)　　　　(b)

图 5-4 局部视图（一）

当局部视图按投影关系配置,中间没有其他图形隔开时,可省略标注。

局部视图的断裂边界用波浪线或双折线绘制。当所表示的局部结构是完整的,且外轮廓线又封闭时,断裂边界线可省略不画,如图5-5中的 B 向视图。

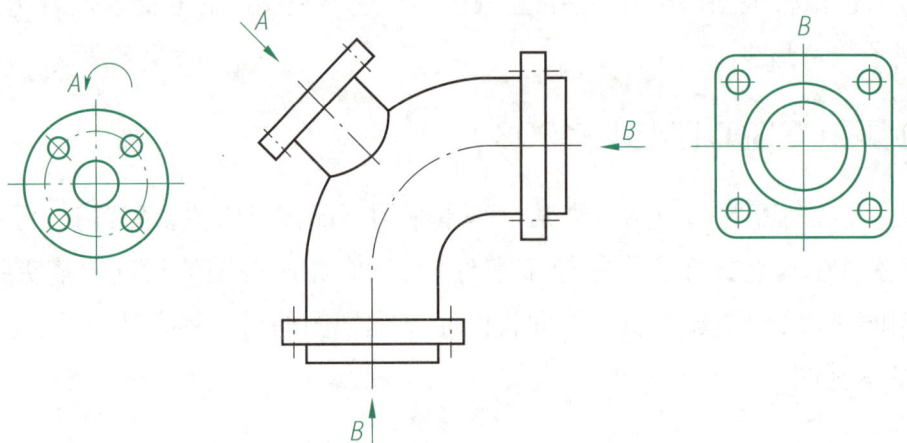

图 5-5　局部视图(二)

想一想

图 5-5 中的 A 向视图是局部视图吗?

四、斜视图(GB/T 17451—1998)

将机件向不平行于基本投影面的平面投射所得的视图称为斜视图。斜视图主要用于表达机件的倾斜部分,其余部分不必全部画出,而是用波浪线或双折线断开,如图5-6所示。

斜视图通常按向视图的配置形式配置并标注(图5-6b)。必要时,允许将斜视图旋转配置;标注时,表示该视图名称的大写拉丁字母应靠近旋转符号的箭头端(图5-6c),也允许将旋转角度标注在字母之后(图5-7)。

斜视图

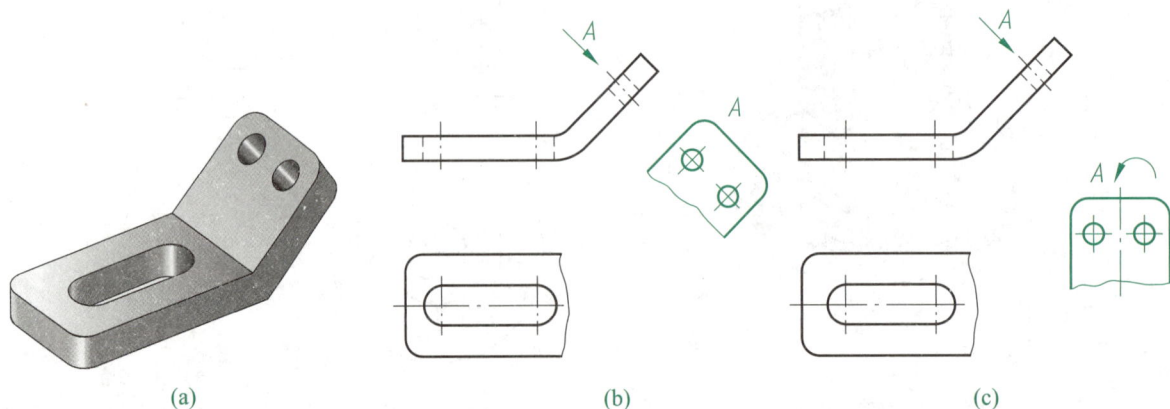

(a)　　　　　　　　　　(b)　　　　　　　　　　(c)

图 5-6　斜视图(一)

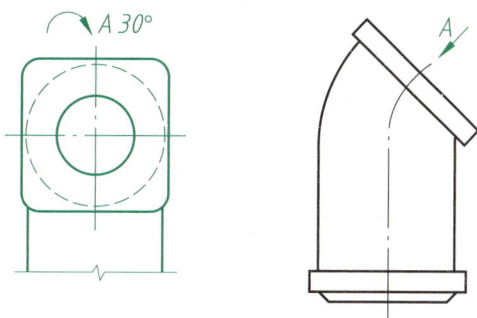

图 5-7　斜视图（二）

想一想

　　基本视图和向视图的区别在哪里？斜视图和局部视图的异同是什么？

—— 5.2　剖　视　图 ——

　　当机件的内部形状比较复杂时,视图中会出现较多的细虚线,显得内部结构层次不清,既不便于读图,也不便于绘图和标注尺寸。为了清晰地表达机件的内部形状,国家标准规定了剖视图的表示方法。

一、剖视图的基本概念

1. 剖视图的形成

　　假想用剖切平面剖开机件,将处在观察者和剖切平面之间的部分移去,而将其余部分向投影面投射所得的图形,称为剖视图,简称剖视,如图 5-8a 所示。

　　如图 5-8b、c 所示,将视图与剖视图相比较可以看出,由于主视图采用了剖视图的画法,原来不可见的孔变成了可见,视图中的细虚线在剖视图中变成了粗实线,且在剖面区域内绘制了剖面符号,图形层次分明,表达清晰。

2. 剖面区域的表示法

　　机件被假想剖开后,剖切平面与机件的接触部分（即剖面区域）要画出与材料相应的剖面符号,以便区别机件的实体和空心部分。机械制图采用国家标准规定的剖面符号,见表 5-1。

　　在机械制造中,金属材料使用最多,为便于绘图,国家标准规定用简明易画的平行细实线作为剖面符号,这种剖面符号特称为剖面线。绘制剖面线时,机械图样中的同一金属零件的剖面线应方向相同、间隔相等。剖面线的方向与主要轮廓线或剖面区域的对称线夹角为45°,如图 5-9a 所示。必要时,可采用30°（图 5-9b）或60°。

　　同一机件的各个剖面区域,其剖面线画法应一致。相邻机件的剖面线必须以不同的方向或以不同的间隔画出,如图 5-10 所示。

剖视图

5

(a)

(b)

(c)

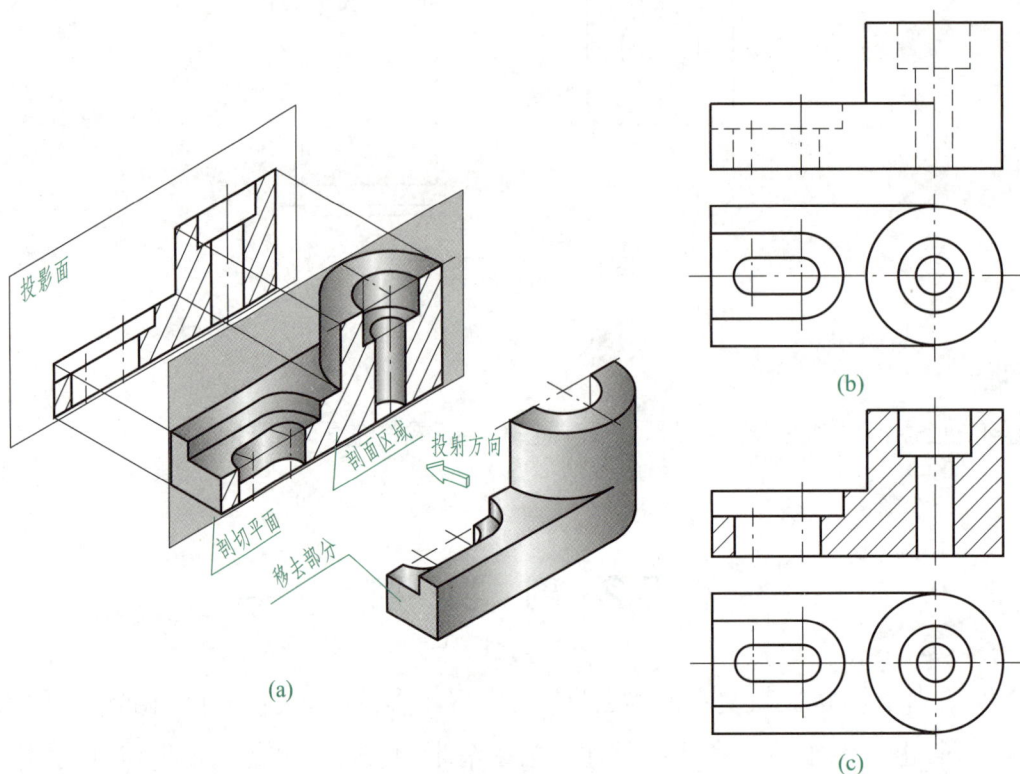

图 5-8　剖视图的形成及画法

表 5-1　不同材料的剖面符号（摘自 GB/T 4457.5—2013）

金属材料 （已有规定剖面符号除外）			钢筋混凝土	
非金属材料 （已有规定剖面符号除外）			砖	
型砂、填砂、粉末冶金、 砂轮、陶瓷刀片、 硬质合金刀片等			玻璃及供观察用的 其他透明材料	
木材	纵断面		液体	
	横断面			

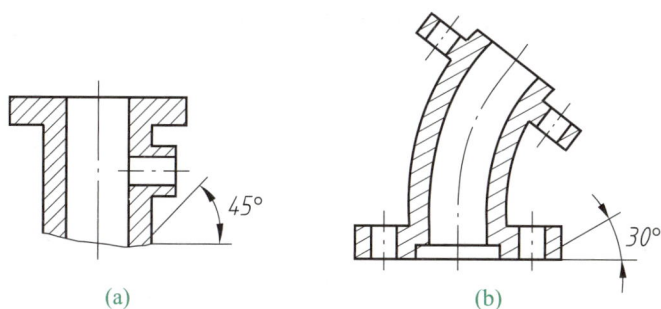

(a)   (b)

图 5-9　金属机件的剖面线

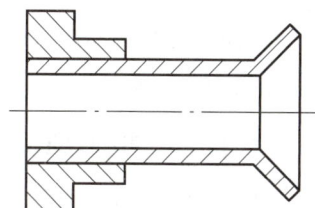

图 5-10　不同机件的剖面线

二、剖视图的画法与标注

1. 剖视图的画法

（1）确定剖切平面的位置　画剖视图的目的是表达机件的内部结构,因此一般应通过机件内部结构的对称平面或孔的中心线剖切机件,如图 5-11a 所示。

（2）画剖视图　用粗实线画出剖切平面剖切到的机件断面轮廓和其后面所有可见轮廓的投影,不可见的轮廓一般不画,如图 5-11b 所示。

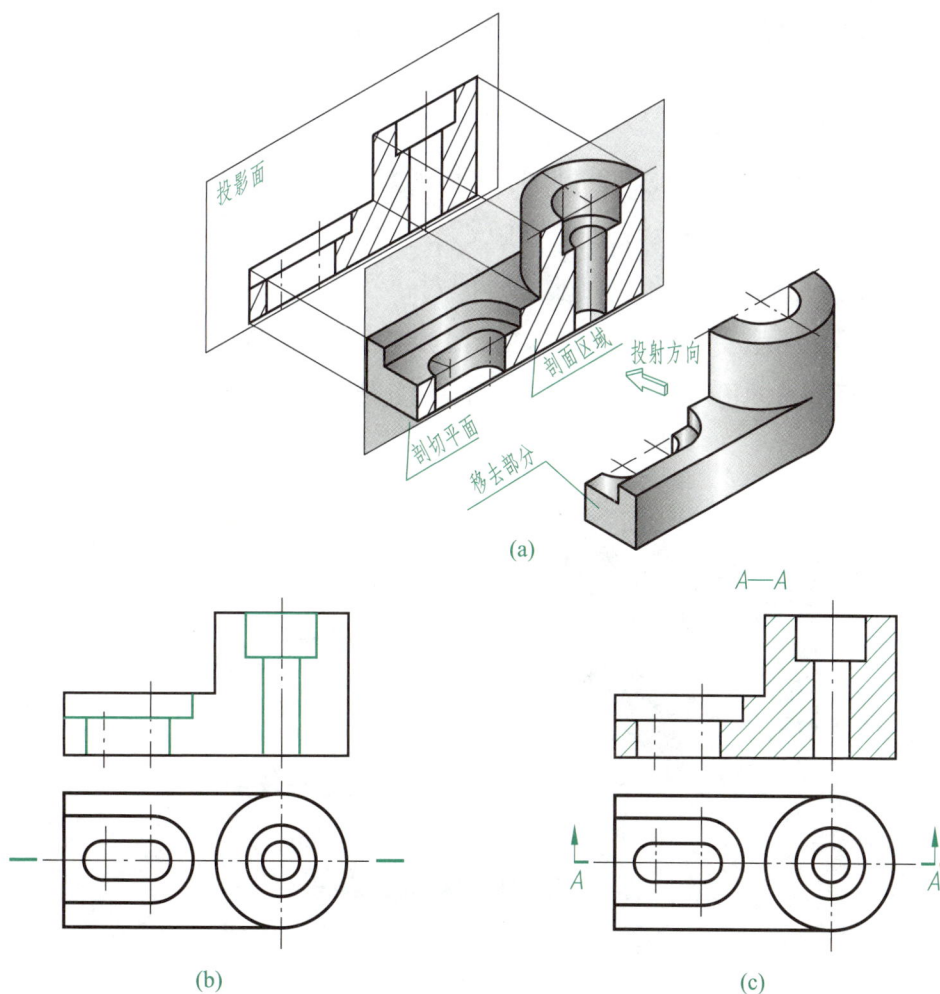

(a)

(b)   (c)

图 5-11　剖视图的画法与标注

（3）在剖面区域内画剖面线　在剖切平面剖切到的断面轮廓内画剖面符号，以区分机件的实体部分和空心部分，如图 5-11c 所示。

2. 剖视图的标注

（1）剖视图一般应标注以下内容：

① 剖切符号　指示剖切平面的起止和转折位置，用粗短线表示（长 5～8 mm），尽量不与轮廓线相交，如图 5-11b 所示。

② 投射方向　在剖切符号的两端外侧，用箭头指明剖切后的投射方向（图 5-11c）。

③ 剖视图的名称　在剖视图上方用大写拉丁字母水平注写"×—×"，并在剖切符号附近注写相同的字母"×"，如图 5-11c 所示。

（2）标注的简化或省略。

① 当剖视图按投影关系配置，中间没有其他视图隔开时，可省略箭头（图 5-11b）。

② 当单一剖切平面通过机件的对称平面或基本对称的平面，且剖视图按投影关系配置，中间没有其他视图隔开时，可不标注（图 5-8c、图 5-12b）。

5

学一学

关于简化标注和省略标注，在后续剖视图的学习过程中要多思考、多运用。

3. 绘制剖视图的注意事项

（1）由于剖切是假想的，所以当机件的一个视图画成剖视图后，其他视图并不受影响，仍应完整地画出。如图 5-8c 所示，俯视图画成完整视图。

（2）一般情况下，剖视图中不画细虚线。但对于没有表达清楚的结构，剖视图上仍应画出细虚线，如图 5-12 所示。在没有剖切的视图上，细虚线也按同样原则处理。

（3）剖切平面后方的可见部分应全部画出，不能遗漏或多画，如图 5-13 所示。

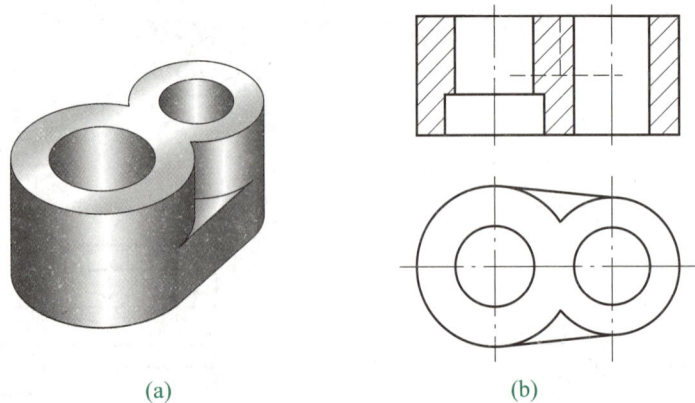

(a)　　　　　　　(b)

图 5-12　剖视图上的细虚线

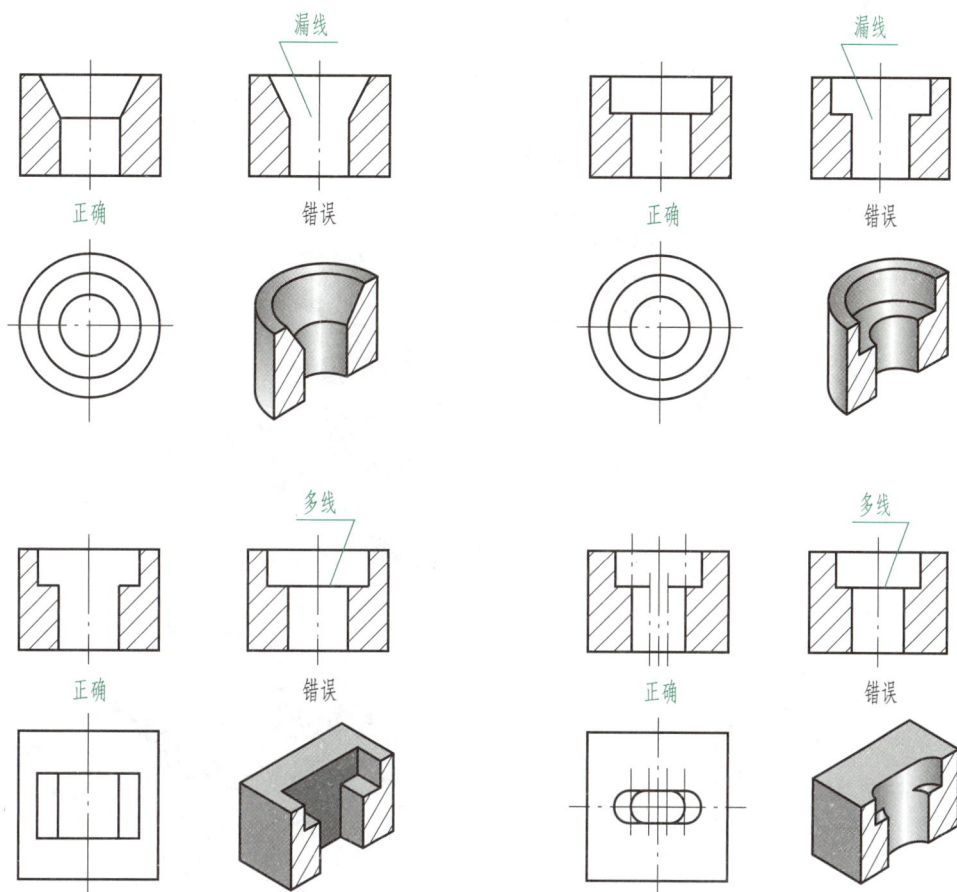

正确　　　　错误　　　　　　　正确　　　　错误

正确　　　　错误　　　　　　　正确　　　　错误

图 5-13　漏线、多线示例

三、剖视图的种类

按剖切范围,剖视图可分为全剖视图、半剖视图和局部剖视图。

1. 全剖视图

用剖切平面完全地剖开机件所得的剖视图称为全剖视图,如图 5-8 所示。

全剖视图主要用于表达外形比较简单、内部结构比较复杂且不对称的机件。

2. 半剖视图

当机件具有对称平面时,向垂直于对称平面的投影面上投射所得的图形,可以对称中线为界,一半画成剖视图,另一半画成视图,这样的图形称为半剖视图。

图 5-14a 所示零件左右对称(对称平面是侧平面),所以主视图可以一半画成剖视图,另一半画成视图,如图 5-14b 所示。

在图 5-14b 中,俯视图也画成半剖视图,其剖切后的情况参考图 5-14c。

由于半剖视图既充分表达了机件的内部形状,又保留了机件的外部形状,所以常用它来表达内外形状都比较复杂的对称机件。

当机件的形状接近于对称,且不对称部分已另有图形表达清楚时,也可以画成半剖视图,如图 5-15 所示。

半剖
视图

5

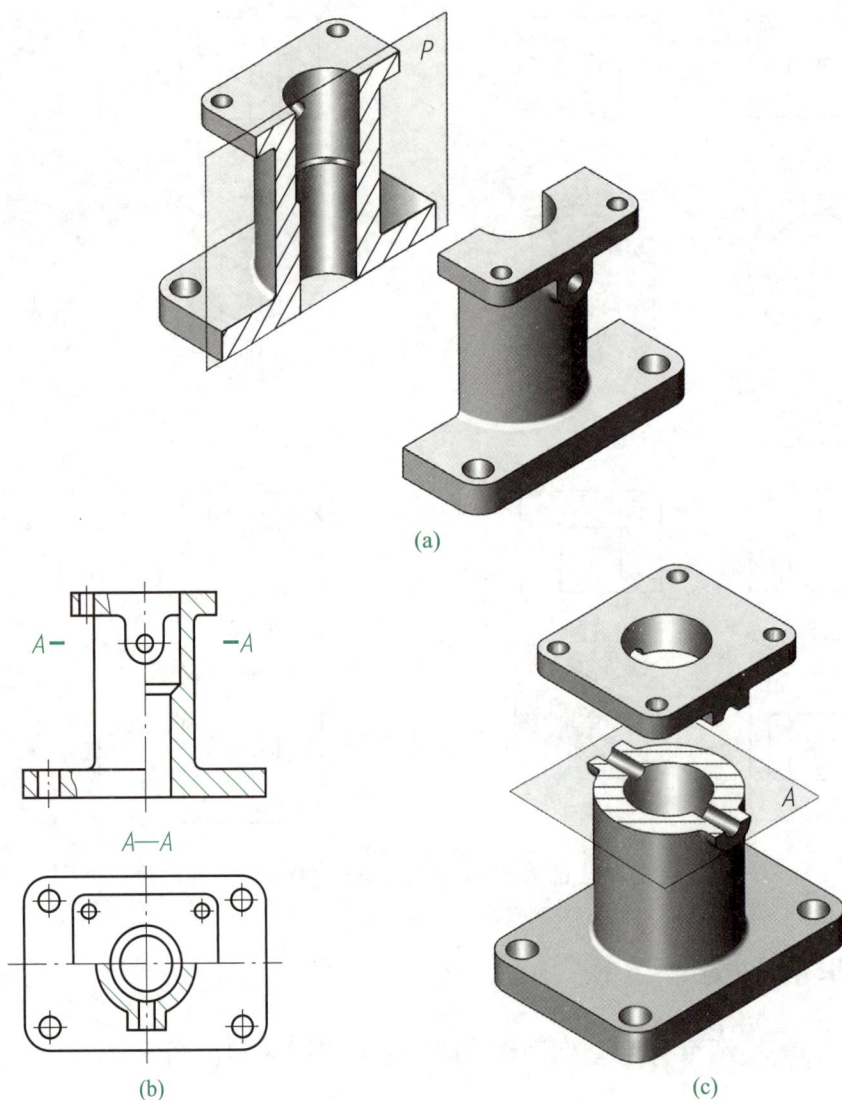

(a)

(b)

A—A

(c)

图 5-14 半剖视图（一）

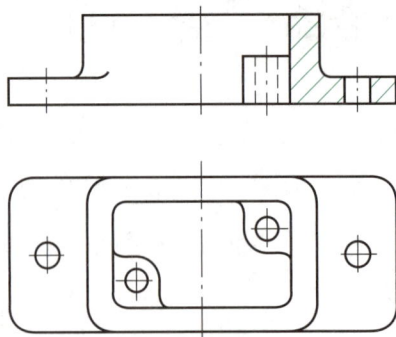

图 5-15 半剖视图（二）

画半剖视图时应注意：

（1）视图与剖视图的分界线应是对称中心线（细点画线），而不应画成粗实线，也不应与轮廓线重合。

（2）机件的内部形状在半剖视图中已表达清楚时,在另一半视图上就不必再画出细虚线,但对于孔或槽等,应画出中心线定位。

　　绘制半剖视图时,主视图采用右剖左不剖,俯视图和左视图采用前剖后不剖。

3. 局部剖视图

　　用剖切平面局部剖开机件所得的剖视图称为局部剖视图,如图 5-16 所示。局部剖视图既能把机件局部的内部形状表达清楚,又能保留某些外形,是一种极其灵活的表达方法。

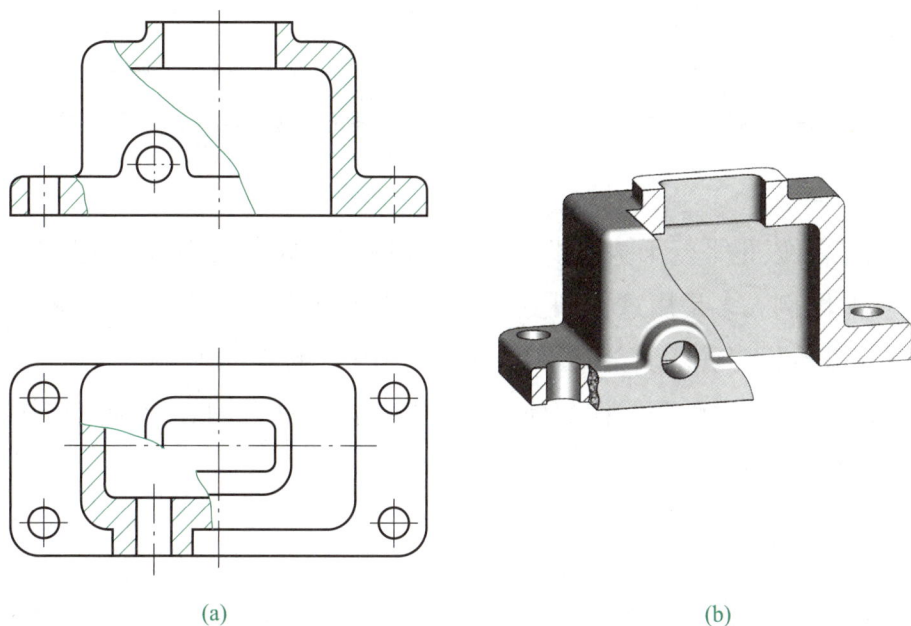

局部剖视图

（a）　　　　　　　　　　　　　　　　　（b）

图 5-16　局部剖视图（一）

画局部剖视图时应注意:

　　（1）局部剖视图用波浪线或双折线分界,波浪线、双折线不应和图样上其他图线重合。

　　（2）当被剖结构为回转体时,允许将该结构的轴线作为局部剖视图与视图的分界线,如图 5-17 所示。

　　（3）如有需要,允许在剖视图的剖面中再作一次局部剖切,采用这种表达方法时,两个剖面区域的剖面线应同方向、同间隔,但要互相错开,并用引出线标注其名称,如图 5-18 所示。

四、剖切平面的选用

　　根据机件的结构特点和表达需要,国家标准 GB/T 4458.6—2002 规定了用以下三种剖切平面剖开机件以获得上述三种剖视图:单一剖切平面、几个平行的剖切平面和几个相交的剖切平面。

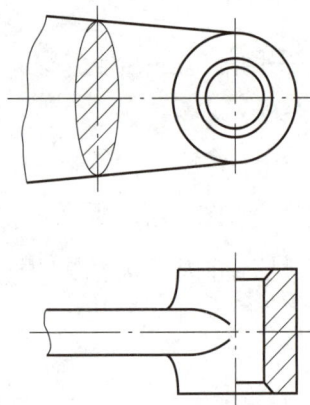

图 5-17   局部剖视图（二）

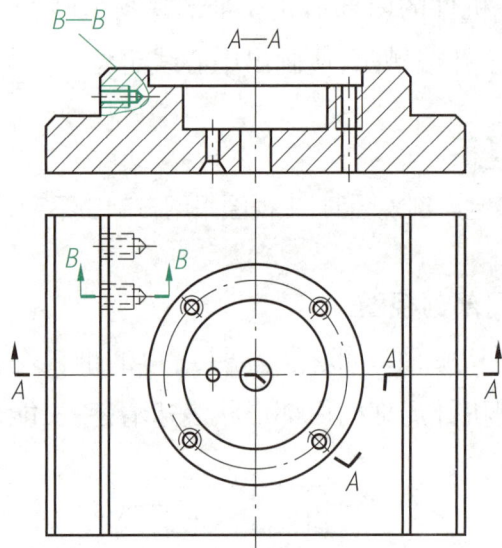

图 5-18   局部剖视图（三）

1. 单一剖切平面

单一剖切平面可以是平行于基本投影面的剖切平面,如前所述的全剖视图、半剖视图和局部剖视图,所举图例大多是用这种剖切平面剖开机件而得到的剖视图。单一剖切平面也可以是不平行于基本投影面的斜剖切平面,如图 5-19 中的 B—B。这种剖视图一般应与倾斜部分保持投影关系,也可以配置在其他位置。为使画图和读图方便,可把剖视图转正,同时按规定标注,如图 5-19 所示。

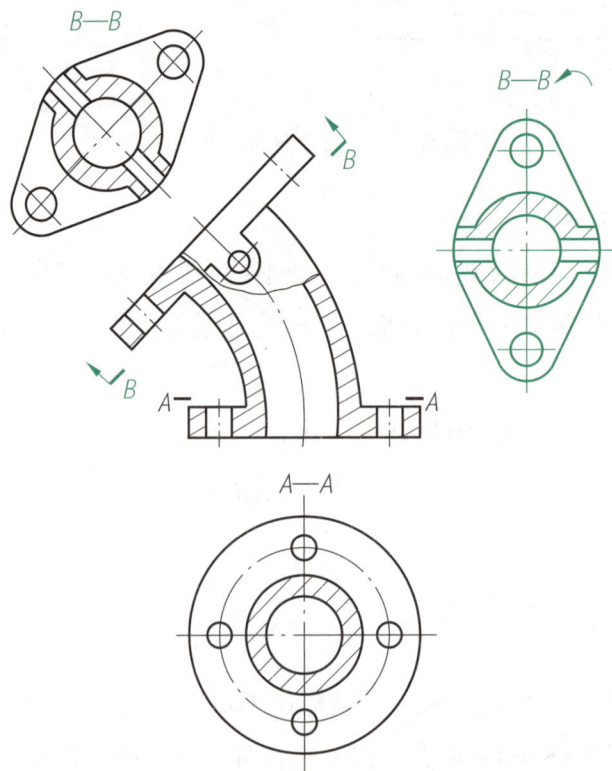

图 5-19   用单一剖切平面（不平行于基本投影面）剖切

2. 几个平行的剖切平面

当机件的内部结构位于几个平行平面上时,如果仅用一个剖切平面剖开,不能将其内部结构形状完全表达清楚,采用几个相互平行的剖切平面从不同位置的孔中心线剖切,在一个剖视图上就可以把几个孔的形状和位置表达清楚,如图 5-20 所示。

作剖视图时,要用剖切符号标注转折处位置,但因剖切平面是假想的,所以不要在剖面区域内画出两个剖切平面转折处的投影,如图 5-20 所示。

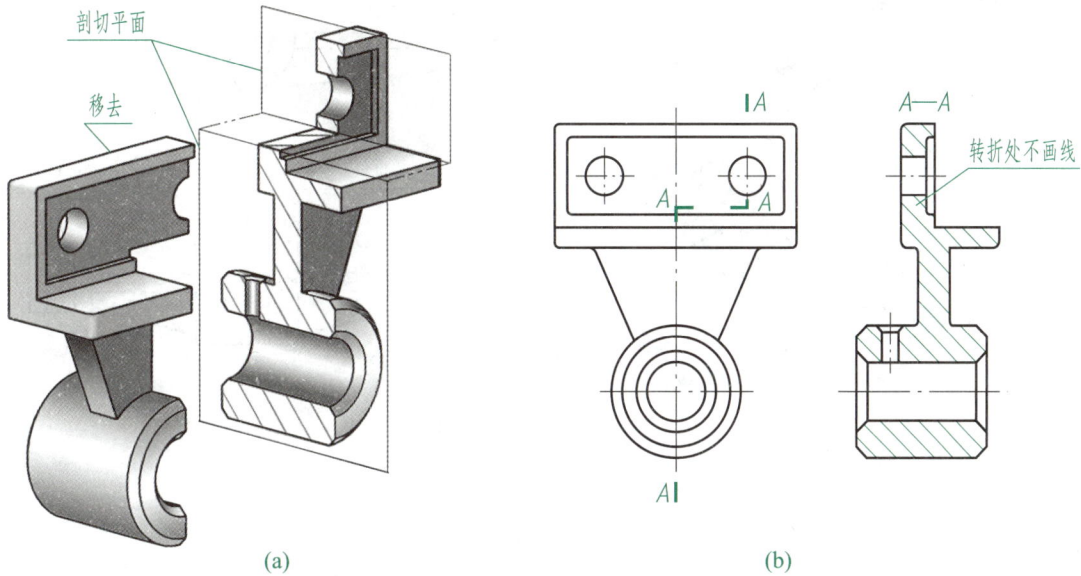

图 5-20 用几个平行的剖切平面剖切

3. 几个相交的剖切平面

当机件的内部结构形状用单一剖切平面不能完整表达,而机件又具有回转轴时,可采用两个(或两个以上)相交的剖切平面剖开机件(图 5-21a),并将剖开的结构及有关部分旋转到与选定的投影面平行后进行投射。其剖视图和标注如图 5-21b 所示。

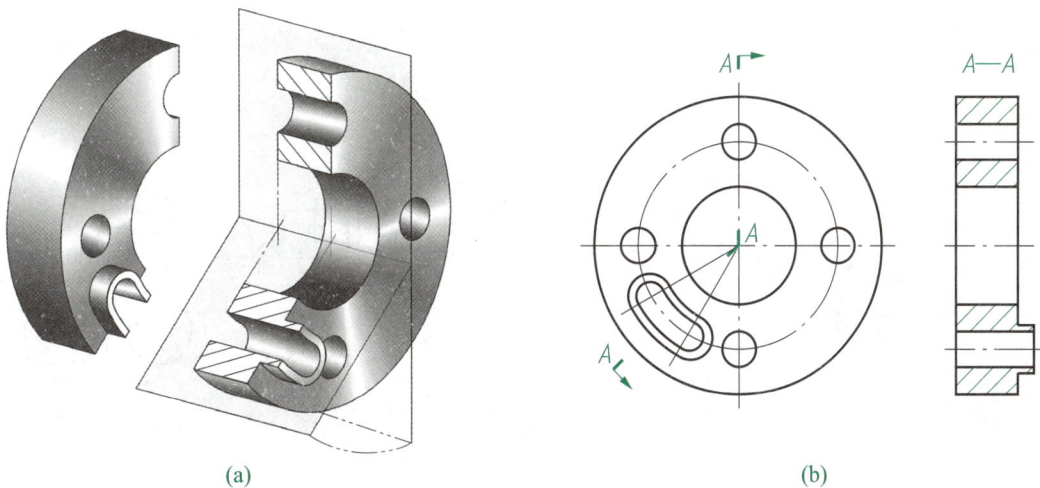

图 5-21 用几个相交的剖切平面剖切

采用几个相交的剖切平面画剖视图时应当注意：相交剖切平面的交线必须垂直于某一投影面。画剖视图时，要先剖开、后旋转、再投射。位于剖切平面后面的结构，如图 5-22 中的油孔，一般仍按原来的位置投射。

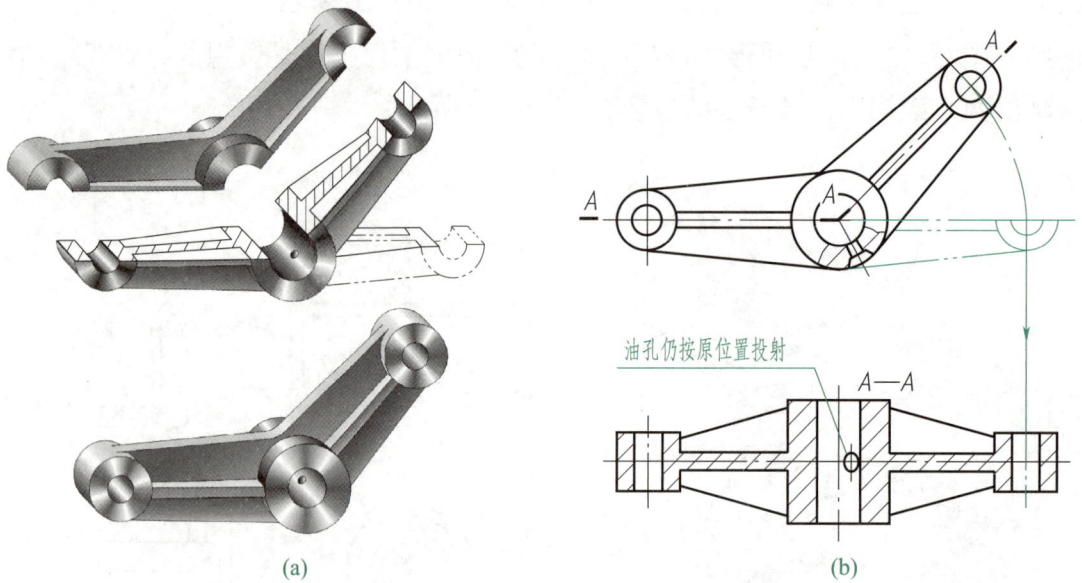

(a)　　　　　　　　　　　　　　　　(b)

图 5-22　两个相交的剖切平面

> **想一想**
>
> 在"剖视图的种类"和"剖切平面的选用"的相关图例中，哪些图例采用了简化或省略标注？

—— 5.3　断 面 图 ——

一、断面图的概念

假想用剖切平面将机件的某处切断（图 5-23a），仅画出该剖切平面与机件接触部分的图形，称为断面图，简称断面，如图 5-23b 所示。

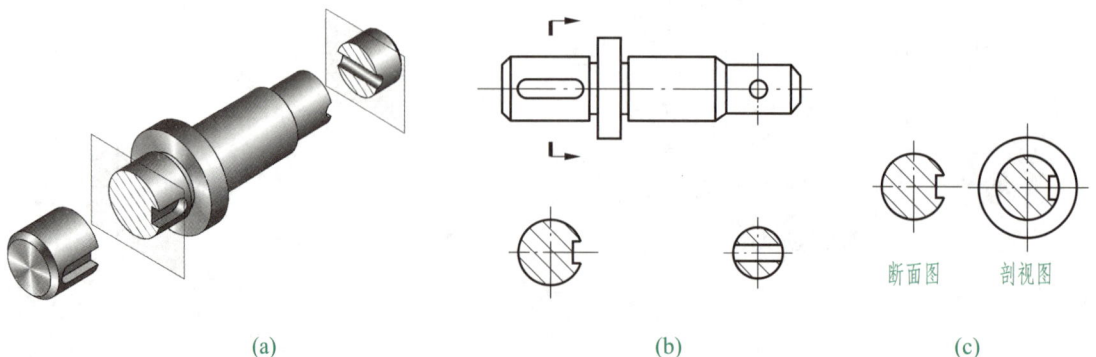

(a)　　　　　　　　　　(b)　　　　　　　　　　(c)

图 5-23　断面图

画断面图时,应特别注意断面图与剖视图的区别。断面图只画出机件被切处的断面形状,而剖视图除了画出机件断面形状外,还应画出断面后的可见部分的投影,如图 5-23c 所示。

断面图通常用来表示机件上某一局部的断面形状,如零件上的肋板、轮辐及轴上的键槽和孔等。

二、断面图的分类及画法

根据断面图所配置的位置不同,断面图分为移出断面图和重合断面图。

1. 移出断面图 (GB/T 17452—1998、GB/T 4458.6—2002)

画在视图之外的断面图称为移出断面图,其轮廓线用粗实线绘制,配置在剖切线的延长线上 (图 5-23b) 或其他适当的位置。

画移出断面图时应注意以下几点:

（1）当剖切平面通过由回转面形成的孔或凹坑的中心线时,这些结构应按剖视绘制,如图 5-24 所示。

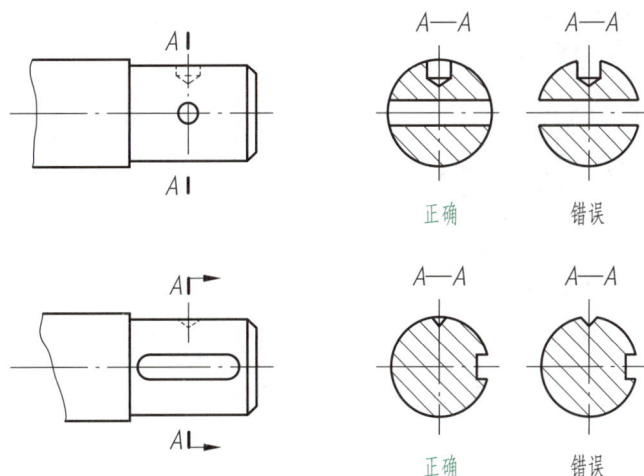

图 5-24　移出断面图 (一)

（2）当剖切平面通过非圆孔,会导致出现分离的两个断面图时,这些结构应按剖视绘制,如图 5-25 所示。

（3）由两个或多个相交的剖切平面剖切得出的移出断面图,中间一般应断开绘制,如图 5-26 所示。

2. 重合断面图 (GB/T 17452—1998、GB/T 4458.6—2002)

画在视图之内的断面图称为重合断面图,其断面轮廓线用细实线绘制。当视图中的轮廓线与重合断面图的图形重叠时,视图中的轮廓线仍应连续画出,不可间断,如图 5-27 所示。

移出断面图

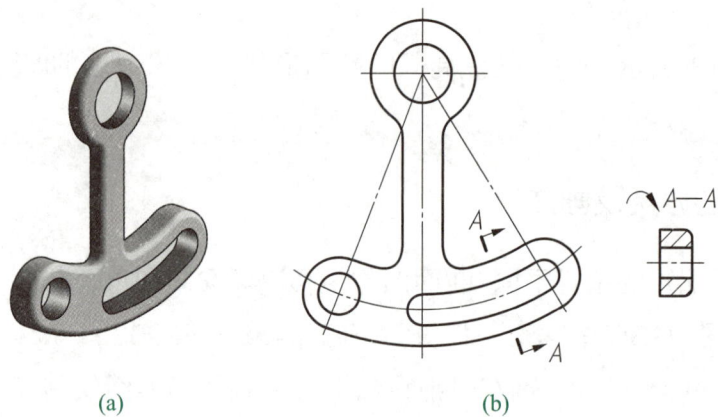

(a)   (b)

图 5-25   移出断面图（二）

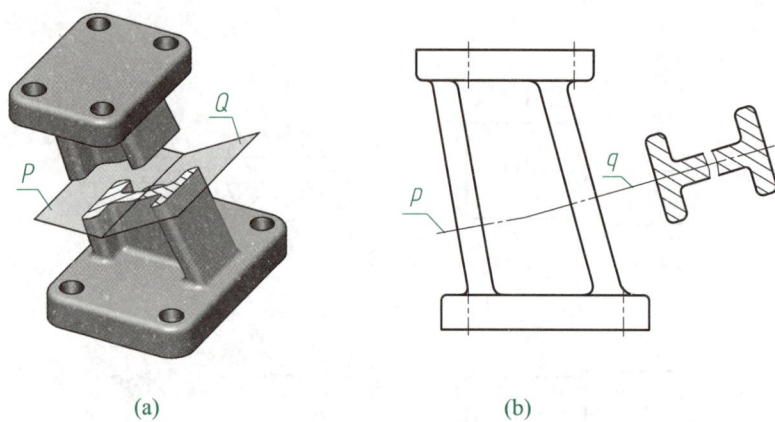

(a)   (b)

图 5-26   移出断面图（三）

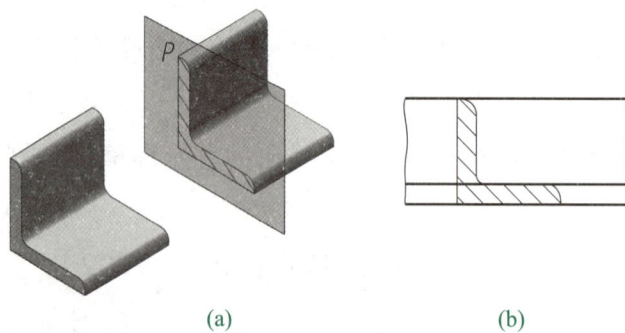

(a)   (b)

图 5-27   重合断面图（一）

三、断面图的标注

（1）移出断面图的标注　一般应在断面图的上方标注移出断面图的名称"×—×"（× 为大写拉丁字母）。在相应的视图上用剖切符号表示剖切位置和投射方向（用箭头表示），并标注相同的字母，如图5-25所示。

移出断面图的标注及其应用场合见表5-2。

（2）重合断面图的标注　重合断面图不需标注，如图5-27、图5-28所示。

表5-2　移出断面图的标注及其应用场合

配置	移出断面图	
	对称的移出断面图	不对称的移出断面图
配置在剖切线或剖切符号延长线上	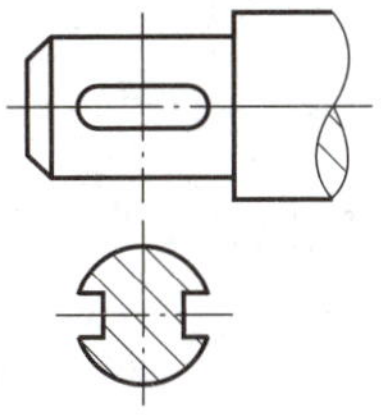 省略标注	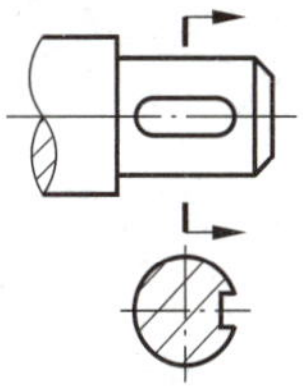 省略字母
不配置在剖切符号延长线上	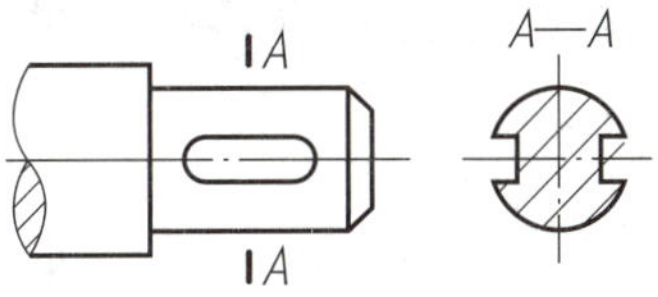 省略箭头	按投影关系配置：省略箭头；不按投影关系配置：需完整标注剖切符号和字母
配置在视图中断处的对称移出断面图	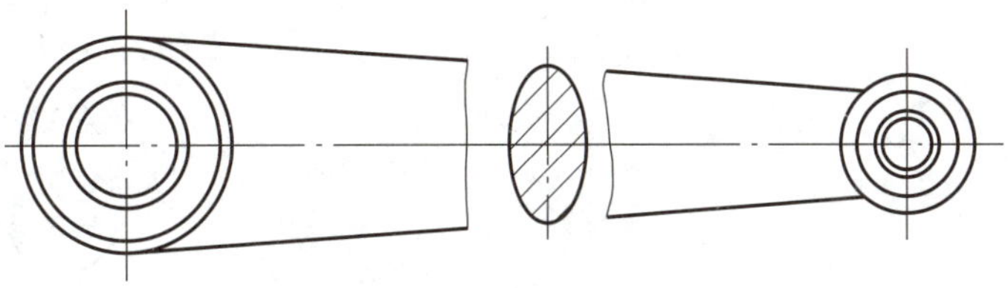 省略标注	

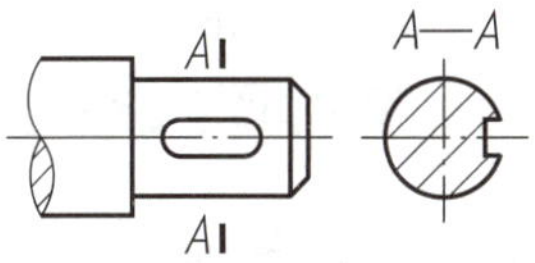

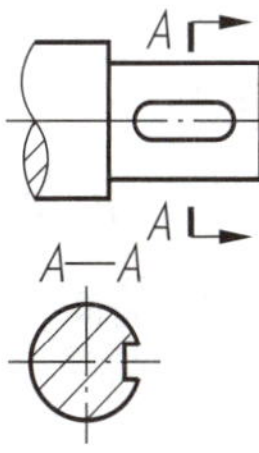

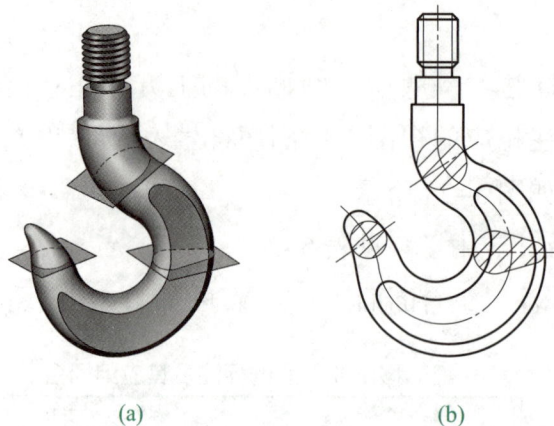

(a)　　　　　　　　　(b)

图 5-28　重合断面图（二）

想一想

移出断面图和重合断面图在画法上有何异同？

5

── 5.4　其他表示法 ──

一、局部放大图（GB/T 4458.6—2002）

机件上有些细小结构，在视图中难以清晰地表达，同时也不便于标注尺寸。对这种细小结构，可用大于原图所采用的比例画出，并将它们放置在图纸的适当位置。用这种方法画出的图形称为局部放大图，如图 5-29 所示。

绘制局部放大图时应注意：

（1）局部放大图可画成视图、剖视图、断面图，与被放大部分的表达方式无关（图 5-29）。局部放大图应尽量配置在被放大部位的附近。

（2）绘制局部放大图时，应按图 5-29、图 5-30 所示方式，用细实线圈出被放大的部位。

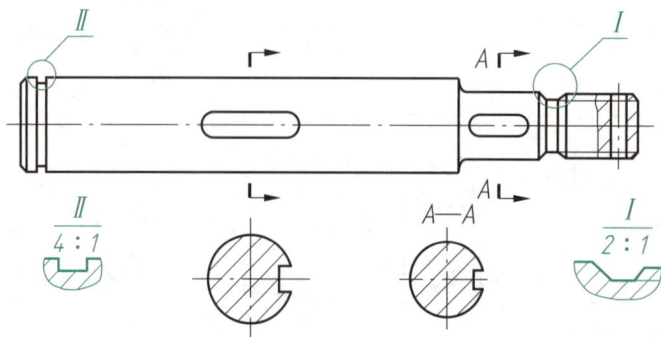

图 5-29　局部放大图（一）

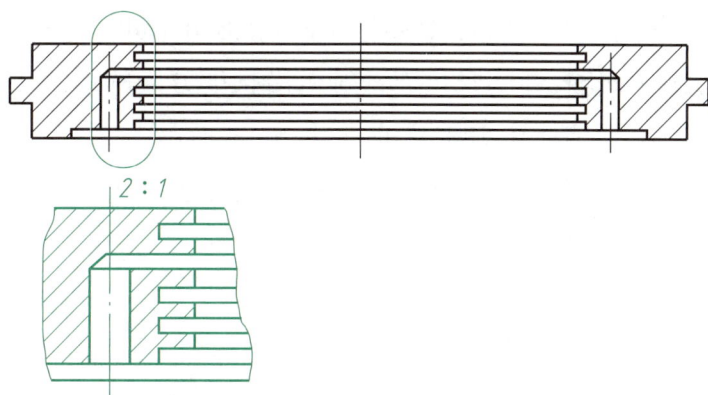

图 5-30 局部放大图（二）

当机件上有多个被放大的部位时,必须用罗马数字依次标明被放大的部位,并在局部放大图的上方标注相应的罗马数字和所采用的比例（图 5-29）。

当机件上仅有一个被放大的部位时,只需在局部放大图的上方注明所采用的比例,如图 5-30 所示。

（3）同一机件上不同部位的局部放大图,当图形相同或对称时,只需画出一个,如图 5-31 所示。

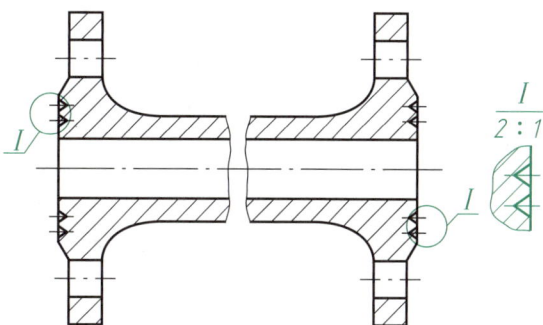

图 5-31 局部放大图（三）

二、简化画法（GB/T 16675.1—2012、GB/T 4458.1—2002）

为提高识图和绘图效率,增加图样的清晰度,加快设计进程,简化手工绘图和计算机绘图对技术图样的要求,国家标准规定了技术图样中的简化画法。

1. 简化原则

简化必须保证不致引起误解和不会产生理解的多意性。在此前提下,应力求制图简便。

2. 简化画法示例

（1）在不致引起误解的情况下,对称机件的视图可只画一半或四分之一,并在对称中心线的两端画出对称符号（两条与其垂直的平行细实线）,如图 5-32 所示。

（2）对于机件的肋、轮辐及薄壁等,如按纵向剖切,则这些结构不画剖面符号,而用粗实线将它与邻接部分分开,如图 5-33a 所示。当机件回转体上均匀分布的肋、轮辐、孔等结构

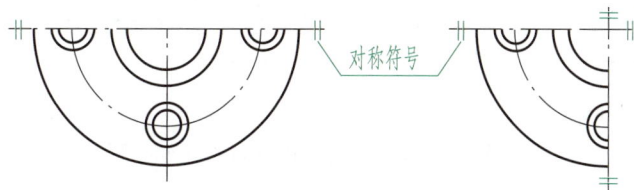

图 5-32 对称机件的简化画法

不处于剖切平面上时,可将这些结构旋转到剖切平面上画出,如图 5-33b 所示。

（3）对于较长机件（如轴、杆、型材、连杆等），沿长度方向的形状一致或按一定规律变化时,可断开后缩短绘制,但须标注实际尺寸,如图 5-34 所示。

（4）对于机件上有规律分布的重复结构要素（如齿、槽等），允许只画出其中一个或几个完整结构,其余用细实线连接或仅画出它们的中心位置,如图 5-35 所示。

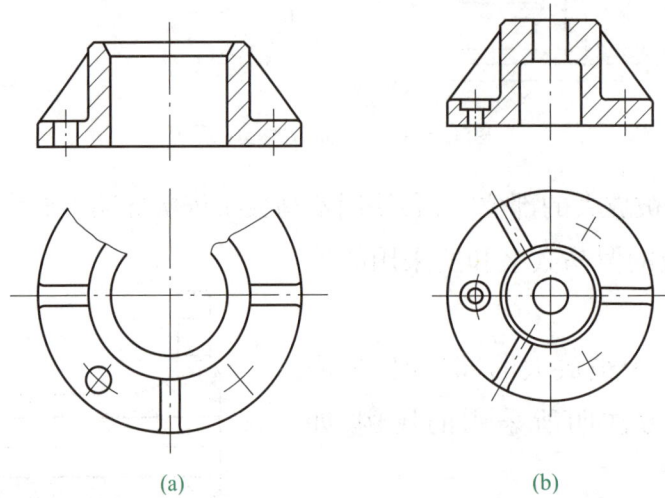

(a)   (b)

图 5-33   机件上肋、孔等结构的简化画法

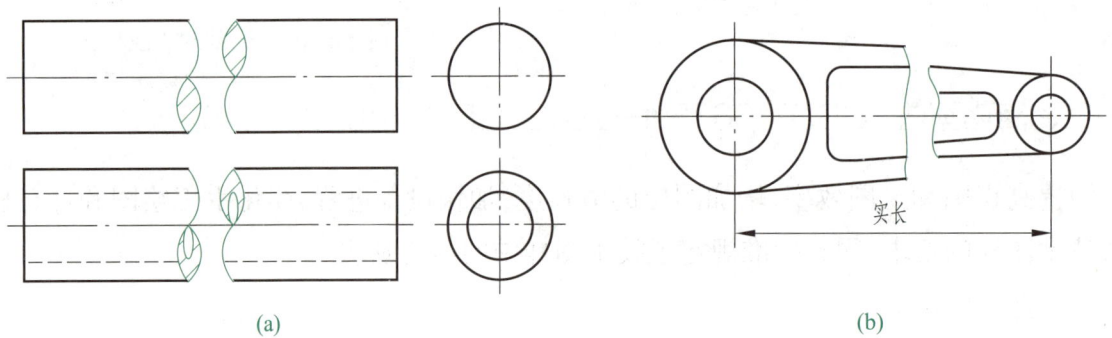

(a)   (b)

图 5-34   较长机件的折断画法

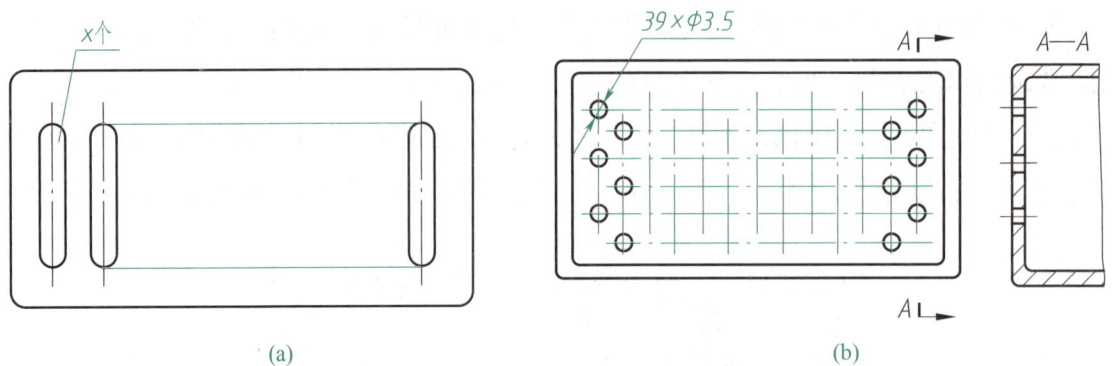

(a)   (b)

图 5-35   相同结构的简化画法

查一查

国家标准规定的简化画法很多，本书中仅列举几例。要养成勤查标准、学习标准、遵守标准的良好习惯，并在绘图过程中灵活运用，以达最佳效果。查找三个简化画法，与同伴进行交流学习。

—— 5.5　图样表示法应用示例 ——

识读剖视图和断面图时，首先要根据概念判别是何种剖视图或断面图，弄清剖切平面相对于机件及投影面的位置，然后再按照一定的步骤和方法读图。

例 5-1　读图 5-36 所示轴的剖视图和断面图。

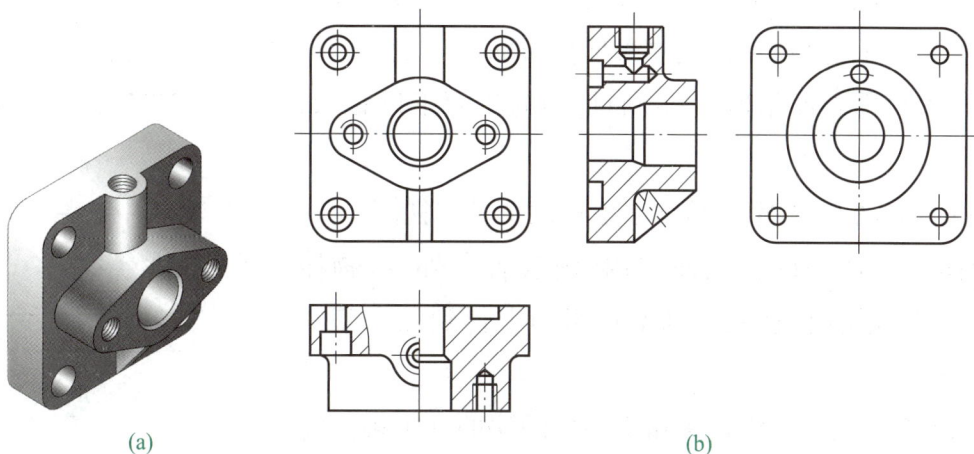

分析　图 5-36 中共有三个图形，上面为主视图，下面是两个移出断面图。

主视图中剖与未剖部分是以波浪线为界的，所以主视图采用局部剖视，单一剖切平面通过轴的轴线，并平行于正面。

在两个移出断面图中，A—A 断面图是用通过两个小孔的中心线且平行于侧面（垂直于轴）的剖切平面剖切后画出的。由于图形对称，所以省去了表示投射方向的箭头。

图 5-36　轴的剖视图和断面图

B—B 断面图所用剖切平面的位置、投射方向，可根据图 5-36 中的标注自行分析。

主视图反映了轴的主体，采用局部剖视是为了清晰地（不用细虚线）表示轴上的大孔。采用 A—A 断面图是为了表示轴上的两个小孔。采用 B—B 断面图是为了表示键槽的深度。

例 5-2　读图 5-37 所示缸盖的剖视图。

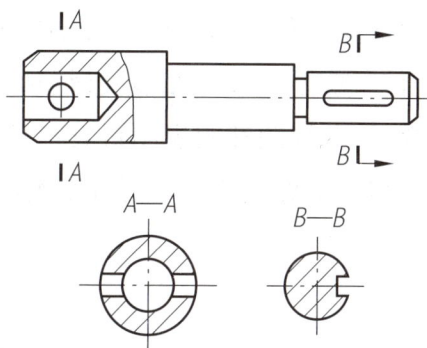

(a)　　　　　　　　　　　　　　(b)

图 5-37　缸盖的剖视图

分析

① 看图形,明确投影关系。 图 5-37b 中共有四个图形,分别是主视图、俯视图、左视图和后视图。其中,俯视图采用了半剖视图和局部剖视图,不仅表达了内、外形状,还表达了四个沉头孔和两个螺纹孔;左视图采用全剖视图,省略剖切符号,主要表达内部孔的结构,中间有大阶梯孔,小油孔为等径垂直相贯,重合断面图表示三角形肋板的断面形状;后视图主要表达环形槽。

② 析形体,想象内外结构。用形体分析法将缸盖分解为四个基本形体:方形底板、菱形凸台、半圆柱及三角形肋板。菱形凸台中间有大圆孔,两边各有一个小螺纹孔;半圆柱上有一个小油孔;方形底板中间有一个大圆孔、一个小油孔、一个环形槽和四个沉头孔。

③ 想整体,读懂机件形状。根据投影关系想象基本形体之间的相对位置,综合起来读懂整体。菱形凸台位于方形底板前面的中间位置,半圆柱在方形底板前面和菱形凸台上面,三角形肋板在方形底板前面和菱形凸台下面,整个缸盖左右对称。就缸盖内部结构来看,从左视图和俯视图可看出其结构包括大圆柱阶梯孔、相贯的小油孔、环形槽、四个沉头孔和两个螺纹孔。看清各基本形体的内、外形状和相对位置后,可想象缸盖的整体形状,如图 5-37a 所示。

—— 5.6 第三角画法简介 ——

国际标准规定,表达物体结构时,第一角画法和第三角画法等效使用。我国国家标准规定优先采用第一角画法,美国、日本等国家则采用第三角画法。随着国际科学技术交流的日益频繁,熟悉第三角画法十分必要。

1. 第三角投影的形成与视图

如图 5-38 所示,三个相互垂直相交的投影面将空间分为四个分角。

与第一角画法不同,第三角画法是将物体置于第三分角内(H 面之下、 V 面之后、 W 面之左),使投影面处于观察者与物体之间(假想投影面是透明的)而得到的三面正投影,如图 5-39 所示。

和第一角画法一样,第三角画法也有六个基本视图。

将物体置于透明的正六面体内,观察者在外,将物体从六个方向进行投射,在六个基本投影面上得到六个基本视图。

图 5-40 所示为第三角画法和第一角画法的基本视图配置及投影面展开。

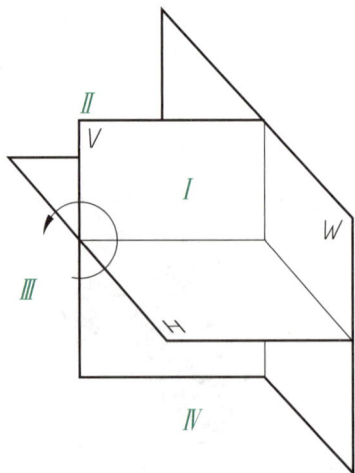

图 5-38 四个分角

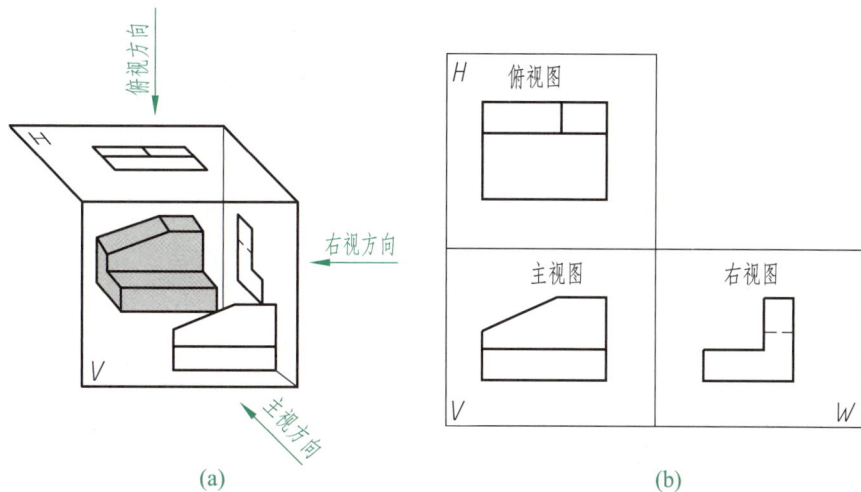

(a)　　　　　　　　　　　　(b)

图 5-39　第三角画法三视图的形成与配置

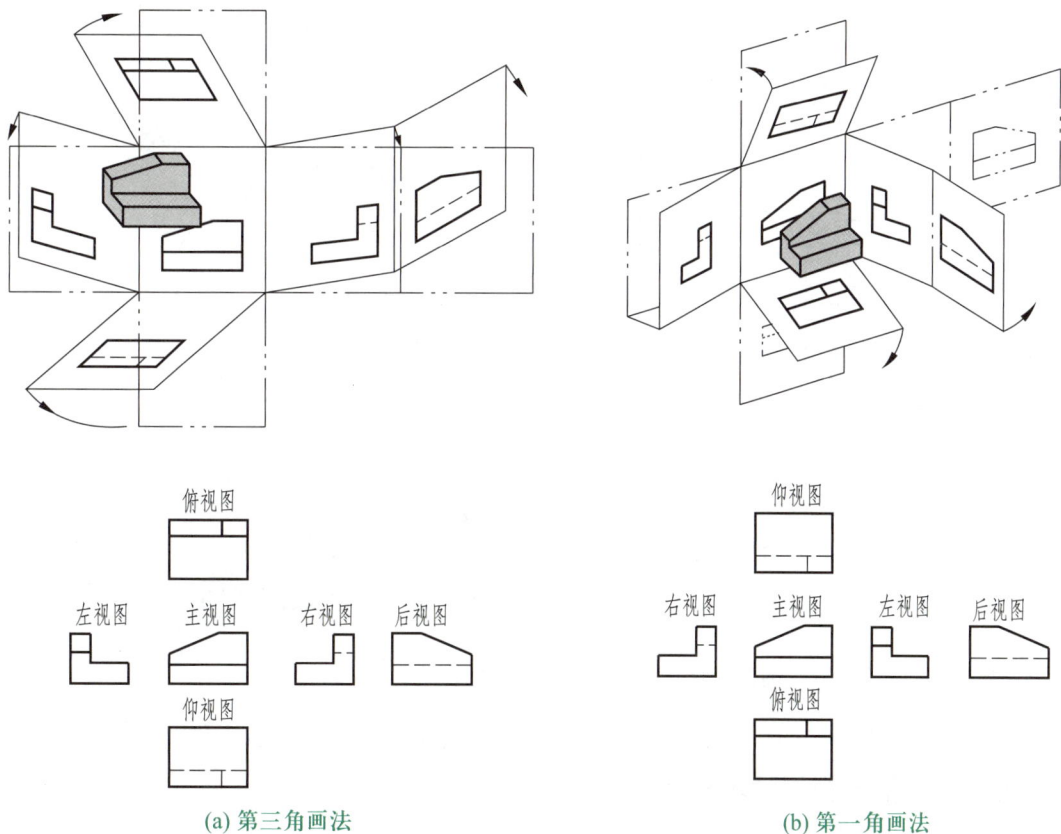

(a) 第三角画法　　　　　　　(b) 第一角画法

图 5-40　第三角画法和第一角画法的基本视图配置及投影面展开

第三角画法的基本视图配置及投影面展开

　　我国国家标准规定优先采用第一角画法。第一角画法和第三角画法均可用识别符号表示，如图 5-41 所示。采用第一角画法时，通常不必画出识别符号；采用第三角画法时，必须在图样的标题栏或其他适当位置画出第三角画法的识别符号。

　　如图 5-42 所示，只有弄清该机件是采用第三角画法还是第一角画法，才能确切知道机件圆盘上的小孔在左边还是右边。读图时，特别是识读技术交流中的图样，要留意识别符号，避免误读。

　　图 5-43 所示为按第三角画法和第一角画法画出的弯板的三视图。

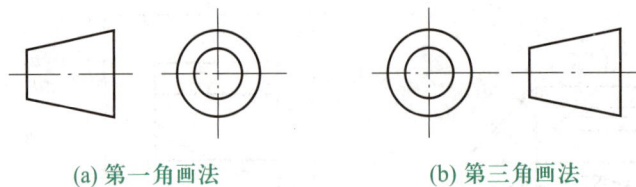

(a) 第一角画法   (b) 第三角画法

图 5-41 第一角画法与第三角画法的识别符号

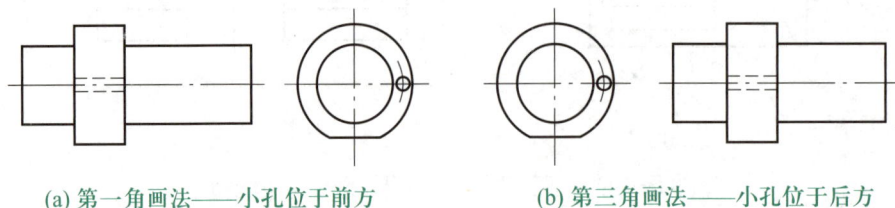

(a) 第一角画法——小孔位于前方   (b) 第三角画法——小孔位于后方

图 5-42 带孔小轴的第三角和第一角画法比较

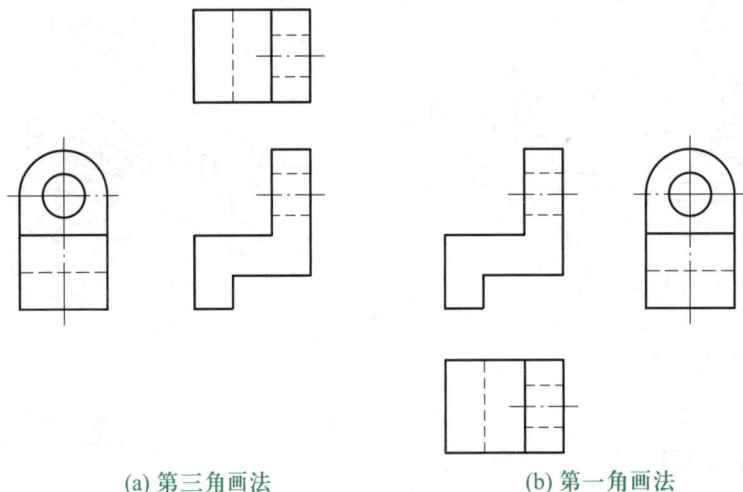

(a) 第三角画法   (b) 第一角画法

图 5-43 按第三角画法与第一角画法画出的弯板的三视图

2. 第三角画法和第一角画法的比较(图 5-43)

(1)共同点为两者都是采用正投影法所得的多面投影,正投影法的投影规律对两者同样适用;两者六个基本视图的名称相同。

(2)不同点如下。

① 投影要素的相对位置不同:

第三角画法为观察者→投影面→物体;

第一角画法为观察者→物体→投影面。

基本投影面的展开方式不同,如图 5-40 所示。

② 视图的配置位置不同:如图 5-40 所示,投影要素的相对位置和投影面展开方式的不同决定了两者六个基本视图的配置位置不同。

对比可见,将第三角画法中的左视图和右视图的位置对换,俯视图和仰视图的位置对换即为第一角画法的基本视图配置。

此外,还需要注意的是,因投影面展开方式不同,物体的前后位置在视图中的反映不同。在六个基本视图中,第三角画法的俯视图、仰视图、左视图和右视图,距离主视图近的一面表示物体的前面,而第一角画法中四个基本视图距离主视图近的一面则表示物体的后面。

第三角画法和第一角画法一样,除了六个基本视图外,也有局部视图、斜视图及断裂画法、局部放大图等,以适应表达各种机件内外结构的需要。

概览与思考

一、内容概览

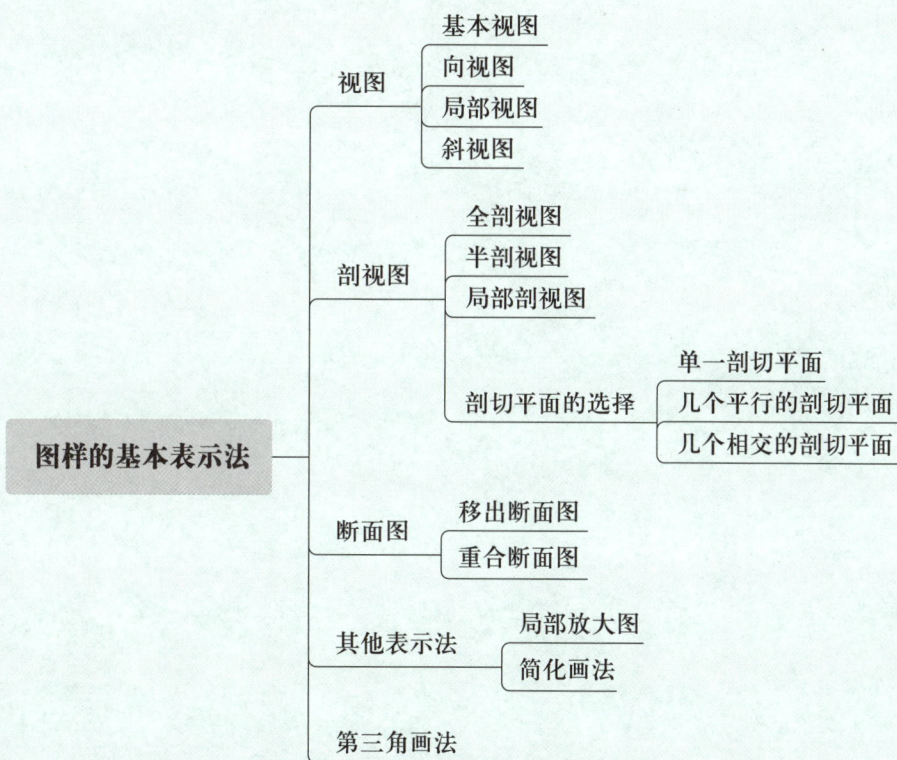

5

模块五
小结

二、思考与实践

1. 基本视图在图样上如何配置?

2. 视图主要表达什么内容?分为哪几种?各有什么特点?

3. 剖视图是怎样形成的?思考剖切平面、剖面区域、剖面符号、剖切线的含义。

4. 局部视图与局部剖视图有何区别?

5. 剖视图的标注有哪些注意事项?

6. 断面图主要表达什么内容? 分为哪几种? 各有什么特点?

7. 剖视图和断面图有何区别?

8. 什么是局部放大图?

9. 第三角画法与第一角画法的区别与联系是什么?

10. 制作思维导图梳理视图、剖视图和断面图的分类、适用场合、配置和标注。

5

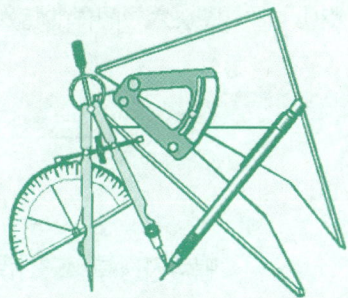

模块六 图样的特殊表示法

导 语

在机械设备和仪器仪表的装配和安装过程中,广泛使用螺栓、螺钉、螺母、键、销、滚动轴承等零件,由于这些零件应用广、用量大,国家标准对其结构、规格尺寸和技术要求做了统一规定,实现了标准化,因此将它们统称为标准件。此外,齿轮、弹簧等常用机件的部分结构要素也实行了标准化。为了减少设计和绘图工作量,国家标准对上述常用件及某些重复结构要素规定了简化的特殊表示法。

本模块主要介绍螺纹及螺纹紧固件、齿轮、键、销、弹簧和滚动轴承的表示法,即机械图样的特殊表示法。

学习本模块,要养成依据标准的良好习惯,以勤于查阅国家标准、严格按照国家标准规定绘制图样的实际行动不断提升工程素养。

— 6.1 螺纹及螺纹紧固件 —

一、螺纹的基本知识

1. 螺纹的形成

螺纹是在圆柱或圆锥表面上,沿螺旋线所形成的具有规定牙型的连续凸起。在圆柱或圆锥外表面上形成的螺纹称为外螺纹,如图 6-1a 所示;在圆柱或圆锥内表面上形成的螺纹称为内螺纹,如图 6-1b 所示。

加工螺纹的方法有很多,在车床上车削螺纹就是常用的加工方法之一,如图 6-2a、b 所示;若加工直径较小的螺纹孔,则可先用钻头钻孔,再用丝锥攻制内螺纹,如图 6-2c 所示。

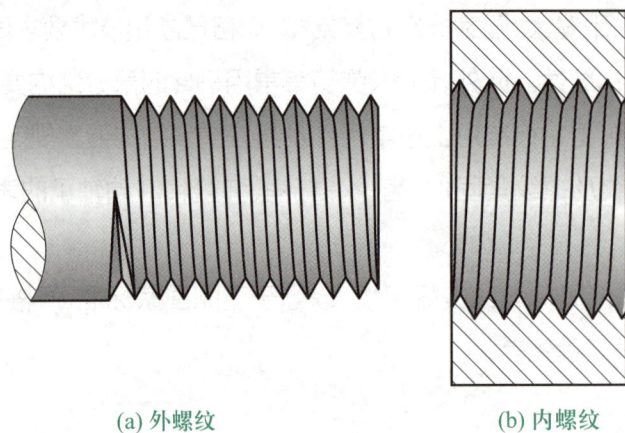

(a) 外螺纹　　　　　　(b) 内螺纹

图 6-1　外螺纹和内螺纹

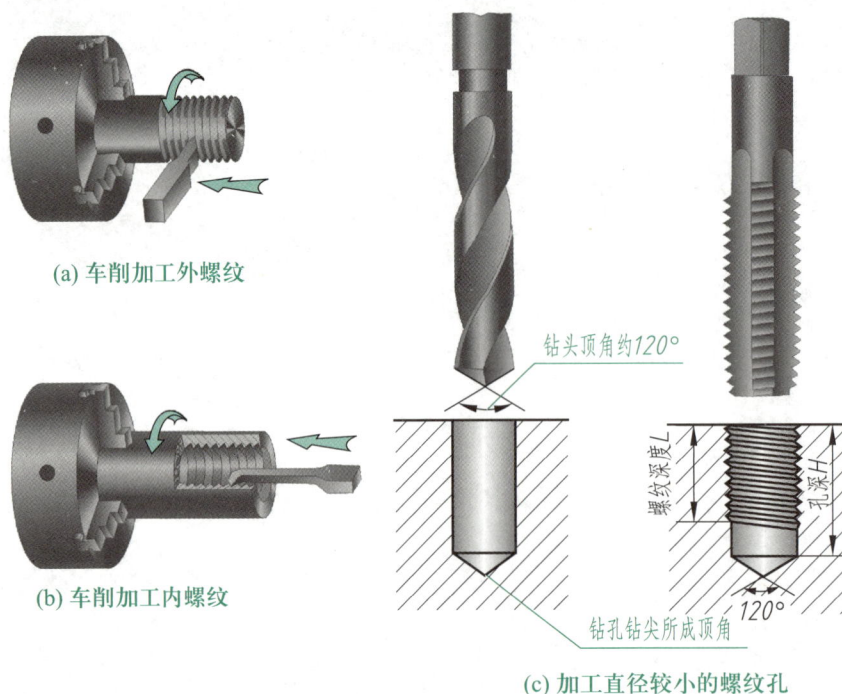

(a) 车削加工外螺纹

(b) 车削加工内螺纹

钻头顶角约120°

螺纹深度L　孔深H

120°

钻孔钻尖所成顶角

(c) 加工直径较小的螺纹孔

图 6-2　螺纹加工方法

2. 螺纹的要素（CB/T 14791—2013）

内、外螺纹总是成对使用的，只有当内、外螺纹的牙型、直径、螺距、线数和旋向五个要素完全一致时，才能正常旋合。

（1）牙型

牙型是指通过螺纹轴线剖开的断面图上螺纹的轮廓形状，如图 6-3 所示。常用的螺纹牙型有三角形、梯形、锯齿形和矩形。

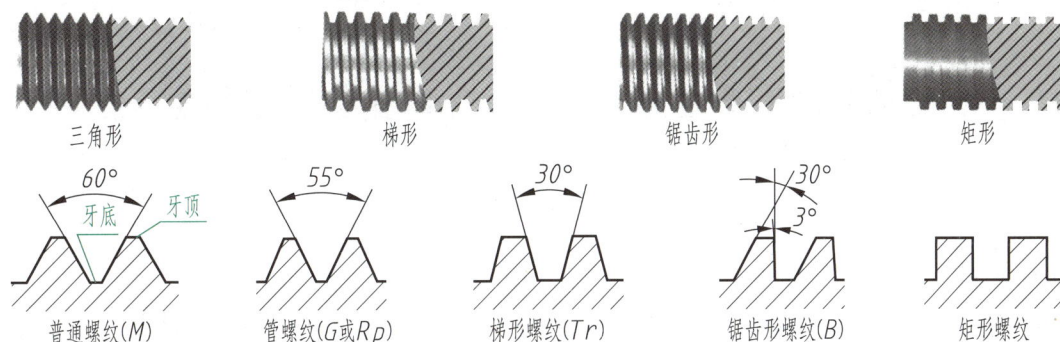

图 6-3　牙型

（2）直径

螺纹直径分为大径、小径和中径，如图 6-4 所示。

大径　与外螺纹牙顶或内螺纹牙底相切的假想圆柱面的直径。内、外螺纹的大径分别用 D 和 d 表示。除管螺纹外，通常所说的螺纹的公称直径就是指螺纹大径的基本尺寸。

小径　与外螺纹牙底或内螺纹牙顶相切的假想圆柱面的直径。内、外螺纹的小径分别用 D_1 和 d_1 表示。

中径　假想圆柱或圆锥的直径，该假想圆柱或圆锥的母线通过螺纹牙型上沟槽和牙厚宽度相等的地方。内、外螺纹的中径分别用 D_2 和 d_2 表示。

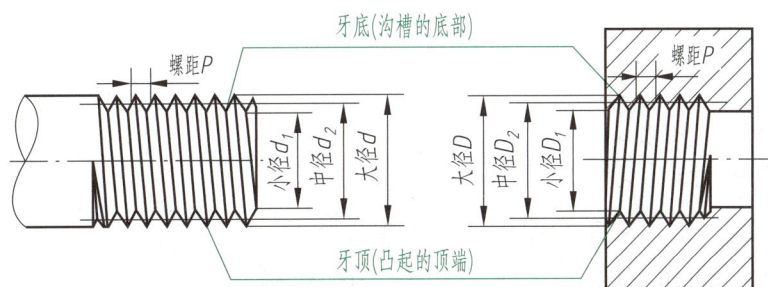

图 6-4　螺纹各部分名称

（3）螺距（P）与导程（Ph）

螺距　相邻两牙在中径线上对应两点间的轴向距离。

导程　同一螺旋线上相邻两牙在中径线上对应两点间的轴向距离。

（4）螺纹的线数（n）

螺纹的线数是指形成螺纹时的螺旋线的条数,有单线和多线之分。单线螺纹是指沿一条螺旋线形成的螺纹,多线螺纹是指沿两条或两条以上螺旋线形成的螺纹,如图6-5所示。对于单线螺纹,导程＝螺距;对于多线螺纹,导程 =n× 螺距。

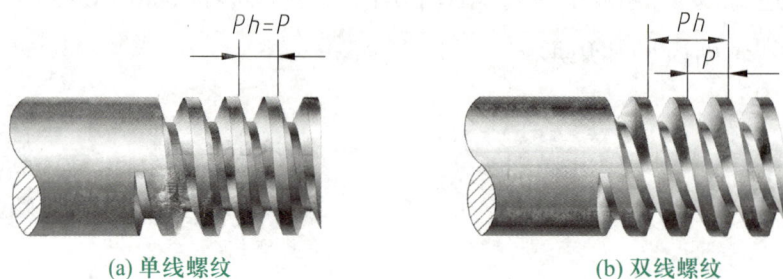

(a) 单线螺纹　　　　　　　　(b) 双线螺纹

图6-5　螺纹的线数、导程和螺距

（5）旋向

螺纹按旋进方向不同可分为右旋螺纹和左旋螺纹（图6-6）。按顺时针方向旋进的螺纹称为右旋螺纹,其螺旋线的特征是左低右高;按逆时针方向旋进的螺纹称为左旋螺纹,其螺旋线的特征是左高右低。右旋螺纹最为常用。

(a) 右旋　　　　　　　　　(b) 左旋

图6-6　螺纹的旋向

3. 螺纹的分类

螺纹按其用途可分为四类:

（1）紧固（连接）螺纹　如普通螺纹、小螺纹等。

（2）传动螺纹　如梯形螺纹、锯齿形螺纹、矩形螺纹等。

（3）管螺纹　如55° 密封管螺纹、55° 非密封管螺纹、60° 圆锥管螺纹等。

（4）专门用途螺纹　简称专用螺纹,如自攻螺钉用螺纹、木螺钉螺纹等。

二、螺纹的画法规定（GB/T 4459.1—1995）

1. 外螺纹的画法

螺纹的牙顶（大径）用粗实线表示，牙底（小径）用细实线表示，通常，小径按大径的 0.85 绘制；螺纹终止线用粗实线表示；在平行于螺纹轴线的视图中，表示牙底的细实线应画入倒角或倒圆部分；在垂直于螺纹轴线投影为圆的视图中，表示牙底的细实线只画约 3/4 圈，此时轴上的倒角圆省略不画；在螺纹的剖视图（或断面图）中，剖面线应画至粗实线。外螺纹的画法如图 6-7 所示。

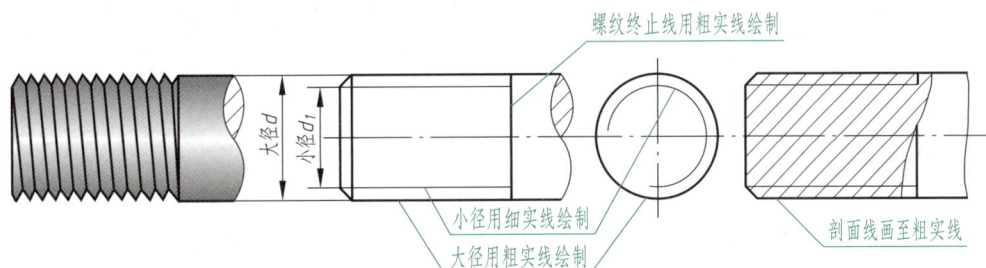

图 6-7 外螺纹的画法

2. 内螺纹的画法

在视图中，若内螺纹不可见，则所有图线均用细虚线绘制。采用剖视表达时，螺纹的牙顶（小径）用粗实线表示；牙底（大径）用细实线表示；螺纹终止线用粗实线表示；剖面线画至粗实线；在投影为圆的视图中，表示牙底的细实线只画约 3/4 圈，倒角圆省略不画。内螺纹的画法如图 6-8a 所示。

对于不通的螺纹孔（盲孔），应分别画出钻孔深度 H 和螺纹深度 L，如图 6-8b 所示。一般情况下，钻孔深度比螺纹深度深 $0.2D \sim 0.5D$（D 为内螺纹大径）。

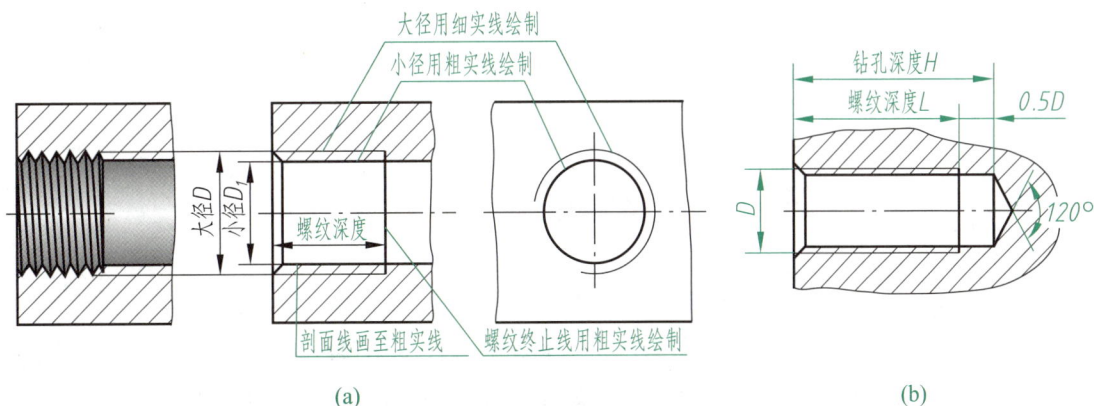

(a)   (b)

图 6-8 内螺纹的画法

3. 螺纹连接的画法

在剖视图中，规定内、外螺纹旋合的部分按外螺纹的画法绘制，其余部分按各自的画法绘制，如图 6-9 所示。应该注意的是，表示内、外螺纹大径、小径的粗、细实线必须分别对齐。

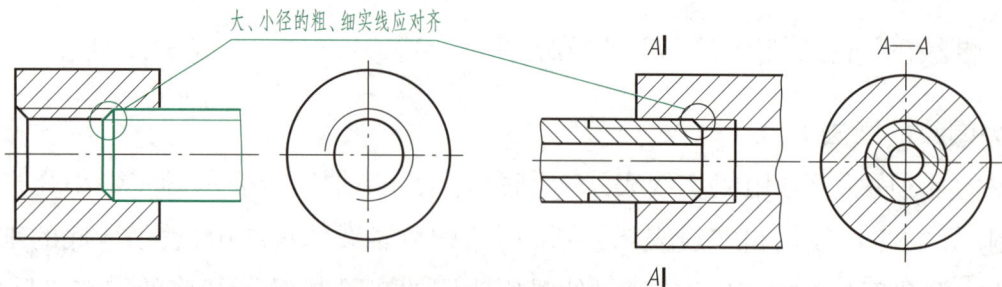

大、小径的粗、细实线应对齐

图 6-9　螺纹连接的画法

螺纹连接的画法

做一做

总结螺纹画法,对照实物体会:绘制螺纹两直线,一条粗来一条细,摸得着的画粗线,摸不着的画细线。

三、螺纹的标记和标注

螺纹的规定画法不能表述螺纹种类和螺纹要素,因此绘制螺纹图样时,必须使用国家标准规定的标记和代号进行标注。

1. 常用螺纹的标记

（1）普通螺纹（GB/T 197—2018）

普通螺纹应用最广,它的标记由特征代号、公差带代号[①]、旋合长度组代号和旋向代号组成,每部分用横线隔开,标记格式如下:

| 特征代号 | 公称直径 | × | 螺距（对于单线螺纹）或 Ph 导程 P 螺距（对于多线螺纹） | – |

| 公差带代号 | – | 旋合长度组代号 | – | 旋向代号 |

标记示例:

螺纹代号,包括特征代号和尺寸代号
（公称直径 × 螺距或公称直径 ×Ph 导程 P 螺距）

公差带代号（大写字母为内螺纹,小写字母为外螺纹）

旋合长度组代号,分长组（L）、中等组（N）、短组（S）

旋向代号,分右旋和左旋

M20 × 1.5–5g6g–S–LH

左旋（右旋不注写）

短旋合长度组（对于中等旋合长度组螺纹,不标注旋合长度组代号 N）

中径公差带代号为 5g、顶径公差带代号为 6g 的外螺纹

螺距为 1.5 mm

公称直径为 20 mm

普通螺纹,细牙

① 有关公差带的概念将在模块七中介绍。

（2）管螺纹

管螺纹的标记格式如下：

| 特征代号 | 尺寸代号 | 公差等级代号 | – | 旋向代号 |

标记示例：

$$\text{G} \quad 1\frac{1}{2} \quad \text{A}$$

特征代号 ——┐   └—— 螺纹公差等级代号
                    └—— 尺寸代号（无单位）

常用螺纹的标记见表 6–1。

表 6-1　常用螺纹的标记

螺纹类别		国家标准	特征代号	标记示例	螺纹副标记示例	说明
普通螺纹		GB/T 197	M	M10–5g6g–S M20×2–6H–LH	M20×2–6H/6g–LH	粗牙普通螺纹不注螺距； 中等旋合长度组不标 N（以下同）
梯形螺纹		GB/T 5796.4	Tr	Tr40×7–7H Tr40×14P7–7e–LH	Tr36×6–7H/7e	公差带代号只指中径的公差带
锯齿形螺纹		GB/T 13576.4	B	B40×7–7A B40×14（P7）–8c–L–LH	B40×7–7A/7c	同梯形螺纹说明
60°密封管螺纹	圆锥内（外）螺纹	GB/T 12716	NPT	NPT 3/8–LH		内、外螺纹均只有一种公差带，故不标记； 左旋时，尺寸代号后加"LH"
	圆柱内螺纹		NPSC	NPSC 3/8		
55°非密封管螺纹		GB/T 7307	G	G 1½A G1/2–LH	仅需标注外螺纹的标记代号	外螺纹公差等级分 A、B 两种； 内螺纹公差等级只有一种，不标记

2. 螺纹标记的提示

（1）普通螺纹为单线时，不注字母 Ph 和 P。普通螺纹有粗牙和细牙之分，粗牙螺纹不标注螺距，细牙螺纹必须注出螺距。

（2）左旋螺纹要注写 LH，右旋螺纹不注旋向。

（3）普通螺纹公差带代号包括中径和顶径公差带代号，如 5g6g，5g 表示中径公差带代号，6g 表示顶径公差带代号，如果中径和顶径公差带代号相同，则只标注一个代号。

（4）普通螺纹的旋合长度规定为短组（S）、中等组（N）、长组（L），中等旋合长度组不必标注 N。

（5）最常用的中等公差等级的普通螺纹（公称直径 ≤ 1.4 mm 的 5H、5h 和公称直径 ≥ 1.6 mm 的 6H、6g），可不标注公差带代号。

（6）非螺纹密封的内管螺纹和 55° 密封管螺纹仅一种公差等级，省略不注，如 Rc1。非螺纹密封的外管螺纹有 A、B 两种公差等级，公差等级代号标注在尺寸代号之后，如 G1$\frac{1}{2}$A。

3. 常用螺纹及螺纹副的标注示例

常用螺纹及螺纹副的标注方法见表 6-2。

表 6-2　常用螺纹及螺纹副的标注方法

标注内容	标注示例		说明
米制螺纹	（a） M20-6g M16×1.5-5g6g-S （c）	（b） M10-6H Tr32×6-7e-LH （d）	米制螺纹标记应直接注在大径的尺寸线上或其引出线上
管螺纹	G1A （a） Rc1/2 （c）	NPT 3/4-LH （b） R₂3/4 （d）	管螺纹的标记一律注在引出线上，引出线应由大径处引出或由对称中心处引出
螺纹长度			图样中标注的螺纹长度均指不包括螺尾在内的有效螺纹长度，否则应另加说明或按实际需要标注
螺纹副	M14×1.5-6H/6g		米制螺纹副的标注方法与米制螺纹的标注方法相同

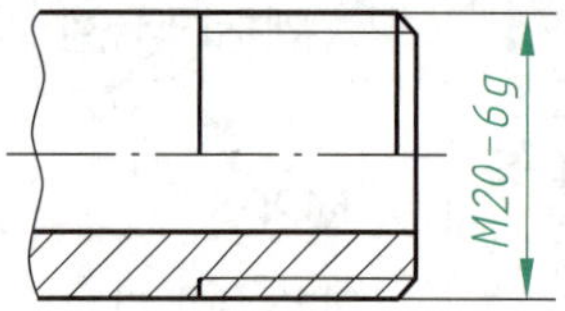

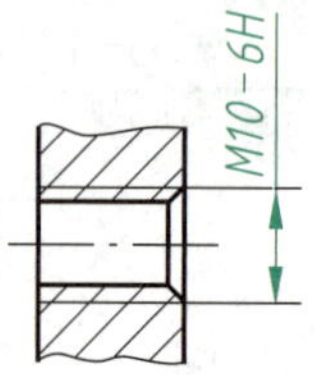

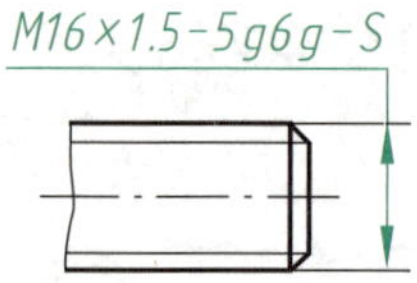

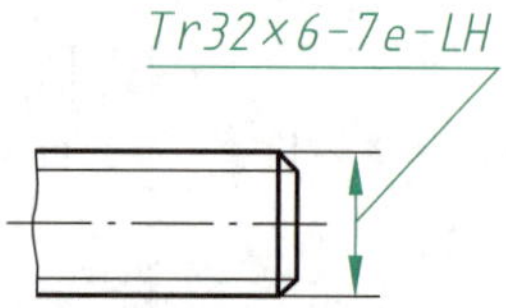

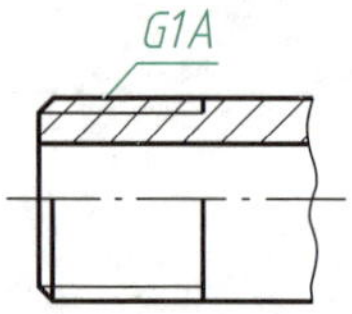

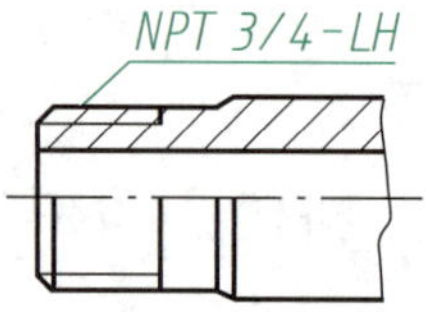

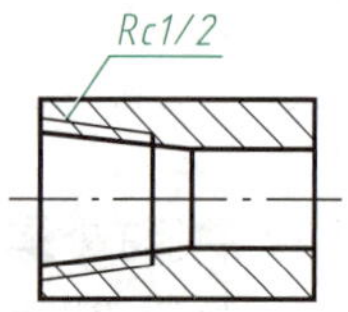

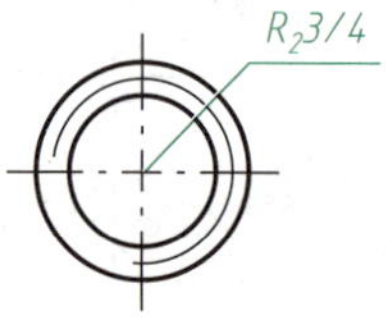

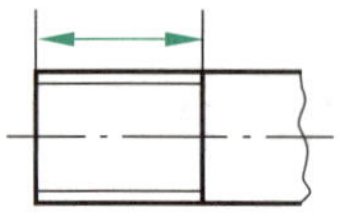

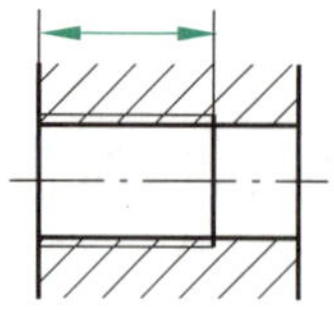

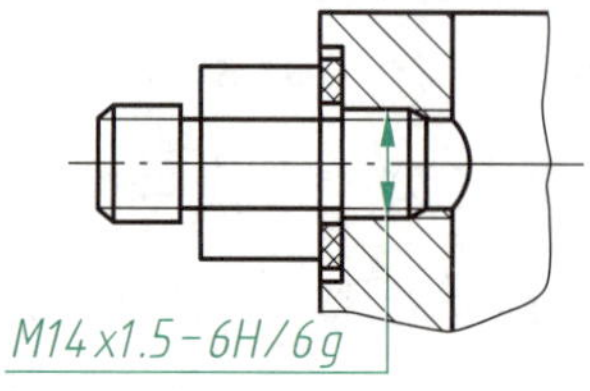

　　了解梯形螺纹和锯齿形螺纹的标记,与普通螺纹相比,有何异同?

四、螺纹紧固件及其连接画法

1. 常用螺纹紧固件及其标记

（1）螺纹紧固件

　　常用的螺纹紧固件有螺栓、螺柱、螺钉、螺母和垫圈等,如图6-10所示。这类零件都已标准化,并由标准件厂大量生产,使用时直接外购。

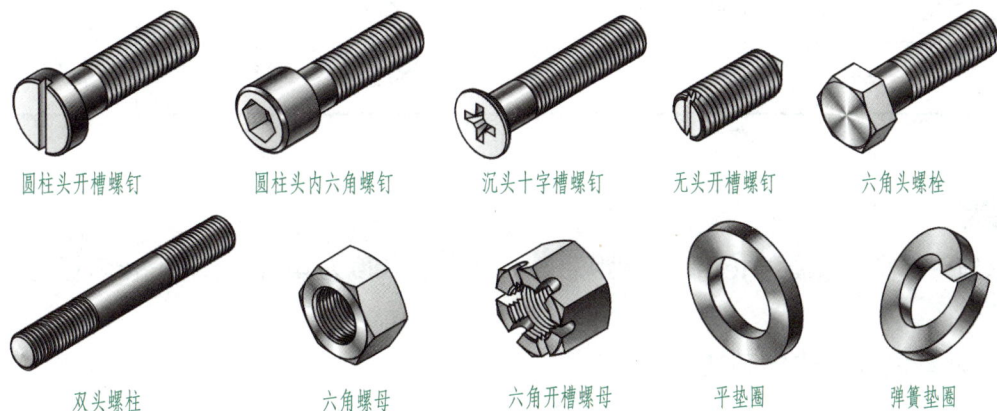

| 圆柱头开槽螺钉 | 圆柱头内六角螺钉 | 沉头十字槽螺钉 | 无头开槽螺钉 | 六角头螺栓 |
| 双头螺柱 | 六角螺母 | 六角开槽螺母 | 平垫圈 | 弹簧垫圈 |

图6-10　螺纹紧固件

（2）螺纹紧固件的标记

　　常用螺纹紧固件及其标记见表6-3。根据规定标记,它们的结构形式和尺寸可从有关标准中查出。因此,一套完整的产品图样中符合标准的螺纹紧固件,不需再详细画出它们的零件图。

表6-3　常用螺纹紧固件及其标记

名称及视图	规定标记示例	名称及视图	规定标记示例
六角头螺栓—A级和B级 GB/T 5782 	螺栓 GB/T 5782 M12×50	十字槽沉头螺钉 GB/T 819.1 	螺钉 GB/T 819.1 M10×45
双头螺柱（b_m=1.25d） GB/T 898 	螺柱 GB/T 898 AM12×50	开槽锥端紧定螺钉 GB/T 71 	螺钉 GB/T 71 M6×20

续表

名称及视图	规定标记示例	名称及视图	规定标记示例
开槽圆柱头螺钉 GB/T 65　A 型 M10 45	螺钉 GB/T 65 M10×45	1 型六角螺母—A 级和 B 级 GB/T 6170 M16	螺母 GB/T 6170 M16
开槽沉头螺钉 GB/T 68 M10 50	螺钉 GB/T 68 M10×50	平垫圈—A 级 GB/T 97.1 ϕ17	垫圈　GB/T 97.1 16

练一练

六角头螺栓的大径为 16 mm,螺距为 2 mm,螺栓长度为 40 mm,请写出其标记。

2. 螺纹紧固件的连接画法

螺纹紧固件是工程上应用最广的连接零件,通常都是标准件。螺纹紧固件的连接形式有螺栓连接、双头螺柱连接和螺钉连接,如图 6-11 所示。绘制螺纹紧固件连接图样,可采用比例画法,并遵守下列基本规定:

① 相邻两零件的表面接触时,只画一条粗实线作为分界线;不接触的相邻表面画两条线。

② 在剖视图中,当剖切平面通过螺纹紧固件的轴线时,螺栓、螺柱、螺钉及螺母、垫圈均按不剖绘制。

③ 在剖视图中,相互接触的两个零件的剖面线应方向相反或间距不等,而同一零件的剖面线在各剖视图中应方向相同、间距相等。

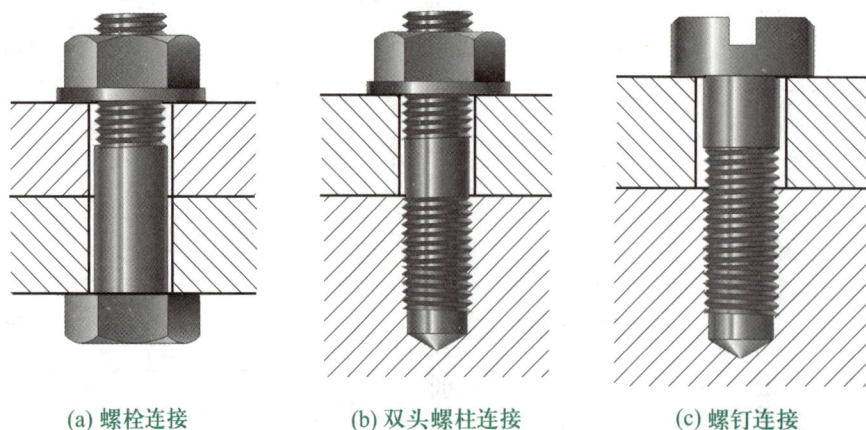

(a) 螺栓连接　　　　　(b) 双头螺柱连接　　　　　(c) 螺钉连接

图 6-11　螺纹紧固件连接

（1）螺栓连接

螺栓适用于连接两个不太厚的零件和需要经常拆卸的场合。将螺栓穿入两个零件的光孔，再套上垫圈，然后用螺母拧紧。

普通螺栓连接的比例画法如图6-12所示。

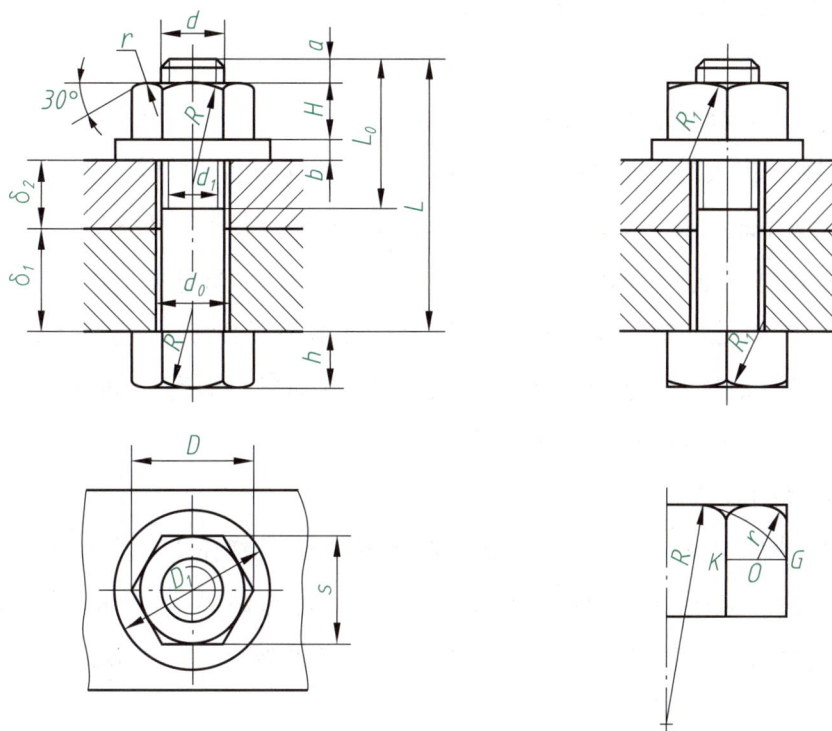

图6-12　普通螺栓连接的比例画法

① 螺栓公称长度 L 应按下式估算：

$$L=\delta_1+\delta_2+b+H+a$$

式中：δ_1、δ_2——被连接件的厚度；

　　　$a=(0.3\sim0.4)d$，d 为螺栓的公称直径；

　　　$b=0.15d$；

　　　$H=0.8d$。

用上式算出的 L 值应圆整，使其符合标准规定的长度系列。

② 图6-12中其他尺寸与 d 的比例关系为 $d_0=1.1d$，$R=1.5d$，$h=0.7d$，$d_1=0.85d$，$L_0=(1.5\sim2)d$，$D=2d$，$D_1=2.2d$，$R_1=d$，s、r 由作图得出。

③ 为了保证装配工艺合理，被连接件的光孔直径应比螺纹大径大一些，一般按 $1.1d$ 画。螺纹的有效长度应画得低于光孔顶面，使 $L-L_0<\delta_1+\delta_2$，以便于螺母调整、拧紧，使连接可靠。

（2）双头螺柱连接

双头螺柱为两头制有螺纹的圆柱，一端旋入被连接件的螺纹孔内，称为旋入端；另一端与螺母旋合，紧固另一个被连接件，称为紧固端。

双头螺柱连接由双头螺柱、螺母及垫圈组成。双头螺柱连接多用于被连接件之一太厚，不适于或不能钻成通孔的场合。连接时，将双头螺柱的旋入端旋入被连接件的螺纹孔中，并使紧固端穿过较薄零件的通孔，再套上垫圈，用螺母拧紧。双头螺柱连接的比例画法如图 6-13 所示。

① 双头螺柱的公称长度 L 应按下式估算：

$$L=\delta_1+0.15d+0.8d+（0.3 \sim 0.4）d$$

用上式算出的 L 值，应圆整成标准系列值。

② 双头螺柱的旋入端长度（b_m）与带螺纹孔的被连接件的材料有关，选取时可参考下述条件：对于钢或青铜，$b_m=d$；对于铸铁，$b_m=1.25d \sim 1.5d$；对于铝，$b_m=2d$。

旋入端的螺纹终止线应与接合面平齐，表示旋入端已足够地拧紧。

③ 被连接件螺纹孔的螺纹深度应大于旋入端的螺纹长度 b_m，一般螺纹孔的螺纹深度按 $b_m+0.5d$ 画出。不穿通的螺纹孔可不画出钻孔深度，仅画出有效螺纹部分的深度。

④ 其余部分的画法与螺栓连接画法相同。

（3）螺钉连接的画法

螺钉连接不用螺母，而将螺钉直接拧入被连接件的螺纹孔里。螺钉连接适用于受力不大的零件间的连接。如图 6-14 所示，连接时，上面的零件钻通孔，其直径比螺钉大径略大，另一零件加工成螺纹孔，然后将螺钉拧入，用螺钉头压紧被连接件。螺钉的螺纹部分要有一定的长度，以保证连接的可靠性。

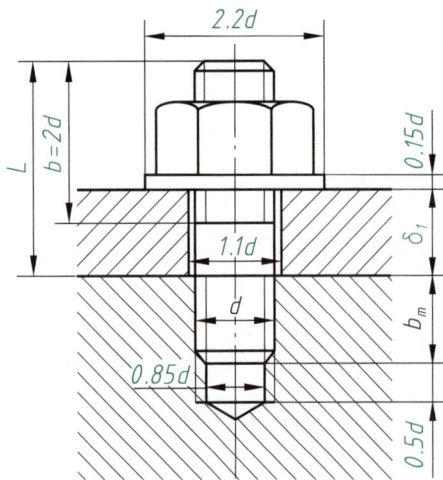

图 6-13 双头螺柱连接的比例画法

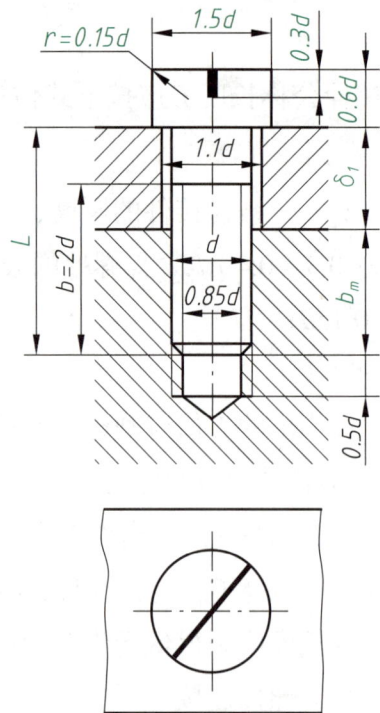

图 6-14 螺钉连接的画法

① 螺钉的公称长度 L 可按下式估算：

$$L=\delta_1+b_m$$

式中，b_m 根据被旋入零件的材料而定。将估算出的数值 L 圆整成标准系列值。

② 螺纹终止线应伸出螺纹孔端面，以表示螺钉尚有拧紧的余地，而被连接件已被压紧。

③ 在垂直于螺钉轴线的视图中，螺钉头部的一字槽要偏转 45°，并采用简化的单线画出（约为粗实线宽度的 2 倍）。

在装配图中，螺栓连接、螺柱连接和螺钉连接可根据情况采用简化画法，如图 6-15 所示。

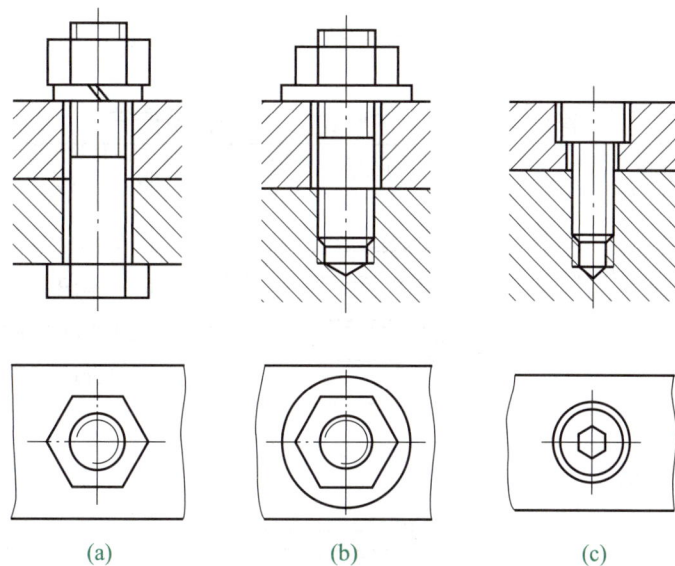

(a)　　　　　　　(b)　　　　　　　(c)

图 6-15　螺纹连接的简化画法

6.2　键连接和销连接

一、键连接（GB/T 1095—2003）

1. 常用键的形式

键是标准件，用来连接轴和轴上的传动件（如齿轮、带轮等），并通过它传递转矩。键的种类很多，常用的有普通型平键、半圆键和钩头型楔键（图 6-16a、b、c），其中普通型平键应用最广。键连接是一种可拆连接，装配时，先将键嵌入轴上的键槽中，再套上齿轮等轴上零件（图 6-16d、e）。

常用键的形式、标准、画法及标记见表 6-4。

2. 常用键连接的画法

键和键槽的尺寸可根据轴的直径和键的形式从有关标准中查到。

(a) 普通型平键   (b) 半圆键   (c) 钩头型楔键

(d) 将键嵌入轴上键槽中   (e) 键与轴同时装入轴孔

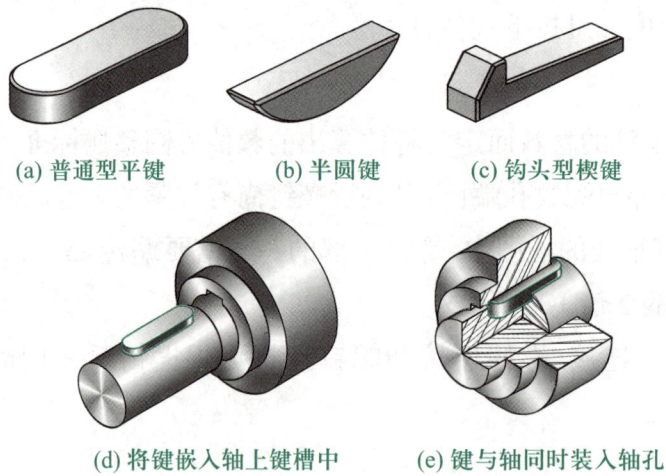

图 6-16   键和键连接

表 6-4   常用键的形式、标准、画法及标记

名称	国家标准	图例	标记示例
普通型平键	GB/T 1096		b=18 mm, h=11 mm, L=100 mm 的普通型平键（A 型）： GB/T 1096 键 18×11×100
			b=18 mm, h=11 mm, L=100 mm 的普通型平键（B 型）： GB/T 1096 键 B 18×11×100
半圆键	GB/T 1099.1		b=6 mm, h=10 mm, D=25 mm 的半圆键： GB/T 1099.1 键 6×10×25
钩头型楔键	GB/T 1565		b=18 mm, h=11 mm, L=100 mm 的钩头型楔键： GB/T 1565 键 18×100

普通型平键和半圆键的侧面是工作面,在键连接画法中,键的两侧面应与轴和轮毂上的键槽侧面接触,底面与轴上键槽底面接触,均应画一条线。键的顶面与轮毂上键槽的顶面之间有间隙,应画成两条线。当剖切平面通过轴和键的轴线时,轴和键均按不剖画出,此时为了表示键在轴上的装配情况,轴采用局部剖视。在装配图中,键的倒角或倒圆不必画出,如图 6-17a、b 所示。

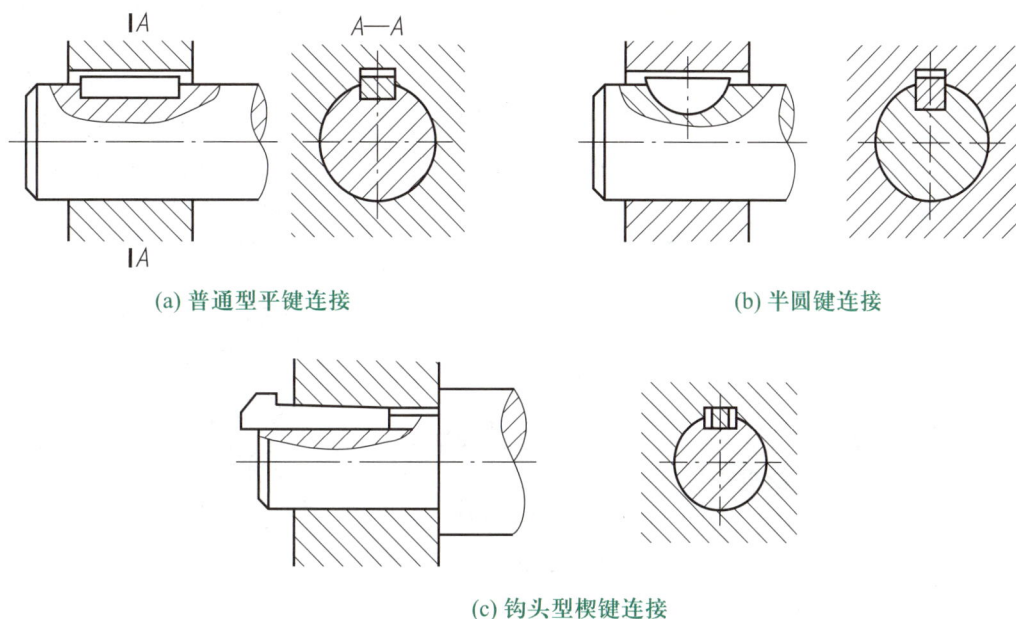

(a) 普通型平键连接　　　　　　　(b) 半圆键连接

(c) 钩头型楔键连接

图 6-17　键连接的画法

钩头型楔键顶面有 1∶100 的斜度,它是靠顶面与底面接触受力传递转矩的,与键槽间没有间隙,只画一条线;两侧面与轮和轴上的键槽采用较松的间隙配合,如图 6-17c 所示。

二、销连接（ GB/T 119.1—2000 , GB/T 117—2000 ）

销是标准件,用于零件间的连接、定位或防松。常见的销有圆柱销、圆锥销和开口销。开口销经常要与开槽螺母配合使用,将其插入螺母上的槽和螺杆上的孔并将尾部叉开,以防止螺母松动。

销的形式、标准、画法及标记示例见表 6-5,在使用和绘图时,可根据有关标准选用和绘制。图 6-18 所示为销连接的画法。

表 6-5　销的形式、标准、画法及标记示例

名称	国家标准	图例	标记示例
圆柱销 不淬硬钢 和奥氏体 不锈钢	GB/T 119.1		公称直径 d=5 mm、公差为 m6、公称长度 l=18 mm、材料为钢、不经淬火、不经表面处理的圆柱销: 销　GB/T 119.1　5m6×18

续表

名称	国家标准	图例	标记示例
圆锥销	GB/T 117		公称直径 d=10 mm、公称长度 l=60 mm、材料为 35 钢、热处理硬度为 28~38HRC、表面氧化处理的 A 型圆锥销： 销 GB/T 117 10×60
开口销	GB/T 91		公称规格为 5 mm、公称长度 l=50 mm、材料为 Q215 或 Q235、不经表面处理的开口销： 销 GB/T 91 5×50

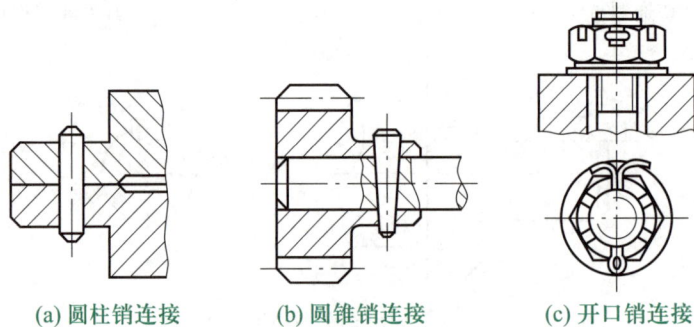

(a) 圆柱销连接   (b) 圆锥销连接   (c) 开口销连接

图 6-18　销连接的画法

6.3　齿　　轮

齿轮是机械传动中应用最广的一种传动件，它不仅可以用来传递动力，还能用来改变轴的转速和转向。齿轮的轮齿部分已标准化。图 6-19 所示为齿轮传动常见的三种类型：

（1）圆柱齿轮传动　用于两平行轴的传动（图 6-19a）。

（2）锥齿轮传动　用于两相交（一般是正交）轴的传动（图 6-19b）。

（3）蜗杆传动　用于两交错（一般是垂直交错）轴的传动（图 6-19c）。

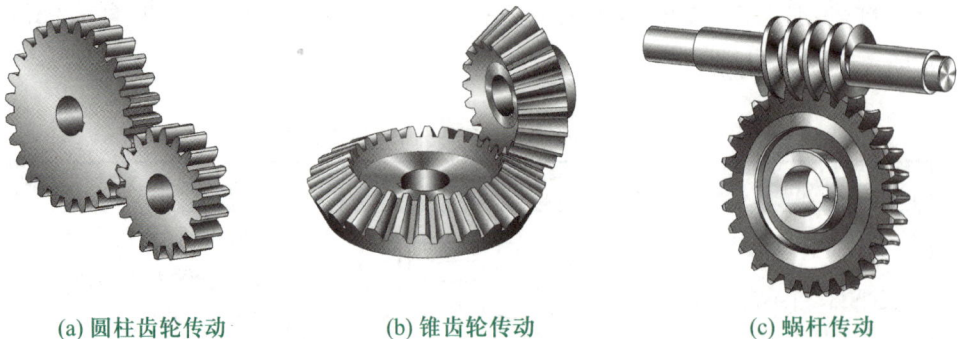

(a) 圆柱齿轮传动   (b) 锥齿轮传动   (c) 蜗杆传动

图 6-19　齿轮

一、圆柱齿轮

圆柱齿轮分为直齿圆柱齿轮、斜齿圆柱齿轮和人字齿轮。

1. 齿轮各部分名称及计算公式

图 6-20 所示为一直齿圆柱齿轮,它的各部分名称如下:

（1）齿数（z）　轮齿的数量。

（2）齿顶圆直径（d_a）　通过轮齿顶部的圆周直径。

（3）齿根圆直径（d_f）　通过轮齿根部的圆周直径。

（4）分度圆直径（d）　对标准齿轮来说,为齿厚（s）等于齿槽宽（e）处的圆周直径。

（5）齿高（h）　分度圆把轮齿分成两部分。自分度圆到齿顶圆的距离称为齿顶高,用 h_a 表示;自分度圆到齿根圆的距离称为齿根高,用 h_f 表示。齿顶高与齿根高之和即为全齿高,用 h 表示（$h=h_a+h_f$）。

图 6-20　直齿圆柱齿轮

（6）齿距（p）　分度圆上相邻两齿对应点之间的弧长,齿距（p）= 齿厚（s）+ 齿槽宽（e）。

（7）模数（m）　如果齿轮有 z 个齿,则分度圆周长 $= \pi d = zp$

$$d = \frac{p}{\pi} z$$

令

$$\frac{p}{\pi} = m$$

则

$$d = mz$$

式中,m 称为齿轮的模数（mm）,它是齿轮设计、制造的一个重要参数。模数越大,轮齿各部分尺寸也随之成比例增大,轮齿上所能承受的力也越大。为了设计和制造方便,模数已经标准化,标准模数见表 6-6。

表 6-6　标准模数（GB/T 1357—2008）　　　　　　　　mm

第一系列	1　1.25　1.5　2　2.5　3　4　5　6　8　10　12　16　20　25　32　40　50
第二系列	1.125　1.375　1.75　2.25　2.75　3.5　4.5　5.5　（6.5）　7　9　11　14　18　22　28　35　45

注:1. 对斜齿圆柱齿轮是指法向模数 m_n;

　　2. 优先选用第一系列,括号内的数值尽可能不用。

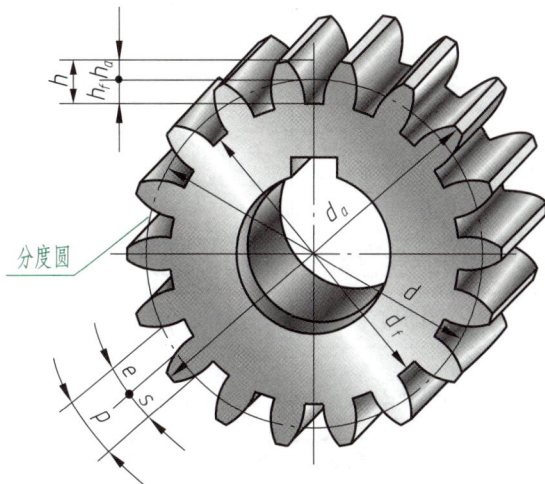

标准直齿圆柱齿轮的计算公式见表6-7。

表6-7　标准直齿圆柱齿轮的计算公式

名称	代号	计算公式
模数	m	由强度计算决定,并选用标准模数
齿数	z	由传动比$i_{12}=\omega_1/\omega_2=z_2/z_1$决定
分度圆直径	d	$d=mz$
齿顶高	h_a	$h_a=m$
齿根高	h_f	$h_f=1.25m$
全齿高	h	$h=h_a+h_f=2.25m$
齿顶圆直径	d_a	$d_a=m(z+2)$
齿根圆直径	d_f	$d_f=m(z-2.5)$
齿距	p	$p=\pi m$
中心距	a	$a=\dfrac{1}{2}(d_1+d_2)=\dfrac{1}{2}m(z_1+z_2)$

注:d_1、d_2是相啮合的两个齿轮的分度圆直径;z_1、z_2是两个齿轮的齿数;ω_1、ω_2是两个齿轮的角速度。

2. 单个圆柱齿轮的画法规定(GB/T 4459.2—2003)

(1)一般用两个视图(图6-21a),或者用一个视图和一个局部视图表示单个齿轮。

(2)齿顶圆和齿顶线用粗实线绘制;分度圆和分度线用细点画线绘制;齿根圆和齿根线用细实线绘制,也可省略不画。

(3)在剖视图中,齿根线用粗实线绘制,轮齿部分一律按不剖处理(图6-21a)。

(4)当需要表示齿线的特征时,可用三条与齿线方向一致的细实线表示(图6-21b、c),直齿则不需表示。

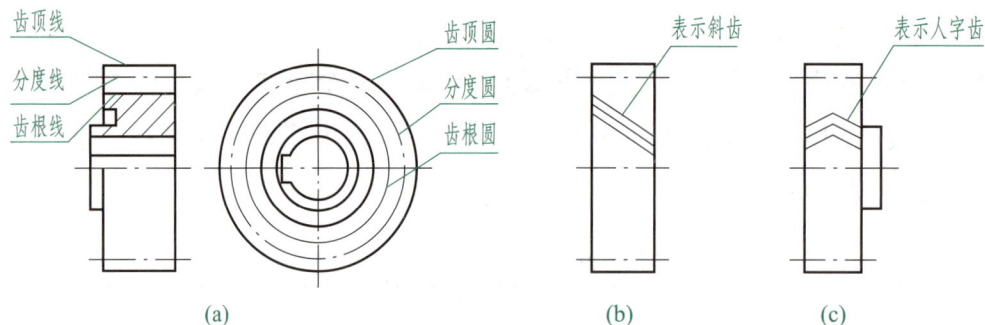

图6-21　单个圆柱齿轮的画法

3. 两个圆柱齿轮啮合的画法

(1)画啮合图时,一般可采用两个视图,在垂直于圆柱齿轮轴线的投影面的视图中,啮合区内的齿顶圆均用粗实线绘制,节圆(两标准齿轮相互啮合时,分度圆处于相切的位置,此时分度圆又称节圆)相切,如图6-22a所示;也可采用省略画法,如图6-22b所示。

（2）在圆柱齿轮啮合的剖视图中，当剖切平面通过两啮合齿轮的轴线时，在啮合区内，将一个齿轮的轮齿用粗实线绘制，另一个齿轮的轮齿被遮挡的部分用细虚线绘制（图6-22a），也可省略不画。

（3）在平行于圆柱齿轮轴线的投影面的视图中，啮合区的齿顶线不需画出，节线用粗实线绘制；其他处的节线仍用细点画线绘制，如图6-23所示。

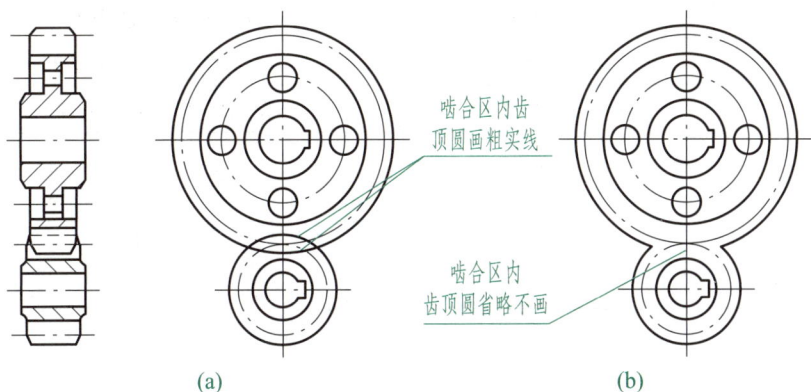

啮合区内齿
顶圆画粗实线

啮合区内
齿顶圆省略不画

(a)   (b)

图6-22　圆柱齿轮啮合的画法（一）

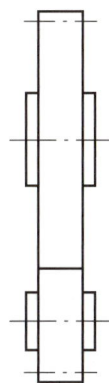

图6-23　圆柱齿轮啮合的画法（二）

圆柱齿轮啮合的画法

二、直齿锥齿轮（GB/T 4459.2—2003）

直齿锥齿轮用于两相交轴之间的传动。常见的是两轴线在同一平面内直角相交。直齿锥齿轮是在圆锥面上制出轮齿，因而轮齿沿圆锥素线方向一端大、一端小，齿厚、齿槽宽、齿高及模数也随之变化。为了设计与制造方便，通常规定以大端模数为标准模数，用它来计算和确定齿轮其他各部分的尺寸。

1. 直齿锥齿轮各部分的名称和计算公式

（1）直齿锥齿轮各部分的名称如图6-24所示。

（2）直齿锥齿轮的计算公式见表6-8。

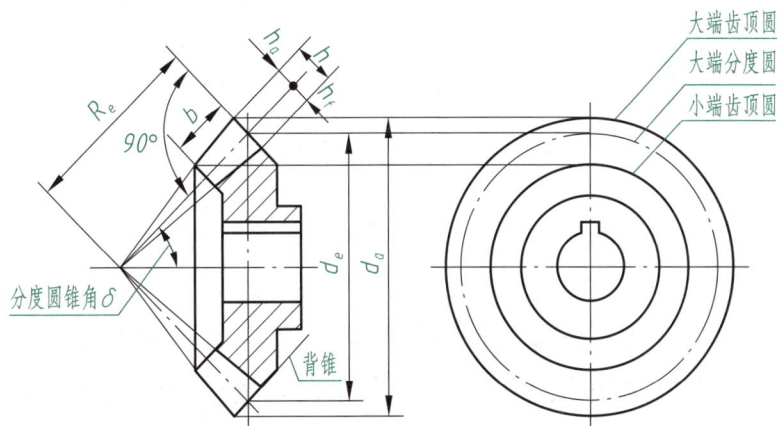

图6-24　直齿锥齿轮各部分的名称

表 6-8　直齿锥齿轮的计算公式

基本参数：大端模数 m、齿数 z、分度圆锥角 δ			
序号	名称	代号	计算公式
1	分度圆直径	d_e	$d_e = mz$
2	齿顶高	h_a	$h_a = m$
3	齿根高	h_f	$h_f = 1.2m$
4	齿高	h	$h = h_a + h_f = 2.2m$
5	齿顶圆直径	d_a	$d_a = m(z + 2\cos\delta)$
6	齿根圆直径	d_f	$d_f = m(z - 2.4\cos\delta)$
7	外锥距	R_e	$R_e = \dfrac{mz}{2\sin\delta}$
8	齿宽	b	$b \leqslant \dfrac{R_e}{3}$

2. 锥齿轮的画法

锥齿轮的规定画法与圆柱齿轮基本相同。单个锥齿轮画法如图 6-24 所示。主视图画成剖视图，当剖切平面通过齿轮轴线时，轮齿按不剖处理，用粗实线画出齿顶线及齿根线，用细点画线画出分度线。在反映圆的左视图上，规定用粗实线画齿轮大端和小端的齿顶圆，用细点画线画大端分度圆，小端分度圆不画，齿根圆不画。

3. 锥齿轮啮合的画法

锥齿轮啮合的画法与圆柱齿轮啮合的画法基本相同，如图 6-25 所示。

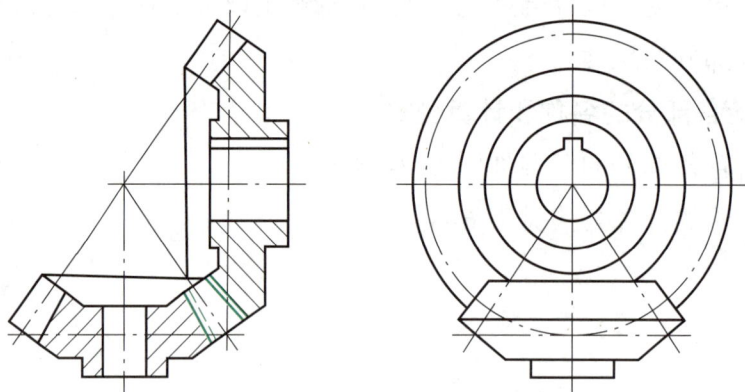

图 6-25　锥齿轮啮合的画法

三、蜗杆和蜗轮

蜗杆和蜗轮用于垂直交错两轴之间的传动。一般情况下，蜗杆是主动件，蜗轮是从动件。蜗杆的齿数称为头数，有单头、多头之分，最常用的蜗杆为圆柱形。蜗杆的画法规定与圆柱齿轮的画法规定基本相同。蜗轮类似斜齿圆柱齿轮，蜗轮轮齿部分的主要尺寸以垂直于轴线的中间平面为准。

蜗杆和蜗轮啮合的画法如图 6-26 所示。其中,图 6-26a 所示为采用了两个外形视图;图 6-26b 所示为采用了全剖视图和局部剖视图。在全剖视图中,蜗轮在啮合区被遮挡部分的细虚线省略不画;在局部剖视图中,啮合区内蜗轮的齿顶圆和蜗杆的齿顶线也可省略不画。

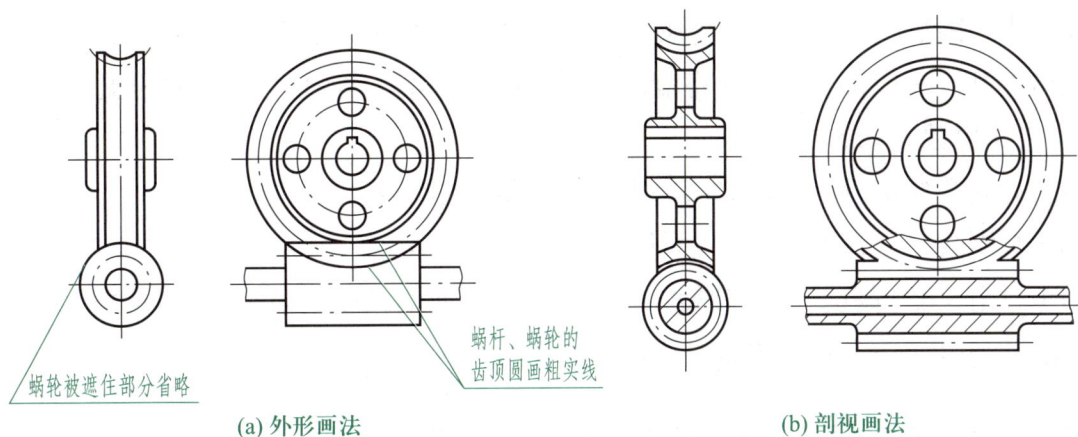

蜗轮被遮住部分省略
蜗杆、蜗轮的齿顶圆画粗实线

(a) 外形画法　　(b) 剖视画法

图 6-26　蜗杆和蜗轮啮合的画法

6.4 弹　簧

弹簧是用途广泛的常用零件,它的功用是减振、夹紧、测力和储存能量。常用的弹簧如图 6-27 所示。机械中最常用的是圆柱螺旋压缩弹簧。

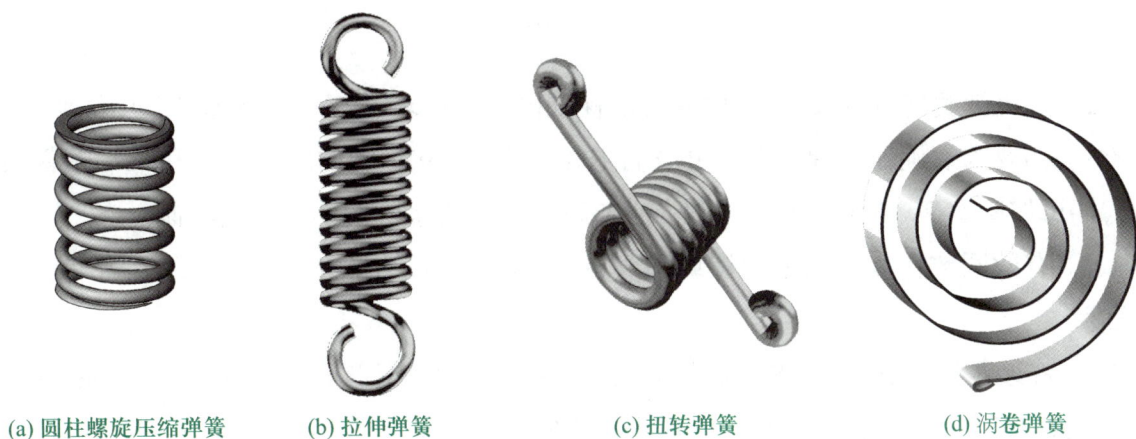

(a) 圆柱螺旋压缩弹簧　　(b) 拉伸弹簧　　(c) 扭转弹簧　　(d) 涡卷弹簧

图 6-27　常用的弹簧

一、圆柱螺旋压缩弹簧各部分的名称和尺寸关系

圆柱螺旋压缩弹簧(图 6-28)各部分的名称和尺寸关系如下:

(1)簧丝直径 d　弹簧钢丝直径(线径)。

(2)弹簧外径 D_2　弹簧最大直径。

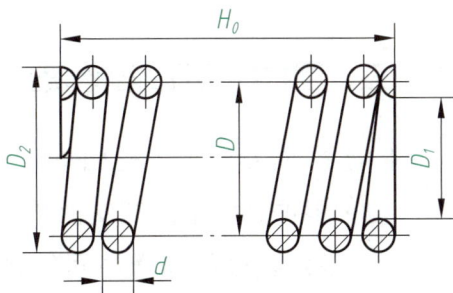

图 6-28　圆柱螺旋压缩弹簧

（3）弹簧内径 D_1　弹簧最小直径，$D_1=D_2-2d$。

（4）弹簧中径 D　弹簧的平均直径，$D=\dfrac{D_2+D_1}{2}=D_1+d=D_2-d$。

（5）节距 t　除支承圈外，相邻两圈间的轴向距离。

（6）支承圈数 n_z　为了使弹簧在工作时受力均匀，保证中心垂直于支承端面，螺旋压缩弹簧两端的几圈一般都要靠紧并将端面磨平。这部分不参与弹簧变形，称为支承圈。一般情况下，支承圈数 $n_z=2.5$。

（7）有效圈数 n　除支承圈外，保持相等节距 t 的圈数。

（8）总圈数 n_1　有效圈数与支承圈数之和，即 $n_1=n+n_z$。

（9）自由长度（高度）H_0　弹簧在不受外力作用时的长度（高度），$H_0=nt+（n_z-0.5）d$。

（10）展开长度 L　制造弹簧时坯料的长度，$L\approx n_1\sqrt{（\pi D_2）^2+t^2}$。

二、螺旋弹簧的画法规定（GB/T 4459.4—2003）

（1）在平行于螺旋弹簧轴线的投影面的视图中，其各圈的轮廓应画成直线，如图 6-29 所示。

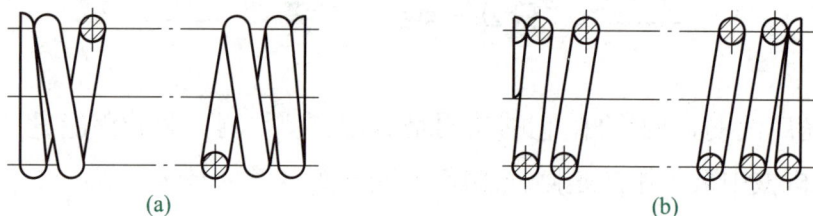

(a)　　　　　(b)

图 6-29　螺旋弹簧的画法

（2）螺旋弹簧均可画成右旋，但对必须保证的旋向要求，应在"技术要求"中注明。

（3）如要求螺旋压缩弹簧两端并紧且磨平，则不论支承圈的圈数多少和末端贴紧情况如何，均可按图 6-29 所示的形式绘制。必要时也可按支承圈的实际结构绘制。

（4）有效圈数在 4 圈以上的螺旋弹簧，中间部分可以省略不画，并允许适当缩短图形的长度。

（5）在装配图中，螺旋弹簧被剖切时，如果簧丝直径在图形上等于或小于 2 mm，则可用涂黑表示（图 6-30a），也可采用示意画法（图 6-30b）。被弹簧挡住的结构一般不画出，可见部分应从弹簧的外轮廓线或从弹簧丝断面的中心线画起（图 6-31）。

三、圆柱螺旋压缩弹簧的作图步骤

（1）根据 D 画出中径（两平行中心线），定出自由长度 H_0，如图 6-32a 所示。

（2）根据 d 画出两端支承圈，如图 6-32b 所示。

（3）根据节距 t 画出中间各圈，如图 6-32c 所示。

（4）按右旋方向画相应圆的公切线，再画剖面符号，完成全图，如图 6-32d 所示。

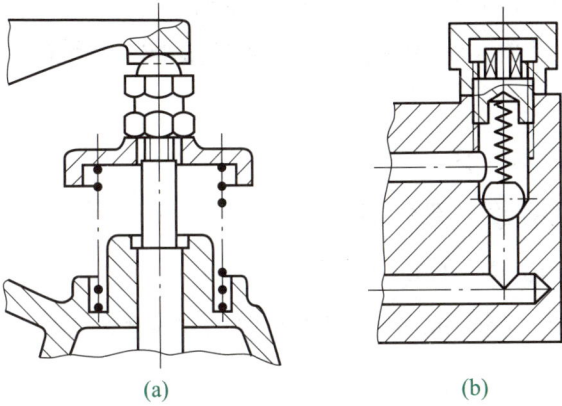

图 6-30 装配图中弹簧的画法（一）

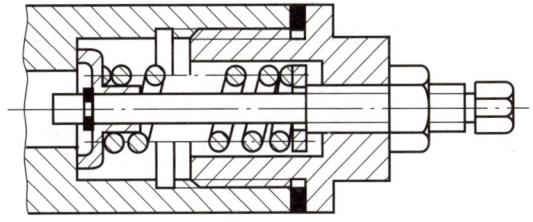

图 6-31 装配图中弹簧的画法（二）

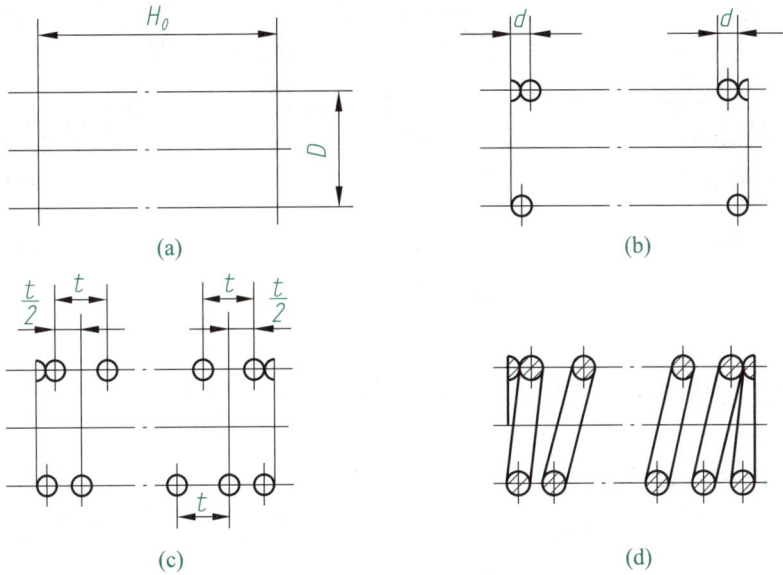

图 6-32 圆柱螺旋压缩弹簧的作图步骤

6.5 滚动轴承

滚动轴承是支承轴旋转的部件。它具有摩擦力小、结构紧凑等特点,得到广泛应用。滚动轴承的种类很多,并已标准化,选用时可查阅有关标准。

一、滚动轴承的结构和分类

1. 滚动轴承的结构

滚动轴承一般由四部分组成,如图 6-33 所示。

（1）内圈　与轴相配合,通常与轴一起转动。内圈孔径称为轴承内径,用符号 d 表示,它是轴承的规格尺寸。

（2）**外圈**　一般都固定在机体或轴承座内，一般不转动。

（3）**滚动体**　位于内、外圈的滚道之间，滚动体的形状有球、圆柱、圆锥等。

（4）**保持架**　用于保持滚动体在滚道之间彼此有一定的距离，防止相互摩擦和碰撞。

2. 滚动轴承的分类

滚动轴承的分类方法很多，按其承载特性可分为三类：

（1）**向心轴承**　主要承受径向载荷，如深沟球轴承（图6-33a）。

（2）**推力轴承**　主要承受轴向载荷，如推力球轴承（图6-33b）。

（3）**向心推力轴承**　同时承受径向载荷和轴向载荷，如圆锥滚子轴承（图6-33c）。

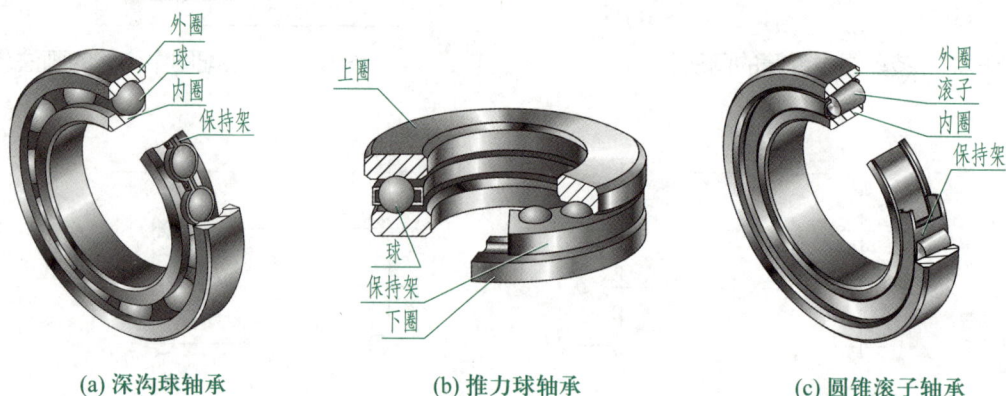

(a) 深沟球轴承　　　　　(b) 推力球轴承　　　　　(c) 圆锥滚子轴承

图6-33　滚动轴承

二、滚动轴承的代号（GB/T 272—2017）

1. 滚动轴承代号的构成

滚动轴承代号是用字母加数字表示滚动轴承的结构、尺寸、公差等级及技术性能等特征的产品符号。滚动轴承代号由前置代号、基本代号和后置代号三部分构成，其排列顺序为：

前置代号	基本代号	后置代号

2. 滚动轴承（滚针轴承除外）基本代号

基本代号表示轴承的基本类型、结构和尺寸，是滚动轴承代号的基础。基本代号由类型代号、尺寸系列代号和内径代号构成，其排列顺序如下：

类型代号	尺寸系列代号	内径代号

（1）**类型代号**　用阿拉伯数字或大写拉丁字母表示。

（2）**尺寸系列代号**　由轴承的宽（高）度系列代号和直径系列代号组成，用数字表示。常用的滚动轴承类型代号和尺寸系列代号见表6-9。

（3）**内径代号**　表示轴承的公称内径，用数字表示，见表6-10。

表 6-9　常用的滚动轴承类型代号和尺寸系列代号

轴承类型名称	类型代号	尺寸系列代号	国家标准
双列角接触球轴承	（0）	32 33	GB/T 296
调心球轴承	1	（0）2 （0）3	GB/T 281
调心滚子轴承 推力调心滚子轴承	2	13 92	CB/T 288 GB/T 5859
圆锥滚子轴承	3	02 03	GB/T 297
双列深沟球轴承	4	（2）2	GB/T 276
推力球轴承 双向推力球轴承	5	11 22	GB/T 301
深沟球轴承	6	18 （0）2	GB/T 276
角接触球轴承	7	（0）2	GB/T 292
推力圆柱滚子轴承	8	11	GB/T 4663
外圈无挡边圆柱滚子轴承	N	10	GB/T 283
双列圆柱滚子轴承	NN	30	GB/T 285
圆锥孔外球面球轴承	UK	2	CB/T 3882
四点接触球轴承	QJ	（0）2	GB/T 294

表 6-10　轴承内径代号

轴承公称内径 /mm		内径代号	示例
0.6 到 10（非整数）		用公称内径毫米数直接表示,在其与尺寸系列代号之间用"/"分开	深沟球轴承 618/2.5,d=2.5 mm
1 到 9（整数）		用公称内径毫米数直接表示,对深沟球轴承及角接触球轴承 7、8、9 直径系列,内径与尺寸系列代号之间用"/"分开	深沟球轴承 625,d=5 mm 深沟球轴承 618/5,d=5 mm
10 到 17	10 12 15 17	00 01 02 03	深沟球轴承 6200,d=10 mm
20 到 480（22、28、32 除外）		公称内径除以 5 的商数,商数为个位数时,需在商数左边加"0",如 08	调心滚子轴承 23208,d=40 mm
大于和等于 500 及 22、28、32		用公称内径毫米数直接表示,但与尺寸系列之间用"/"分开	调心滚子轴承 230/500,d=500 mm 深沟球轴承 62/22,d=22 mm

3. 滚动轴承的前置、后置代号

前置、后置代号是轴承在结构形状、尺寸、公差与技术要求等有改变时,在其基本代号左右添加的补充代号。前置代号用字母表示,后置代号用字母或加数字表示。

轴承代号标记示例:

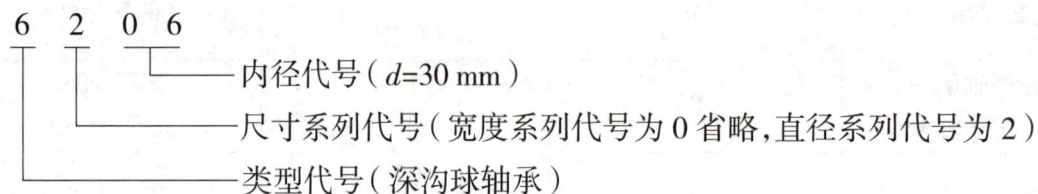

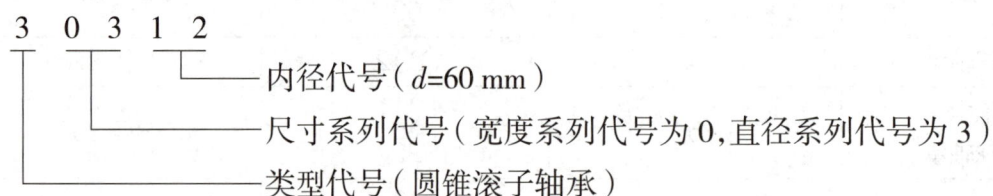

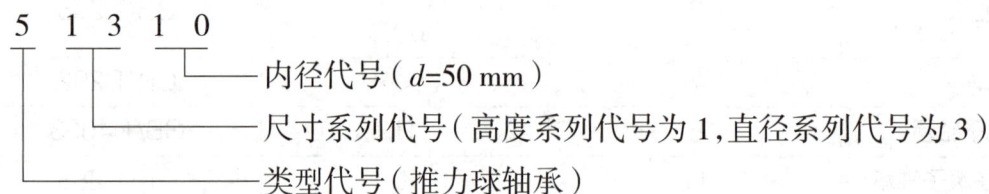

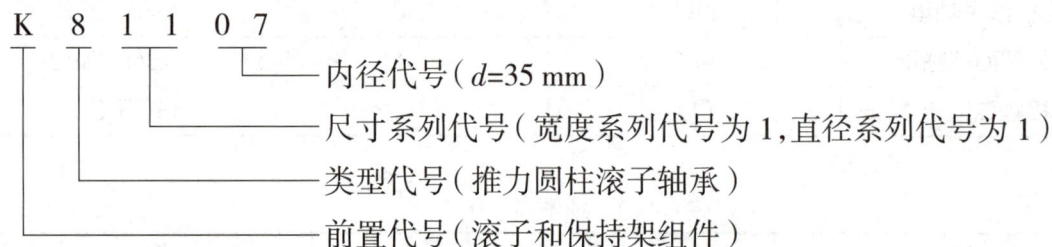

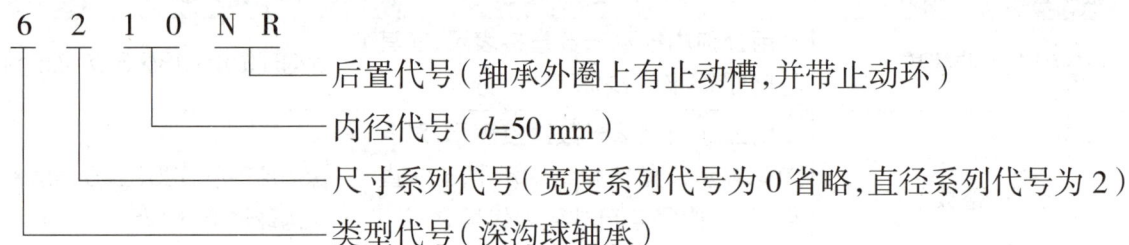

```
6 2 0 6
        └── 内径代号(d=30 mm)
      └──── 尺寸系列代号(宽度系列代号为 0 省略,直径系列代号为 2)
    └────── 类型代号(深沟球轴承)
```

```
3 0 3 1 2
          └── 内径代号(d=60 mm)
      └────── 尺寸系列代号(宽度系列代号为 0,直径系列代号为 3)
    └──────── 类型代号(圆锥滚子轴承)
```

```
5 1 3 1 0
          └── 内径代号(d=50 mm)
      └────── 尺寸系列代号(高度系列代号为 1,直径系列代号为 3)
    └──────── 类型代号(推力球轴承)
```

```
K 8 1 1 0 7
            └── 内径代号(d=35 mm)
        └────── 尺寸系列代号(宽度系列代号为 1,直径系列代号为 1)
      └──────── 类型代号(推力圆柱滚子轴承)
    └────────── 前置代号(滚子和保持架组件)
```

```
6 2 1 0 N R
          └── 后置代号(轴承外圈上有止动槽,并带止动环)
        └──── 内径代号(d=50 mm)
      └────── 尺寸系列代号(宽度系列代号为 0 省略,直径系列代号为 2)
    └──────── 类型代号(深沟球轴承)
```

三、滚动轴承的画法(GB/T 4459.7—2017)

国家标准对滚动轴承规定了简化画法。滚动轴承的画法有三种:通用画法、特征画法和规定画法。通常采用通用画法或特征画法,在同一图样中一般只采用一种画法。

在装配图中,若不需要确切表示滚动轴承的外形轮廓、载荷特性及结构特征,则可采用通用画法;若要较详细地表达滚动轴承的主要结构形状,则可采用规定画法。在规定画法中,轴承的保持架及倒角省略不画,滚动体不画剖面线,内外圈的剖面线应一致。一般只在轴的一侧用规定画法表示滚动轴承,在轴的另一侧则按通用画法表示。常用滚动轴承的三种画法见表 6–11。

表 6-11　常用滚动轴承的三种画法

轴承名称	规定画法	特征画法	通用画法
深沟球轴承 GB/T 276—2013	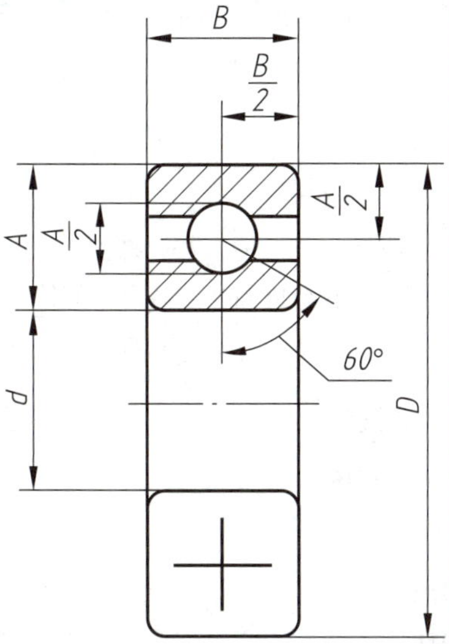	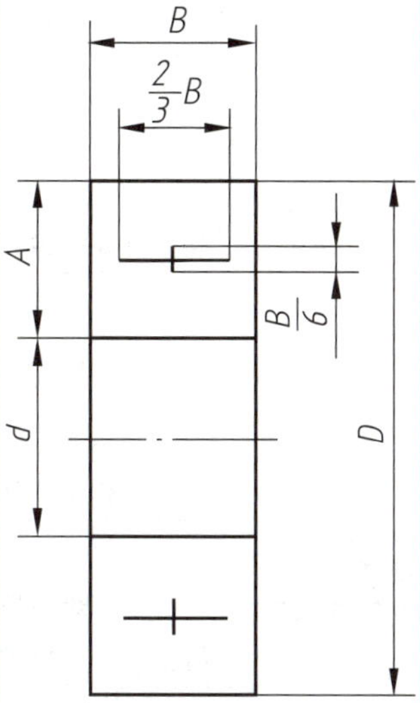	
圆锥滚子 轴承 GB/T 297—2015	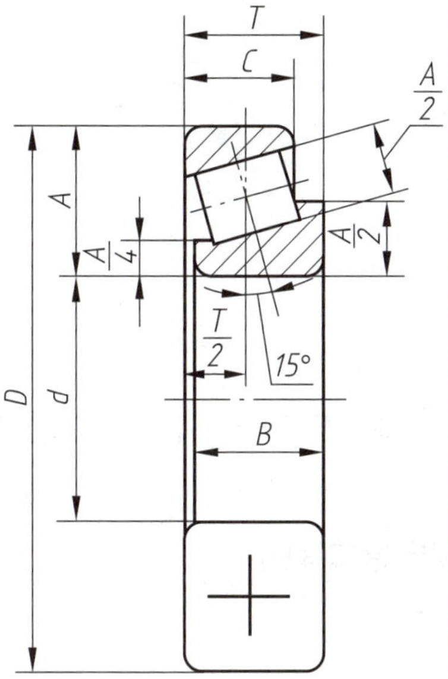	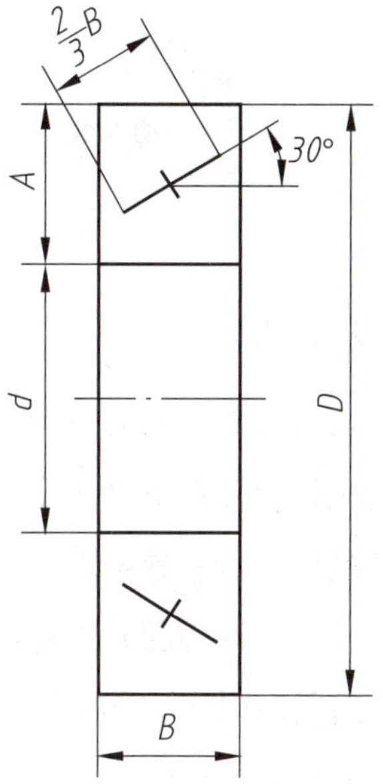	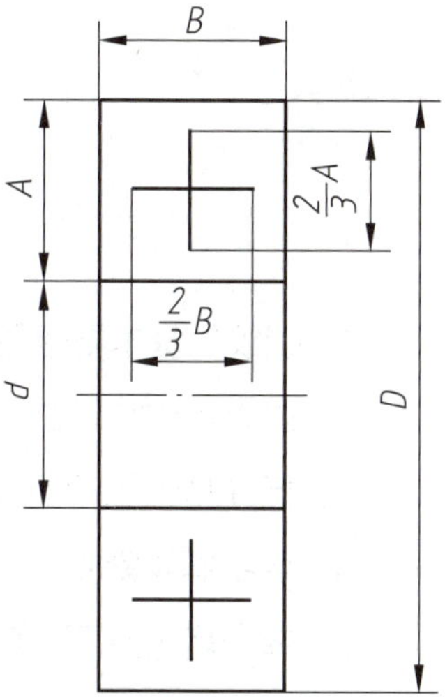
推力球轴承 GB/T 301—2015	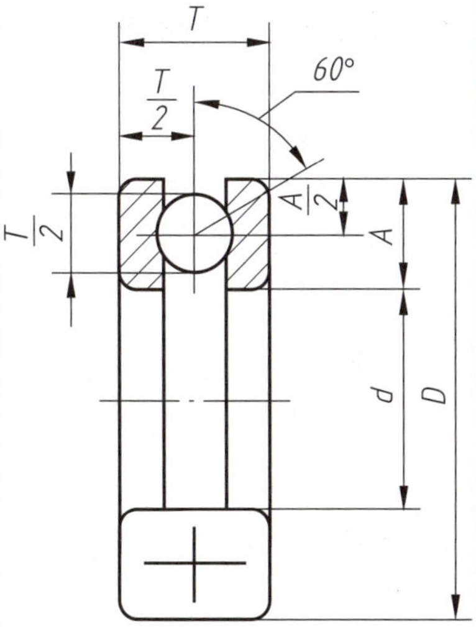	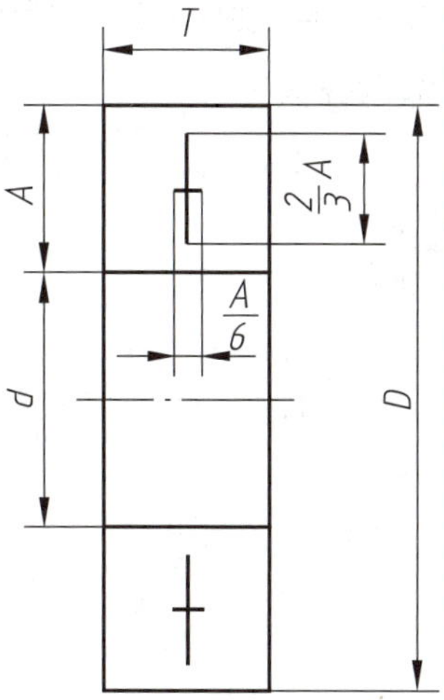	

6

概览与思考

一、内容概览

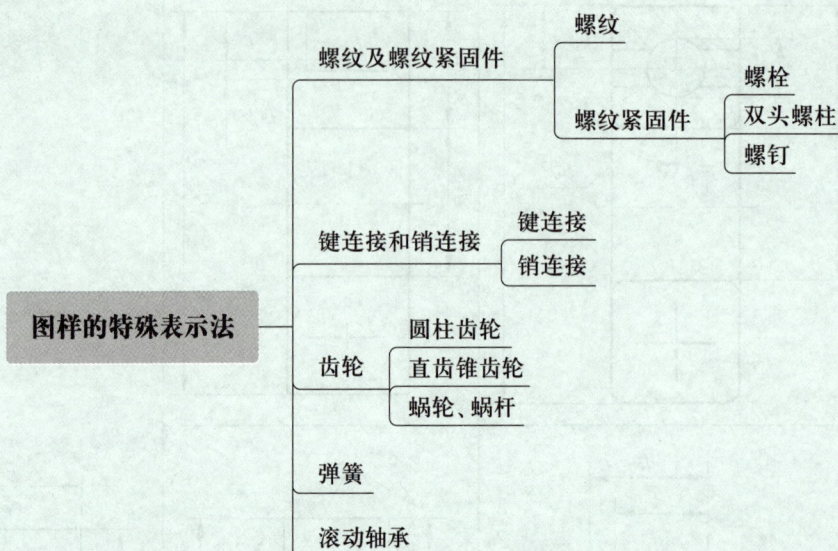

二、思考与实践

1. 螺纹的基本要素是什么?

2. 内外螺纹和螺纹连接画法的要点有哪些?

3. 标注螺纹标记时需要注意什么? 解释 M16×Ph3P1.5-7g6g-L-LH 的含义。

4. 绘制螺纹紧固件连接图有哪些注意事项?

5. 单个齿轮及两个啮合齿轮的轮齿部分的画法规定是怎样的?

6. 螺旋弹簧的中间部分是否可以省略不画?

7. 滚动轴承代号 6210 的含义是什么?

8. 查阅资料,了解"标准化"与"互换性""绿色化""低碳化"之间的关系,作为技能人才,在加快制造业标准化进程中能做什么?

模块六 小结

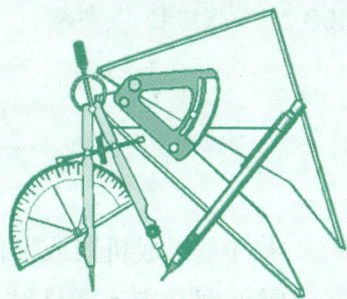

模块七 零件图

导 语

　　机器或部件都是由零件装配而成的,制造机器首先要加工零件。零件图就是表达零件设计意图的信息载体、加工检验的重要依据。

　　本模块以生产实际的视角,讨论识读和绘制零件图的基本方法,通过分析轴套类、叉架类、轮盘类、箱体类典型零件的结构特点、视图表达、尺寸标注和技术要求,提高零件图的识读和绘制能力。

　　识读与绘制零件图是本课程的核心任务,是前面所学知识的贯通运用,因此本模块是综合反映课程学习成效的一个模块,其中零件图中的表面粗糙度、尺寸公差和几何公差等技术要求也是本模块的学习重点。

　　学习本模块要继续保持认真负责的工作态度和严谨细致的工作作风,同时主动了解企业生产实际的真实案例,为传承工匠精神打下初步基础。

7.1　零件图概述

零件是组成机器或部件的基本单元。

零件图是表达零件结构、尺寸及技术要求的图样，是直接指导制造和检验零件的依据，是零件生产中的重要技术文件。

一张完整的零件图（图7-1），应包含以下内容：

1. 一组图形

用必要的视图、剖视图、断面图及其他规定画法，正确、完整、清晰地表达零件各部分的结构和内外形状。

2. 完整的尺寸

正确、完整、清晰、合理地标注零件制造、检验时所需要的全部尺寸。

3. 技术要求

用规定的代号、符号或文字说明零件在制造、检验和装配过程中应达到的各项技术要求，如尺寸公差、几何公差、表面粗糙度及热处理等。

4. 标题栏

说明零件的名称、材料、图号、比例及图样的责任者签字等。

想一想

如果零件图上出现错误，对零件生产和产品质量会产生哪些影响？

7

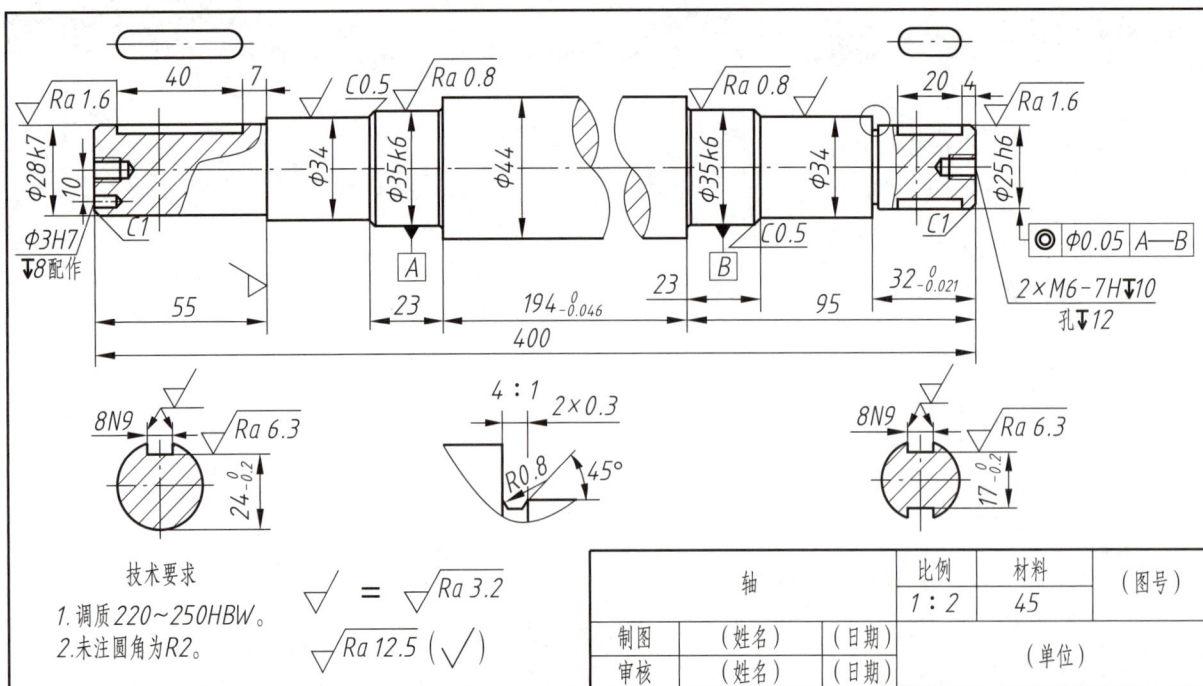

图 7-1　轴的零件图

7.2　零件的视图选择

零件图应把零件的结构形状正确、完整、清晰地表达出来。不同的零件有不同的结构形状,绘制零件图时,应分析零件的结构特点,了解零件在机器或部件中的位置、作用和加工方法,合理选择主视图和其他视图,确定一种较为合理的表达方案是表达零件结构形状的关键。

一、主视图的选择

主视图是表达零件的一组视图的核心。读图和绘图一般都从主视图入手,主视图的选择是否合理,将直接影响读图和绘图是否便捷。选择主视图时,通常综合考虑以下三个原则:

1. 形状特征原则

主视图的投射方向应最能表达零件各部分的形状特征。如图 7-2 所示,支座由圆筒、连接板、底板、支承肋四部分组成,K 向投影清楚地表示出该支座各部分的形状、大小及相互位置关系,较其他方向(如 Q、R 向)更清楚地表示了零件的形状特征。因此,主视图的选择应尽量多地反映出零件各组成部分的结构特征及相互位置关系。

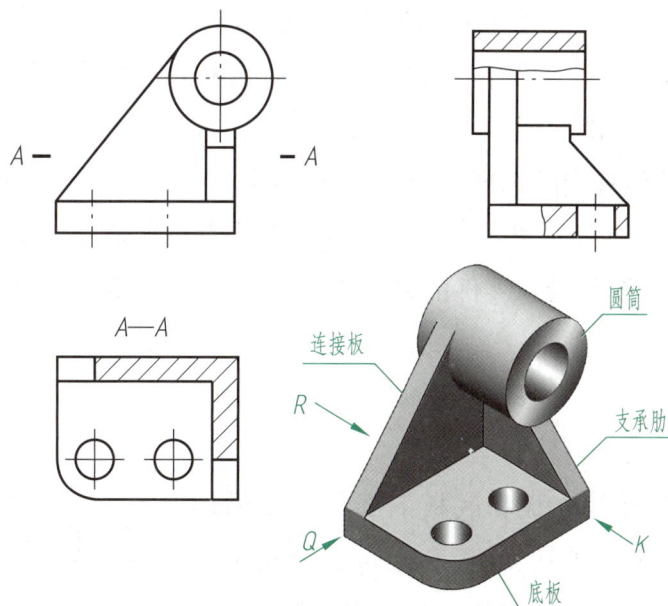

图 7-2　支座及其主视图选择

2. 工作位置原则

主视图的投射方向应符合零件在机器上的工作位置。对支架、箱体等非回转体零件,选择主视图时,一般应遵循工作位置原则。如图 7-2 所示,支座的主视图既表达了支座的形状特征,又体现了它的工作位置;图 7-3 所示吊钩的主视图显示了吊钩的工作位置。

3. 加工位置原则

主视图的投射方向应尽量与零件主要的加工位置一致。如图 7-4 所示,轴类零件的主要加工工序在车床上完成,因此主视图应选择水平放置零件轴线,便于加工时看图。

对轴、套、轮、盘类等回转体零件,选择主视图时,一般应遵循加工位置原则。

综上所述,主视图主要依据零件的形状特征、工作位置及主要加工位置等因素来确定。

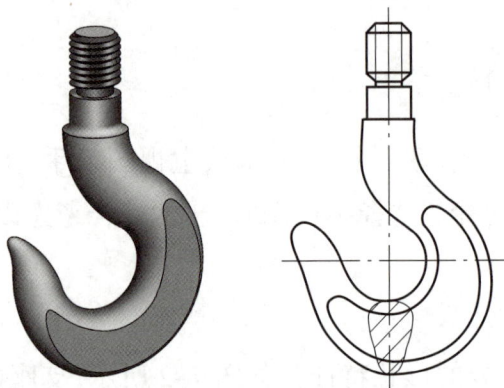

图 7-3　吊钩的工作位置

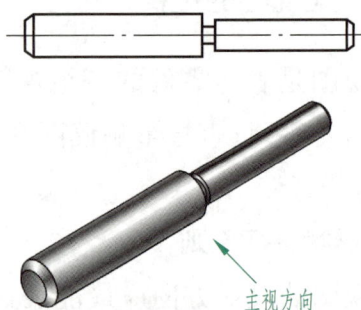

图 7-4　轴类零件的主视图选择

二、其他视图选择

一般情况下,仅有一个主视图并不能把零件的结构形状表达完全,还需要配合其他视图。因此,主视图确定后,要分析还有哪些结构形状没有表达完全,考虑选择适当的其他视图,如剖视图、断面图和局部视图等,将零件表达清楚。

主视图确定后,其他视图的选择应遵循以下原则:

（1）根据零件的复杂程度和内、外结构特点,综合考虑所需要的其他视图,使每个视图都有一个表达重点。视图数量与零件的复杂程度有关,尽量采用较少的视图,使表达方案简洁、合理,便于读图和绘图。

（2）优先考虑采用基本视图,在基本视图上作剖视,并尽可能按投影关系配置各视图。

如图 7-5 所示,带孔的立板和底板下部的燕尾槽形状及相对位置可用左视图表达,底板和凸台的形状及位置可用俯视图表达。为了将孔和槽表达清楚,主视图采用全剖视,左视图采用基本视图。

总之,确定零件的主视图及整体表达方案时,应灵活运用上述原则。从实际出发,根据具体情况全面分析、比较,使零件的表达正确、完整、清晰、简洁。

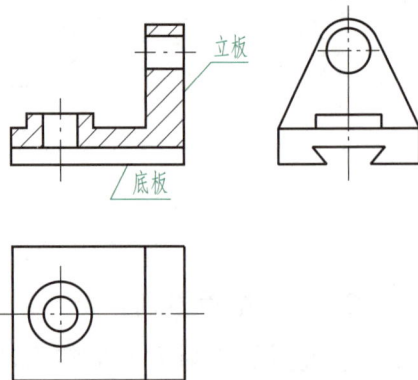

图 7-5　其他视图的选择

—— 7.3 零件图的尺寸标注 ——

零件图的尺寸标注,除了要求正确、完整、清晰之外,还要考虑尺寸标注的合理性,既要符合设计、使用要求,又要满足工艺生产要求,便于零件的加工和检验。

一、合理选择尺寸基准

任何零件都有长、宽、高三个方向的尺寸,每个方向至少要选择一个尺寸基准。一般选择零件的结构对称面、回转轴线、主要加工面、重要支承面或配合面作为尺寸基准。

根据作用不同,基准可分为设计基准和工艺基准。

1. 设计基准

根据零件在机器中的位置和作用所选定的基准称为设计基准。如图 7-6 所示,轴承座底面为安装面,轴承孔的中心高应根据这一平面来确定,底面为高度方向的设计基准,设计基准一般是主要基准。轴承座的左右和前后对称面为长度和宽度方向的主要基准。

2. 工艺基准

为零件加工和测量而选定的基准称为工艺基准。零件上有些结构若以设计基准为起点标注尺寸,不便于加工和测量,因此必须增加一些辅助基准作为标注这些尺寸的起点,如图 7-6

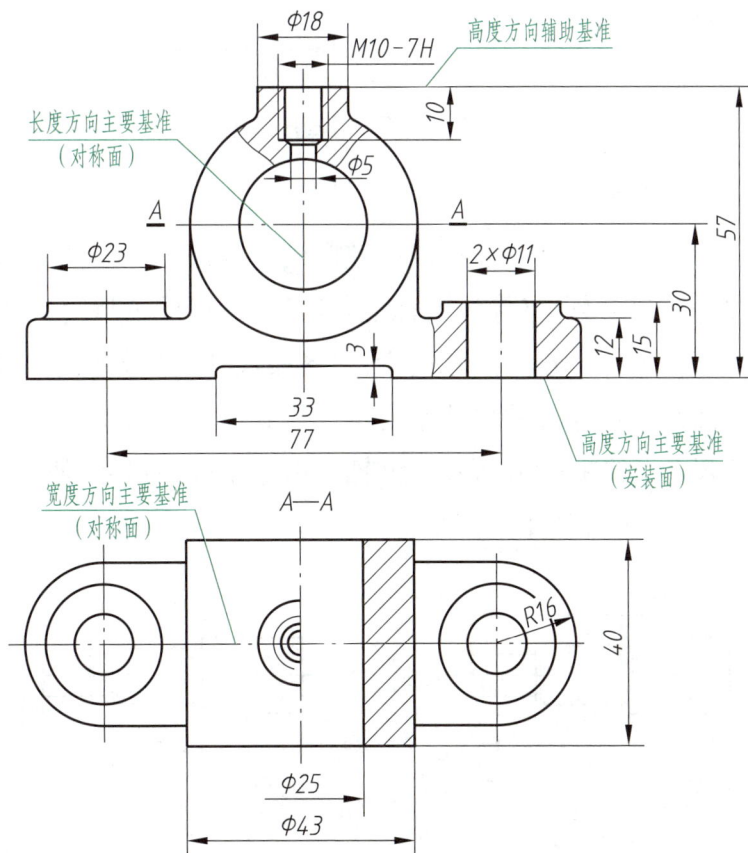

图 7-6 轴承座基准的选择

中的螺纹孔深度,若以底面为基准标注尺寸,则不利于测量,而将顶面设为高度方向的辅助基准,标注螺纹孔深度尺寸10,则便于测量,因此顶面是工艺基准。

选择基准时,应尽可能使工艺基准与设计基准重合,在保证设计要求的前提下,满足工艺要求。

二、合理标注尺寸的原则

1. 重要尺寸直接注出

重要尺寸是指直接影响零件在机器中的工作性能和位置关系的尺寸,如零件之间的配合尺寸、重要的安装定位尺寸等。如图 7-7a 所示的轴承座,轴孔的中心高 h_1 是重要尺寸,必须直接注出,若按图 7-7b 所示标注,则尺寸 h_2 和 h_3 将产生较大的累积误差,使孔的中心高不能满足设计要求。另外,为安装方便,底板上两孔的中心距 l_1 也应直接注出,如图 7-7a 所示,若按图 7-7b 所示标注,由尺寸 l_3 间接确定 l_1,则不能满足装配要求。

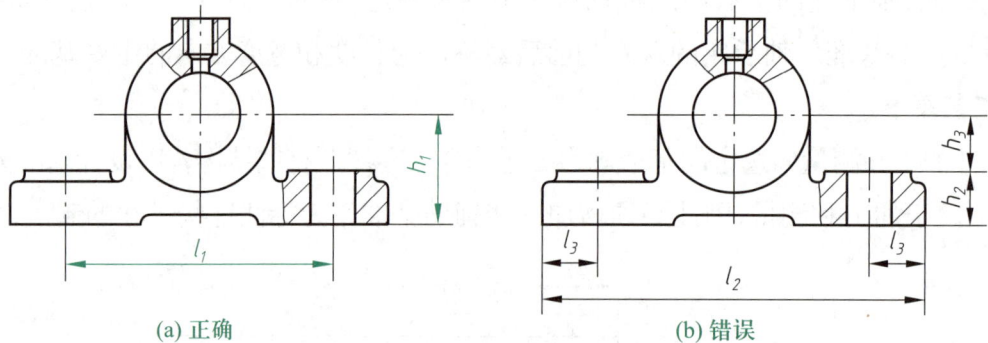

(a) 正确　　　　　　　　　　　　　　　(b) 错误

图 7-7　重要尺寸直接注出

2. 避免出现封闭尺寸链

封闭尺寸链是指尺寸线首尾相接,绕成一整圈的一组尺寸。如图 7-8a 所示,轴的长度方向尺寸,除了标注总长尺寸外,又标注了轴上各段尺寸,形成了封闭尺寸链。这种标注虽然可以保证轴上各段尺寸 A、B、C 的尺寸精度,但各段尺寸的误差积累起来,最后都集中反映到总长尺寸上,导致总长尺寸 L 的尺寸精度难以得到保证。为此,标注尺寸时,应将次要的轴段空出,不标注尺寸,如图 7-8b 所示。该轴段由于不标注尺寸,使尺寸链留有开口,称为开口环。开口环尺寸在加工中自然形成。

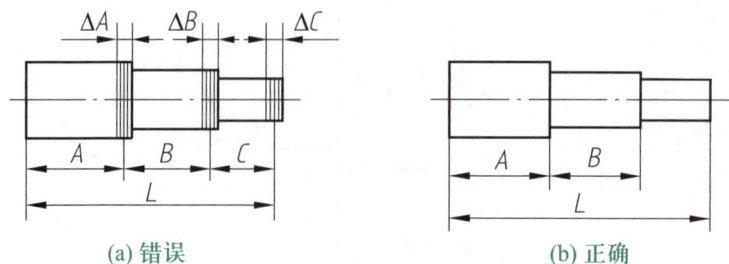

(a) 错误　　　　　　　　　　　　　　　(b) 正确

图 7-8　封闭尺寸链

想一想

机械加工中为什么不允许出现封闭尺寸链?

3. 便于加工和测量

（1）符合加工顺序的要求　如图 7-9a 所示,考虑到轴的加工顺序,轴向尺寸选择右端面为工艺基准标注。

为方便不同工种的技术人员读图,可将零件上的加工面尺寸与非加工面尺寸尽量分别标注在图形两边;同一工种的加工尺寸要适当集中,以便加工时查找,如图 7-9b 所示,轴线上方的尺寸为铣削工序尺寸,轴线下方的尺寸为车削工序尺寸。

（2）符合测量方便的要求　如图 7-10 所示,图 7-10b 中的尺寸标注不合理,因为无法实

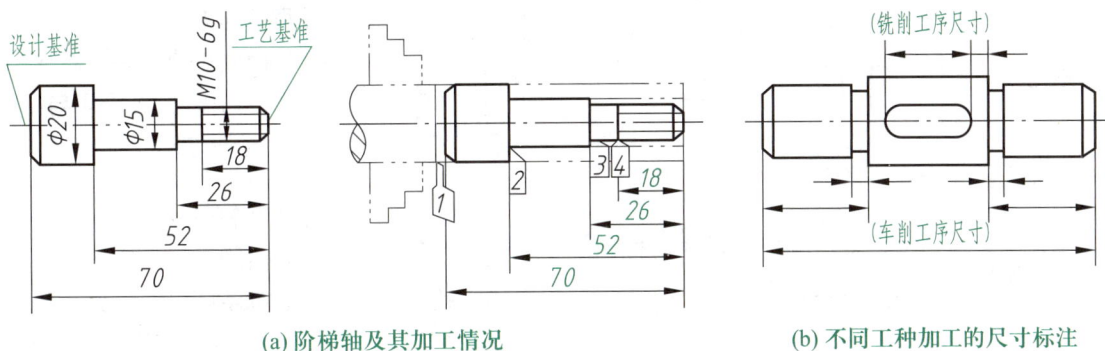

(a) 阶梯轴及其加工情况　　(b) 不同工种加工的尺寸标注

图 7-9　符合加工顺序的标注

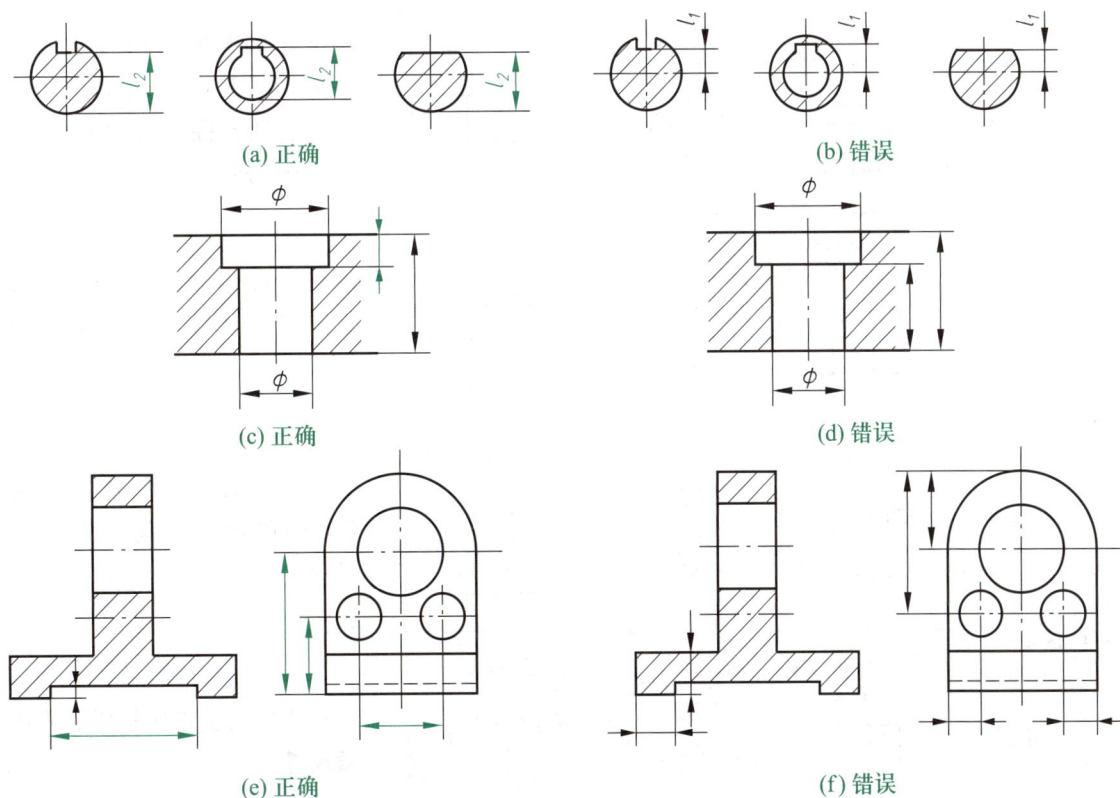

(a) 正确　　(b) 错误

(c) 正确　　(d) 错误

(e) 正确　　(f) 错误

图 7-10　便于测量的标注

际测量到几何中心点,所以尺寸 l_1 不便于测量;同样,图 7-10d 中的小孔高度也无法直接测量。

说一说

分析图 7-10e、f 中正确和错误的尺寸标注。

三、零件上常见结构的尺寸标注

零件上常见结构的尺寸标注见表 7-1。

表 7-1　零件上常见结构的尺寸标注

结构类型		简化注法	一般注法	说明
光孔		$4 \times \phi5 \downarrow 10$　$4 \times \phi5 \downarrow 10$	$4 \times \phi5$	**深度符号↓** 4 个相同的孔,直径为 5 mm,孔深为 10 mm。孔深可与孔径连注,也可分开注出
沉孔	锥形沉孔	$4 \times \phi7$　$\vee \phi13 \times 90°$　$4 \times \phi7$　$\vee \phi13 \times 90°$	$90°$　$\phi13$　$4 \times \phi7$	**埋头孔符号∨** 4 个相同的孔,直径为 7 mm,沉孔锥顶角为 90°,大口直径为 13 mm。锥形沉孔可以旁注,也可直接注出
	柱形沉孔	$4 \times \phi7$　$\sqcup \phi13 \downarrow 3$　$4 \times \phi7$　$\sqcup \phi13 \downarrow 3$	$\phi13$　3　$4 \times \phi7$	**沉孔及锪平孔符号⊔** 4 个相同的孔,直径为 7 mm,柱形沉孔的直径为 13 mm,深度为 3 mm,均需标注
	锪平沉孔	$4 \times \phi7$　$\sqcup \phi13$　$4 \times \phi7$　$\sqcup \phi13$	$\phi13$　锪平　$4 \times \phi7$	锪平面 $\phi13$ mm 的深度不必标注,一般只要锪平到不出现毛面即可
螺纹孔	通孔	$2 \times M8-6H$　$2 \times M8-6H$	$2 \times M8-6H$	2×M8 表示 2 个公称直径为 8 mm 的螺纹孔,可以旁注,也可直接注出
	不通孔	$2 \times M8-6H \downarrow 10$　孔$\downarrow 12$　$2 \times M8-6H \downarrow 10$　孔$\downarrow 12$	$2 \times M8-6H$　10　12	一般应分别注出螺纹和孔的深度尺寸

7

7.4　零件上常见的工艺结构及其表达

零件的结构形状除了满足使用要求外,还应满足制造工艺要求,即应具有合理的工艺结构。

一、铸造工艺结构

1. 铸件壁厚

铸件壁厚设计得是否合理对铸件质量有很大影响。铸件的壁越厚,冷却得越慢,越容易产生缩孔;壁厚变化不均匀,在突变处易产生裂纹,如图 7-11b 所示。同一铸件壁厚相差一般不得超过 2 ~ 2.5 倍。图 7-11a、c 所示结构合理,图 7-11b、d 所示结构不合理,即铸件壁厚要均匀,避免突然变厚和局部肥大。

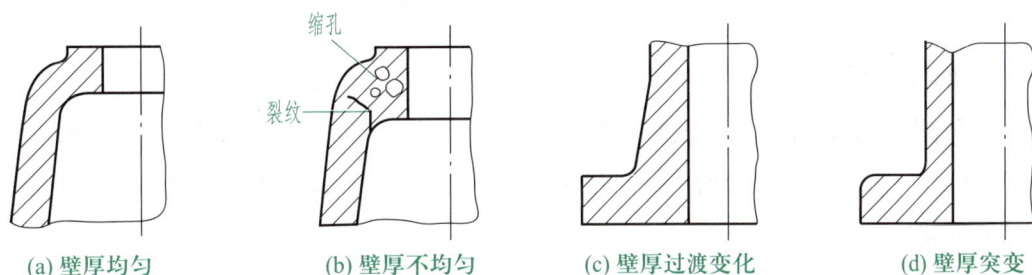

(a) 壁厚均匀　　　(b) 壁厚不均匀　　　(c) 壁厚过渡变化　　　(d) 壁厚突变

图 7-11　铸件壁厚

2. 起模斜度

在铸造生产中,为便于从砂型中顺利取出木模,常沿木模的起模方向做出 3° ~ 6° 的斜度,这个斜度称为起模斜度。起模斜度在图样上不必画出,可以不加标注,由木模直接做出,如图 7-12a 所示。

3. 铸造圆角

为便于分型和防止砂型夹角落砂,以避免铸件尖角处产生裂纹和缩孔,将铸件表面转角处做成圆角,称为铸造圆角(图 7-12b)。一般铸造圆角为 $R3 \sim R5$。

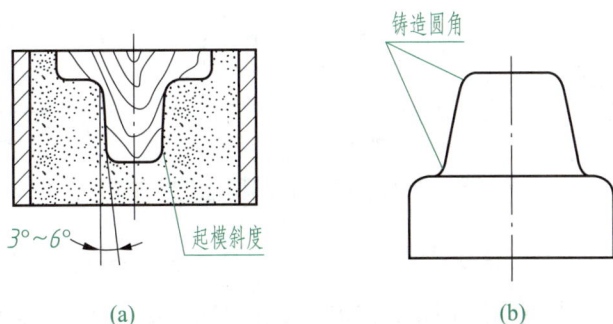

(a)　　　　　　　　　　(b)

图 7-12　起模斜度、铸造圆角

二、机械加工工艺结构

1. 倒角和倒圆

为了除去零件在机械加工后的锐边和毛刺,常在轴孔的端部加工出 45° 或 30° 倒角;在轴肩处为避免应力集中,常采用圆角过渡,称为倒圆,如图 7-13 所示。当倒角、倒圆尺寸很小时,在图样上可不画出,但必须注明尺寸或在"技术要求"中加以说明。

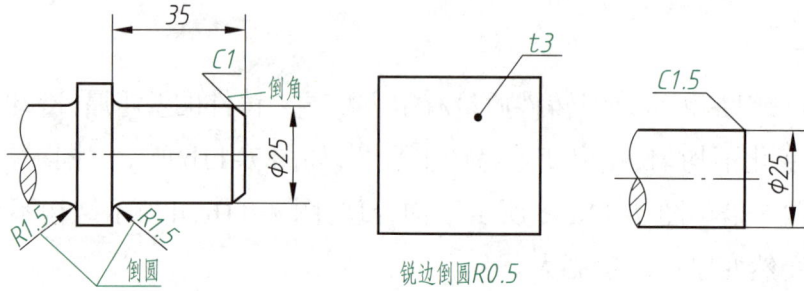

图 7-13　倒角和倒圆

2. 退刀槽和砂轮越程槽

零件在车削或磨削时,为保证加工质量,便于车刀进入或退出,以及砂轮的越程需要,常在轴肩处、孔的台肩处预先车削出退刀槽或砂轮越程槽,如图 7-14 所示。具体尺寸与构造可查阅有关标准和设计手册。

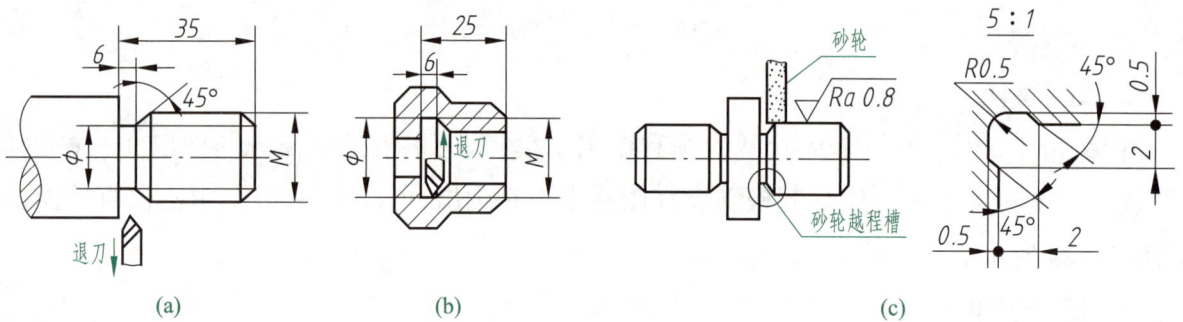

图 7-14　退刀槽和砂轮越程槽

图 7-15 给出了退刀槽和砂轮越程槽的三种常见的尺寸标注。

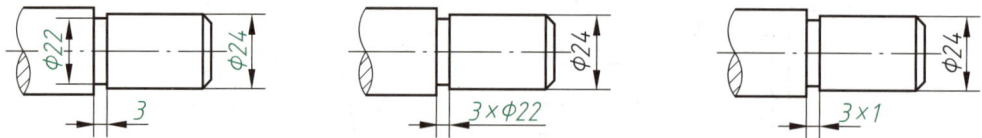

图 7-15　退刀槽和砂轮越程槽的尺寸标注

3. 凸台和凹坑

两零件的接触面一般都要进行加工,为减少加工面积,并保证接触面接触良好,常在零件的接触部位设置凸台或凹坑,如图 7-16 所示。

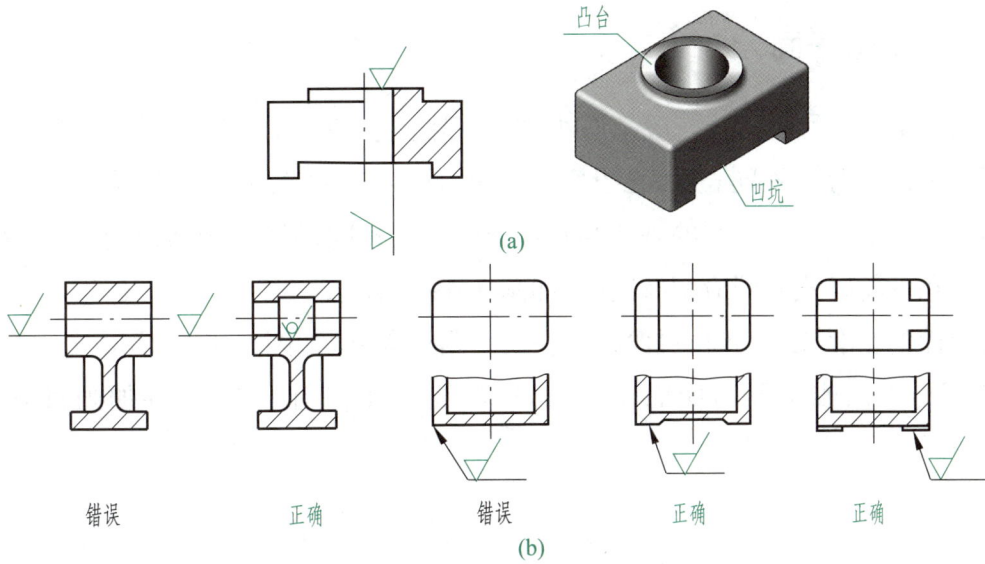

图 7-16 凸台和凹坑

4. 钻孔结构

钻孔时,为保证钻孔质量,钻头的轴线应与被加工表面垂直,否则会使钻头折弯,甚至折断。当被加工表面倾斜时,可设置凹坑或凸台;钻头钻透时的结构,要考虑不使钻头单边受力,如图 7-17 所示。

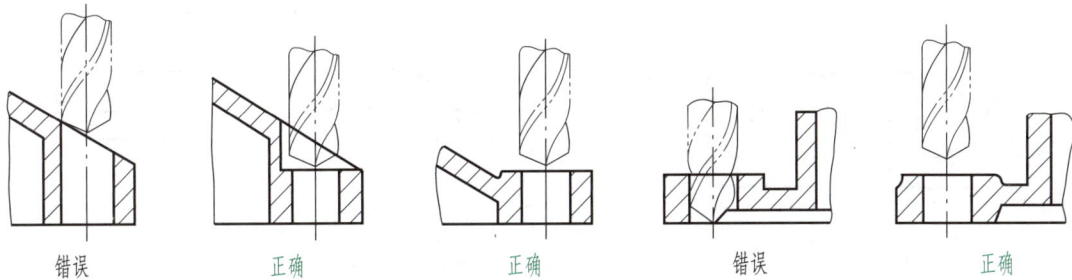

图 7-17 钻孔结构

三、装配工艺结构

为便于零件装配和拆卸,必须保证必要的安装、拆卸紧固件的空间位置或设置必要的工艺孔,如扳手旋转空间、螺钉拆卸操作空间等,如图 7-18 所示。

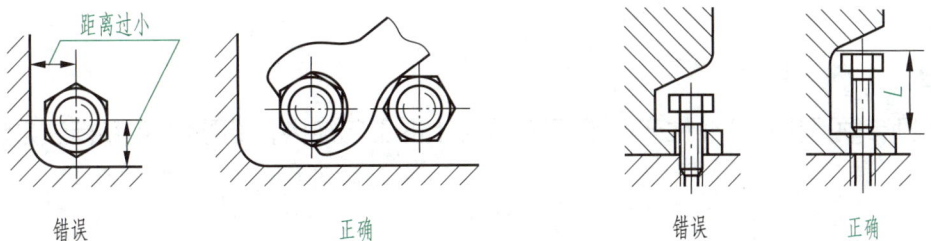

(a) 应考虑扳手活动范围   (b) 应考虑拧入螺钉所需的空间

图 7-18 应考虑空间位置

四、零件过渡表面

在铸件上,两表面相交处一般都有小圆角光滑过渡,因而两表面之间的交线就很不明显。为了读图时能分清不同表面,在投影图中仍应画出这种交线,即过渡线。

过渡线用细实线画出。它的画法与相贯线的画法相同,但为了区别于相贯线,在过渡线的两端与圆角的轮廓线之间应留有间隙,如图 7-19a 所示。

当两曲面的轮廓线相切时,过渡线应在切点附近断开,如图 7-19b 所示。

当平面与平面或平面与曲面相交时,过渡线应在转角处断开,并加画过渡圆弧,如图 7-19c 所示。

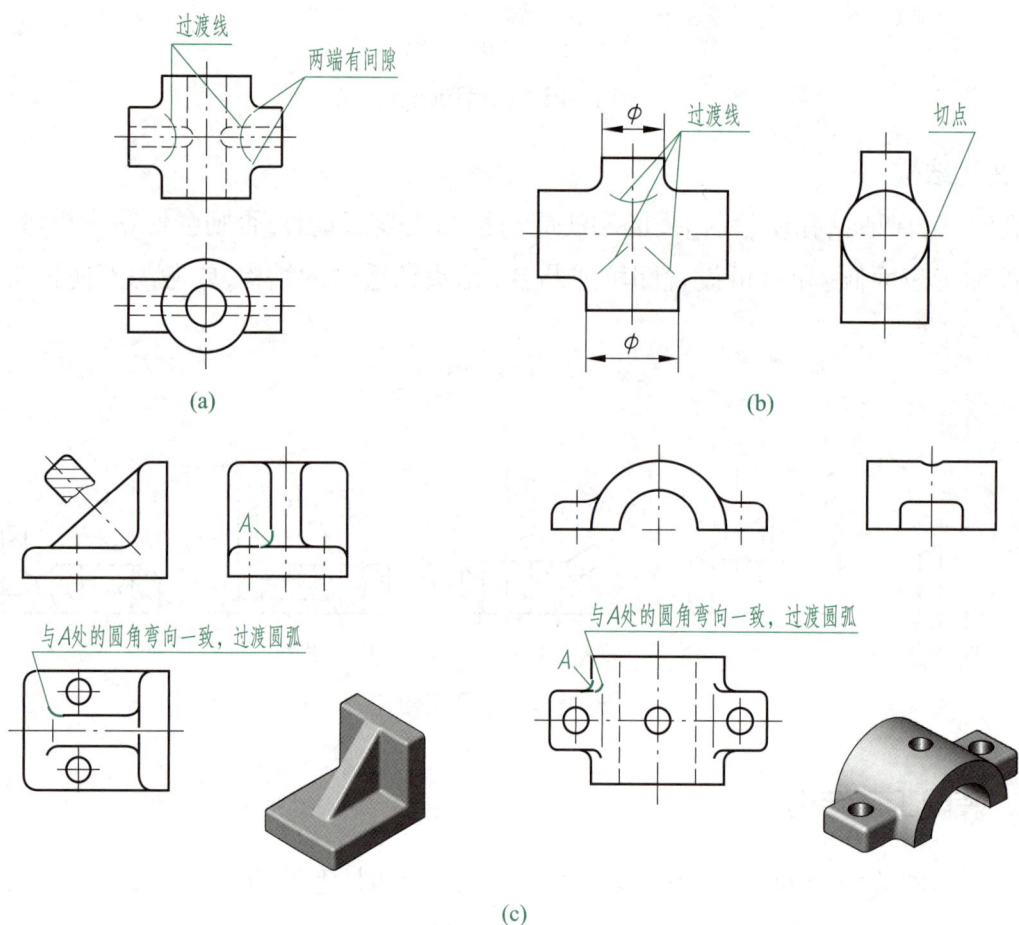

(a)   (b)

(c)

图 7-19　过渡线的画法

小调研

在教师带领下参观企业生产现场,了解零件上的工艺结构,调研其作用和标注方法。

—— 7.5 零件图上的技术要求 ——

零件图上需注写相应的技术要求以控制零件的几何精度、尺寸精度和表面质量,如表面结构、尺寸公差、几何公差及对材料的热处理和表面处理等要求。技术要求通常用符号、代号或标记标注在图形上,或写在标题栏附近。

一、表面结构表示法(GB/T 131—2006)

表面结构是表面粗糙度、表面波纹度、表面缺陷及表面纹理等的总称。这里主要介绍常用的表面粗糙度表示法。

1. 表面粗糙度

表面粗糙度是指加工后零件表面上具有的较小间距和峰谷所组成的微观不平度。它是评定零件表面质量的一项重要技术指标,对于零件的配合、耐磨性、耐蚀性及密封性都有显著影响。

2. 表面粗糙度的评定参数

国家标准《产品几何技术规范(GPS) 表面结构 轮廓法 表面粗糙度参数及其数值》(GB/T 1031—2009)中规定了表面粗糙度参数及其数值。表面粗糙度常用轮廓算术平均偏差 Ra 和轮廓最大高度 Rz 来评定,参数 Ra 被推荐优先选用。Ra 值越小,表面质量要求越高,加工成本也越高。

常用的 Ra 值有 25 μm、12.5 μm、6.3 μm、3.2 μm、1.6 μm、0.8 μm 等。表 7–2 列出 Ra 值及与其对应的主要加工方法与应用。

表 7–2　Ra 值与应用举例

Ra/μm	表面特征	主要加工方法	应用举例
25	可见刀痕	粗车、粗铣、粗刨、钻、粗纹锉刀和粗砂轮加工	最粗糙的加工面,很少使用
12.5	微见刀痕	粗车、刨、立铣、平铣、钻	不接触表面、不重要的接触面,如螺钉孔、倒角、机座底面等
6.3	可见加工痕迹	精车、精铣、精刨、镗、粗磨等	没有相对运动的零件接触面,如箱、盖、套筒等要求紧贴的表面及键和键槽的工作表面;相对运动速度不高的接触面,如支架孔、衬套的工作表面等
3.2	微见加工痕迹		
1.6	看不见加工痕迹		
0.8	可辨加工痕迹方向	精车、精铰、精拉、精镗、精磨等	要求很好配合的接触面,如与滚动轴承配合的表面、锥销孔等;相对运动速度较高的接触面,如滑动轴承的配合表面、齿轮轮齿的工作表面等

3. 表面结构的图形符号

表面结构的图形符号及其含义见表 7-3。

表 7-3　表面结构的图形符号及其含义

符号名称	符　　号	含义及说明
基本图形符号	$H_1=1.4h$　$H_2=3h$　60°　60°　字高h　符号线宽h/10	未指定工艺方法的表面,当作为注解时,可单独使用
扩展图形符号	(符号)	用去除材料的方法获得的表面
	(符号)	用不去除材料方法获得的表面,也可表示保持上道工序形成的表面
完整图形符号	(三个符号)	在上述三个符号的长边上加一横线,用于标注表面结构特征的补充信息
工件轮廓各表面的图形符号	(三个符号)	在上述三个符号上加一小圆,表示构成图形封闭轮廓的所有表面有相同的表面要求
表面结构补充要求的注写位置	c　a　e　d　b	位置 a 注写第一表面结构要求,位置 b 注写第二或更多表面结构要求,位置 c 注写加工方法,位置 d 注写表面纹理方向,位置 e 注写加工余量

4. 表面结构要求在图样中的注法

（1）表面结构要求对每一表面一般只注一次,并尽可能注在相应的尺寸及其公差的同一视图上。除非另有说明,否则所标注的表面结构要求是对完工零件表面的要求。

（2）表面结构的注写和读取方向与尺寸的注写和读取方向一致。表面结构要求可标注在轮廓线上,其符号应从材料外指向并接触表面（图 7-20）。必要时,表面结构也可用带箭头或黑点的指引线引出标注,如图 7-21 所示。

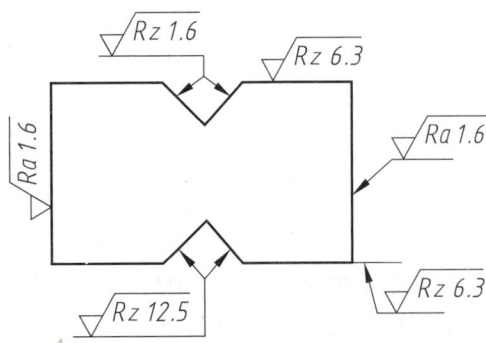

图 7-20　表面结构要求在轮廓线上的标注

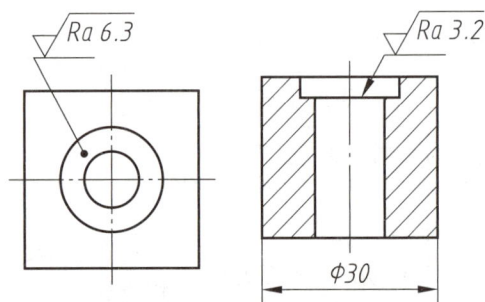

图 7-21　用指引线引出标注表面结构要求

（3）在不致引起误解时,表面结构要求可以标注在给定的尺寸线上,如图 7-22 所示。

（4）表面结构要求可标注在几何公差框格的上方,如图 7-23 所示。

（5）表面结构要求可以直接标注在延长线上,如图 7-24 所示。

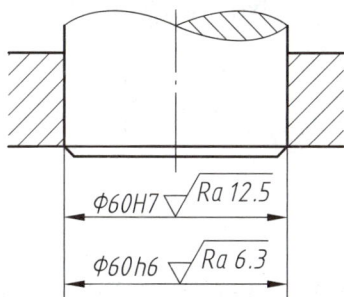

图 7-22 表面结构要求标注在尺寸线上

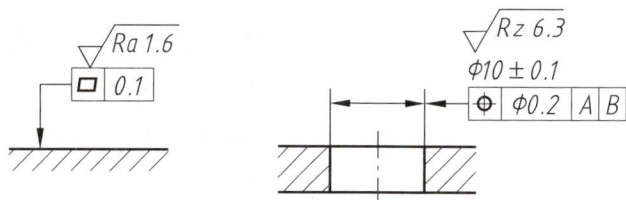

图 7-23 表面结构要求标注在几何公差框格的上方

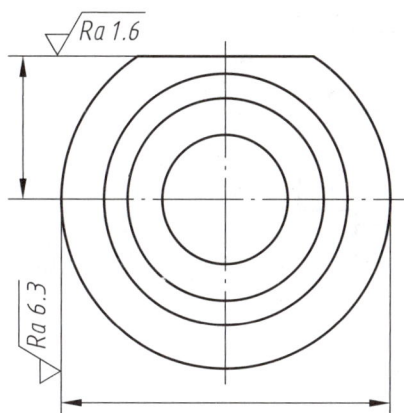

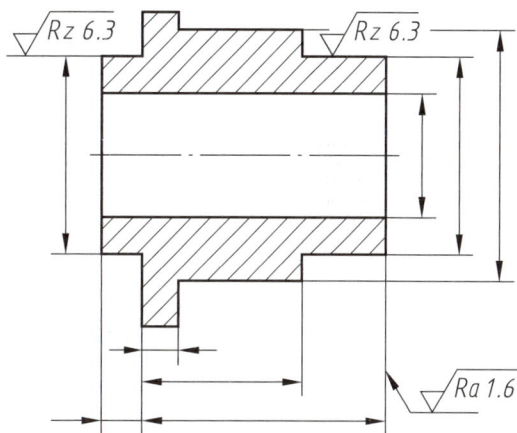

图 7-24 表面结构要求标注在圆柱特征的延长线上

（6）圆柱和棱柱表面的表面结构要求只标注一次（图 7-24）。如果每个棱柱表面有不同的表面要求,则应分别单独标注,如图 7-25 所示。

5. 表面结构要求在图样中的简化注法

（1）有相同表面结构要求的简化注法　如果零件的多数（包括全部）表面有相同的表面结构要求,则表面结构要求可统一标注在图样的标题栏附近。此时（除全部表面有相同要求的情况外）,表面结构要求的符号后面应有:

在圆括号内给出无任何其他标注的基本符号,如图 7-26a 所示。

在圆括号内给出不同的表面结构要求,如图 7-26b 所示。

不同的表面结构要求应直接标注在图形中,如图 7-26a、b 所示。

图 7-25 圆柱和棱柱的表面结构要求的注法

（2）多个表面有共同要求的注法　如图 7-27 所示,用带字母的完整符号,以等式的形式在图形或标题栏附近,对有相同表面结构要求的表面进行简化标注。

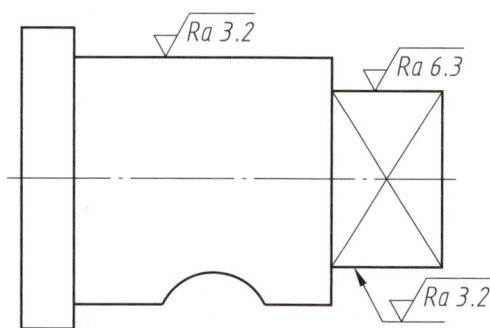

　　只用表面结构符号的简化注法,如图7-28所示,用表面结构符号以等式的形式给出对多个表面共同的表面结构要求。

　　(3)由多种工艺获得的同一表面的注法　由多种工艺方法获得的同一表面,当需要明确每种工艺方法的表面结构要求时,可按图7-29a所示进行标注(图中Fe表示基体材料为钢,Ep表示加工工艺为电镀)。

　　图7-29b所示为三个连续的加工工序的表面结构、尺寸和表面处理的标注。

　　第一道工序:单向上限值,Rz=1.6 μm。

　　第二道工序:镀铬,无其他表面结构要求。

　　第三道工序:一个单向上限值,仅对长为50 mm的圆柱表面有效,Rz=6.3 μm。

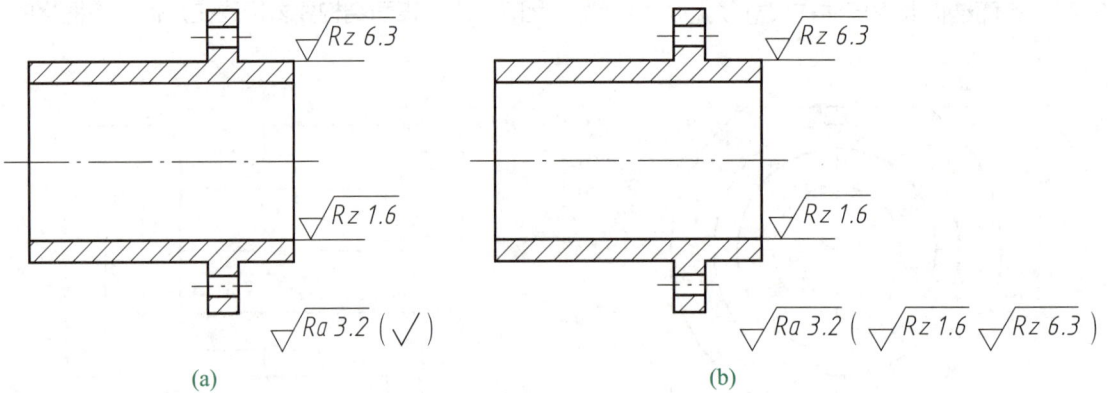

图7-26　大多数表面有相同表面结构要求的简化注法

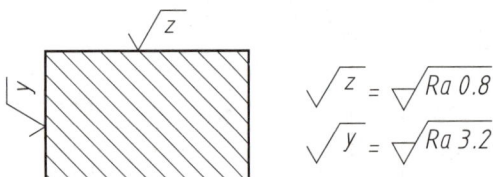

图7-27　图纸空间有限时的简化注法

(a) 未指定工艺方法

(b) 要求去除材料

(c) 不允许去除材料

图7-28　多个表面结构要求的简化注法

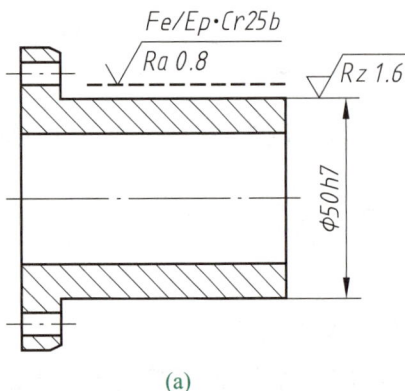

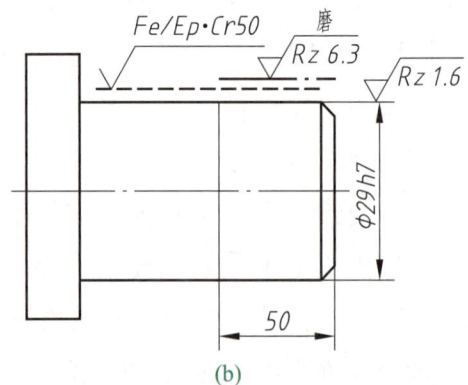

图7-29　由多种工艺获得同一表面的注法

二、极限偏差（GB/T 1800.1—2020）

现代化大规模生产要求零件具有互换性，即在同一规格零件中任取一件，不经修配就能安装到机器上，并满足使用要求。互换性给产品的设计、制造、使用和维修带来极大的方便，已成为现代制造业中一个普遍遵守的原则。

1. 尺寸公差

零件在生产中由于加工和测量等因素的影响，完工后的实际尺寸总是存在一定的误差。为保证零件的互换性，必须将零件的实际尺寸控制在允许变动的范围内，这个允许的变动量称为尺寸公差，简称公差。尺寸公差的有关术语和定义见表7-4。

表7-4　尺寸公差的有关术语和定义

术语	定义	孔	轴
图例		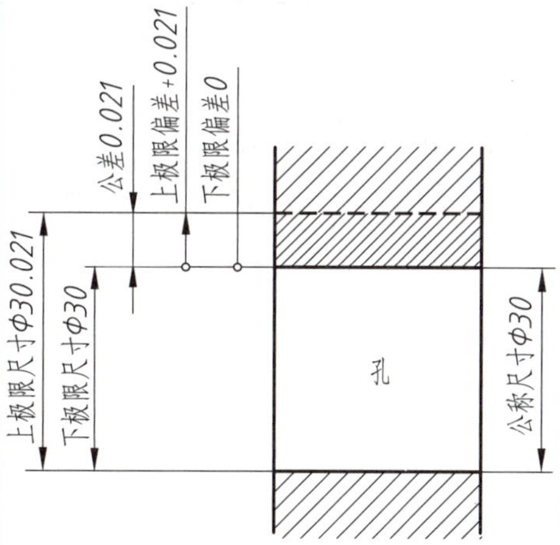	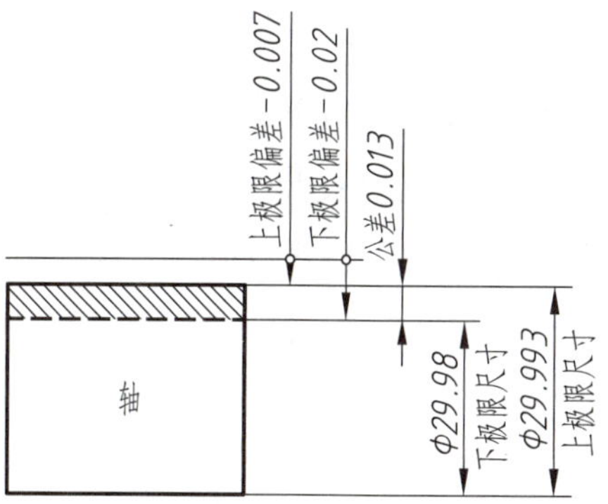
公称尺寸	设计给定的尺寸	D=30 mm	d=30 mm
实际尺寸		零件加工后实际测得的尺寸（实际尺寸在上极限尺寸和下极限尺寸之间即为合格）	
极限尺寸		允许尺寸变化的两个极限值	
上极限尺寸	允许尺寸变化的最大值	D_{max}=30.021 mm	d_{max}=29.993 mm
下极限尺寸	允许尺寸变化的最小值	D_{min}=30 mm	d_{min}=29.98 mm
极限偏差		极限尺寸与公称尺寸的代数差	

续表

术语	定义	孔	轴
上极限偏差	上极限尺寸与公称尺寸的代数差	$ES=L_{max}-L$ $=30.021\text{ mm}-30\text{ mm}$ $=+0.021\text{ mm}$	$es=l_{max}-l$ $=29.993\text{ mm}-30\text{ mm}$ $=-0.007\text{ mm}$
下极限偏差	下极限尺寸与公称尺寸的代数差	$EI=L_{min}-L$ $=30\text{ mm}-30\text{ mm}=0\text{ mm}$	$ei=l_{min}-l=29.98\text{ mm}-30\text{ mm}$ $=-0.02\text{ mm}$
尺寸公差	上极限尺寸与下极限尺寸之差或上极限偏差与下极限偏差之差	$T_h=\|L_{max}-L_{min}\|$ $=\|30.021\text{ mm}-30\text{ mm}\|$ $=0.021\text{ mm}$ 或 $T_h=\|ES-EI\|$ $=\|0.021\text{ mm}-0\text{ mm}\|$ $=0.021\text{ mm}$	$T_h=\|l_{max}-l_{min}\|$ $=\|29.993\text{ mm}-29.98\text{ mm}\|$ $=0.013\text{ mm}$ 或 $T_h=\|es-ei\|$ $=\|(-0.007)\text{ mm}-(-0.020)\text{ mm}\|$ $=0.013\text{ mm}$

2. 公差带和公差带图

公差带是公差极限之间(包括公差极限)的尺寸变动值。

公差带的宽度即为公差带的大小。为了直观表达公称尺寸、极限偏差和公差的关系,常画出公差带图(以孔为例),如图 7-30 所示。

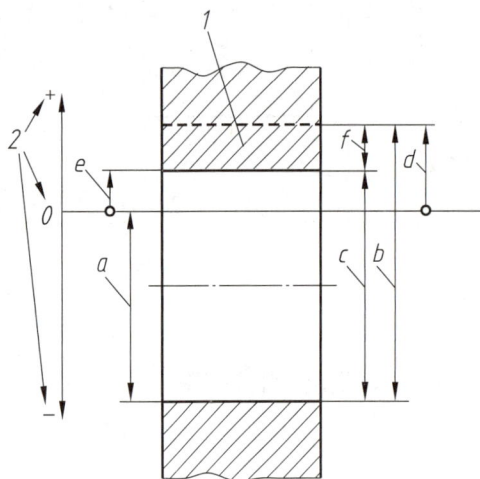

说明:
1——公差带。
2——偏差符号约定。
a 公称尺寸。
b 上极限尺寸。
c 下极限尺寸。
d 上极限偏差。
e 下极限偏差(在这种情况下也指基本偏差)。
f 公差。

图 7-30 公差带图和基本偏差

3. 标准公差与基本偏差

公差带由公差带大小和位置两个要素构成,即标准公差和基本偏差,前者确定了公差带大小,后者确定了公差带位置。公差带的两个要素都已标准化。

标准公差(IT)是指线性尺寸公差 ISO 代号体系中的任一公差。国家标准规定,将标准公差分为 20 个等级,即 IT01、IT0、IT1、IT2、⋯、IT18。IT 表示标准公差,数字表示公差等级,IT01 公差值最小,精度最高,IT18 公差值最大,精度最低。部分标准公差数值见附表 16。

基本偏差是指确定公差带相对公称尺寸位置的那个极限偏差。基本偏差一般指靠近公称尺寸的那个偏差,可以是上极限偏差或下极限偏差,如图 7-30 所示。当公差带在公称尺寸上方时,基本偏差为下极限偏差;当公差带在公称尺寸下方时,基本偏差为上极限偏差。

国家标准分别对孔和轴规定了 28 个不同的基本偏差,如图 7-31 所示。

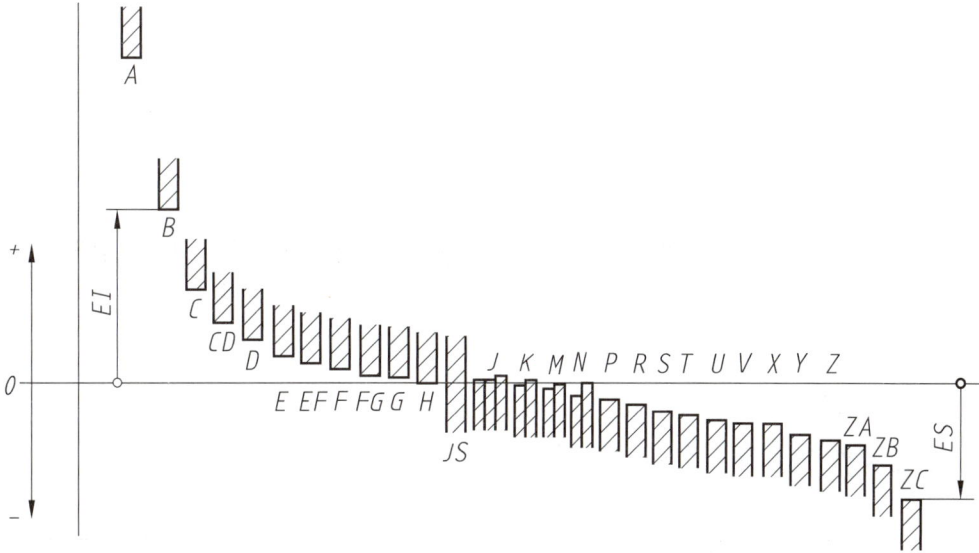

(a) 孔(内尺寸要素)

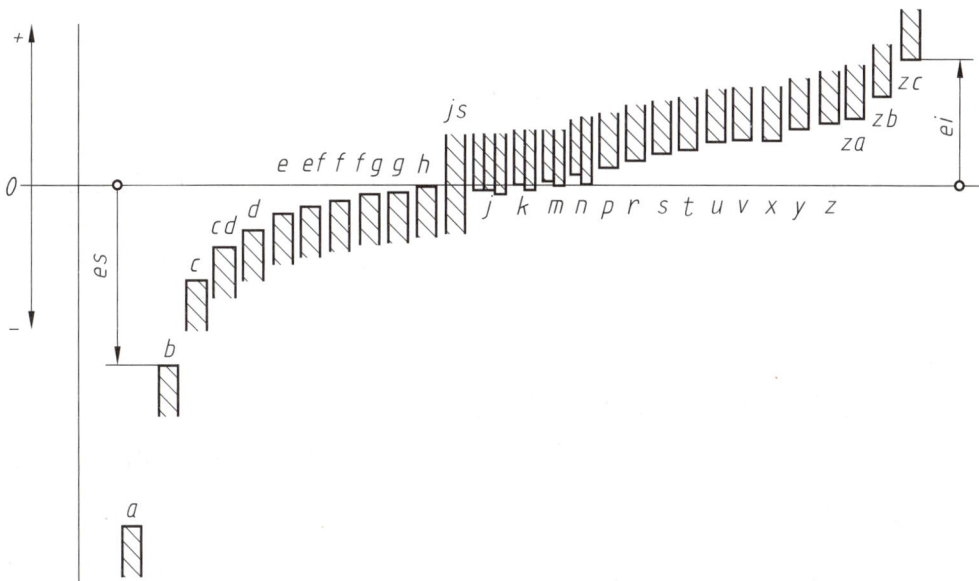

(b) 轴(外尺寸要素)

图 7-31 公差带(基本偏差)相对于公称尺寸位置的示意说明

在基本偏差中,大写字母表示孔 , 小写字母表示轴。孔的基本偏差,A ~ H 为下极限偏差 , J ~ ZC 为上极限偏差,JS 的上、下极限偏差分别为 $+\dfrac{IT}{2}$ 和 $-\dfrac{IT}{2}$。轴的基本偏差,a ~ h 为

上极限偏差,j ~ zc 为下极限偏差,js 的上、下极限偏差分别为 $+\dfrac{IT}{2}$ 和 $-\dfrac{IT}{2}$。轴和孔的极限偏差可见附表 17 ~附表 20。

公差带代号由基本偏差标示符(字母)和公差等级组成。举例:

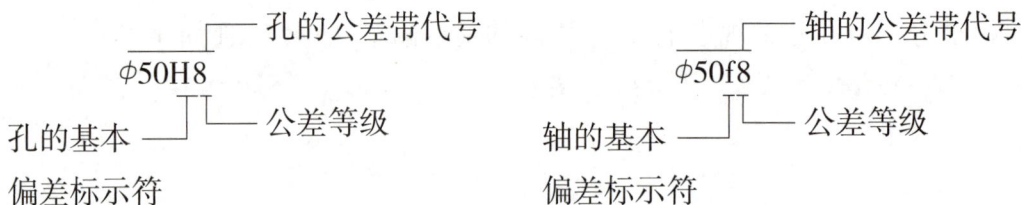

$\phi50H8$

孔的公差带代号
孔的基本偏差标示符
公差等级

$\phi50f8$

轴的公差带代号
轴的基本偏差标示符
公差等级

说一说

$\phi50H8$ 的含义是公称尺寸为 $\phi50$ mm,基本偏差为 H 的 8 级孔。那么,$\phi50f8$ 的含义怎么表述?

4. 尺寸公差注法

尺寸公差在零件图上有三种标注形式,如图 7-32 所示。

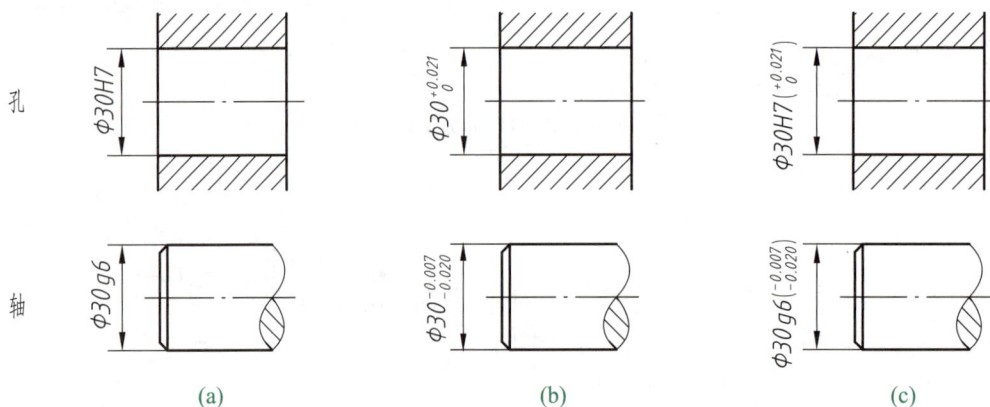

图 7-32　尺寸公差注法示例

(1)如图 7-32a 所示,标注公称尺寸和公差代号,其中的字母和数字等高。

(2)如图 7-32b 所示,标注公称尺寸和极限偏差时,上极限偏差应注在公称尺寸右上方,下极限偏差应与公称尺寸注在同一底线上,字号应比公称尺寸小一号,如 $\phi30^{-0.007}_{-0.020}$。若上、下极限偏差相同,只是符号相反,则可简化标注,如 $\phi40\pm0.2$,此时偏差数字应与公称尺寸数字等高。

(3)如图 7-32c 所示,若要同时标注公差带代号和极限偏差,则在公称尺寸后面先注写公差带代号,再在括号内注写上、下极限偏差。

三、几何公差

零件在加工过程中不仅会产生尺寸误差,也会出现几何误差。例如,轴的直径大小符合尺寸要求,但其轴线有些弯曲,仍然不是合格产品。因此,产品质量不仅需要表面粗糙度、尺寸公差给以保证,还要对零件宏观的几何形状和相对位置公差加以限制。例如,图 7-33a 表示轴的轴线有 $\phi 0.05$ mm 的直线度公差要求,图 7-33b 表示零件的 30 mm 的上表面对 20 mm 的上表面有 $\phi 0.06$ mm 的平行度公差要求。

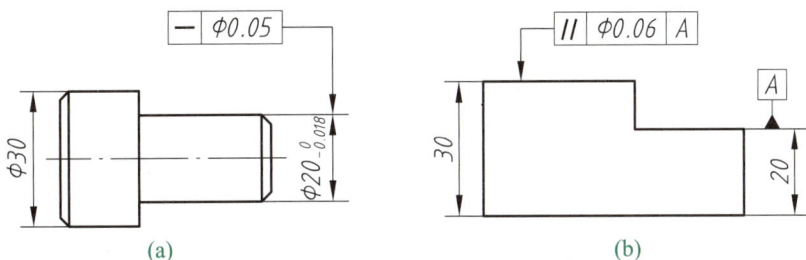

图 7-33　形状和位置公差示例

1. 几何公差符号

几何公差的几何特征和符号见表 7-5。

表 7-5　几何公差的几何特征和符号

公差类型	几何特征	符号	公差类型	几何特征	符号	公差类型	几何特征	符号
形状公差	直线度	—	方向公差	垂直度	⊥	位置公差	同轴度（用于轴线）	◎
	平面度	▱		倾斜度	∠			
	圆度	○		线轮廓度	⌒		对称度	=
	圆柱度	⌭		面轮廓度	⌒		线轮廓度	⌒
	线轮廓度	⌒	位置公差	位置度	⊕		面轮廓度	⌒
	面轮廓度	⌒		同心度（用于中心点）	◎	跳动公差	圆跳动	↗
方向公差	平行度	//					全跳动	⌿

2. 几何公差在图样上的标注

（1）公差框格　几何公差在图样上用公差框格标注,公差框格由两个或多个矩形框格组成。框格中有几何特征符号、公差数值、基准字母,如图 7-34 所示。公差数值前加注 ϕ,表示公差带是圆形或圆柱形。

几何公差框格画法如图 7-35 所示,图中 h 为字高。

（2）被测要素　用带箭头的指引线将框格与被测要素相连,按以下方式标注:

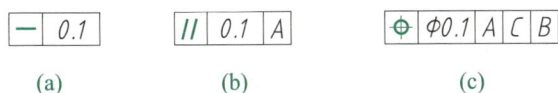

图 7-34　公差框格

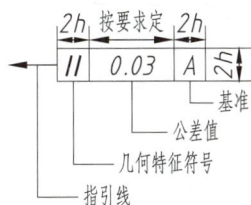

图 7-35　几何公差框格画法

①　当被测要素是轮廓线或轮廓面时,指引线的箭头指向该要素的轮廓线或其延长线（应与尺寸线明显错开）,如图 7-36a、b 所示。箭头也可指向引出线的水平线,引出线引自被测面,如图 7-36c 所示。

②　当被测要素为轴线、中心平面或中心点时,带箭头的指引线应与尺寸线的延长线重合（图 7-37）。

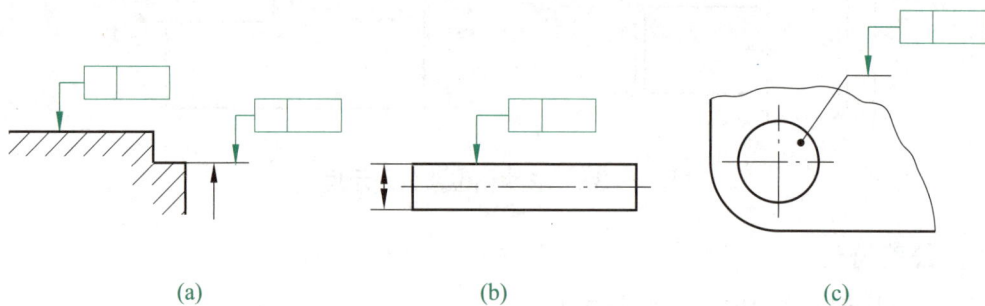

图 7-36　被测要素为轮廓线或轮廓面的注法

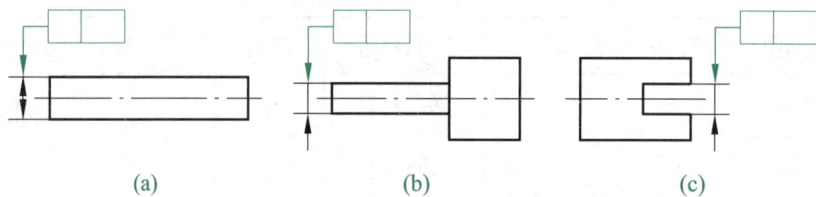

图 7-37　被测要素为轴线或中心平面的注法

（3）基准要素　基准要素是零件上用于确定被测要素的方向和位置的点、线或面。

基准用大写字母表示,字母标注在基准方格内,基准方格与涂黑的或空白的三角形相连（图 7-38）,表示基准的字母还应注在公差框格内。带基准字母的基准三角形应按如下规定放置:

①　当基准要素是轮廓线或轮廓面时,基准三角形放置在要素的外轮廓线或其延长线上,与尺寸线明显错开,如图 7-39a 所示。基准三角形还可置于自实际表面引出线的水平线上,如图 7-39b 所示。

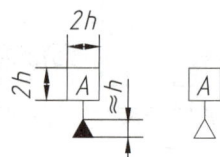

图 7-38　基准符号

②　当基准要素是轴线、中心平面或中心点时,基准三角形应放置在尺寸线或其延长线上（图 7-40）。如尺寸线处安排不下两个箭头,则其中一个箭头可用基准三角形代替（图 7-40b、c）。

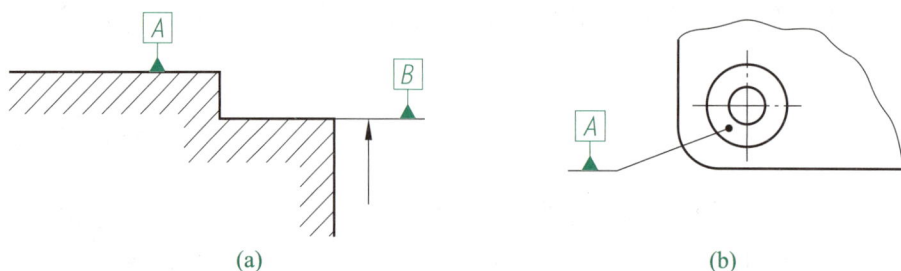

图 7-39　基准要素为轮廓线或轮廓面的注法

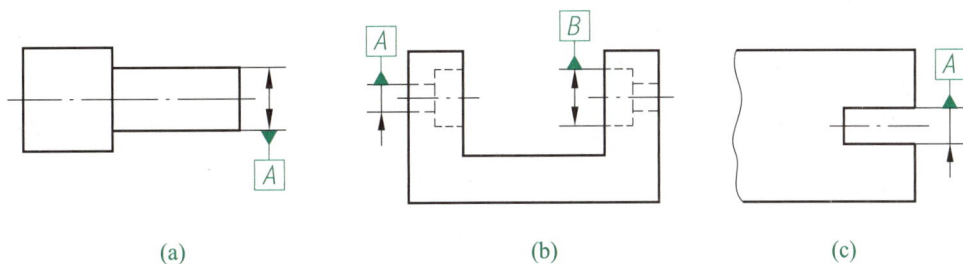

(a)　　　　　　　　　(b)　　　　　　　　　(c)

图 7-40　基准要素为轴线或中心平面的注法

3. 几何公差识读示例

图 7-41 所示为曲轴几何公差标注实例,其几何公差含义如下:

⟨= 0.025 F⟩ 键槽的中心平面对基准 F(左端圆台部分的轴线)的对称度公差为 0.025 mm。

⟨∥ φ0.02 A—B⟩ φ40 mm 轴线对公共基准轴线 A—B(φ30 mm 公共轴线)的平行度公差为 φ0.02 mm。

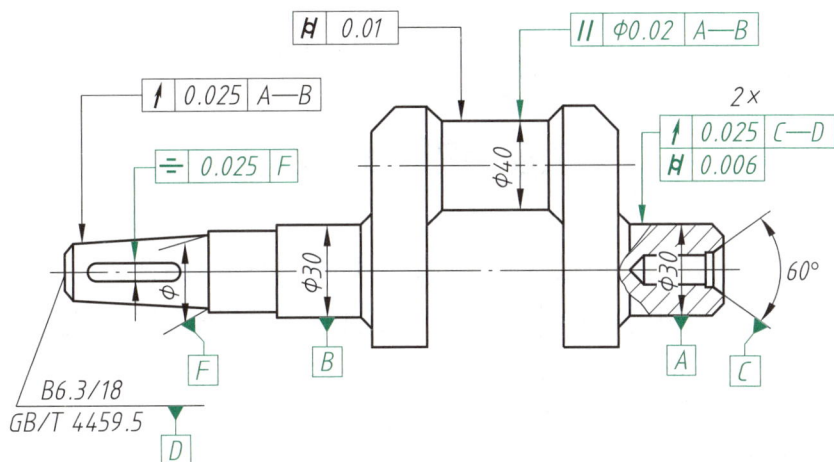

图 7-41　曲轴几何公差标注实例

⟨↗ 0.025 C—D⟩ / ⟨⌭ 0.006⟩ φ30 mm 外圆表面对公共基准轴线 C—D(中心孔基准轴线)的径向圆跳动公差为 0.025 mm,圆柱度公差为 0.006 mm。

> **读一读**
>
> 　　零件几何参数准确与否不仅取决于尺寸,也取决于几何误差。因此,设计零件时,对同一被测要素除给定尺寸公差外,还应根据其功能和互换性要求,给定几何公差。同样,加工零件时,既要保证尺寸公差,还要达到零件图上标注的几何公差要求,加工出的零件才算合格。

四、热处理

　　在机器制造和维修过程中,为改善材料的机械加工工艺性能(易加工),并使零件能获得良好的力学性能和使用性能,在生产过程中常采用热处理的方法。热处理可分为整体热处理（退火、正火、淬火、回火）、表面热处理及化学热处理等。

当零件表面有各种热处理要求时，一般可按下述原则标注：

（1）零件表面需全部进行某种热处理时，可在技术要求中用文字统一加以说明。

（2）零件表面需局部热处理时，可在技术要求中用文字说明，也可在零件图上标注。需要将零件局部热处理或局部镀（涂）覆时，应用粗点画线画出其范围并标注相应的尺寸，也可将其要求注写在表面粗糙度符号长边的横线上，如图7-42所示。

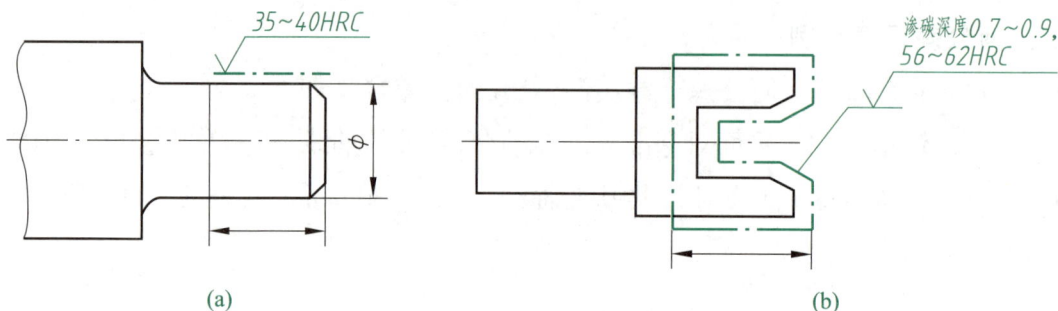

图 7-42 表面局部热处理标注

7.6 识读零件图

在零件设计、加工和技术改造过程中，都需要接触零件图。因此，准确、熟练地识读零件图是工程技术人员必须掌握的基本功。识读零件图就是要了解零件的名称、用途、材料，零件各部分的结构形状及相对位置，以及零件的尺寸、制造方法和技术要求。

一、识读零件图的步骤

1. 读标题栏

通过读标题栏了解零件的概貌。从标题栏中可以了解零件的名称、材料、绘图比例等，结合对全图的浏览，可对零件有初步认识。在可能的情况下，还应搞清楚零件在机器中的作用及与其他零件的关系。

2. 读各视图

读视图分析表达方案，想象零件整体形状。读图时，应首先找到主视图，围绕主视图，根据投影规律再去分析其他视图。要分析零件的类别及其结构组成，按"先大后小、先外后内、先粗后细"的顺序，有条不紊地识读。

3. 读尺寸标注

读尺寸标注，明确各部位结构尺寸的大小。读尺寸时，首先要找出三个坐标方向的尺寸基准，然后从基准出发，按形体分析法找出各组成部位的定形尺寸、定位尺寸，深入了解基准之间、尺寸之间的相互关系。

4. 读技术要求

读技术要求,全面掌握质量指标。分析零件图上标注的公差、配合、表面粗糙度及热处理等技术要求。

通过上述分析,即可对零件有一个全面的认识,从而真正读懂零件图。

二、典型零件分析

零件形状千差万别,它们既有共同之处,又各有特点,按其形状特点可分为以下几类:

(1)轴套类零件　如机床主轴、各种传动轴、空心套等。

(2)轮盘类零件　如各种车轮、手轮、凸缘压盖、圆盘等。

(3)叉架(叉杆和支架)类零件　如摇杆、连杆、轴承座、支架等。

(4)箱体类零件　如变速器箱体、阀体、机座、床身等。

上述各类零件在选择视图时都有各自的特点,要根据视图选择的原则来分析、确定各类零件的表达方案。

1. 轴套类零件

轴套类零件一般是同轴回转体(轴向尺寸远大于径向尺寸)。按外部轮廓形状可将轴分为光轴、阶梯轴、空心轴等。轴上常见的结构有砂轮越程槽、退刀槽、倒角、圆角、键槽及螺纹等。在机器中,轴的主要作用是支承转动零件(如齿轮、带轮等)和传递转矩。

大多数套类零件的壁厚小于它的内孔直径。套类零件上常有油槽、倒角、退刀槽、螺纹、油孔及销孔等。套类零件的主要作用是支承和保护转动零件,或保护与它的外壁相配合的表面。

例 7–1　按识读零件图的步骤分析车床尾座空心套零件图(图 7–43)。

(1)读标题栏[①]　由标题栏可知,零件名称为车床尾座空心套,属轴套类零件,材料为45 钢,比例为 1∶2。从零件名称可分析它的功用,由此可对零件有一个大致的了解。

(2)读各视图　根据视图的布置和有关标注,首先找到主视图,根据投影规律弄懂其他视图及所采用的各种表达方法。该零件的一组视图包括两个基本视图(主、左视图)、两个移出断面图(主视图下方)和 B 向斜视图。

主视图为全剖视图,表达了空心套的内外基本形状。回转体零件一般都在车床上加工,并根据结构特点和主要工序的加工位置情况(轴线水平放置),一般将轴横放,因此可用一个基本视图——主视图来表达它的整体结构形状。这种选择符合零件主要加工位置原则。

左视图的主要目的是表明 B 向斜视图的投射方向和位置。

[①]　图 7–43 中的标题栏是学习时用的简化格式,实际工作中应采用标准的标题栏。

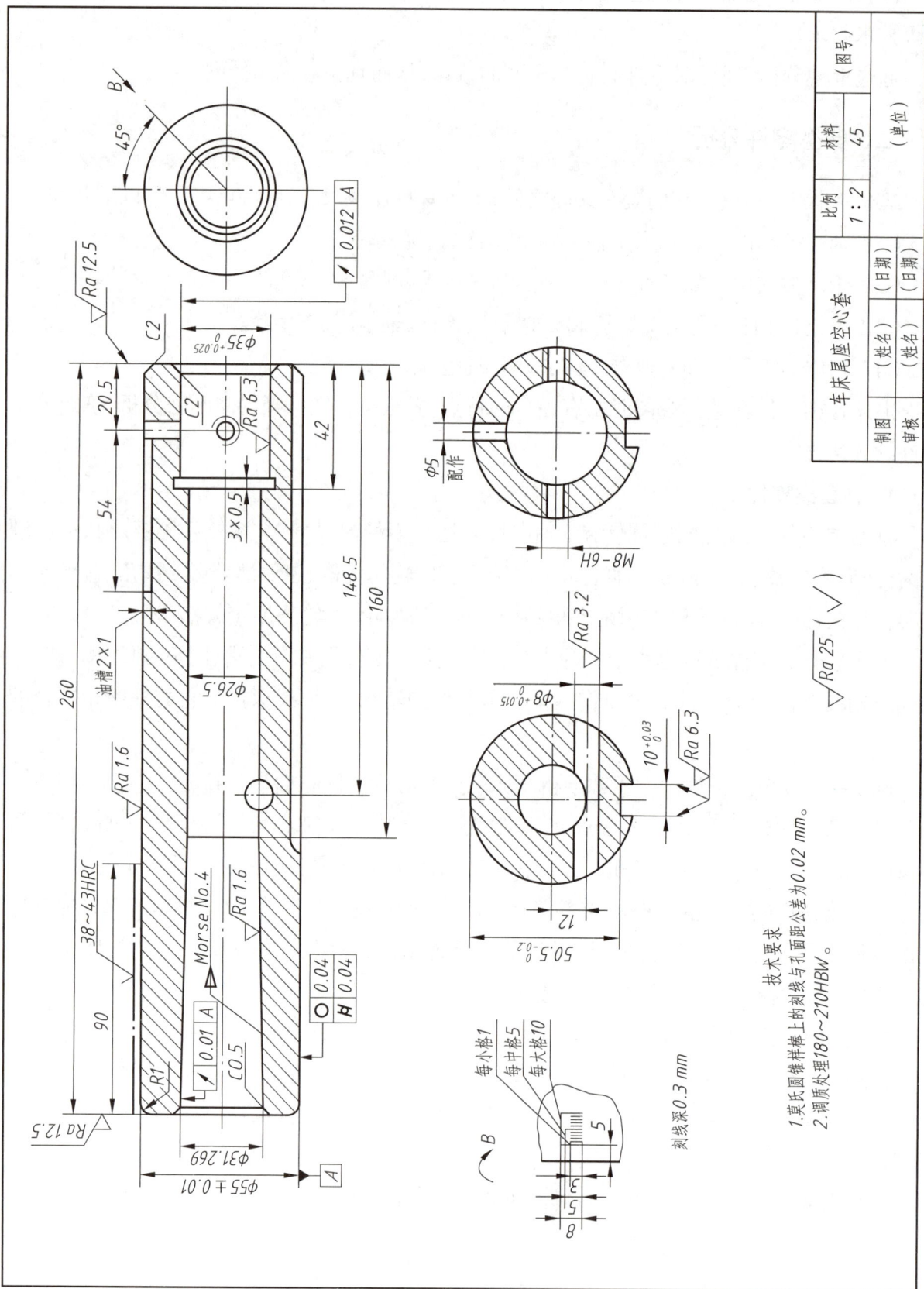

图7-43　车床尾座空心套零件图

技术要求

1.莫氏圆锥样棒上的刻线与孔端面距公差为0.02 mm。

2.调质处理180~210HBW。

$\sqrt{Ra\ 25}$ （$\sqrt{}$）

B 向斜视图表示倾斜 45° 外圆表面上的刻线情况。

在主视图下方有两个移出断面图,因它们画在剖切线的延长线上,所以没有标注。通过断面图可进一步看到空心套外表面下方有一宽 10 mm 的键槽;距离右端 148.5 mm 处有一个距空心套中心线 12 mm 的 $\phi 8$ mm 通孔;右下方的断面图清楚地表达了 M8-6H 螺纹孔和 $\phi 5$ mm 油孔。由主视图还可知,油孔旁有一个宽 2 mm、深 1 mm 的油槽。

分析图形,不仅要看清主要结构的形状,更要细致、认真地分析每一个细小部位的结构,以便较快地想象出零件的结构形状。

(3)读尺寸标注　读懂图样上标注的尺寸非常重要。轴套类零件的主要尺寸是径向尺寸和轴向尺寸(高度、宽度和长度尺寸)。

加工和测量径向尺寸时,均以轴线为基准(设计基准);轴的长度方向的尺寸一般都以重要的定位面作为主要尺寸基准。

空心套的径向尺寸基准为中心线,长度尺寸基准是右端面。20.5、42、148.5、160 等尺寸,均从右端面注起,该端面也是加工过程的测量基准;左端锥孔长度自然形成,不用标注。

"$\phi 5$ 配作"说明 $\phi 5$ mm 孔必须与螺母装配后一起加工。左端长度尺寸 90 表示热处理淬火的范围。

(4)读技术要求　技术要求可从以下方面来分析:

① 极限配合与表面粗糙度　为保证零件质量,重要的尺寸应标注尺寸偏差(或公差),零件的工作表面应标注表面粗糙度,对加工提出严格的要求。

空心套外径尺寸 $\phi 55$mm ± 0.01mm,表面粗糙度 Ra 的上限值为 1.6 μm,锥孔表面粗糙度 Ra 的上限值为 1.6 μm,这样的表面粗糙度需要磨削才能达到,而 $\phi 26.5$ mm 内孔和端面的表面粗糙度 Ra 的上限值为 25 μm 和 12.5 μm,车削就可以达到。

② 几何公差　空心套 $\phi 55$ mm ± 0.01 mm 外圆要求圆柱度公差为 0.04 mm,两端内孔的径向圆跳动公差分别为 0.01 mm 和 0.012 mm。这些要求在零件加工过程中必须严格保证。

③ 其他技术要求　空心套材料为 45 钢,为提高材料的强度和韧性,要进行调质处理,硬度为 180～210HBW;为提高其耐磨性,至左端 90 mm 处的一段外圆表面要求表面淬火,硬度为 38～43HRC;技术要求中第一条对锥孔加工提出检验误差的要求。

通过以上分析可以看出,轴套类零件在表达方面的特点是按加工位置画出主视图;为表达、标注其他结构形状和尺寸,还要画出断面图、局部视图等。尺寸标注特点是按径向和轴向选择基准,径向尺寸基准为轴线,轴向尺寸基准一般选重要的定位面为主要尺寸基准,再按加工、测量要求选取辅助面作为辅助基准。轴套类零件的技术要求比较复杂,要根据使用要求和零件在机器中的作用,恰当地给定技术要求。

总之,轴套类零件的视图表达比较简单,主要是按加工状态来选择主视图。尺寸标注主要是径向和轴向两个方向,基准选择也比较容易。但是,其技术要求的内容往往比较复杂。

走进机械加工车间,观察工人师傅是怎样根据图样加工零件的,了解车床尾座空心套的加工方案。

2. 轮盘类零件

轮盘类零件是扁平的盘状结构,多数属于同轴回转体(径向尺寸远大于轴向尺寸)。

轮盘类零件包括各种手轮、带轮、花盘、法兰、端盖及压盖等,其中轮类零件多用于传递扭矩,盘类零件起连接、轴向定位、支承和密封作用。

例 7-2 分析手轮零件图(图 7-44)。

(1)读标题栏 由图样的标题栏可知,零件名称为手轮,材料为 HT150(灰铸铁),比例为 1:1。

(2)读各视图 从图形表达方案看,因轮盘类零件一般都是短粗的回转体,主要在车床或镗床上加工,故主视图常采用轴线水平放置的投射方向,符合零件的加工位置原则。为清楚表达零件的内部结构,主视图 A—A 是用两个相交的剖切平面剖开零件后画出的全剖视图。为表达外部轮廓,还选取了一个左视图,从图中可清楚地看到手轮的轮缘、轮毂、轮辐各部分之间的形状和位置关系。

(3)读尺寸标注 盘类零件的径向尺寸基准为轴线,轴向尺寸以手轮的端面为基准。圆柱直径一般都注在投影为非圆的视图上。图 7-44 中标注了轮缘、轮毂、轮辐的定位、定形尺寸。由于手轮的形状比较简单,所以尺寸较少,很容易读懂。

(4)读技术要求 手轮的配合面很少,所以技术要求简单,精度较低,只有尺寸 $\phi18H9$ 和 6JS9 为配合尺寸。大部分为非加工面。图 7-44 中还注明了两条技术要求:未注铸造圆角为 $R6$,铸件尺寸公差按 GB/T 6414—DCTG12。

通过以上分析可以看出,轮盘类零件一般选用一个或两个基本视图,主视图按加工位置画出,并作剖视。尺寸标注比较简单,对配合面(工作面)的有关尺寸精度、表面结构和几何公差有比较严格的要求。

按上述识读零件图的步骤分析端盖零件图(图 7-45)。

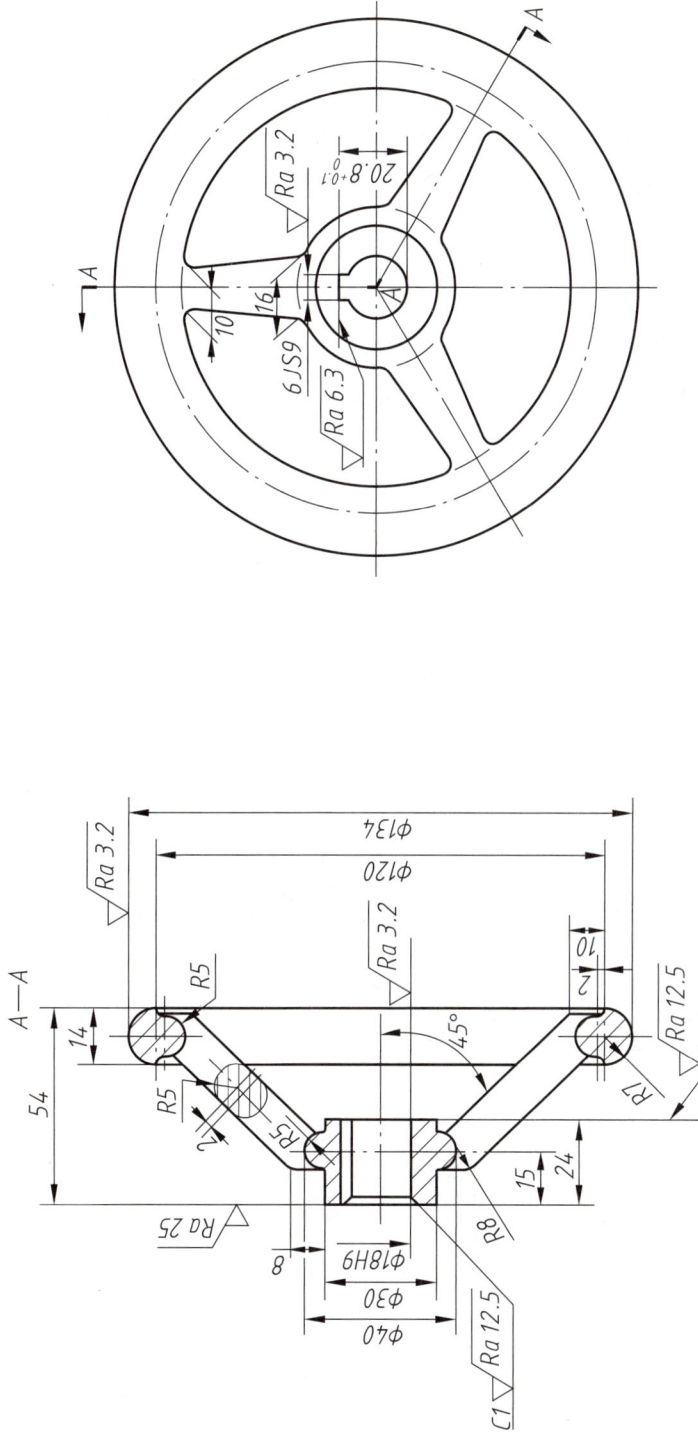

图7-44 手轮零件图

技术要求
1.未注铸造圆角为R6。
2.铸件尺寸公差按GB/T 6414—DCTG12。

Ra 3.2
Φ134
Φ120
R5
A—A
14
54
R5
Ra 3.2
45°
10
2
Ra 12.5
R7
15
24
8
Φ18H9
Φ30
Φ40
R8
C1
Ra 12.5
Ra 25

Ra 3.2
20.8+0.1
16
10
6JS9
Ra 6.3
A
A

手轮
材料 HT150
比例 1:1
制图
校核
(姓名)
(姓名)
(日期)
(日期)
(单位)
(图号)

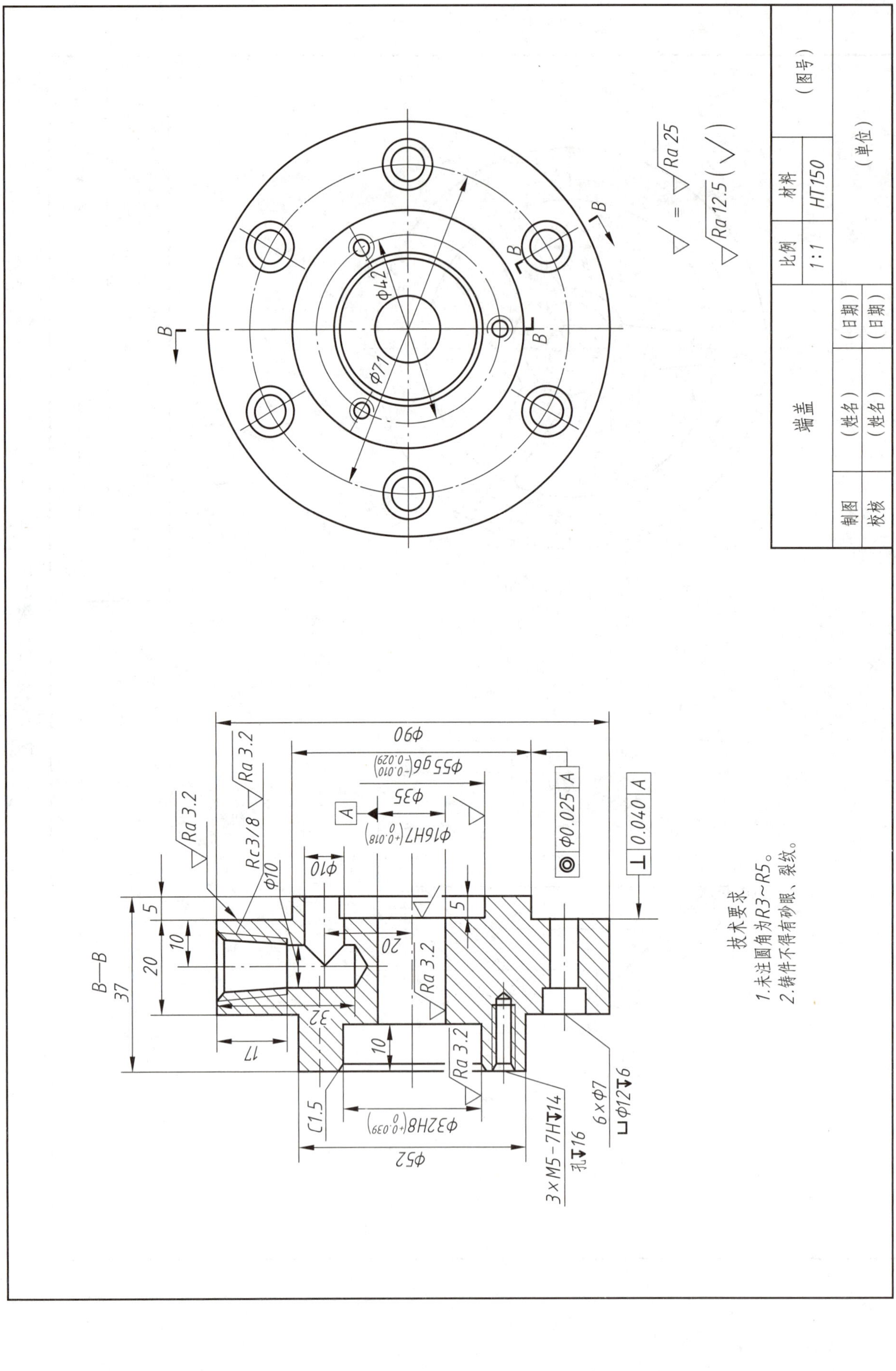

图 7-45　端盖零件图

3. 叉架类零件

叉架类零件通常由一个或多个圆角加上板状体支承或连接形成。根据零件结构形状和作用的不同，一般叉杆类零件可看成由支承部分、工作部分和连接部分组成，而支架类零件可看成由支承部分、连接部分和安装部分组成，如图7-46所示。

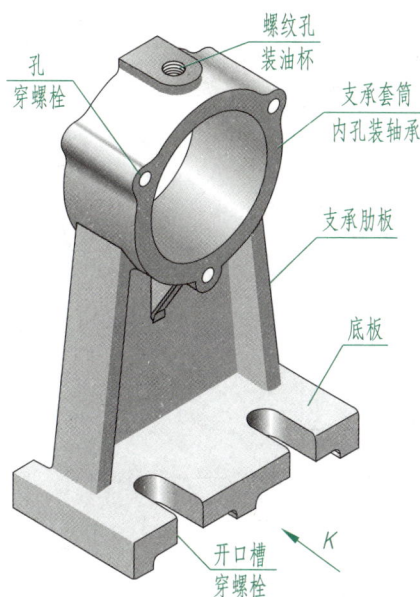

图7-46 支架类零件的结构

叉架类零件主要包括拨叉、连杆、支架及支座等。叉架类零件在机器或部件中主要起操纵、连接、传动或支承作用，零件毛坯多为铸件、锻件。

叉架类零件结构形状复杂，现仅以支架为例，扼要说明一些问题。

例7-3 分析支架零件图（图7-47）。

（1）结构特点 支架一般由以下三部分组成。

① 支承部分 带孔的圆柱体，其上往往有安装油杯的凸台或安装端盖的螺纹孔。

② 连接部分 带有支承肋板的连接板，结构比较匀称。

③ 安装部分 带有安装孔和槽的底板，为使底面接触良好和减少加工面，底面做成凹坑结构。

（2）视图选择 叉架类零件需经过多种机械加工。为此，它的主视图应按工作位置和结构形状特征原则来选择。叉架类零件的零件图一般常用三个基本视图表达，分别显示三个组成部分的形状特征。

由零件图可知，以图7-46所示的 K 向作为主视图投射方向，配合全剖视的左视图，表达了支承、连接部分的相互位置关系和零件的大部分结构形状。俯视图突出了肋板的断面形状和底板形状，顶部凸台用 C 向局部视图表示。要注意左视图中肋板的规定画法。

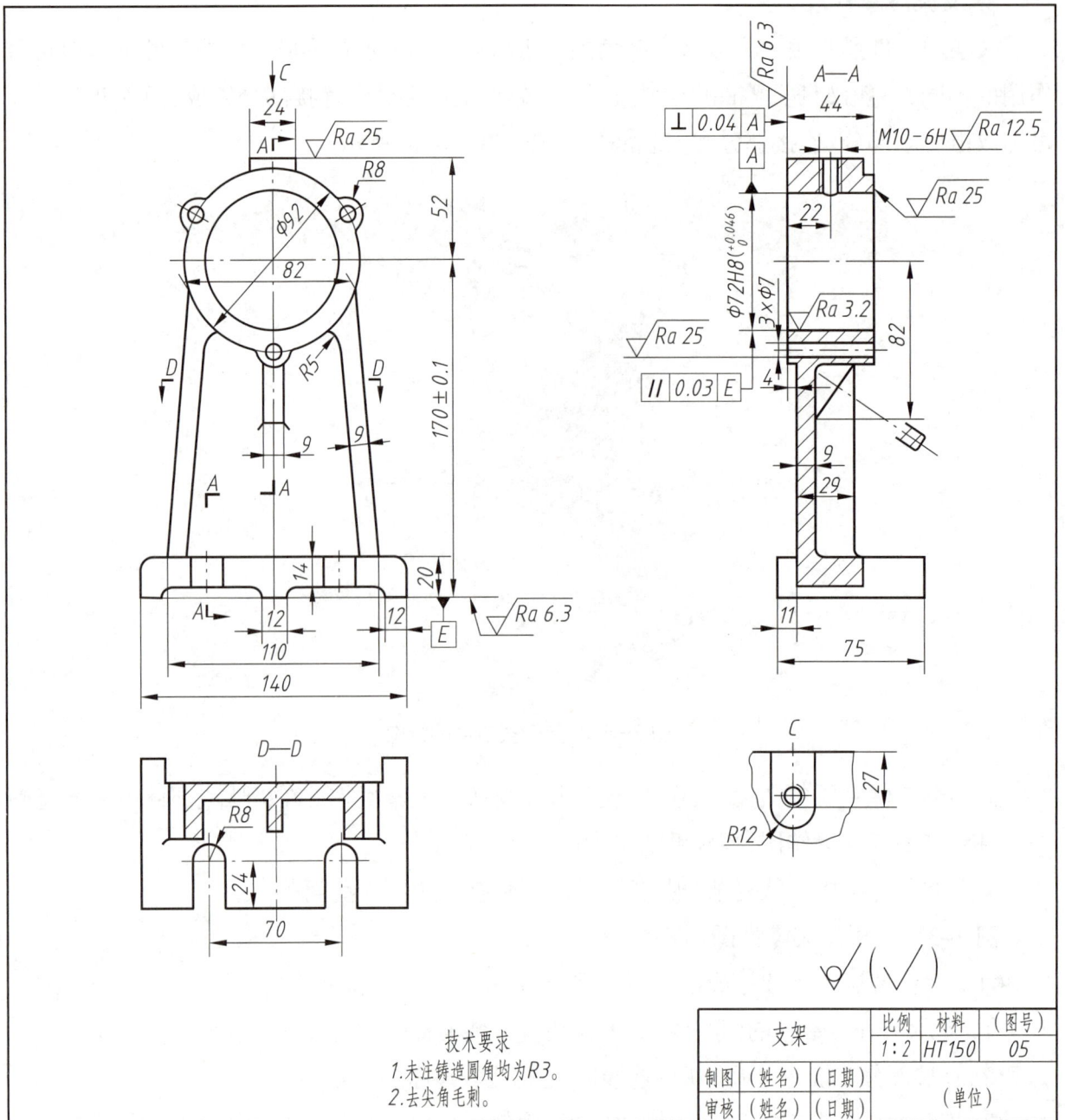

图 7-47　支架零件图

（3）尺寸标注　支架的底面为装配基准面,它是高度方向的尺寸基准,标注出支承部位的中心高尺寸 170 ± 0.1。支架结构左右对称,选对称面为长度方向的尺寸基准,标注出底板安装槽的定位尺寸 70,还有尺寸 24、82、12、110、140 等。宽度方向以后端面为基准,标注出肋板的定位尺寸 4。

（4）技术要求　支架精度要求高的部位是工作部分,即支承部分,支承孔为 ϕ72H8,表面粗糙度 Ra 的上限值为 3.2 μm。另外,底面的表面粗糙度 Ra 的上限值为 6.3 μm,前、后面的表面粗糙度 Ra 的上限值分别为 25 μm、6.3 μm,这些平面均为接触面。

通过以上分析可以看出,支架类零件一般需要三个视图,主视图按工作位置和结构形状来确定。为表示内外结构和相互关系，左视图常采用剖视图。尺寸基准一般选安装基准面或对称中心面。

4. 箱体类零件

箱体类零件的结构较复杂，结构特征是内容呈箱状，箱壁常有支承运动件的孔、凸台等结构。箱体类零件是机器或部件中的主要零件，常见的箱体类零件有减速器箱体、泵体、阀体及机座等。箱体类零件的毛坯常为铸件，也有焊接件。

例 7–4 分析蜗杆减速器箱体及其零件图（图 7–48、图 7–49）。

（1）结构特点　蜗杆减速器箱体的体积大，结构形状复杂。用形体分析法可知，蜗杆减速器箱体是一个由上、下圆柱和底板三个基本形体组成的结构紧凑、有足够强度和刚度的壳体，如图 7–48 所示。

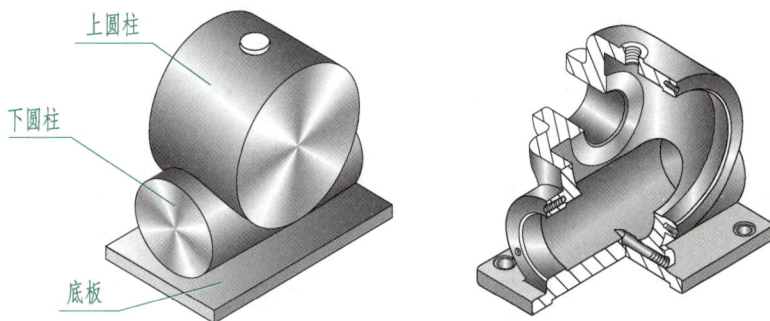

图 7–48　蜗杆减速器箱体形体分析

（2）表达方案　选择箱体表达方案的各视图时，先选择一组基本视图（三视图），再根据需要表达的结构作适当的剖切，增添必要的其他视图。

主视图以能显示箱体的工作位置，并同时满足能表达形状特征和各部位相对位置的方向为投射方向。箱体由于外形比较简单，内部结构较复杂，因此主视图采用半剖视，左视图采用全剖视，这样就可清楚地看到两个互相垂直的圆柱部分的内腔，即容纳蜗轮、蜗杆的部分。

从主视图和左视图可以看到，在 $\phi230$ mm 的端面上有 6 个深 20 mm 的 M8 螺纹孔；从剖视部分和 B 向视图可以看到，在 $\phi140$ mm 的端面上有 3 个深 20 mm 的 M10 螺纹孔，用来安装箱盖和轴承盖，同时能密封箱体。左视图上方 M20 和下方 M14 的螺纹孔用以安装注油和放油螺塞。

C 向局部视图表达了底板下面的形状。A 向局部视图表达了箱体后部加强肋板的形状。

（3）尺寸标注　箱体类零件结构复杂，尺寸较多，因此尺寸分析也较困难，一般采用形体分析法标注尺寸。箱体类零件在尺寸标注或分析时应注意以下几个方面：

① 重要轴孔对基准的定位尺寸　由图 7–49 可知，高度方向的主要尺寸基准为底面，$\phi70^{+0.018}_{-0.012}$ mm 孔和 $\phi185^{+0.072}_{0}$ mm 孔在高度方向的定位尺寸为 190，而 $\phi90^{+0.023}_{-0.012}$ mm 孔的定位尺寸为 105±0.09。底面既是箱体的安装面，又是加工时的测量基准面，既是设计基准，又是工艺基准。高度方向的许多尺寸都是从底面注起的，如 308、30、20、5 等。长度方向的主要尺寸基准为蜗轮的中心平面，宽度方向的主要尺寸基准为蜗杆中心平面。

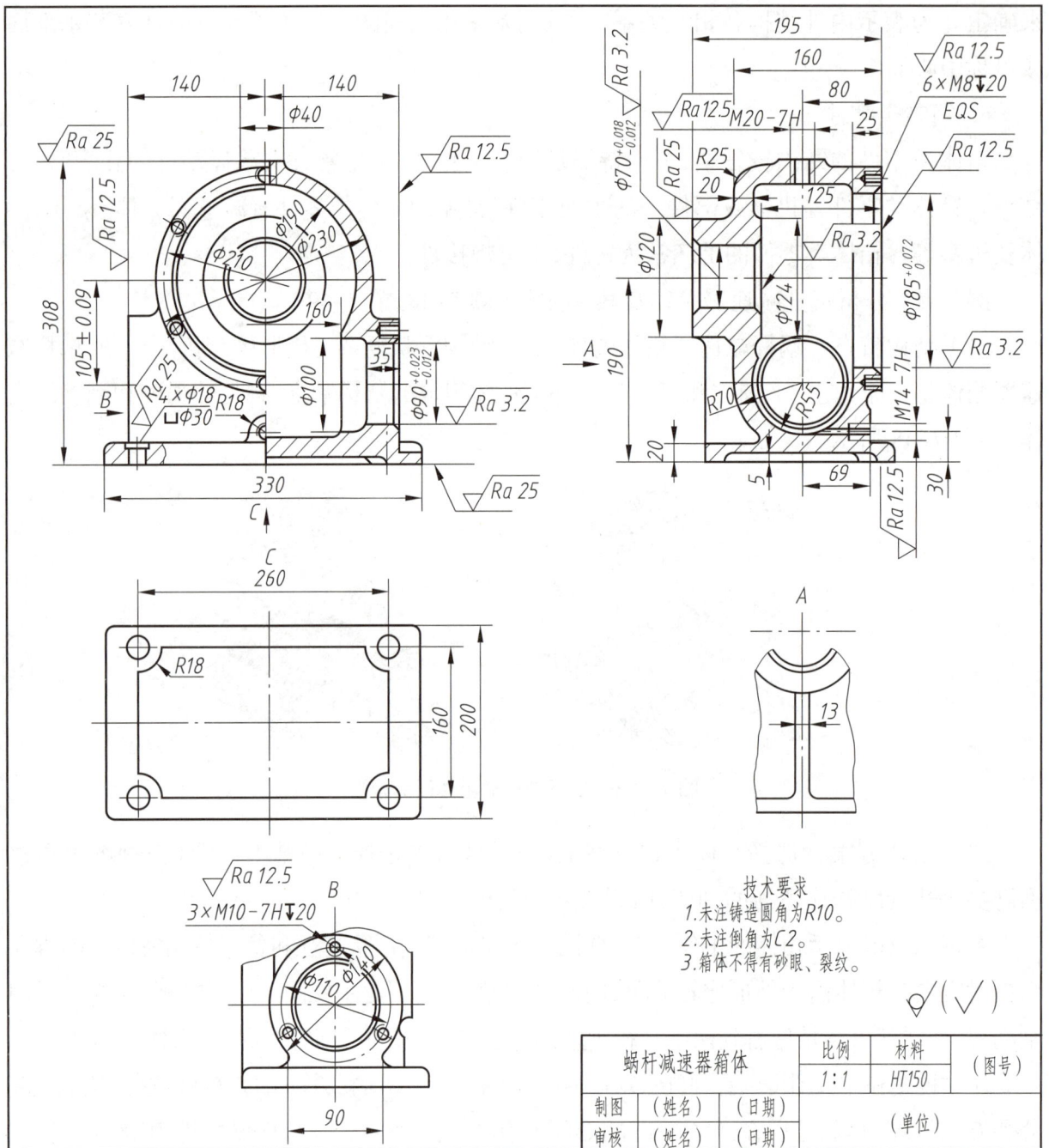

图 7-49   蜗杆减速器箱体零件图

② 与其他零件有装配关系的尺寸   箱体底板安装孔中心距为 260、160；轴承配合孔的公称尺寸应与轴承外圈尺寸一致，如 $\phi70^{+0.018}_{-0.012}$、$\phi90^{+0.023}_{-0.012}$；安装箱盖的螺纹孔的位置尺寸应与箱盖上螺纹孔的位置尺寸一致等。

（4）技术要求   箱体类零件的技术要求主要是支承传动轴的轴孔部分，其轴孔的尺寸精度、表面结构和几何公差都将直接影响减速器的装配质量和使用性能，如尺寸 $\phi70^{+0.018}_{-0.012}$、$\phi90^{+0.023}_{-0.012}$、$\phi185^{+0.072}_{0}$，表面粗糙度 Ra 的上限值均为 3.2 μm。此外，有些重要尺寸，如 105 ± 0.09，将直接影响蜗轮与蜗杆的啮合关系，因此尺寸精度必须严格保证。

总的说来,由于箱体类零件的结构比较复杂,选择主视图时一般要按工作位置和结构形状相结合的原则综合考虑,选取最佳方案。对初学者来说,在表达方案的选择、尺寸标注、技术要求的确定上都会感到困难,要逐步提高。

通过对以上四类典型零件的分析可以看出,识读零件图的一般方法是由概括了解到深入细致分析,以分析视图、想象形状为核心,以联系尺寸和技术要求为内容。分析图形离不开尺寸,分析尺寸的同时又要结合技术要求,对有些零件往往还需要借助有关资料才能真正读懂图形。识读零件图是一件很细致的工作,马虎不得,读懂零件图,不仅需要扎实的基础知识,还需要一定的实践经验。只有多读多练,打下良好的基础,培养求实的作风,才能不断提高读图能力。

—— 7.7 绘制零件图 ——

零件图可以由装配图拆画,也可以通过测绘来完成。无论哪种情况,其绘图步骤一般都是从了解零件开始,然后选择图幅、确定比例、选择视图、绘制底稿、标注尺寸、画剖面线、检查描深,最后注写技术要求并填写标题栏等。现以铣刀头部件中的轴为例,说明绘制零件图的基本方法。

一、了解零件

铣刀头是安装在铣床上的一个部件,中间的轴将 V 带轮的动力传递给铣刀盘,使铣刀旋转铣削工件。轴是通过滚动轴承安装在座体上的,如图 7-50 所示。

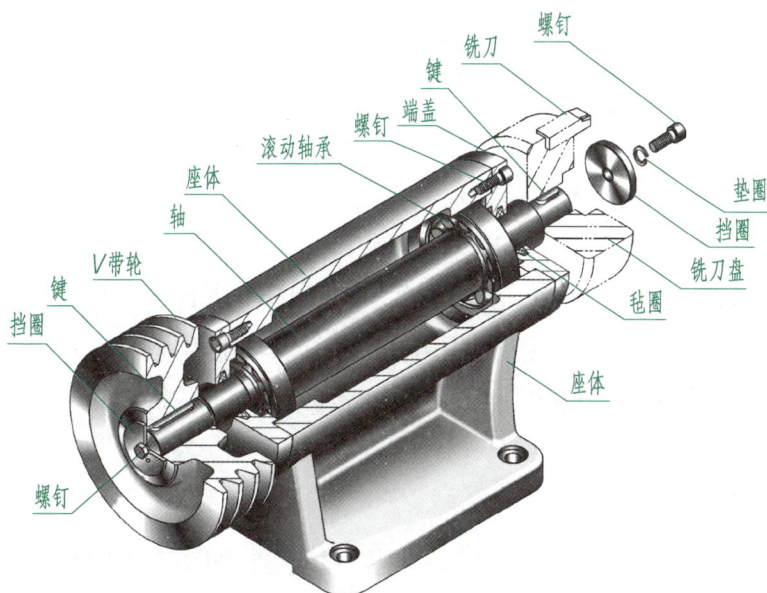

(a) 轴测装配图

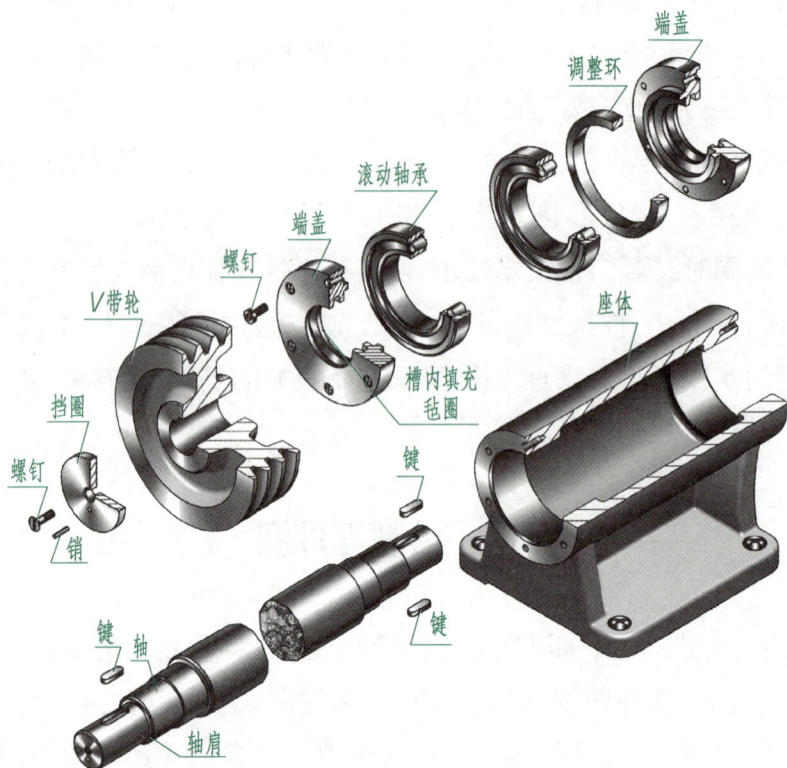

(b)

图 7-50　铣刀头部件

二、选择图幅,确定比例

　　根据零件的大小和结构形状,选择合适的图幅和恰当的比例。图幅的选择要考虑零件图上需要安排的视图数量和配置位置,还应留出标注尺寸、注写技术要求等空间。为使零件图的大小与零件实际大小一致而更具真实感,比例尽量选用 1:1。如果零件尺寸过大或过小,都需要通过比例来调整,以保证图形清晰、大小适中。

　　铣刀头中的轴,其长度为 400 mm,最大直径为 44 mm,选用 1:2 的比例和 A4 图幅比较合适。

三、选择视图

　　按轴的加工位置将其水平放置,采用一个基本视图(主视图)和若干辅助视图,用局部视图表示轴两端的键槽和螺纹孔、销孔,用断面图表示轴上键槽的宽度和深度,用折断画法表示截面相同的较长轴段,用局部放大图表示砂轮越程槽的结构。

四、绘制底稿

　　(1)从主视图入手,先画轴线,并画出主视图的轮廓,如图 7-51 所示。

　　(2)逐个画出轴上键槽、砂轮越程槽的放大图和中心孔等各处的结构形状。

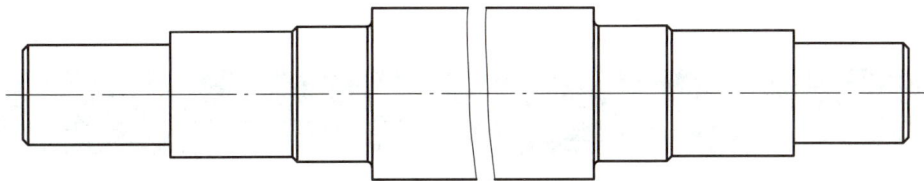

图 7-51　轴的主视图轮廓

五、标注尺寸

（1）选择尺寸基准,以水平轴线为径向主要尺寸基准,以中间最大直径轴段的端面(可任选其中一侧)为轴向主要尺寸基准。

（2）逐一标注,不遗漏、不重复,并注意标注位置的合理性。

（3）标注几何公差。

六、画剖面线、检查并描深

画剖面线,检查底稿的正确性,按规定线型描深。

七、注写技术要求并填写标题栏

注写技术要求,填写标题栏信息,完成整张零件图,如图 7-52 所示。

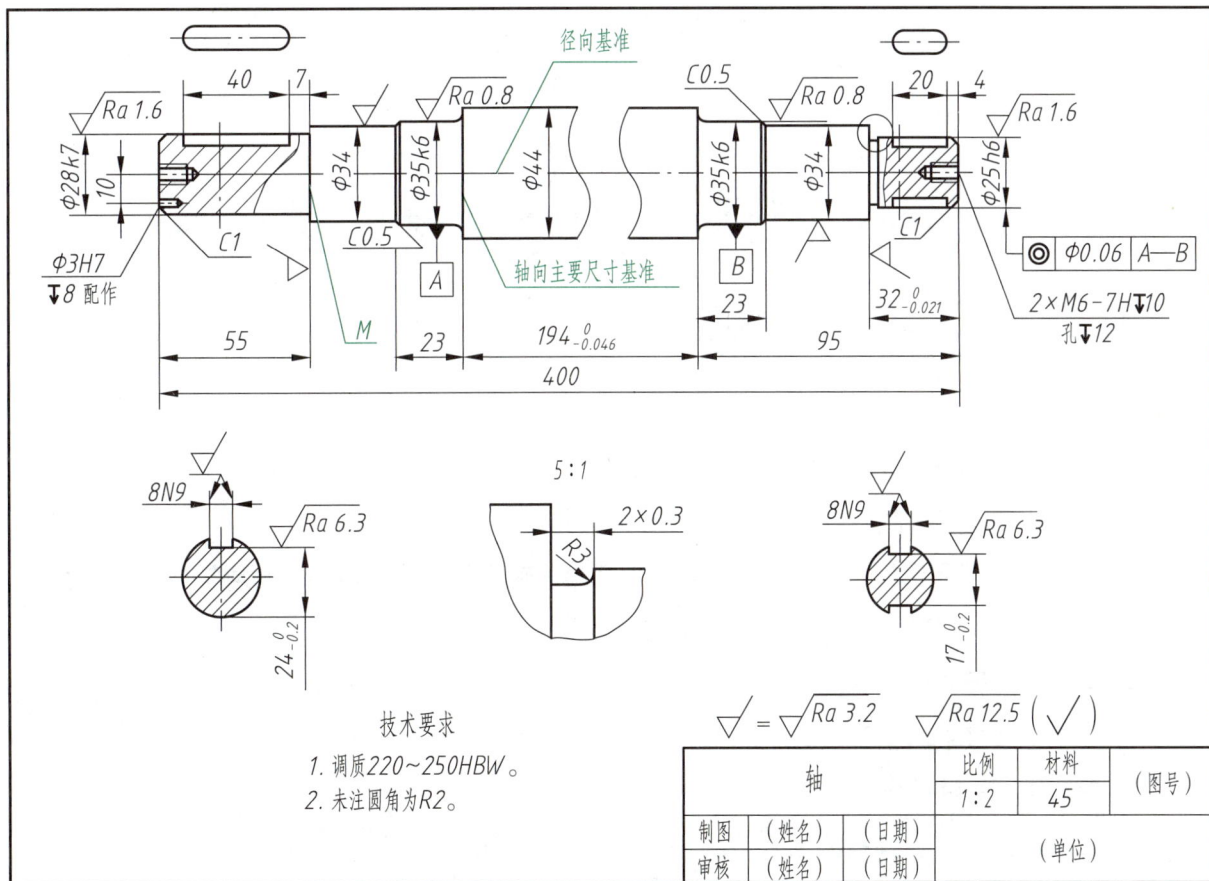

技术要求

1. 调质220~250HBW。
2. 未注圆角为R2。

图 7-52　轴的零件图

概览与思考

一、内容概览

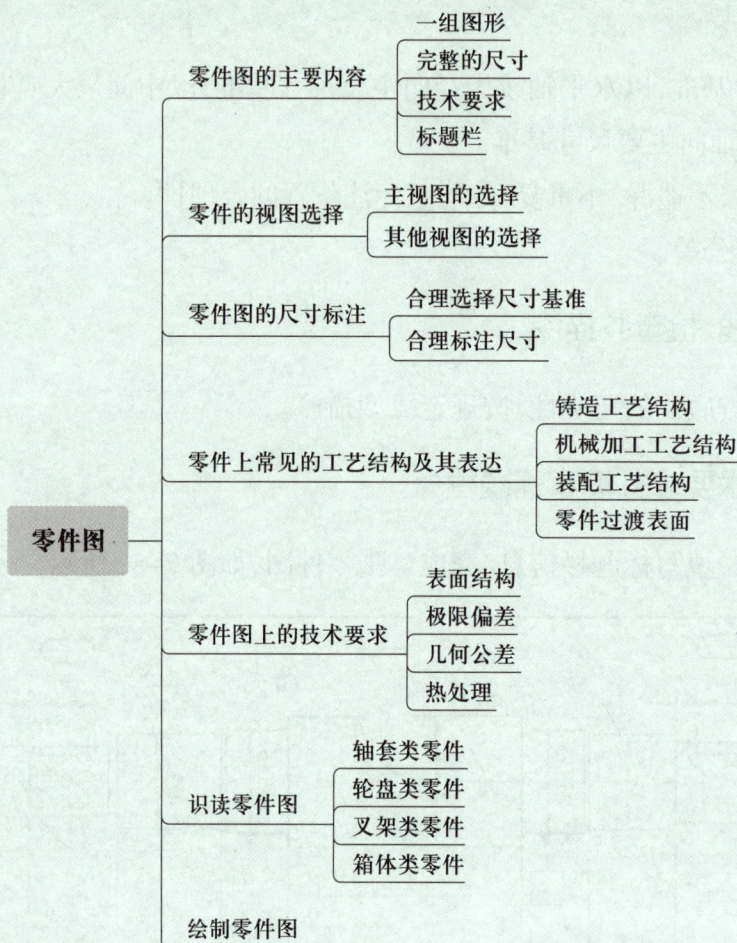

▷模块七
　小结

7

二、思考与实践

1. 什么是零件图？零件图在生产中有何作用？

2. 一张完整的零件图应包括哪些内容？

3. 零件图的视图选择应遵循哪些原则？轴套类、轮盘类、叉架类和箱体类零件的视图表达主要应遵循什么原则？举例说明如何进行综合分析。

4. 如何标注尺寸公差？

5. 如何标注极限偏差？

6. 解释下列标注的含义：

↗	0.02	A		◯	0.006		▢	0.05
⟋	0.015	A—B		—	0.1:100		⊥	Φ0.005	E

7. 什么是零件的表面粗糙度？表面粗糙度的代（符）号是怎样规定的？试举例说明。

8. 零件表面粗糙度代号在图样中的标注有哪些具体规定？

9. 简述读零件图的方法和步骤，并回答下列问题：

（1）轴套类零件的主视图应按什么原则确定投射方向，为什么？除主视图外，一般还有哪些视图？

（2）轮盘类零件的主视图应按什么原则确定投射方向？

（3）叉架类零件的主视图应按什么原则确定投射方向？它与轴套类和轮盘类零件在主视图选择和视图数量上有何区别？

（4）箱体类零件的主视图应按什么原则确定投射方向？

10. 简述绘制零件图的过程和方法。

模块八　装配图

导　语

　　装配图是表达机器或部件中零件间的相对位置、装配关系、连接方式的图样，是指导机器或部件装配、检验、安装调试、维护维修等工作的重要技术文件。本模块主要介绍装配体的各种表达方法，以此指导装配图的识读，分析装配体中各零件的组成、相对位置、装配关系，理解装配体的工作原理和主要功用。

　　本模块的学习是在前面各模块所学内容的基础上展开的，要注重综合运用、融会贯通。零件图的各种表达方式同样适用于装配图，但由于零件图和装配图用于不同的生产阶段，表达侧重点也不相同，因此两者的视图表达、尺寸标注等内容又有各自的特点和要求，在学习中要注意把握。

　　质的飞跃源于量的积累，学习中只有注重每个细节，一丝不苟，才能行稳致远。同时，装配体和零件个体的关系也说明团队合作的重要性，不论在学习中还是工作中，团队精神都是制胜的法宝。

—— 8.1 装配图概述 ——

一、装配图及其作用

装配图是表达机器（或部件）的图样。在设计过程中，一般是先画装配图，然后拆画零件图；在生产过程中，先根据零件图进行零件加工，再依照装配图将零件装配成部件或机器。装配图既是制订装配工艺规程，进行装配、检验、安装及维修的技术文件，也是表达设计思想、指导生产和交流技术的重要技术文件。

二、装配图的内容

装配图不仅要表示机器（或部件）的结构，也要表达机器（或部件）的工作原理和装配关系。由图 8-1 中的滑动轴承装配图可以看到，一张完整的装配图应具备如下内容：

1. 一组图形

选择必要的视图，将装配体的工作原理、装配关系及零件的主要结构表达清楚。滑动轴承装配图选用一组三视图，主、左视图采用半剖视，俯视图采用右半边拆去轴承盖的画法，将装配体表达完整、清楚。

2. 必要尺寸

标注装配体的规格（性能）尺寸、总体尺寸、各零件间的配合关系、安装及检验等尺寸。

3. 技术要求

用文字说明或标注标记、代号指明该装配体在装配、检验、调试、运输和安装等方面所需达到的技术要求。

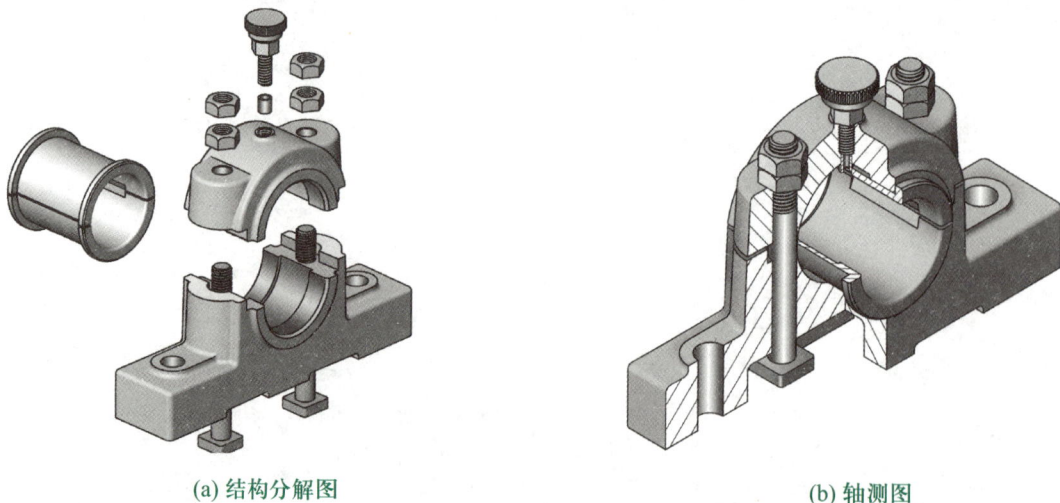

(a) 结构分解图   (b) 轴测图

(c) 装配图

图 8-1　滑动轴承及其装配图

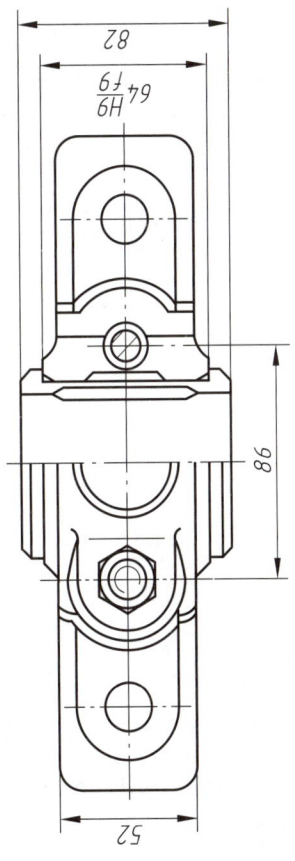

序号	名称	数量	材料	备注
8	油杯	1		JB/T 7940.3
7	螺母 M16	4	Q235A	GB/T 6170
6	螺栓 M16×125	2	Q235A	GB/T 8
5	轴承衬固定套	1	Q235A	
4	上轴承衬	1	ZCuSn6Pb6Zn3	
3	轴承盖	1	HT200	
2	下轴承衬	1	ZCuSn6Pb6Zn3	
1	轴承座	1	HT200	

滑动轴承

技术要求
1. 上、下轴承衬与轴承座之间应保证接触良好。
2. 调试后用煤油清洗，工作面涂薄干油。

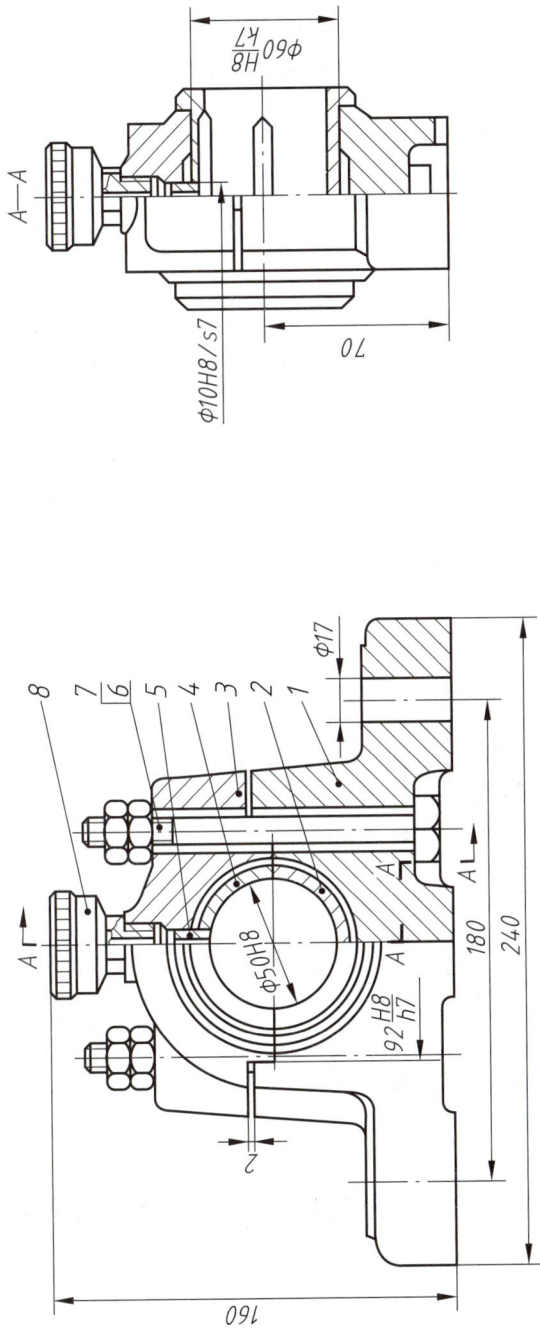

4. 零件序号、标题栏、明细栏

根据生产组织和管理的需要,在装配图上对每个零件编注序号。在标题栏中注明装配体的名称、图号、比例和责任者签字等。明细栏接着标题栏,填写各组成零件的序号、名称、材料、数量,标准件的规格和代号及零件热处理要求等。

8.2　装配图的画法规定及表达方案的确定

装配图应正确、清楚地表达装配体的结构、工作原理及零件间的装配关系。图样的基本表示法同样适用于装配图,但由于表达的侧重点不同,国家标准根据装配图的特点,还制定了规定画法和特殊画法。

一、装配图的画法规定

1. 相邻零件的轮廓线画法

相邻零件的接触表面和公称尺寸相同的配合面,只用一条共有的轮廓线表示;非接触面画两条轮廓线,如图 8-2 所示。

2. 相邻零件的剖面线画法

相邻两金属零件的剖面线倾斜方向应相反,或方向一致而间距不等;同一装配图中的同一零件的剖面线应方向相同、间距相等;断面厚度在 2 mm 以下的图形允许以涂黑代替剖面符号,如图 8-2 所示。

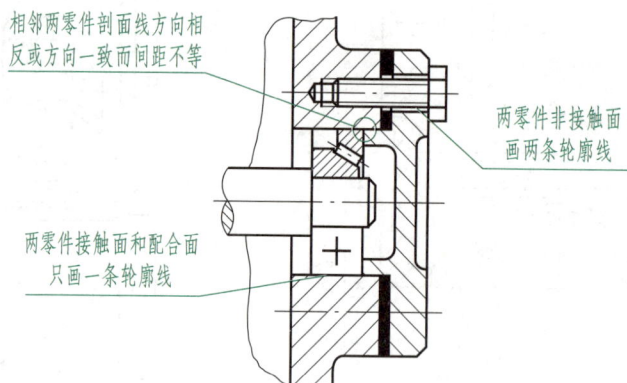

相邻两零件剖面线方向相反或方向一致而间距不等

两零件非接触面画两条轮廓线

两零件接触面和配合面只画一条轮廓线

图 8-2　装配图的规定画法

3. 假想画法

为了表示与本部件有装配关系,但又不属于本部件的其他相邻的零部件,可采用假想画法,用细双点画线画出,如图 8-3 所示。

4. 夸大画法

在装配图中,对于薄片零件(如垫片)或微小间隙及较小的斜度和锥度,当无法按其实际尺寸画出,或图线密集难以区分时,可采用夸大画法,即将垫片的厚度或零件的间隙适当

夸大画出,如图 8-3 所示。

5. 装配图的简化画法

（1）实心零件画法　在装配图中,对于紧固件及轴、连杆、球、钩、键、销等实心零件,当剖切平面纵向通过其对称平面或轴线时,这些零件均按不剖绘制。如需要特别表明零件的构造（销孔、键槽、凹槽等）,可采用局部剖视图表达,如图 8-4 所示。

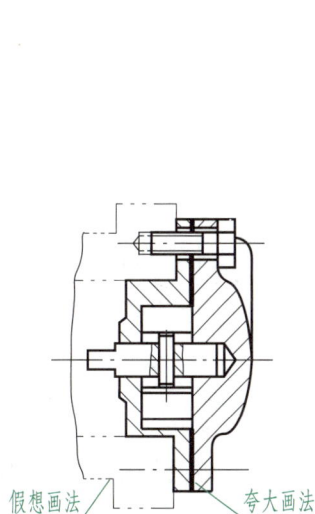

图 8-3　假想画法和夸大画法

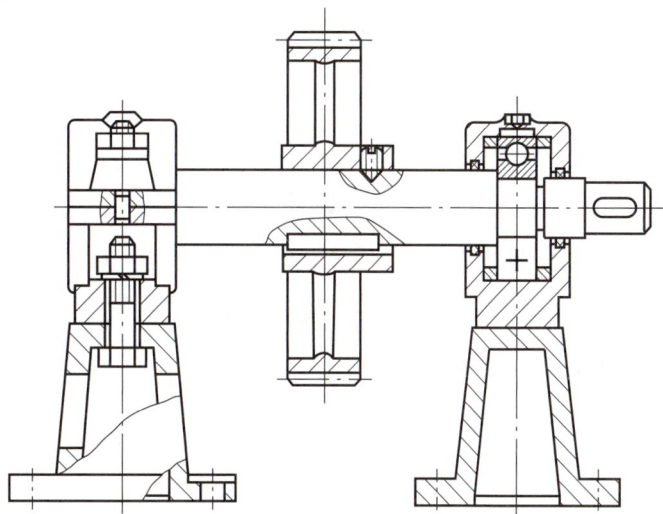

图 8-4　简化画法（一）

（2）沿零件的接合面剖切和拆卸画法　在装配图中,当某些零件遮挡了需要表达的结构和装配关系时,可假想沿某些零件的接合面剖切或假想将某些零件拆卸后绘制。需要说明时,可加标注"拆去 × × 等"。如图 8-1c 所示滑动轴承的俯视图,就是为了更清楚地表达轴承座与下轴承衬的配合关系,沿接合面剖切,拆去轴承盖和上轴承衬的右半部而绘制的半剖视图,以拆卸代替剖视。接合面不画剖面线,但被剖切到的螺栓必须画剖面线。

（3）单独表示某个零件的画法　在装配图中,可以单独画出某一零件的视图,但必须标注投射方向和名称并注上相同的字母。

（4）紧固件的画法　在装配图中可省略螺栓、螺母、销等紧固件的投影,只用细点画线和指引线指明它们的位置。此时,表示紧固件组的公共指引线应根据其不同类型从被连接件的某一端引出,如螺钉连接、螺柱连接、销连接从其装入端引出,螺栓连接从其装有螺母的一端引出,如图 8-5 所示。

（5）相同规格零件组的画法　装配图中若干相同的零部件组,可仅详细地画出一组,其余用细点画线表示出其位置,如图 8-6 所示。

（6）零件工艺结构的简化　在装配图中,零件上的工艺结构（如倒角、小圆角、退刀槽、起模斜度及其他细节等）可不画出。

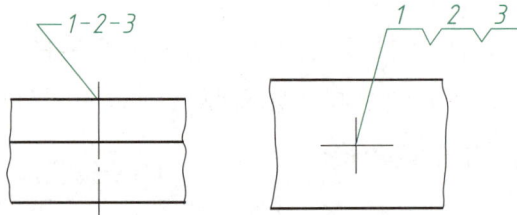

图 8-5   简化画法（二）

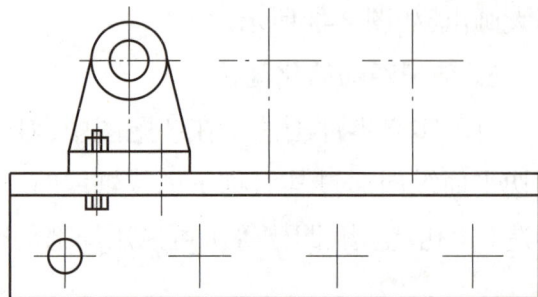

图 8-6   简化画法（三）

二、确定表达方案

绘制装配图前，首先要确定表达方案。

装配图同零件图一样，以主视图的选择为中心，同时依据装配体的工作原理和零件间的装配关系来确定整个视图的表达方案。以图 8-7 所示的铣床尾座为例，介绍装配图表达方案的选择原则。

1. 主视图的选择

主视图的投射方向应能反映装配体的工作位置和总体结构特征，同时较集中地反映装配体的工作原理和主要装配线，能尽量多地反映该装配体中各零件间的相对位置关系。

如图 8-7 所示，铣床尾座的功能主要是顶紧工件，其主体零件是尾架体 5，通过底座 12 将尾架安装在铣床上。选择 A 向作为主视图投射方向，首先符合工作位置原则，同时反映总体结构特征。主视图作全剖视，如图 8-8 所示，清晰地表达了主要装配干线顶紧机构的工作原理和装配关系。

2. 其他视图的选择

对主视图尚未表达清楚的部分，选择相应的视图作为补充。其他视图的选择要重点突出、相互配合、避免重复。

如图 8-8 所示，由主、俯、左三个基本视图表达了尾座整体结构特征及各部分之间的相互关系。为表达更完善、更清晰，又选择了三个辅助图形。左视图是通过定位螺杆 8 的轴线作全剖视，配合主视图突出表达升降结构的工作原理和各零件的装配关系的。

俯视图一方面表达了铣床尾座的外部形状，更重要的是突出表明了定位板 11 与尾架体 5 通过螺栓 M10×35 的连接情况及其各装配线在水平面上的相对位置。

B—B 断面图突出表达了夹紧机构零件组的装配关系和夹紧原理。

C—C 剖视图将顶尖在正平面内转动的角度表示清楚。

K 向局部视图表明了锁紧螺栓 M10×35 的活动范围。

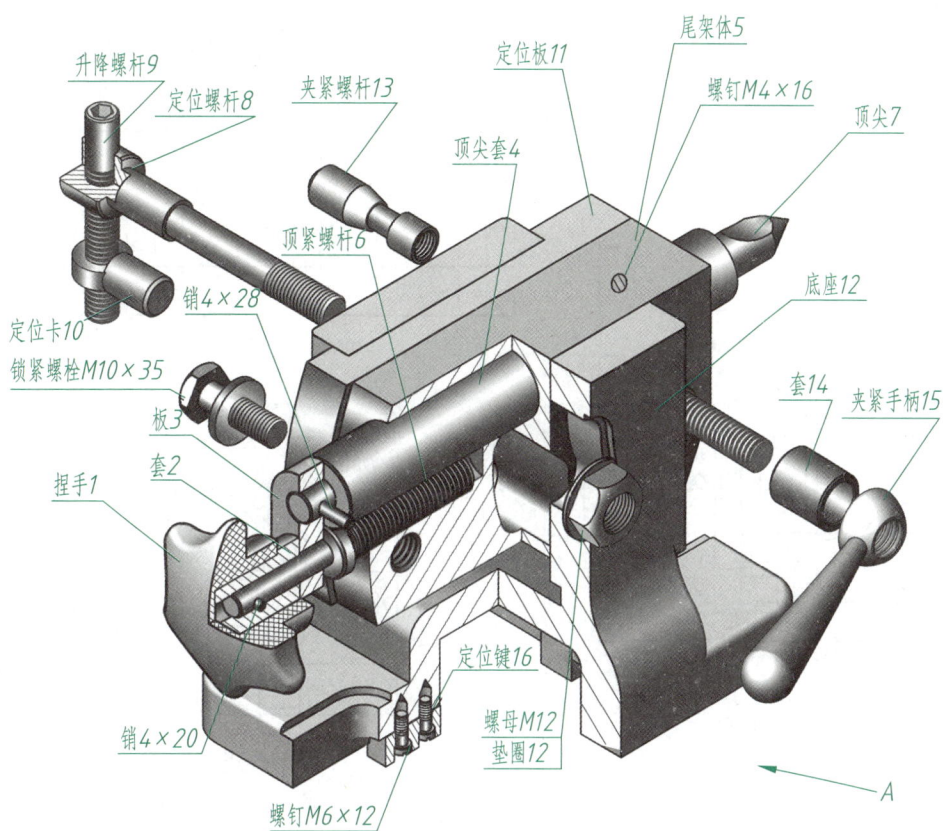

升降螺杆9
定位螺杆8
夹紧螺杆13
定位板11
尾架体5
螺钉M4×16
顶尖7
顶尖套4
顶紧螺杆6
底座12
销4×28
定位卡10
锁紧螺栓M10×35
板3
套14
夹紧手柄15
捏手1
套2
定位键16
销4×20
螺母M12
垫圈12
A
螺钉M6×12

(a) 铣床尾座轴测图

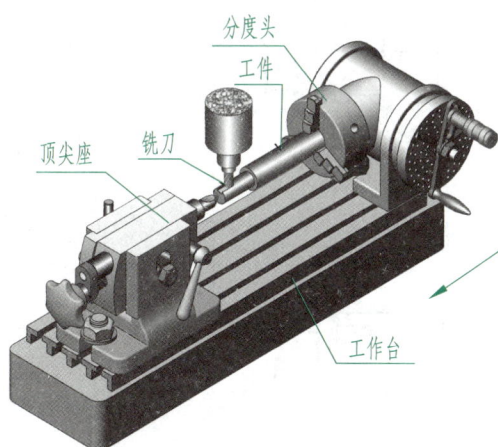

分度头
工件
顶尖座
铣刀
工作台

(b) 铣床附件

图 8-7 铣床尾座及附件

8

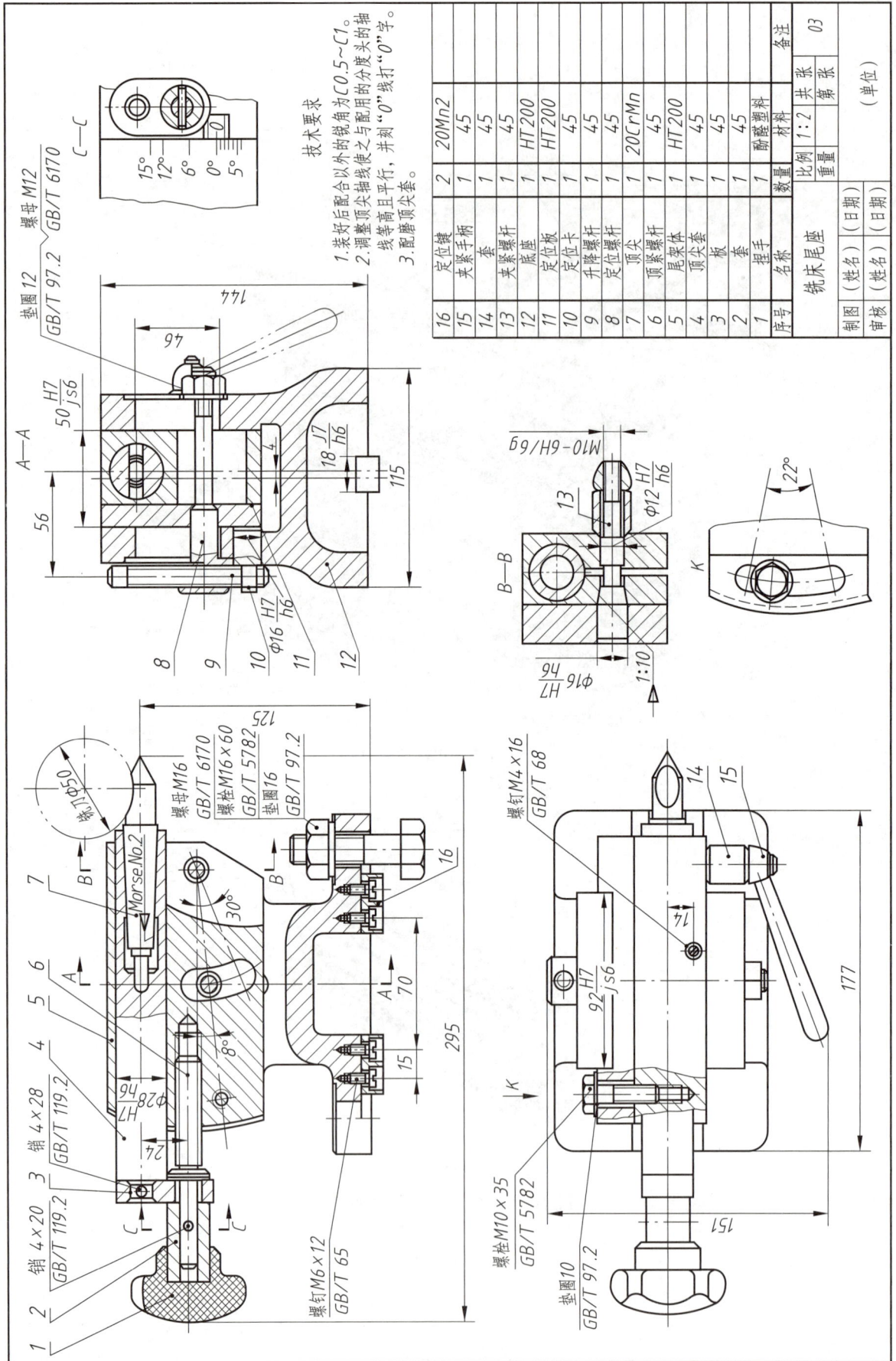

图 8-8 铣床尾座装配图

16	定位键	2	20Mn2	
15	夹紧手柄	1	45	
14	套	1	45	
13	夹紧螺杆	1	45	
12	底座	1	HT200	
11	定位板	1	HT200	
10	定位卡	1	45	
9	升降螺杆	1	45	
8	定位螺杆	1	20CrMn	
7	顶尖	1	45	
6	尾架体	1	HT200	
5	顶尖套	1	45	
4	板	1	45	
3	套	1	酚醛塑料	
2	捏手	1	酚醛塑料	
1				
序号	名称	数量	材料	备注

铣床尾座 03
比例 1:2 重量 (单位)

技术要求
1.装好后配合以外的锐角为C0.5~C1。
2.调整顶尖高且与配用的与废头的轴线等高且平行，并刻"0"线打"0"字。
3.配磨顶尖套。

8.3 装配图的尺寸注法

装配图与零件图的作用不同,对尺寸标注的要求也不同。装配图是设计和装配机器(或部件)时用的图样,因此不必把零件制造所需要的全部尺寸都标注出来。

一、装配图一般应标注的尺寸

1. 性能(规格)尺寸

性能(规格)尺寸是表示装配体的工作性能或产品规格的尺寸。这类尺寸是设计产品的依据,如图 8-1c 所示滑动轴承的轴孔尺寸 ϕ50H8;图 8-8 所示铣床尾座上顶尖轴线到底面的高度尺寸 125,它表明该尾座只限于最大回转半径为 125 mm 工件,即限定了固定在尾座上的被加工工件的直径尺寸。

2. 装配尺寸

装配尺寸是用以保证机器(或部件)装配性能的尺寸。装配尺寸有以下两种:

(1)配合尺寸 零件间有配合要求的尺寸,如图 8-8 中的配合尺寸 ϕ16H7/h6。

(2)相对位置尺寸 表示装配体在装配时需要保证的零件间较重要的距离尺寸和间隙尺寸,如图 8-8 中的调高机构与顶紧机构中心距尺寸 56 及顶紧机构与底座定位键中心偏移尺寸 4 等。

3. 安装尺寸

安装尺寸是表示零部件安装在机器上或机器安装在固定基础上所需要的对外安装时连接用的尺寸,如图 8-1c 中的孔径尺寸 ϕ17 和孔距尺寸 180、图 8-8 中的键宽尺寸 $18\frac{\text{J7}}{\text{h6}}$ 等。

4. 总体尺寸

总体尺寸是表示装配体所占空间大小的尺寸,即长度、宽度和高度尺寸,如图 8-8 中的尺寸 295、151、144。总体尺寸提供包装、运输和安装使用时所需要占有空间的大小。

5. 其他重要尺寸

其他重要尺寸是根据装配体的结构特点和需要必须标注的尺寸,如运动件的极限位置尺寸、零件间的主要定位尺寸、设计计算尺寸等。图 8-8 中的 K 向视图尺寸 22° 表示了螺栓的活动范围。

二、配合尺寸

1. 配合

类型相同且待装配的外尺寸要素(轴)和内尺寸要素(孔)之间的关系称为配合。根据使用要求的不同,配合的松紧程度也不同。国家标准规定了三种配合类型。

（1）间隙配合   孔和轴装配时总是存在间隙的配合。此时孔的下极限尺寸大于或在极端情况下等于轴的上极限尺寸，如图 8-9 所示。

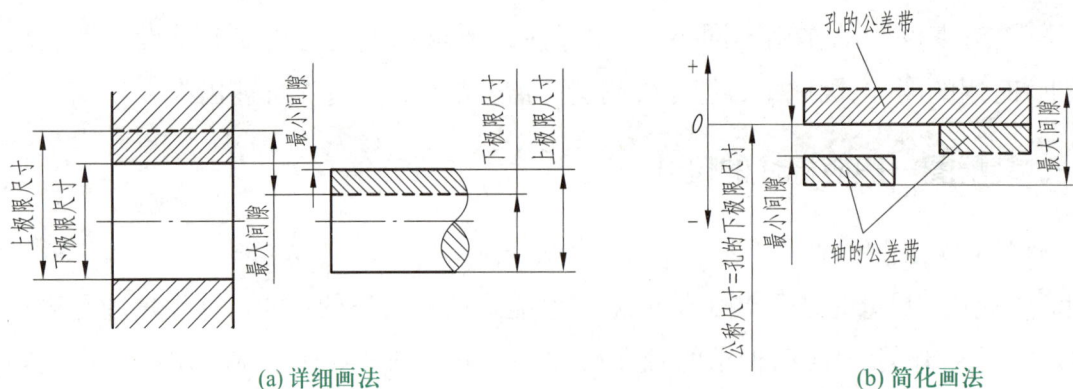

(a) 详细画法   (b) 简化画法

图 8-9   间隙配合

（2）过盈配合   孔和轴装配时总是存在过盈的配合。此时孔的上极限尺寸小于或在极端情况下等于轴的下极限尺寸，如图 8-10 所示。

（3）过渡配合   孔和轴装配时可能具有间隙或过盈的配合，如图 8-11 所示。

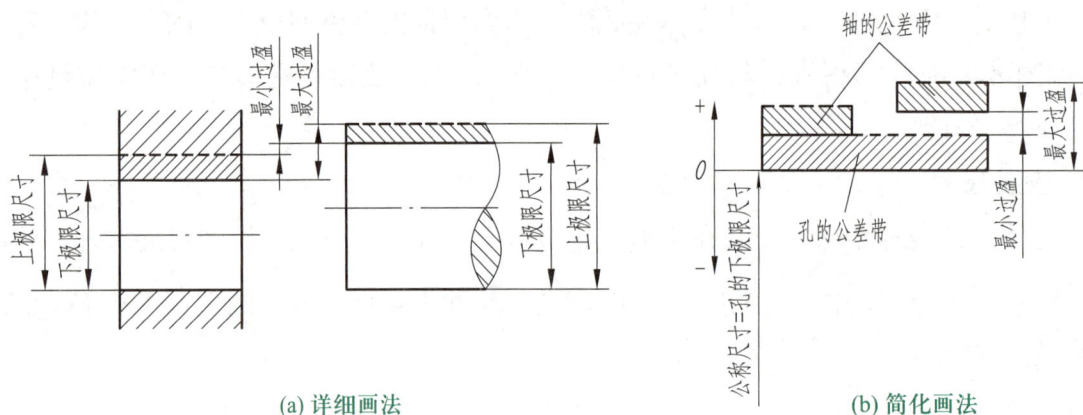

(a) 详细画法   (b) 简化画法

图 8-10   过盈配合

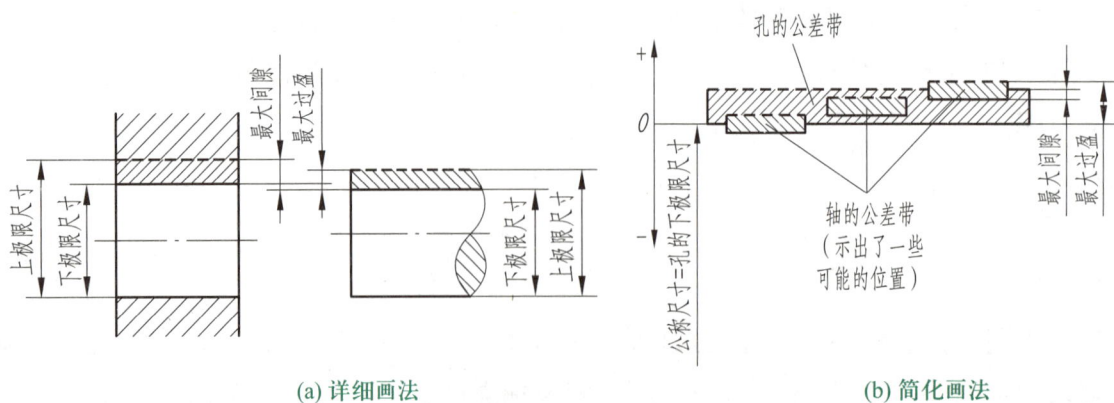

(a) 详细画法   (b) 简化画法

图 8-11   过渡配合

2. ISO 配合制

ISO 配合制是指由线性尺寸公差 ISO 代号体系确定公差的孔和轴组成的一种配合制度。国家标准规定了两种配合制度。

（1）基孔制配合　孔的基本偏差为零的配合，即其下极限偏差等于零。基孔制配合的孔称为基准孔，其基本偏差标示符为 H，如图 8-12 所示。

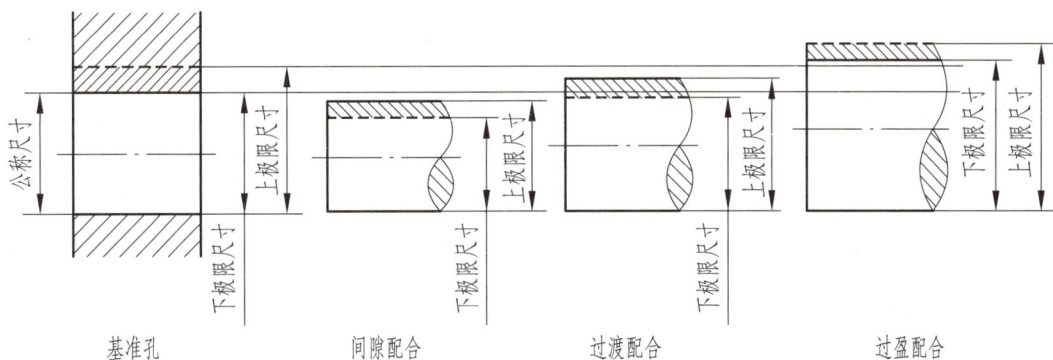

图 8-12　基孔制配合

（2）基轴制配合　轴的基本偏差为零的配合，即其上极限偏差等于零。基轴制配合的轴称为基准轴，其基本偏差标示符为 h，如图 8-13 所示。

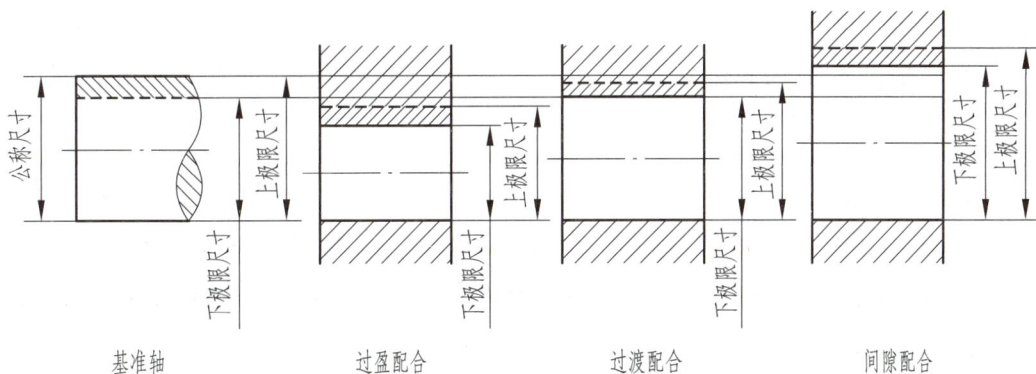

图 8-13　基轴制配合

3. 优先配合

在配合代号中，孔的基本偏差为 H 时，表示选用基孔制配合；轴的基本偏差为 h 时，表示选用基轴制配合。20 个标准公差等级和 28 个基本偏差可以组合成多种配合。

基孔制配合和基轴制配合的优先配合分别见附表 21、附表 22。

4. 配合的标注与查表

在装配图中，配合的标注采用组合式，即在公称尺寸后面用分式表示，分子为孔的公差带代号，分母为轴的公差带代号，如图 8-1 所示。

配合代号的具体数值可查相关国家标准。

配合代号的含义示例：

① $\phi100H7/f6$ 或 $\phi100\dfrac{H7}{f6}$ 表示公称直径尺寸为 100 mm，基孔制配合，基本偏差为 f、

公差等级为 IT6 的轴与公差等级为 IT7 的基准孔配合。

② $\phi100K8/h7$ 或 $\phi100\dfrac{K8}{h7}$ 表示公称直径尺寸为 100 mm,基轴制配合,基本偏差为 K、公差等级为 IT8 的孔与公差等级为 IT7 的基准轴配合。

8.4　装配图的零部件序号、明细栏和技术要求

一、零部件序号

为便于读图、管理图样和组织生产,在装配图上需对每个不同的零部件进行编号,这种编号称为序号。对于复杂的较大部件,所编序号应包括所属较小部件及直属较大部件的零件。

1. 序号的编排形式

序号的编排有两种形式:

(1)将装配图上所有的零件(包括标准件和专用件)依次统一编排序号。

(2)将装配图上所有标准件的标记直接注写在指引线上,将专用件按顺序编号。如图 8-8 所示,专用件按顺时针方向排列,标准件的标记直接注出,不编入序号。

2. 序号的编排方法

(1)序号应编注在视图周围,按顺时针或逆时针方向顺次排列,在水平和铅垂方向应排列整齐。

(2)零件序号和所指零件之间用指引线连接,指引线应从零件的可见轮廓线内引出,并在末端画一圆点;当所指的零件不宜画圆点时,可在指引线末端画箭头,如图 8-14a 所示。

(3)指引线不能相交,不能与零件的剖面线平行。一般指引线应画成直线,必要时允许曲折一次,如图 8-14b 所示。

(4)对于一组紧固件及装配关系清楚的零件组,允许采用公共指引线,如图 8-14c 所示。

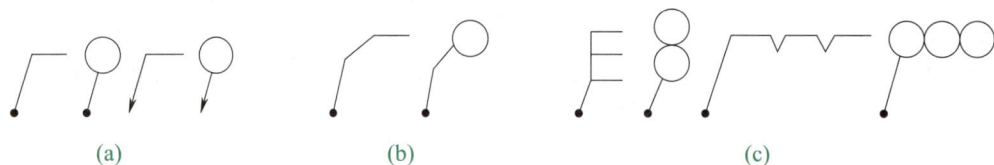

图 8-14　序号标注方法

(5)每一种零部件(无论件数多少)一般只编一个序号。序号的字号比该装配图中尺寸数字的字号大一号或两号。

二、零件明细栏

零件明细栏一般放在标题栏上方,并与标题栏对齐。填写序号时应由下向上排列,这样便于补充编排序号时被遗漏的零件。当标题栏上方位置不够时,可在标题栏左方继续列表

由下向上接排。明细栏的内容如图 8-8 所示。

三、装配图的技术要求

各类不同的机器（或部件），其性能不同，技术要求也各不相同。因此，拟订机器（或部件）装配图的技术要求时，应进行具体分析。技术要求一般填写在图样下方的空白处。具体的技术要求应包括以下几个方面（参看图 8-8 的技术要求）。

1. 装配要求

装配后必须保证的准确度（一般指位置公差）、装配时的加工说明（如组合后加工）、指定的装配方法和装配后的要求（如转动灵活、密封处不得漏油等）。

2. 检验要求

基本性能的检验方法和条件，装配后必须保证准确度的各种检验方法说明等。

3. 使用要求

对产品的基本性能、维护、操作等方面的要求。

8.5　常见的装配工艺结构表达

绘制装配图时，应考虑装配体的工艺结构，以保证机器部件的性能、连接安全可靠、便于零件装拆。常见的装配工艺结构表达见表 8-1。

表 8-1　常见的装配工艺结构表达

内容	正确图例	错误图例	说明
接触面处的结构	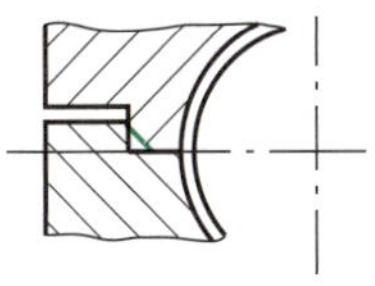	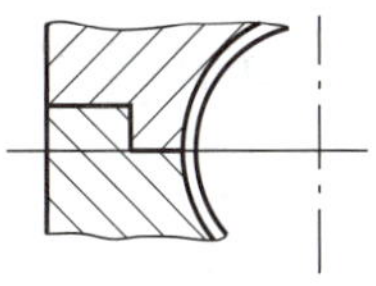	两个零件在同一方向只能有一对接触面，便于装配又降低加工难度。接触面的交角处不应做成尖角或相同的圆角，否则不能很好地接触，如轴承盖和轴承座接触处的结构
圆锥面配合处的结构	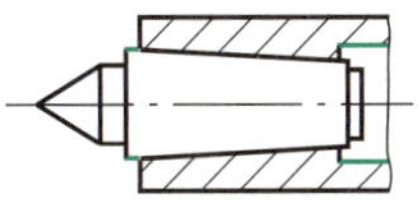	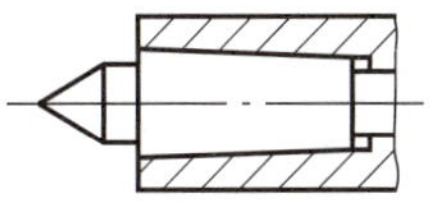	圆锥面接触应有足够的长度，不能再有其他端面接触，以保证配合的可靠性，如尾架顶尖与套筒的圆锥面配合。当顶尖底部与套筒同时接触时，就不能保证圆锥面接触良好
并紧及防松装置	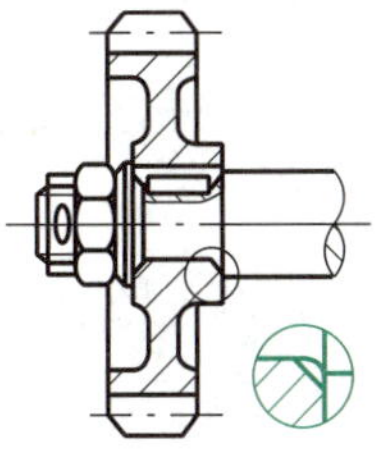	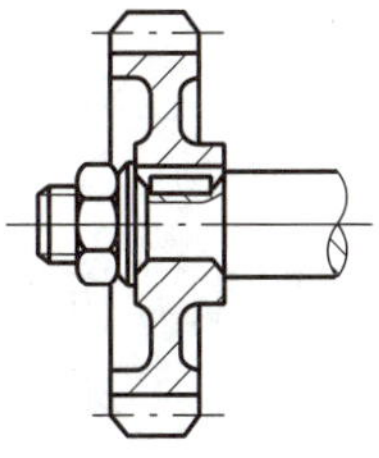	为了把齿轮并紧在轴肩上，在轴肩根部必须有沉割槽。轴肩连接处采用小圆角过渡时，齿轮轴孔的倒角宽度要大于小圆角半径，这样才能保证将齿轮与轴肩并紧。齿轮轴孔的长度应比轴上装齿轮的那一部分长一些，才能把螺母、垫圈并紧。为了防松，采用六角槽形螺母及开口销

8

续表

内容	正确图例	错误图例	说明
轴上定位装置	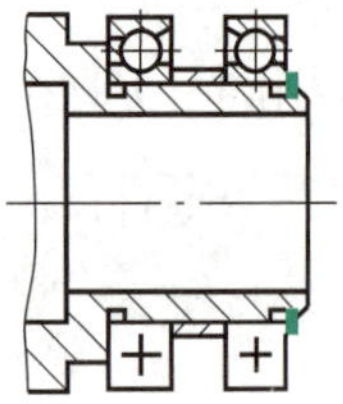	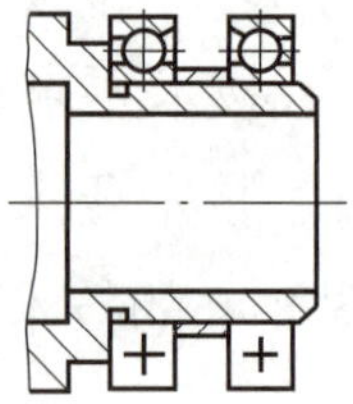	轴上的零件必须有可靠的定位装置,以保证零件不在轴上移动。如左图所示轴套上装有滚动轴承,采用轴用弹性挡圈将轴承在轴上定位
要考虑装拆方便	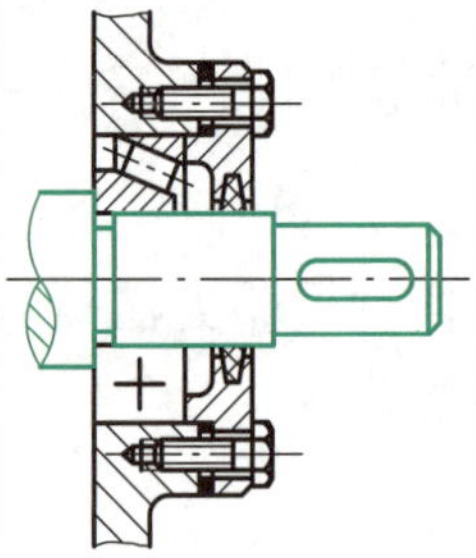	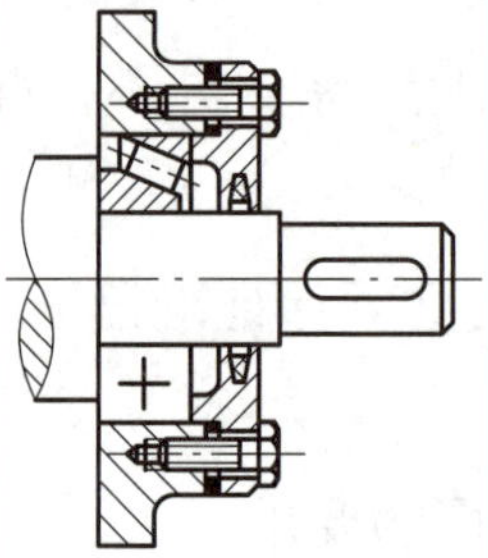	减速器中轴的轴肩直径应小于圆锥滚子轴承内圈的外径,否则拆卸轴承会有困难
油封装置			减速器中作为轴承盖油封装置的毛毡要紧套在轴上;轴承盖的孔径应大于轴的直径,以免轴转动时和轴承盖摩擦而损坏零件

8.6　识读装配图及拆画零件图

在机械的设计、装配、检验、使用、维修和技术革新等各项生产活动中都要识读装配图,因此工程技术人员必须具备识读装配图的能力。

一、识读装配图的基本要求

(1)了解机器或部件的名称、规格、性能、用途及工作原理。

(2)了解各组成零件的相互位置、装配关系。

(3)了解各组成零件的主要结构形状和在装配体中的作用。

二、识读装配图的方法和步骤

1. 了解装配体概况

读标题栏,了解装配体的名称、比例和大致的用途;读明细栏,了解标准件和专用件的名称、数量及专用件的材料、热处理等要求;初读视图,分析表达方法和各视图间的关系,弄清各视图的表达重点。

2. 了解装配关系和工作原理

在一般了解的基础上,结合有关说明书仔细分析机器(或部件)的工作原理和装配关系,这是识读装配图的一个重要环节;分析各装配干线,弄清零件间的配合、定位、连接方式。此外,对运动零件的润滑、密封形式等也要有所了解。

3. 分析视图,看懂零件的结构形状

分析视图,了解各视图、剖视图、断面图等的投影关系及表达意图。了解各零件的主要作用,帮助看懂零件结构。分析零件时,应从主要视图中的主要零件开始,按"先简单,后复杂"的顺序进行。有些零件在装配图上不一定表达得完全清楚,可配合零件图来读装配图。这是识读装配图极其重要的方法。常用的分析方法如下:

(1)利用剖面线的方向和间距来分析。同一零件的剖面线在各视图上方向一致、间距相等。

(2)利用画法规定来分析。如实心件在装配中规定沿轴线方向剖切可不画剖面线,据此能很快地将螺杆、手柄、螺钉、键、销等零件区分出来。

(3)利用零件序号,对照明细栏来分析。

4. 分析尺寸和技术要求

分析尺寸,找出装配图中的性能(规格)尺寸、装配尺寸、安装尺寸、总体尺寸和其他重要尺寸。分析技术要求,着重关注装配要求、检验要求和使用要求等。

综上所述,识读装配图时,只有按步骤对装配体进行全面了解,分析和总结全部资料,认真归纳,才能准确无误地看懂装配体。

例 8-1 识读台虎钳装配图。台虎钳如图 8-15 所示,台虎钳结构分解图如图 8-16 所示,台虎钳装配图如图 8-17 所示。

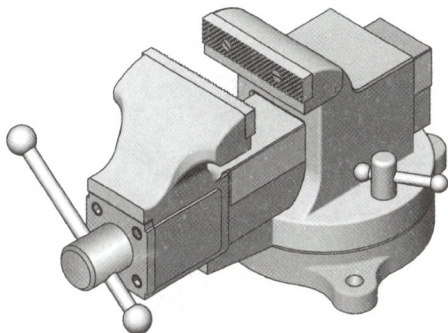

图 8-15　台虎钳

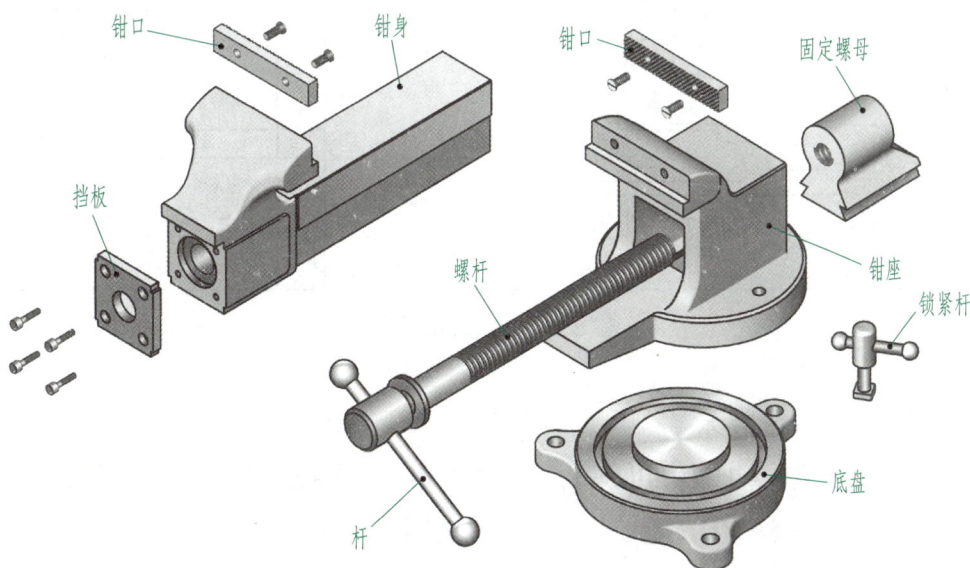

图 8-16　台虎钳结构分解图

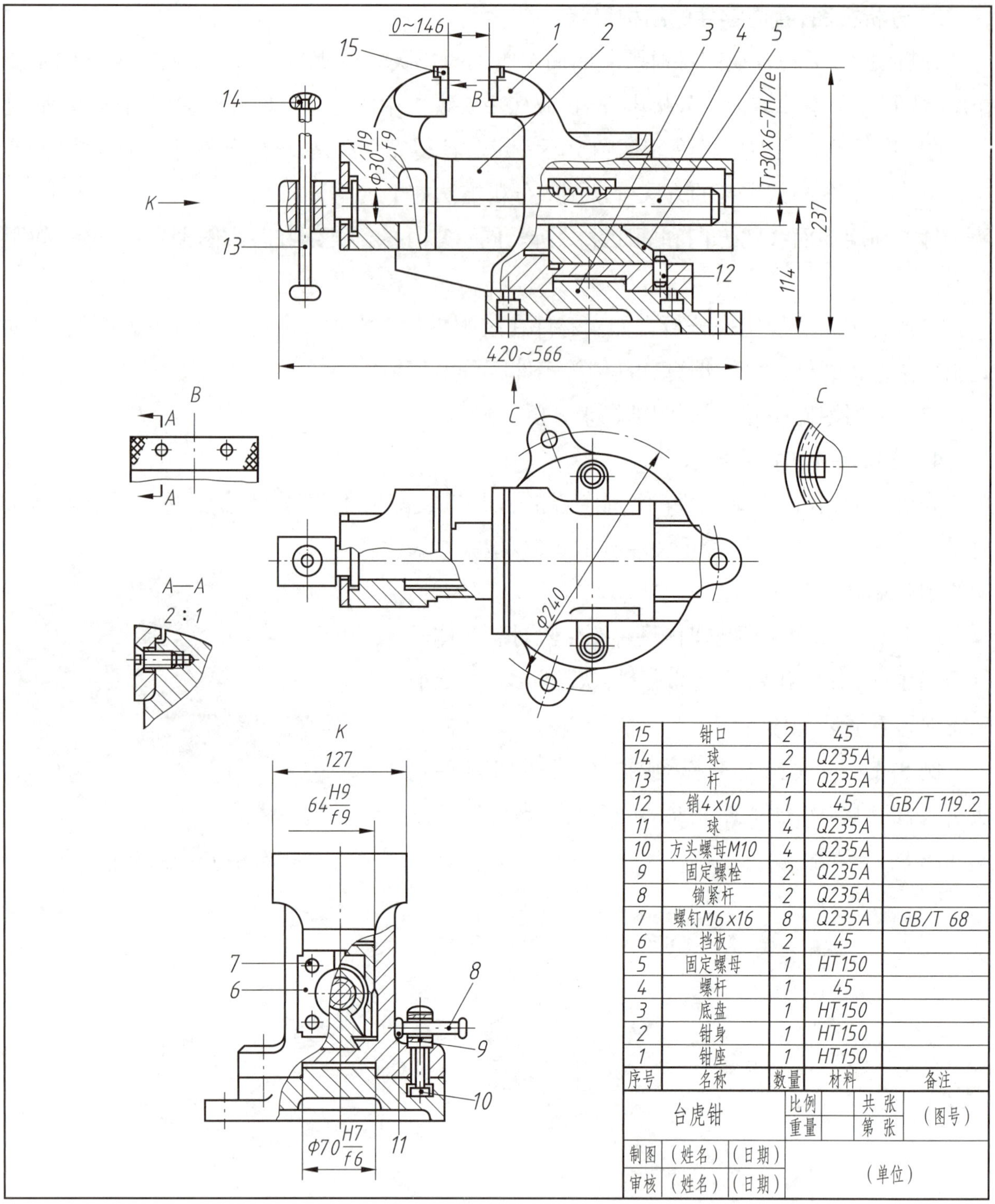

序号	名称	数量	材料	备注
15	钳口	2	45	
14	球	2	Q235A	
13	杆	1	Q235A	
12	销4×10	1	45	GB/T 119.2
11	球	4	Q235A	
10	方头螺母M10	4	Q235A	
9	固定螺栓	2	Q235A	
8	锁紧杆	2	Q235A	
7	螺钉M6×16	8	Q235A	GB/T 68
6	挡板	2	45	
5	固定螺母	1	HT150	
4	螺杆	1	45	
3	底盘	1	HT150	
2	钳身	1	HT150	
1	钳座	1	HT150	

台虎钳		比例		共 张	（图号）
		重量		第 张	
制图	（姓名）	（日期）	（单位）		
审核	（姓名）	（日期）			

图 8-17 台虎钳装配图

第一步：了解台虎钳概况。

从标题栏和有关说明书中可知，台虎钳由钳身、钳座、底盘、螺杆等 15 个不同的零件组成。它安装在一般的工作台上，用钳口夹紧工件进行加工。钳身可以回转 360°，以适应加工需要。台虎钳装配图共采用了两个基本视图、一个向视图和三个局部视图。

第二步：了解装配关系和工作原理。

钳座 *1* 装在底盘 *3* 上，底盘安装在工作台上，当松开锁紧杆 *8*、固定螺栓 *9*、方头螺母 *10* 装置时，钳身可绕底盘转动。

钳身 *2* 安装在钳座里并可滑动。固定螺母 *5* 通过燕尾槽和销 *12* 固定在钳座上。螺杆 *4* 左端通过挡板 *6* 固定在钳身上，可以转动，螺纹部分装在螺母里。因此，当旋转杆 *13* 时，螺杆 *4* 转动并通过螺母带动钳身移动，起夹紧和松开工件的作用。

第三步：分析各零件的装配关系。

装配图采用了主、俯两个基本视图和 *K* 向视图等多个视图。为了表达内部的装配关系，多处采取了局部剖视。其中 *K* 向视图则因受图幅限制而移放到左下方。主视图和 *K* 向视图表达了台虎钳的主要装配关系，俯视图主要表示钳座、底盘的外部形状和螺杆的定位情况。*B* 向局部视图和 *A—A* 局部剖视图表示了钳口 *15* 的安装情况。*C* 向局部视图是为了表示底盘下面有一方形孔与 T 形槽相通，方头螺母 *10* 就是从这个方孔放入槽内的。

看钳身零件结构，由主视图和 *K* 向视图可知，钳身是从钳座的方孔中穿过去的，其长度尺寸可由主视图来判断，高度尺寸也可从主视图中看出。钳身中间是空的，以便装入螺杆和固定螺母，钳身与钳口连接部分的形状及宽度可从主视图和 *K* 向视图中看出。

第四步：分析尺寸。

如图 8-17 所示，127 是规格尺寸，0～146 为性能尺寸（表示被夹持工件的厚度范围），$\phi 30 \frac{H9}{f9}$、$64 \frac{H9}{f9}$ 是配合尺寸，$\phi 240$ 是安装尺寸，420～566、237 是总体尺寸，Tr30×6-7H/7e 是重要的设计尺寸。

其他零件均可以按上述方法逐一分析，从上面各视图的分析中就能看懂台虎钳上各零件的结构形状。

例 8-2 识读图 8-18 所示球阀装配图，拆画阀芯零件图。

第一步：了解球阀概况。

图 8-18 所示装配体的名称是球阀。阀是管道系统中用来启闭或者调节流体流量的部件，球阀是阀的一种。从明细栏和序号可知，球阀由 12 种零件组成，其中标准件一种。按序号依次查明各零件的名称和所在位置。球阀装配图包括三个基本视图。主视图采用全剖视图，表达各零件之间的装配关系。左视图采用拆去扳手的半剖视图，表达球阀的内部结构及阀盖方形凸缘的外形。俯视图采用局部剖视图，主要表达球阀的外形。

第二步：了解装配关系和工作原理。

球阀中的阀杆和阀芯包容在阀体里，阀盖通过六角头螺栓与阀体连接。球阀的工作原

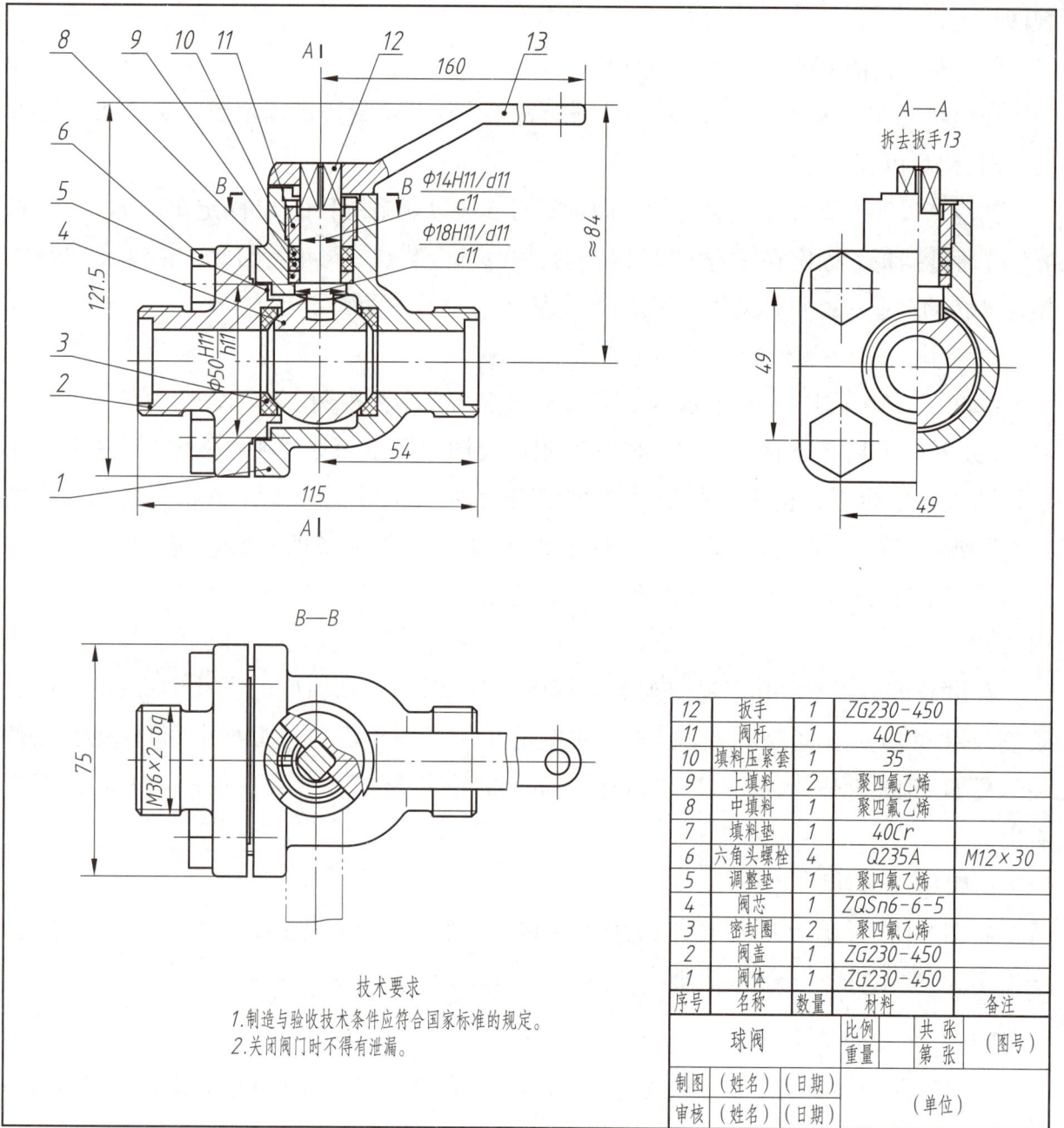

图 8-18　球阀装配图

12	扳手	1	ZG230-450	
11	阀杆	1	40Cr	
10	填料压紧套	1	35	
9	上填料	2	聚四氟乙烯	
8	中填料	1	聚四氟乙烯	
7	填料垫	1	40Cr	
6	六角头螺栓	4	Q235A	M12×30
5	调整垫	1	聚四氟乙烯	
4	阀芯	1	ZQSn6-6-5	
3	密封圈	2	聚四氟乙烯	
2	阀盖	1	ZG230-450	
1	阀体	1	ZG230-450	
序号	名称	数量	材料	备注

技术要求
1.制造与验收技术条件应符合国家标准的规定。
2.关闭阀门时不得有泄漏。

理是利用扳手转动阀杆和阀芯,控制球阀启闭,可参阅图 8-19 所示的球阀立体图。图 8-18 所示阀芯的位置为阀门全部开启,管道畅通。当扳手顺时针方向旋转 90° 时(图中细双点画线为扳手转动的极限位置),阀门全部关闭,管道断流。因此,阀芯是球阀的关键零件。下面针对阀芯与有关零件之间的包容关系和密封关系做进一步分析。

(1)包容关系。阀体 1 和阀盖 2 都带有方形凸缘,它们之间用 4 个六角头螺栓 6 连接,阀芯 4 通过两个密封圈定位于阀体空腔内,并用合适的调整垫 5 调节阀芯与密封圈之间的松紧程度。通过填料压紧套 10 与阀体内的螺纹旋合,将件 7、8、9 固定于阀体中。

（2）密封关系。两个密封圈 *3* 和调整垫 *5* 形成第一道密封。阀体与阀杆之间的填料垫 *7* 及填料 *8*、*9* 用填料压紧套 *10* 压紧,形成第二道密封。

第三步:想象阀芯的结构形状。

利用装配图特有的表达方法和投影关系,将零件的投影从重叠的视图中分离出来,从而读懂零件的基本结构。从装配图的主、左视图中根据相同的剖面线方向和间隔,将阀芯的投影轮廓分离出来,结合球阀的工作原理及阀芯与阀杆的装配关系,从而完整地想象出阀芯是一个左、右两边截成平面的球体,中间是通孔,上部是圆弧形凹槽,如图 8-20 所示。

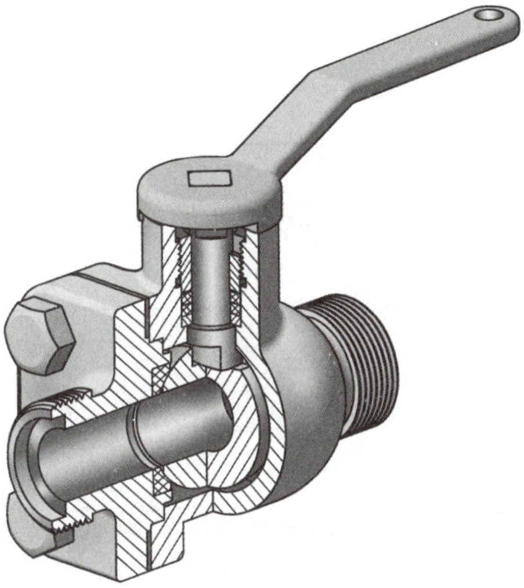

图 8-19　球阀立体图 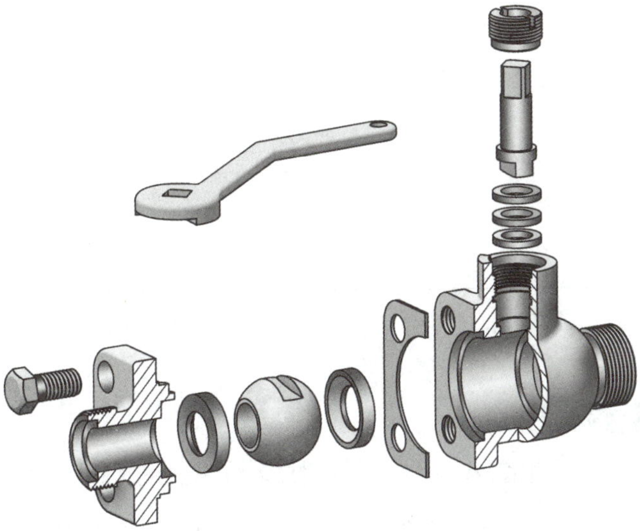　　　　　　　　图 8-20　球阀结构分解图

第四步:拆画阀芯零件图。

（1）从球阀装配图中分离出阀芯的投影,补齐装配图中被遮挡的轮廓线和投影线,对装配图中未表达清楚的结构进行补充设计。

（2）确定表达方案并绘图。因零件图与装配图的表达重点不同,拆画时的表达方案不一定照搬装配图,而应针对零件的形状特征分析、选择表达方案,重新选择的方案可能与装配图基本相同或完全不同。零件上的细小工艺结构,如倒角、退刀槽和圆角等,在装配图中往往不画,在拆画零件图时应将其画完整。

由于阀体装配图的视图能反映阀芯的主要形体特征,所以零件图的视图与装配图一致。

（3）标注尺寸。装配图上零件的尺寸不完整,拆画零件图时,对于装配图中已有的尺寸,在零件图上不能改动。其他尺寸可由装配图按比例量取。对于标准结构,如螺钉沉头孔、键槽及倒角等,应查阅有关标准确定其参数值。

（4）确定技术要求。根据零件的作用,合理选用并标注表面结构要求。根据零件加工工艺,查阅资料提出工艺规范等技术要求。

按以上步骤绘制阀芯零件图,如图 8-21 所示。

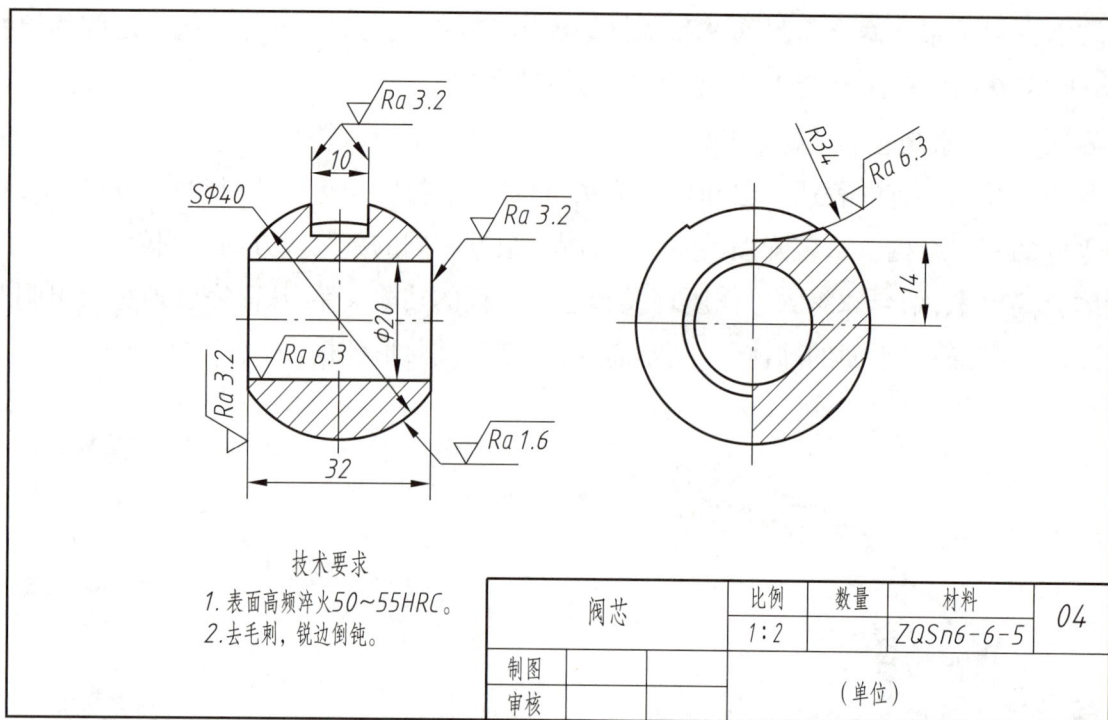

图 8-21　阀芯零件图

练一练

识读图 8-1c 所示的滑动轴承装配图，通过思考以下问题来熟悉识读装配图的要领：

（1）滑动轴承的功用是什么？滑动轴承由哪些零件组成？

（2）轴承座 1 和轴承盖 3 通过什么零件连接？为什么要添加垫片？

（3）装配图中的配合尺寸 64H9/f9、92H8/h7、ϕ10H8/s7、ϕ60H8/k7 分别表示什么配合？其精度分别属于什么等级？哪个精度等级最高？

（4）试述滑动轴承的拆卸顺序。

（5）明细栏中的 M16、M16×125、Q235A、HT200 的含义是什么？比例 1：2 表示什么？

8.7　绘制装配图

绘制装配图的步骤与绘制零件图的步骤相似，主要的不同点就是绘制装配图时要从整个装配体的结构特点、工作原理出发，确定合理的表达方案。以下所介绍的装配图是通过测绘装配体实物后绘制的装配图。绘图步骤一般如下：根据测绘好的零件草图，经过整理后，参考装配示意图，确定表达方案及绘图比例，再绘制装配图。

一、绘图准备

（1）认真测绘装配体和装配体的全部零件，充分掌握绘制装配图的第一手资料。

（2）系统掌握有关装配图的基本知识，并在绘图过程中体会、运用。

（3）准备必备的技术资料和绘图工具。

（4）绘制全部专用件的草图（在测绘过程中进行）。标准件要根据其结构形状和测量尺寸，核查确定标准件规格、代号或标记。

二、分析装配体结构及其工作原理

此项内容前面已分析过，这里不再重复。

三、确定表达方案，选定一组视图

前面讲过，装配图表达的主要内容是部件的工作原理及零件之间的装配关系，这也是确定装配图表达方案的主要依据。装配图同零件图一样，也要以主视图的选择为中心来确定整个表达方案。

根据上述方法确定的开关杠杆装配图如图 8-22 所示。

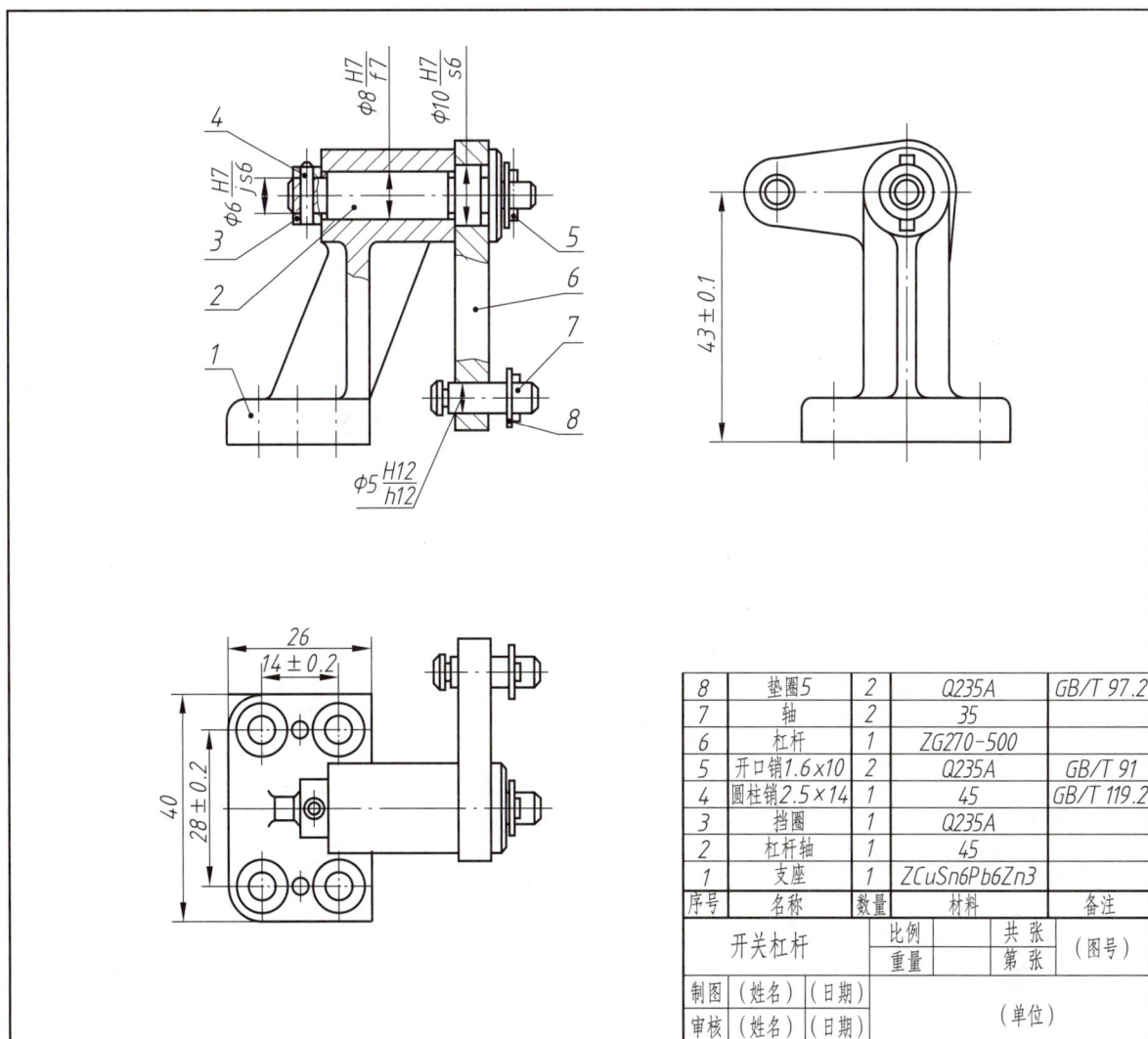

8	垫圈5	2	Q235A	GB/T 97.2
7	轴	2	35	
6	杠杆	1	ZG270-500	
5	开口销1.6×10	2	Q235A	GB/T 91
4	圆柱销2.5×14	1	45	GB/T 119.2
3	挡圈	1	Q235A	
2	杠杆轴	1	45	
1	支座	1	ZCuSn6Pb6Zn3	
序号	名称	数量	材料	备注

图 8-22　开关杠杆装配图

四、绘制装配图

（1）根据装配体大小、视图数量确定绘图比例及图幅大小。画出图框,定出标题栏和明细栏的位置。

（2）画各视图的主要基准线,如中心线、对称线和主要端面轮廓线等。

（3）从主要装配干线入手,逐一画出该干线上的每个零件,逐步延伸,完成该视图。几个基本视图要相互配合进行绘制,用细实线画出全部视图底稿。

（4）检查校核、描深,标注尺寸并编排零件序号等。

概览与思考

一、内容概览

模块八
小结

装配图
- 装配图的主要内容
  - 一组图形
  - 必要尺寸
  - 技术要求
  - 零件序号、标题栏、明细栏
- 装配图的画法规定及表达方案的确定
  - 画法规定
  - 简化画法
  - 表达方案的确定
- 装配图的尺寸标注
  - 一般应标注的尺寸
    - 性能(规格)尺寸
    - 装配尺寸
    - 安装尺寸
    - 总体尺寸
    - 其他重要尺寸
  - 配合尺寸
    - 间隙配合、过盈配合、过渡配合
    - ISO配合制:基孔制配合、基轴制配合
- 装配图的零部件序号、明细栏和技术要求
- 常见的装配工艺结构表达
- 识读装配图及拆画零件图
  - 台虎钳装配图
  - 球阀装配图
- 绘制装配图
  - 开关杠杆装配图

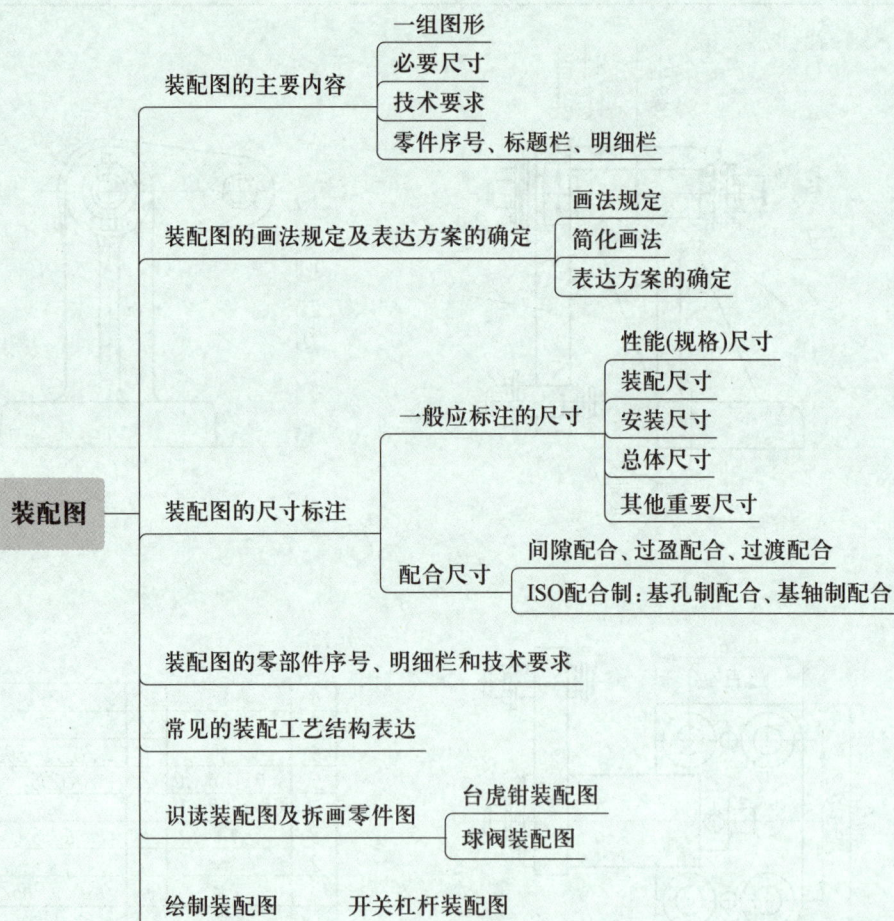

二、思考与实践

1. 装配图有何作用? 一张完整的装配图应包括哪些基本内容?

2. 举例说明装配图表达方案的选择原则。

3. 识读装配图的步骤是什么?

4. 装配图有哪些画法规定? 如何区分装配体中两个相邻的零件?

5. 图 8-1c 所示滑动轴承装配图体现了哪些画法规定?

6. 装配图应标注哪些尺寸? 图 8-8 所示铣床尾座装配图中的尺寸各属于哪类尺寸?

7. 图 8-17 所示台虎钳装配图中的配合尺寸属于何种配合?

8. 装配图和零件图在内容与要求上有哪些区别?

8

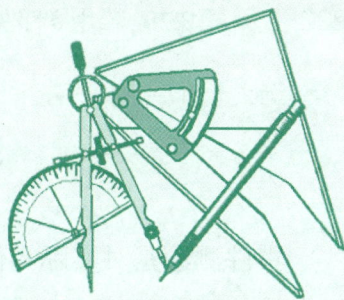

模块九　常用零部件的测绘

导　语

　　零部件测绘是对现有零部件进行分析、目测尺寸、徒手绘图、测量并标注尺寸、注写技术要求，最后整理画出零件图和装配图的过程。在实际生产中，不论是设计新产品还是设备维修，在没有现成图样的情况下，都需要进行测绘。因此，测绘零件和装配体是工程技术人员必须具备的一项基本技能。

　　本模块以常用标准件、典型零件和装配体为例，介绍常用测量工具的使用、测绘方法和步骤。零部件测绘将制图理论与操作实践融为一体，测绘过程中要合理选用和规范使用测量工具，以实事求是的态度精准测量，一丝不苟绘制高质量的图样。测绘过程中还要注重团队合作，勇于克服困难，提高工作效率。通过测绘实践，将大大提高机械制图综合应用能力和技术素养，增强专业自信。

—— 9.1 零件测绘与常用测量工具 ——

零件测绘是对实际零件进行尺寸测量,并绘制视图和综合分析技术要求的工作过程,在设备维修、仿制及推广新技术中经常遇到。

一、零件测绘的一般过程

（1）了解、分析零件。测绘时,首先了解零件的名称、材料、在装配体中的作用及与其他零件的关系,然后对零件的结构形状、加工工艺过程、技术要求及热处理等进行全面的了解与分析。

（2）确定表达方案。在对零件进行全面了解、认真分析的基础上,根据零件表达方案的选择原则,确定最佳表达方案。

（3）绘制零件草图。根据已选定的表达方案,绘制零件草图。

（4）测量零件尺寸、注写技术要求。测量零件的全部尺寸,并根据尺寸标注的原则和要求标注尺寸。确定技术要求,完成注写。

（5）检查校对、填写标题栏。根据零件草图,结合实物进行认真检查和校对,最后填写标题栏。

二、绘制零件草图的要求和步骤

零件草图是零件真实情况的记录,也是绘制零件图的依据。要求零件草图基本上符合零件图的各项内容要求。

1. 绘制零件草图的要求

零件草图一般应徒手以目测的比例绘制在坐标纸或白纸上。绘制零件草图要做到内容完整、表达正确、尺寸齐全、要求合理、比例匀称,具有与零件图相同的内容。

2. 绘制零件草图的步骤

以绘制拨杆零件草图为例说明绘制零件草图的步骤。

（1）在确定表达方案的基础上,选定比例、布局图面,草绘各视图的基准线,如图 9-1a 所示。

（2）草绘基本视图的外轮廓,如图 9-1b 所示。

（3）草绘剖视图、断面图等必要的图形,如图 9-1c 所示。

（4）选择长、宽、高各方向尺寸基准,画出尺寸界线和尺寸线,如图 9-1c 所示。

（5）标注尺寸、注写技术要求、填写标题栏并检查,如图 9-1d 所示。

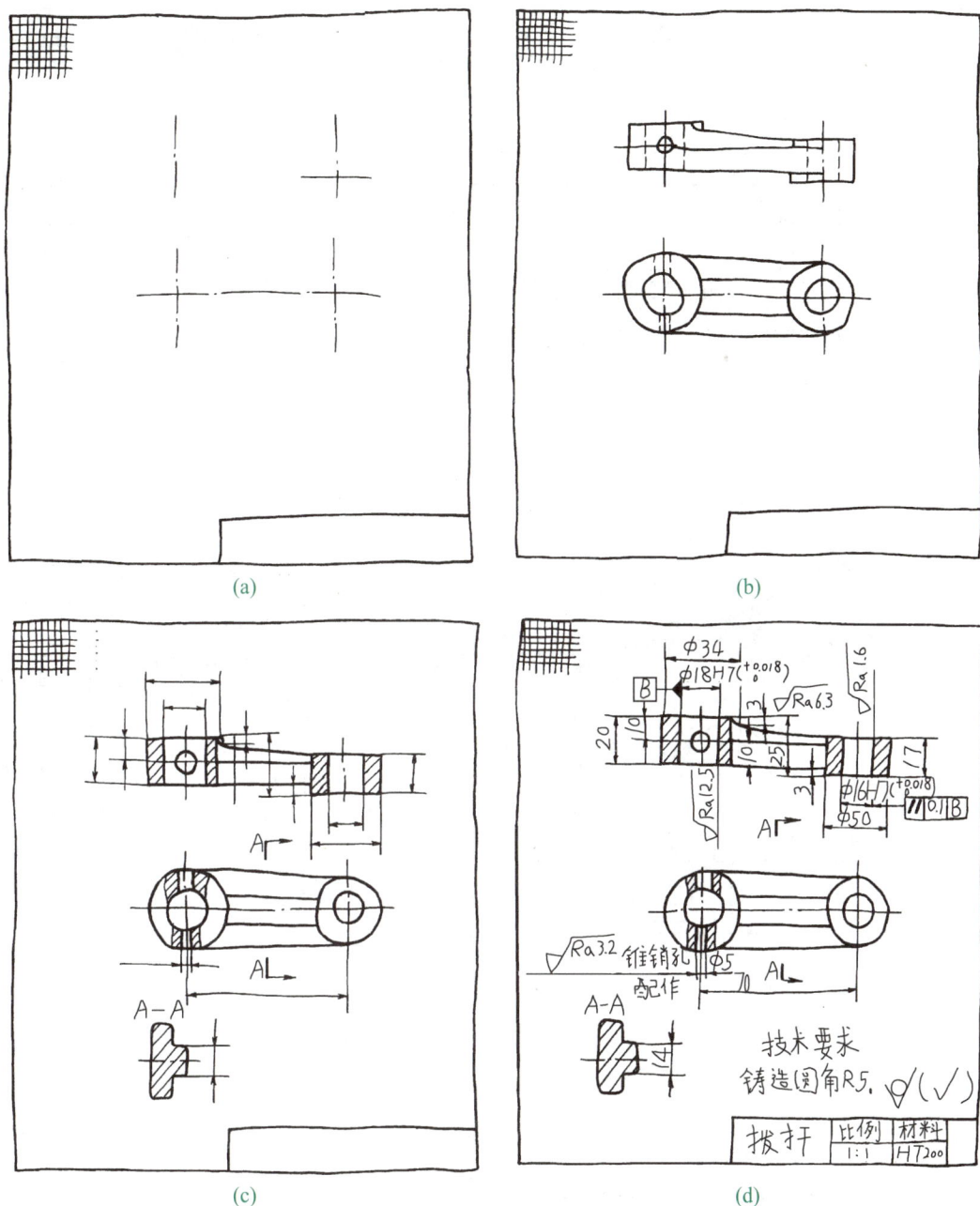

图 9-1　绘制零件草图的步骤

三、测量零件尺寸

测量零件尺寸是测绘工作的一项重要内容。测量尺寸要做到测量基准合理,使用量具适当,测量方法正确,测量结果准确。

一般选择零件上磨损较轻、面积较大的加工表面作为测量基准面。基准选择是否合理将直接影响测量的准确程度。

测绘零件常用的测量工具见表 9-1,各种量具的精度不同,使用的范围也不同,测量时,应根据被测表面的精度、加工和使用情况合理选择。

表 9-1 测绘零件常用的测量工具

名称	图示	使用说明	注意事项
钢直尺	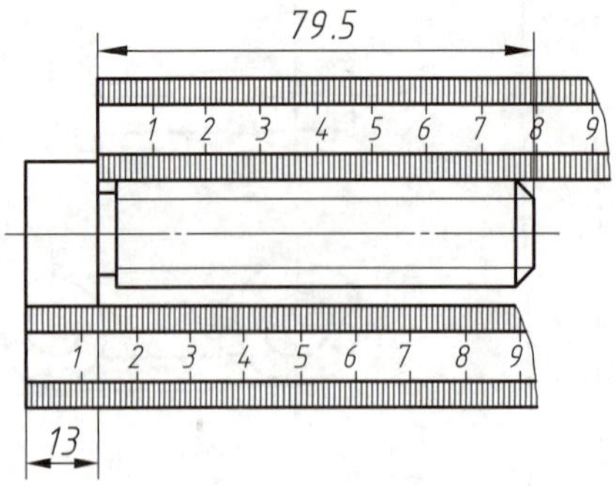	精度为 0.5 mm，只用于精度要求不高的场合	使用时，钢直尺要贴紧工件的一边或平行于被测尺寸
内外卡钳	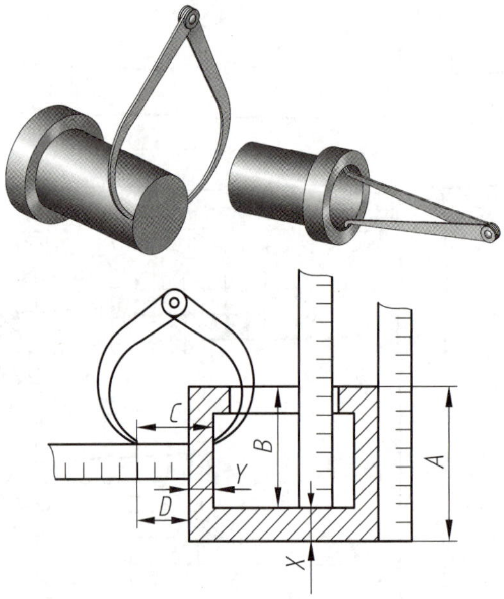	需借助钢直尺或游标卡尺读出数值。壁厚：$Y=C-D$；底厚：$X=A-B$	注意：两卡爪松紧程度合适。测量后应立即读出示值，防止两卡爪松动。退出时注意防止卡钳碰到被测工件，造成测量数据不准确
游标卡尺	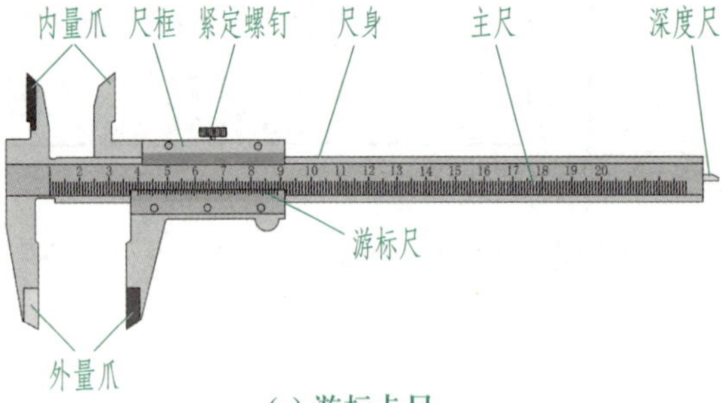 内量爪 尺框 紧定螺钉 尺身 主尺 深度尺 游标尺 外量爪 (a) 游标卡尺 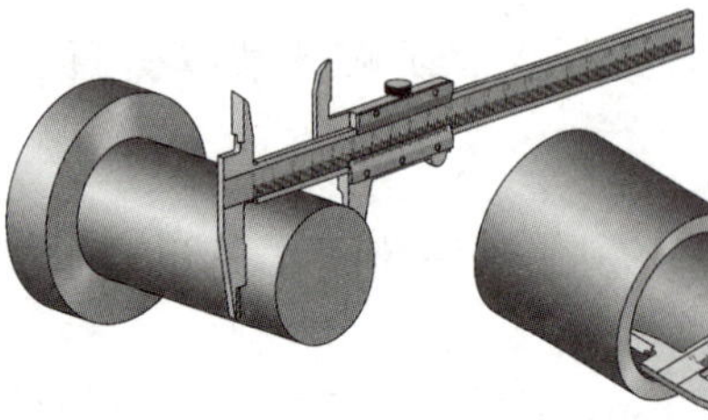 (b) 用游标卡尺测外径 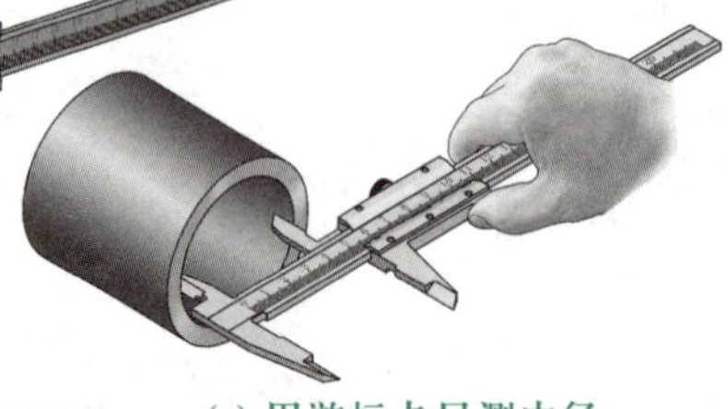 (c) 用游标卡尺测内径	常用测量工具，精度为 0.02 mm，可用于测量长度、内径、外径及深度	测量外径和内径时，应保证量爪处于直径处，量爪与被测面的接触应松紧适度。测量前应检查游标卡尺的精度是否准确

9

续表

名称	图示	使用说明	注意事项
游标卡尺	(d) 深度游标卡尺　(e) 用深度游标卡尺测深度		
千分尺	0.01 mm	精度为 0.01 mm，比游标卡尺的精度高，用于测量长度	千分尺以 25 mm 为一个量程，如测量 35 mm 长度，应选用 25～50 mm 量程的千分尺。使用前需用标准测量棒校准千分尺的精确度
万能角度尺	(a) 万能角度尺 (b) 用万能角度尺测角度	精度为 2′，用于测量斜度和锥度	先对度数，后微调测量分值，相加后为实测的角度

9

续表

名称	图示	使用说明	注意事项
螺纹规	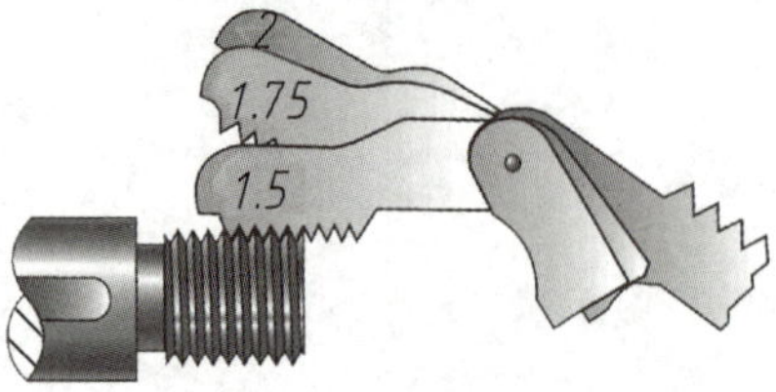	用于测量螺纹的螺距	仅用于测量米制螺纹,测量时要保证选用的螺距与实际螺纹的螺距完全吻合
尺规	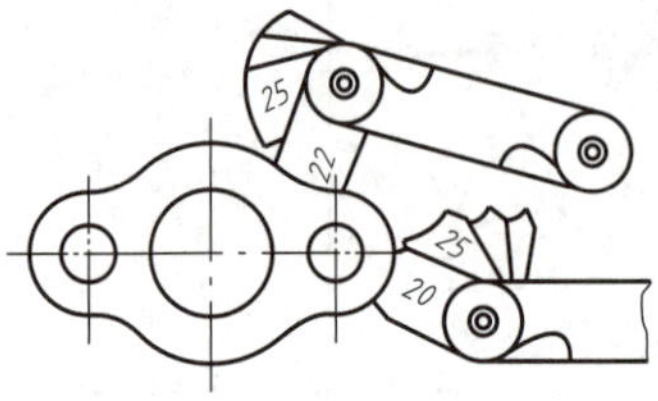	用于测量小圆弧尺寸,分凸弧测量和凹弧测量	选择与所测圆弧一致的凸形或凹形尺规贴紧检测,尺规上的数值为圆弧值

四、绘制零件图的方法和步骤

由于测绘是在生产现场进行的,所绘草图不一定很完善,因此绘制零件图之前要对草图进行全面审查校核;对所测得的尺寸要参照标准尺寸进行圆整;对标准件的规格等要查阅相关标准选取;对方案选择、尺寸标注等,可能绘制草图时比较匆忙有考虑不周之处,需要重新考虑。经过复查、修改后即可绘制零件图。

绘制零件图的步骤如下:

(1)根据零件的复杂程度、体积大小、结构形状确定绘图比例。

(2)根据选定的绘图比例和确定的表达方案及视图数量,估计各视图所占的面积,并充分留有余地,选取合适的图幅。

(3)用细实线轻轻画出各视图的基准线,完成底稿。

(4)检查底稿、描深。

(5)标注尺寸、注写技术要求、填写标题栏。

(6)责任者签字。

—— 9.2 标准件与常用件的测绘 ——

一、螺纹的测绘

测绘螺纹时,首先要测定螺纹的牙型、大径和螺距,然后查阅螺纹有关国家标准,确定螺纹的种类。对于螺纹的线数和旋向,可目测直接确定。

1. 大径的测定

外螺纹的大径可以用游标卡尺测定。内螺纹的大径不易直接测量,一般通过测定与它配合的外螺纹大径来确定。如果没有配合件,可以测定内螺纹的小径,再从螺纹国家标准中查出它的大径。

2. 牙型和螺距的测定

用螺纹规直接测定螺纹的牙型和螺距。测定时,选择与被测螺纹完全吻合的螺纹规,螺纹规上所标出的牙型和螺距即为所测结果,如图 9-2a 所示。

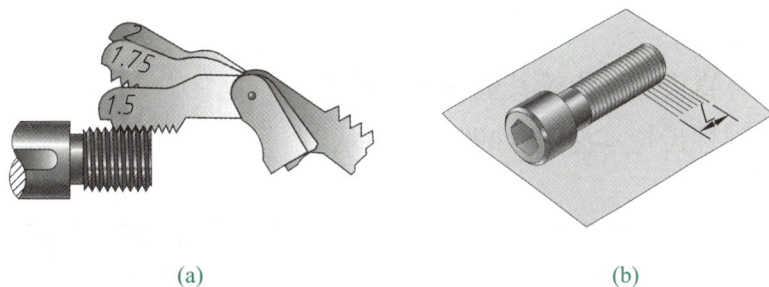

(a)　　　　　　　　　　　　　　(b)

图 9-2　螺纹牙型和螺距的测定

没有螺纹规时,可用拓印法测定螺距。将螺纹在纸上印出痕迹,一般先量出 5 个或 10 个螺距的长度,如图 9-2b 所示,算出平均螺距,然后从螺纹国家标准中查出与实测值最接近的标准螺距,对照所测得的螺纹大径及牙型,确定属于哪一种螺纹,记下螺纹代号。

管螺纹来源于英制,在标准中规定了每 25.4 mm 长度内的螺纹牙数。管螺纹的测绘方法与普通螺纹相同。测绘螺纹时,当发现测得的大径与普通螺纹国家标准中列的大径相差较多时,应考虑改查管螺纹标准。

测定螺纹的螺距后,应对比相应的国家标准,如有误差,则予以修正。

二、直齿圆柱齿轮的测绘

对于齿轮,通过测量和计算确定主要参数,最后绘制零件图。

测绘步骤如下:

(1)数出齿数 z。

(2)测出齿顶圆直径 d_a。当齿数是偶数时,可直接用游标卡尺测出,如图 9-3a 所示;当齿数为奇数时(图 9-3b),应先测出孔径 D_1 及孔壁到齿顶的径向距离 H,然后由 $d_a=2H+D_1$ 算出齿顶圆直径,如图 9-3c 所示。

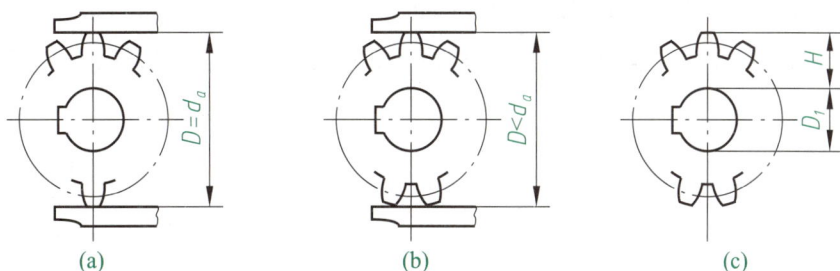

(a)　　　　　　　　(b)　　　　　　　　(c)

图 9-3　齿轮测绘

（3）计算模数 m。模数 m 由下面公式求出：

$$m=\frac{d_a}{z+2}$$

求出模数后与标准模数对照，选最接近的标准模数为被测直齿圆柱齿轮的模数。

（4）计算分度圆直径 d。$d=mz$，用相啮合齿轮的中心距校对，应符合：

$$a=\frac{a_1+a_2}{2}=\frac{m(z_1+z_2)}{2}$$

（5）测量与计算直齿圆柱齿轮其他各部分尺寸。

（6）绘制直齿圆柱齿轮零件图，如图 9-4 所示。

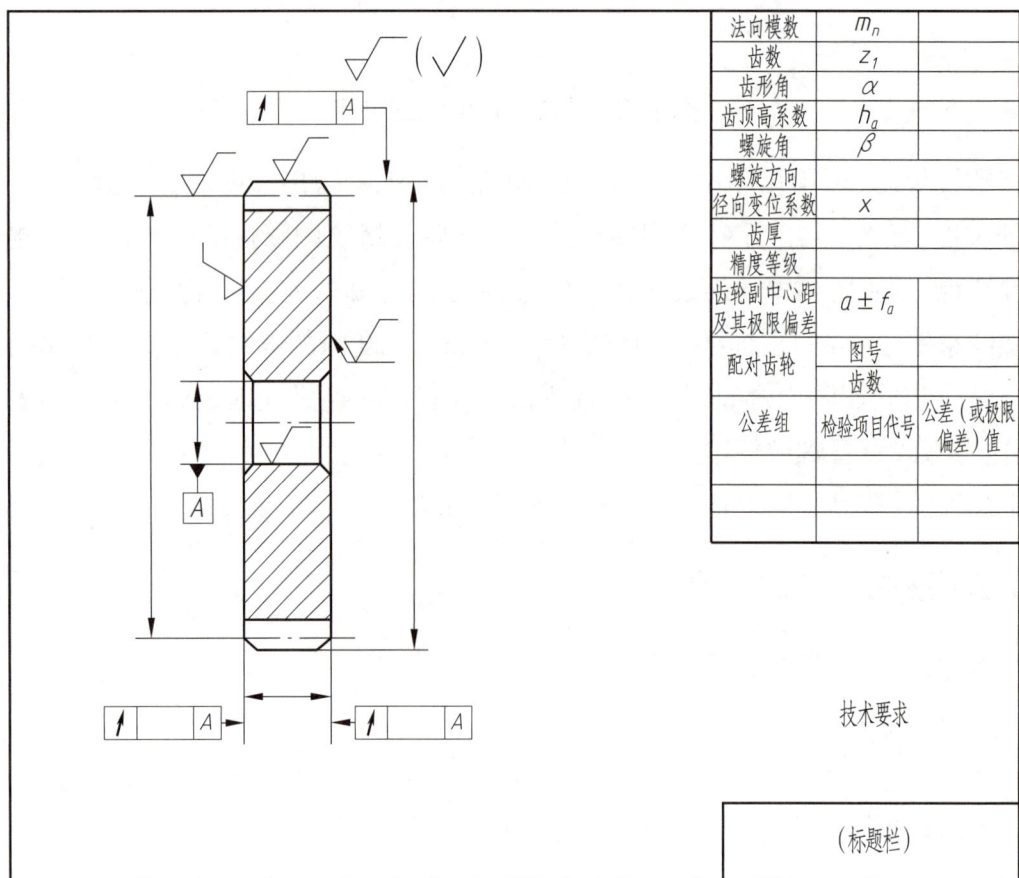

法向模数	m_n	
齿数	z_1	
齿形角	α	
齿顶高系数	h_a	
螺旋角	β	
螺旋方向		
径向变位系数	x	
齿厚		
精度等级		
齿轮副中心距及其极限偏差	$a\pm f_a$	
配对齿轮	图号	
	齿数	
公差组	检验项目代号	公差（或极限偏差）值

技术要求

（标题栏）

图 9-4　直齿圆柱齿轮零件图

齿轮零件图除具有一般零件图的内容外，齿顶圆直径、分度圆直径及有关齿轮的基本尺寸要直接注出，齿根圆直径一般由加工时刀具的尺寸决定，图上可以不注。其他各主要参数在图样右上角列表说明。

——　9.3　装配体的测绘　——

对装配体进行测量,绘制零件草图,并绘制成装配图的过程,称为装配体的测绘。

一、了解测绘对象

测绘前,首先要认真分析研究测绘的装配体,了解其用途、性能、工作原理、结构特点、各零件的装配关系、相对位置关系及加工方法等。具体方法如下:

(1)参考有关资料、说明书,与同类产品进行比较分析。

(2)通过拆卸,对零部件进行全面分析。

二、拆卸零件,绘制装配示意图

拆卸零件时应注意:

(1)拆卸零件前,先测量重要的装配尺寸,如相对位置尺寸、极限位置尺寸及装配间隙等,以便校核图样和装配部件。

(2)拆卸时应用合适的拆卸工具,保证拆卸顺利,不损坏零件。

(3)按一定顺序拆卸。过盈配合的零件,原则上不拆卸;过渡配合的零件,若不影响零件的测量工作,则一般也不拆卸。

(4)将拆卸的零件编号并登记,加上号签,妥善保管,防止零件碰伤、生锈和丢失。

(5)对于零件较多的装配体,为便于拆卸后重新装配,往往要绘制装配示意图。

装配示意图是用简明的符号和线条表达零件的相互位置、连接方式和装配关系的图。绘制装配示意图时,零件应按国家标准《机械制图　机构运动简图用图形符号》(GB/T 4460—2013)的规定绘制。

三、绘制零件草图

逐一绘制拆卸下来的零件的零件草图(不必绘制标准件草图,但应注写标准件的代号和数量)。绘制零件草图时,应先绘制视图、尺寸界线和尺寸线,然后逐一测量并填写尺寸数字。

测量和填写尺寸数字时,各零件间有联系的尺寸要协调一致,配合尺寸在两个零件草图上应成对标注。例如,实际测量的某零件内孔尺寸是 $\phi 8.02$,与之相配合的轴段的尺寸为 $\phi 7.98$,那么零件草图上应标注相同的公称尺寸 $\phi 8$,并在尺寸后面注出极限偏差。

四、绘制装配图

绘制装配图的步骤与绘制零件图的步骤相似,不同之处是绘制装配图要从整个装配体的结构特点、工作原理出发,确定合理的表达方案。

9

1. 确定表达方案

2. 绘图步骤

（1）选择图幅、确定比例、布置图形，绘制各视图的基准线。

（2）绘制主要零件的轮廓。

（3）按装配示意图所示各零件间的相互关系，绘制其余零件的轮廓。

（4）检查、描深、画剖面线、标注尺寸、编写序号、填写明细栏和标题栏，完成全图。

例 测绘机用虎钳。

1. 分析测绘对象

图 9-5 所示机用虎钳是安装在机床工作台上，用于夹紧工件，以便进行切削加工的一种通用工具，其装配示意图如图 9-6 所示：固定钳座 1 安装在机床工作台上，起机座作用，用

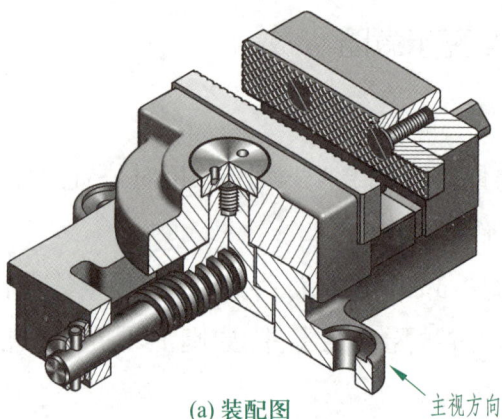

(a) 装配图

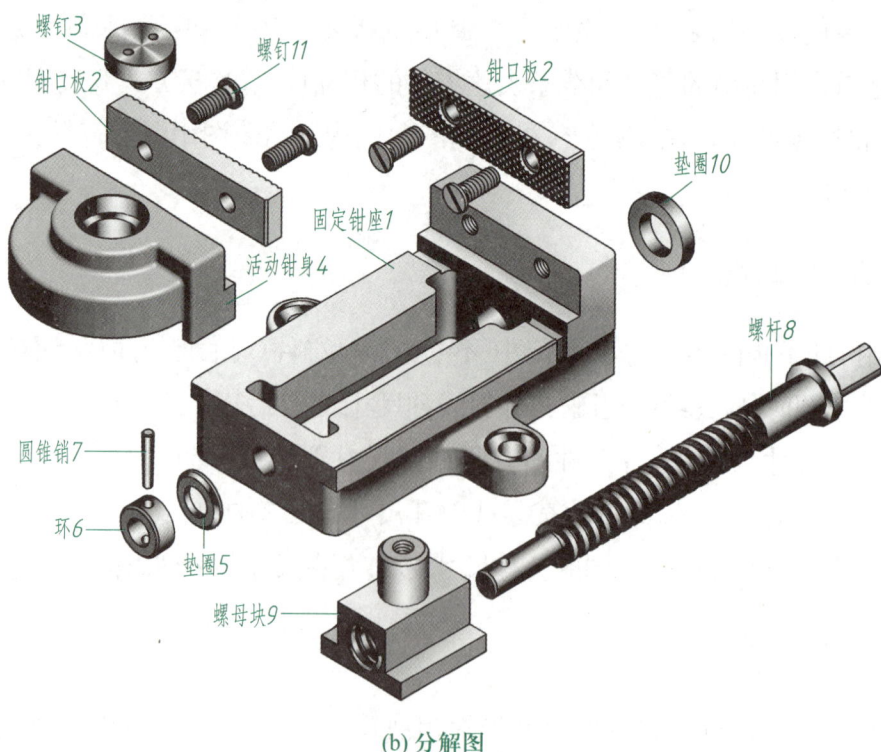

(b) 分解图

图 9-5 机用虎钳

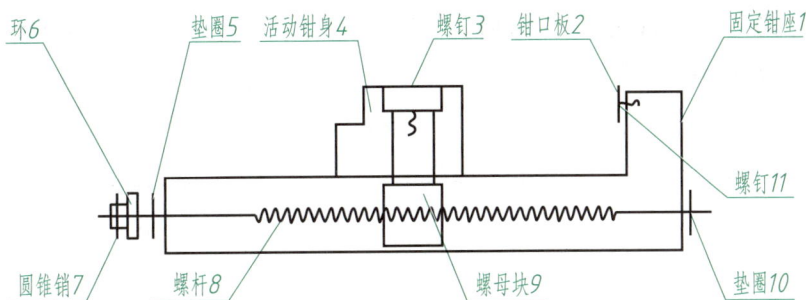

图 9-6 机用虎钳装配示意图

扳手转动螺杆 8，能带动螺母块 9 左右移动，螺母块 9 带着螺钉 3（自制螺钉）、活动钳身 4、钳口板 2 左右移动，夹紧或松开工件。

2. 测绘机用虎钳零件图

（1）螺杆

螺杆零件分析。 螺杆是机用虎钳中的重要零件，螺杆的结构形状是阶梯轴，其中间段是用于传动的矩形螺纹，左端有销孔，右端是连接其他零件的方榫，螺杆左右两轴段与固定钳座上的轴孔有配合关系。

确定表达方案。 螺杆属于轴类零件，主视图选择其轴线水平放置，符合加工位置原则。螺杆上的矩形螺纹应用局部放大图表示其牙型，螺杆右端的方榫宜用移出断面图表示其断面形状，左端销孔用局部剖视图表达。

绘制螺杆零件草图：

① 选定比例，布置图面，画基准线。

② 草绘主视图的外轮廓，绘制局部剖视图、移出断面图和局部放大图。

③ 选择尺寸基准，径向尺寸基准为螺杆轴线，轴向尺寸基准为轴环左端面。画尺寸界线和尺寸线，如图 9-7 所示。

④ 集中测量零件尺寸并进行标注。螺杆直径尺寸的测量：用游标卡尺测量各轴段直径尺寸，然后进行圆整，使其符合国家标准（GB/T 2822—2005）推荐的尺寸系列。螺杆长度尺寸的测量：长度尺寸一般为非功能尺寸，将用钢直尺测出的数据圆整成整数即可。需要注意的是，长度尺寸要直接测量，不要用各轴段的长度累加计算总长。

⑤ 按规定线型徒手描深图线，注写技术要求，填写标题栏，最后进行整体检查，如图 9-8 所示。

a. 确定尺寸公差 与固定钳座有配合关系的 $\phi 12$ mm 和 $\phi 18$ mm 处，宜采用较小的间隙配合，选择基孔制，为 $\phi 12f7$ 和 $\phi 18f7$，查阅相关国家标准得轴的尺寸为 $\phi 12_{-0.034}^{-0.016}$ 和 $\phi 18_{-0.034}^{-0.016}$。

b. 确定几何精度 螺杆两端 $\phi 12$ mm 和 $\phi 18$ mm 轴段的轴线应保证同轴度要求。

c. 确定表面粗糙度 $\phi 12$ mm 和 $\phi 18$ mm 轴段的表面粗糙度要求最高，Ra 值取 1.6 μm，销孔表面取 $Ra1.6$，其余为 $Ra6.3$。

　　d. 确定材料和表面处理方法　材料为 45 钢（参阅有关材料和热处理资料）；热处理选择淬火，硬度 40～45HRC。

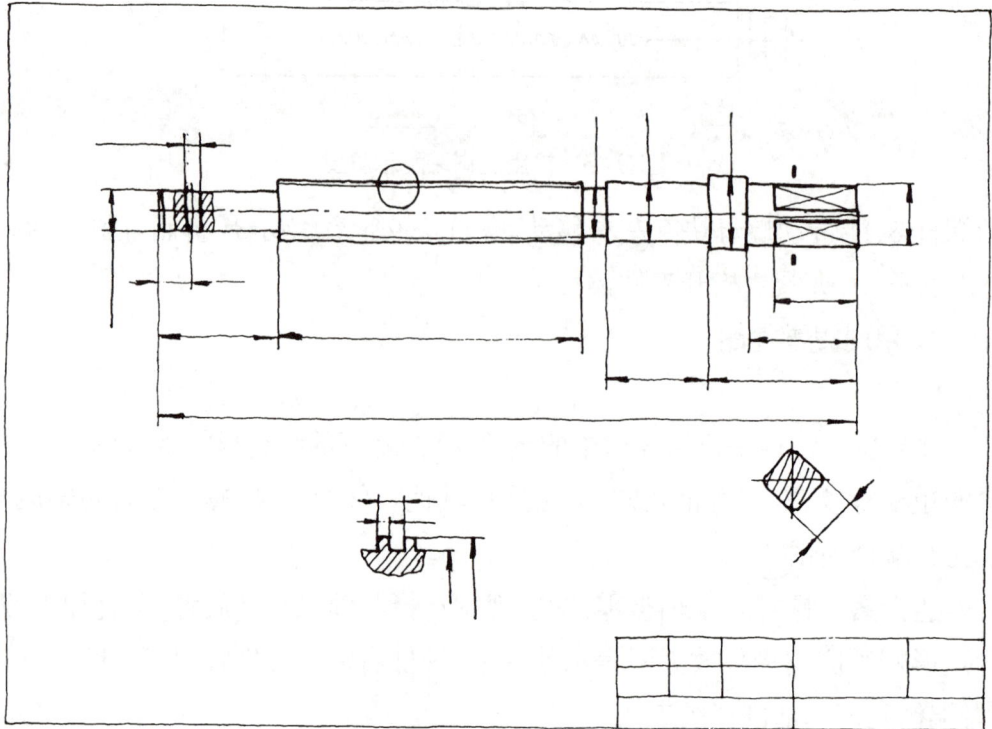

图 9-7　绘制螺杆零件草图外形及尺寸界线和尺寸线

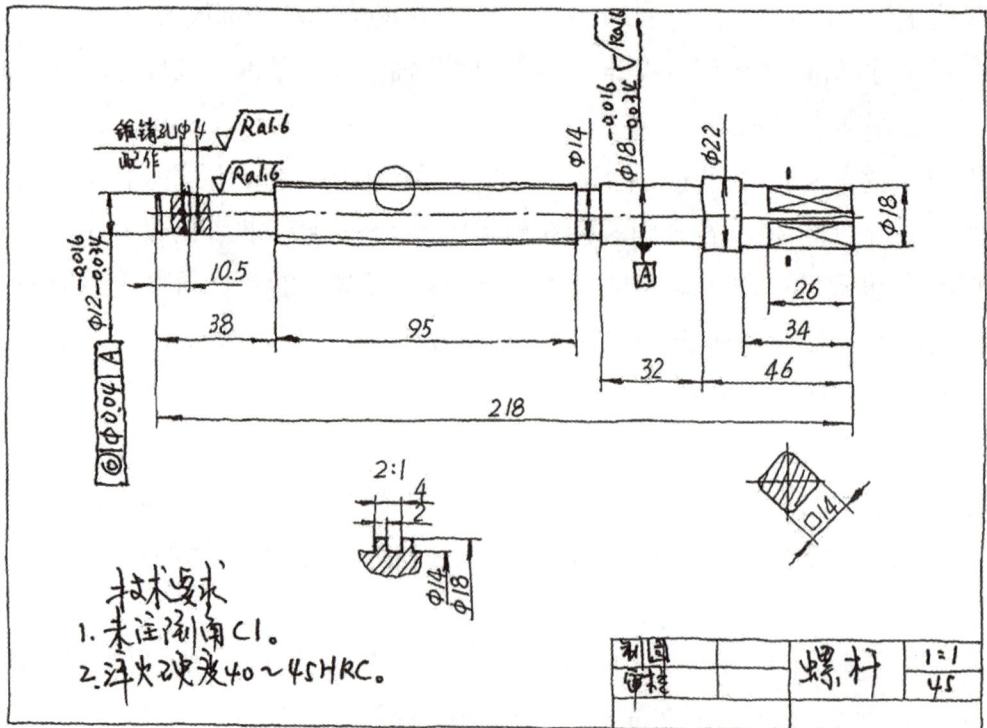

图 9-8　测绘完成的螺杆零件草图

（2）固定钳座

固定钳座零件分析。固定钳座是机用虎钳的底座,安装在机床工作台上。

确定表达方案。固定钳座属于箱体类零件,主视图以该零件工作位置和最能表达其形状特征及各部位相对位置的方向作为投射方向。固定钳座外形比较简单,内部结构相对较复杂,宜采用剖视图。俯视图反映零件的整体形状,其中用于固定钳口板的螺纹孔采用局部剖视图表达;零件前后对称,左视图宜采用半剖视图。三个视图已经能够清晰、完整地表达被测零件。

绘制固定钳座零件草图:

① 草绘固定钳座零件图形。

② 选择长、宽、高方向的尺寸基准,画尺寸界线和尺寸线,如图9-9所示。长度方向尺寸基准为钳座右侧平面,宽度方向尺寸基准为前后对称平面,高度方向尺寸基准为与活动钳身配合的表面。

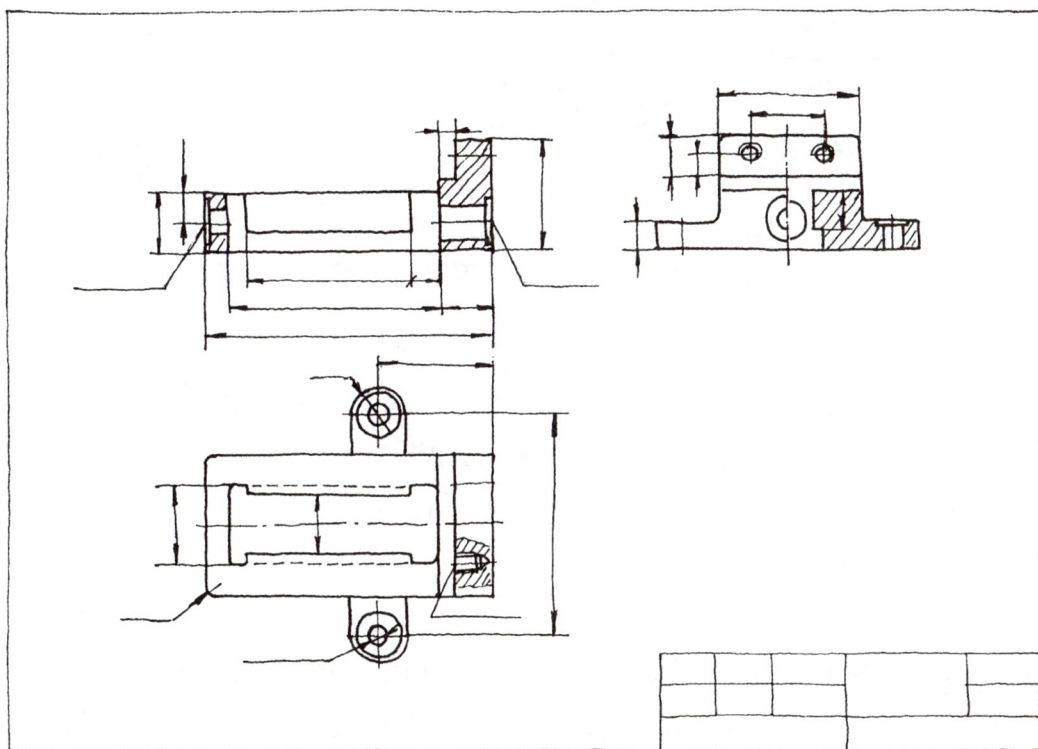

图9-9　绘制固定钳座零件草图外形及尺寸界线和尺寸线

③ 集中测量零件尺寸并进行标注。

④ 按规定线型徒手描深图线,注写技术要求,填写标题栏,最后进行整体检查,如图9-10所示。

a. 确定尺寸公差　左右两端 $\phi12$ mm、$\phi18$ mm 孔与螺杆配合处采用基孔制,公差带代号为H8,查阅相关国家标准得尺寸为 $\phi12^{+0.027}_{0}$ 和 $\phi18^{+0.027}_{0}$;孔的定位尺寸15有精度要求,选取公差带代号为 js10,查得尺寸为 15 ± 0.035。

　　b. 确定几何精度　$\phi 12^{+0.027}_{0}$ mm 和 $\phi 18^{+0.027}_{0}$ mm 两孔要保证同轴度要求;与钳口板的配合面和固定钳座的水平基准面有垂直度要求。

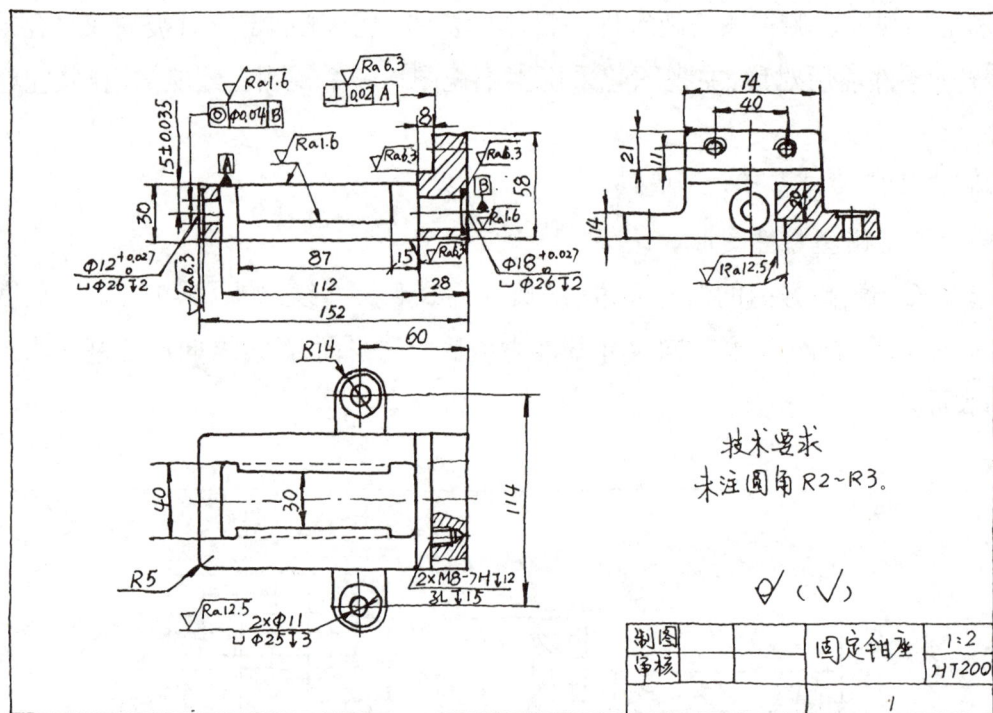

图 9-10　测绘完成的固定钳座零件草图

　　c. 确定表面粗糙度　与活动钳身的配合面、与螺母块产生相对滑动的上下表面及与螺杆配合的内孔表面要求最高,取 $Ra1.6$;与钳口板的配合面、钳座底面、$\phi 12$ mm 和 $\phi 18$ mm 沉孔处端平面均选取 $Ra6.3$;其余的加工表面为 $Ra12.5$。

　　其他零件测绘略,全部零件图如图 9-11 和图 9-12 所示。

3. 确定装配体表达方案

　　机用虎钳装配体用三个基本视图表达,主视图按工作位置放置,采用全剖视图,反映机用虎钳的工作原理和零件间的配合关系;俯视图反映固定钳座的结构形状,并通过局部剖视图表达钳口板与钳座连接的局部结构;左视图采用半剖视图。采用一个表示单个零件的视图反映钳口板的安装情况。

4. 绘制装配图

　　(1)布置图面、画基准线。根据装配体大小、视图数量确定绘图比例及图幅。

　　画图框,定出标题栏和明细栏的位置。画各视图的主要基准线。

　　(2)画底稿。从主要装配干线入手,从外向内、自下而上逐一画出每个零件,逐步完成视图。几个基本视图要相互配合进行绘制,均用细实线绘制,如图 9-13 所示。

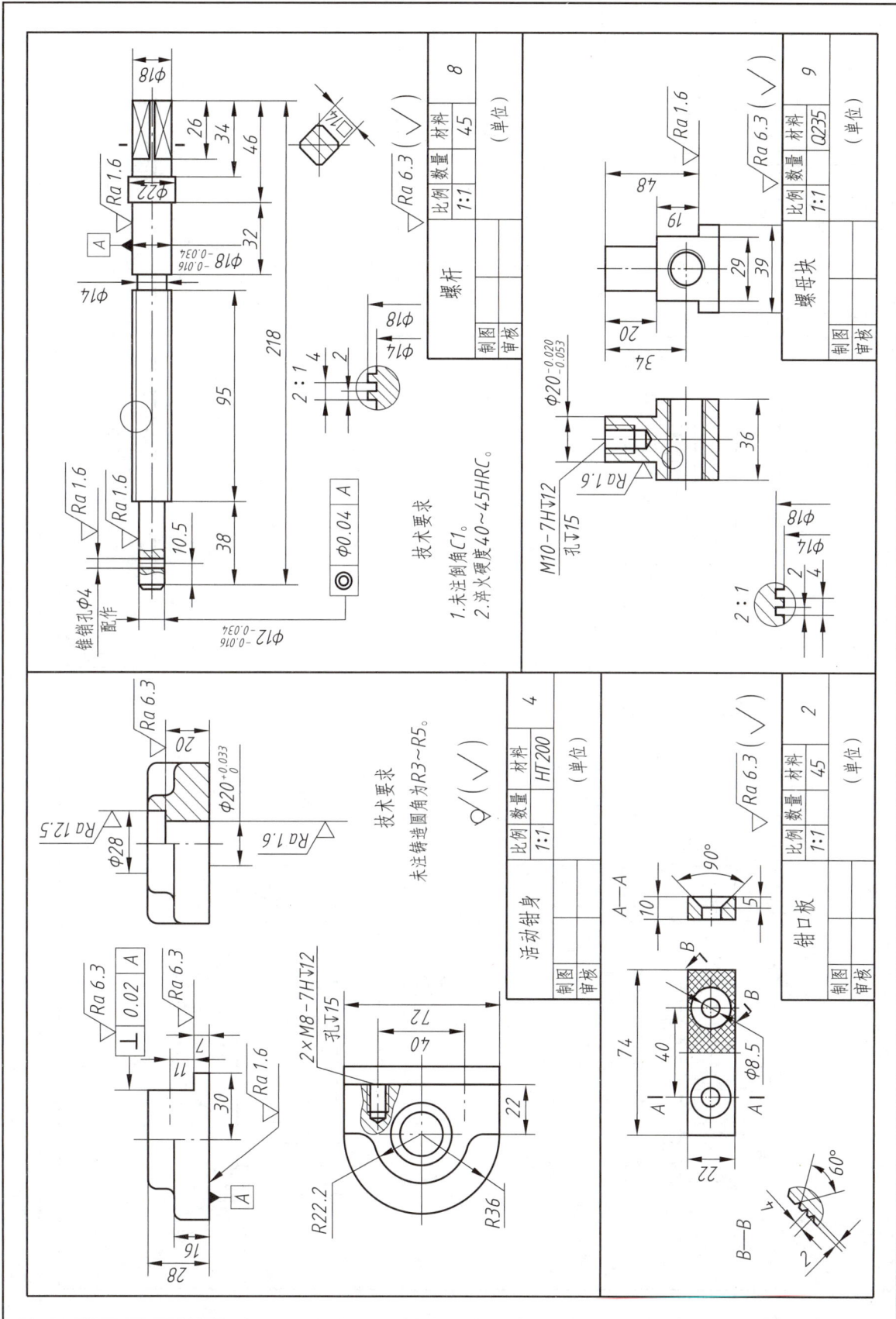

图9-11 机用虎钳零件图（一）

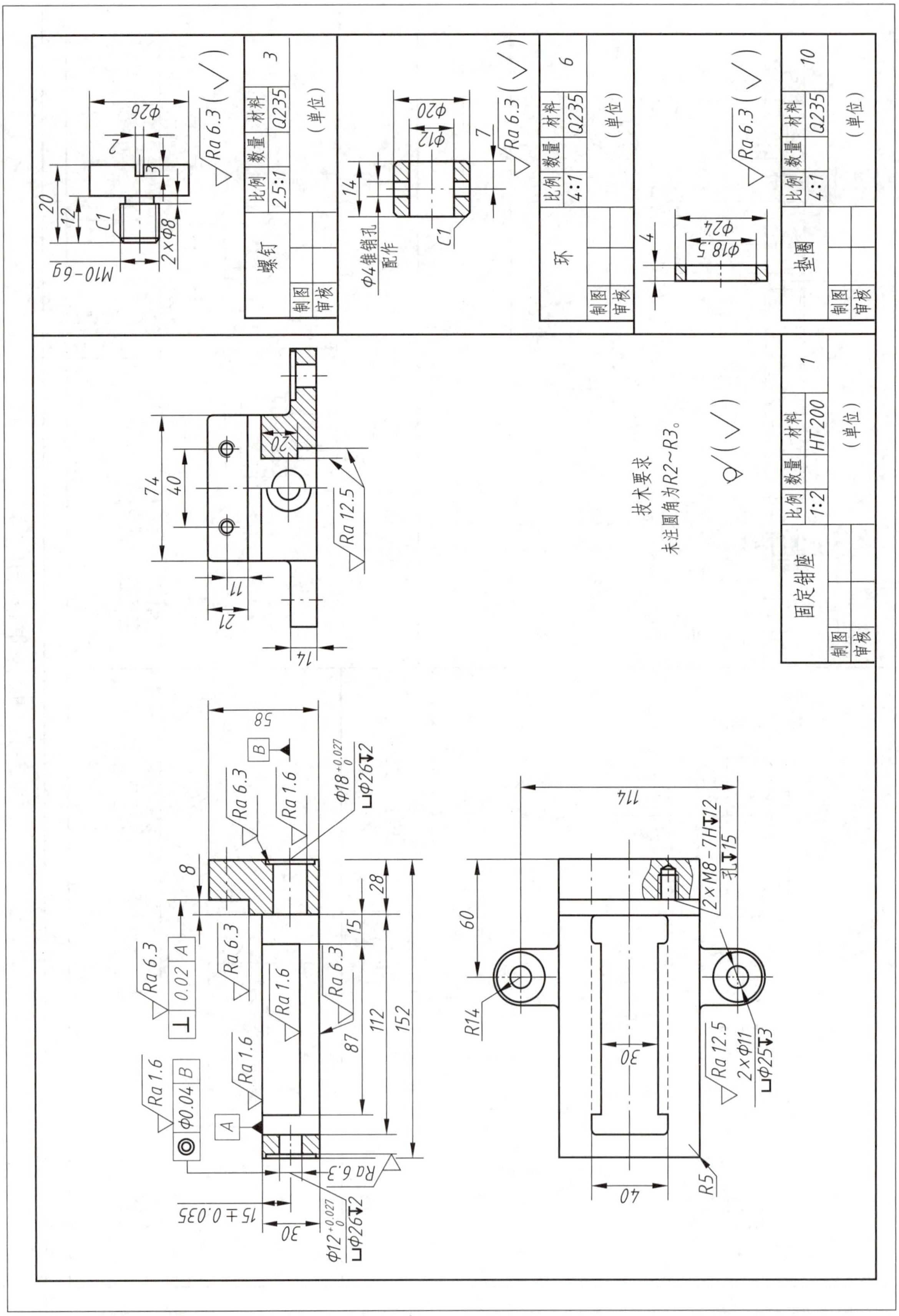

图 9-12 机用虎钳零件图（二）

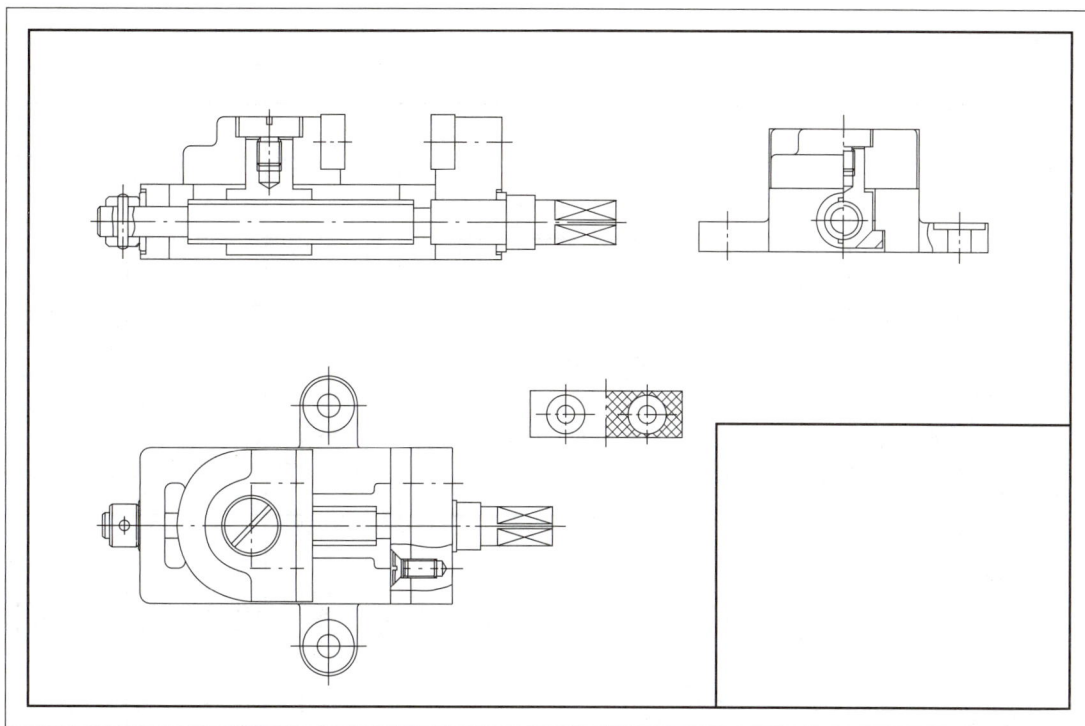

图 9-13　机用虎钳装配图（一）

（3）完成全部视图底稿后画剖面线，如图 9-14 所示。标注尺寸，编排零件序号，填写标题栏、明细栏，注写技术要求，检查校核、描深，完成装配图，如图 9-15 所示。

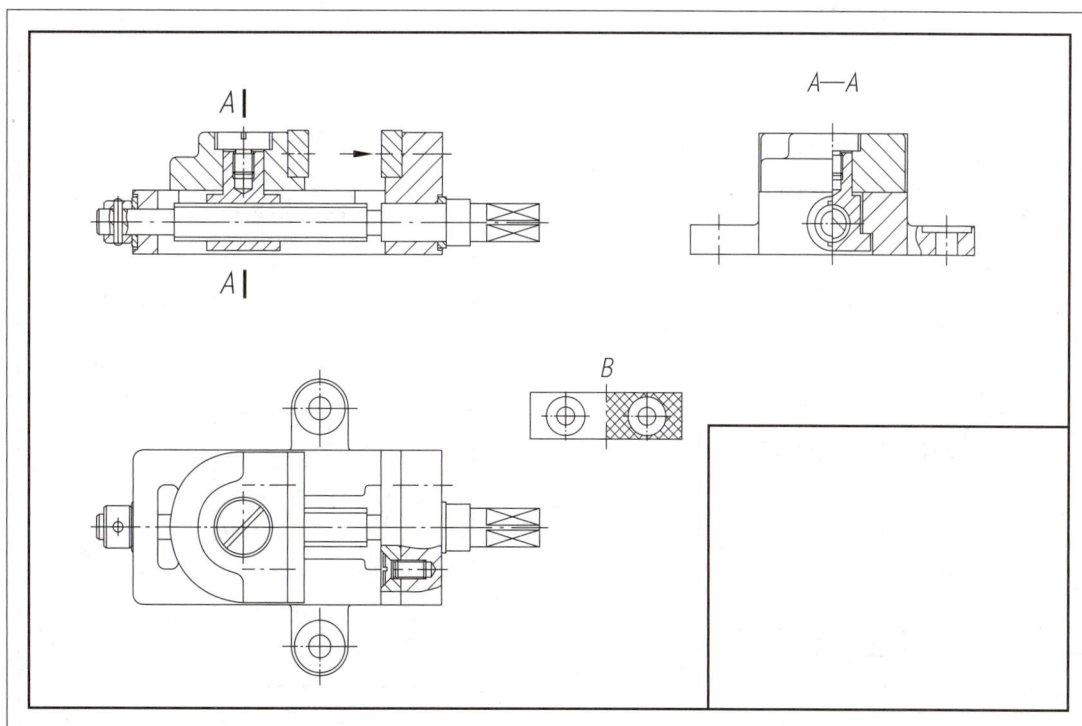

图 9-14　机用虎钳装配图（二）

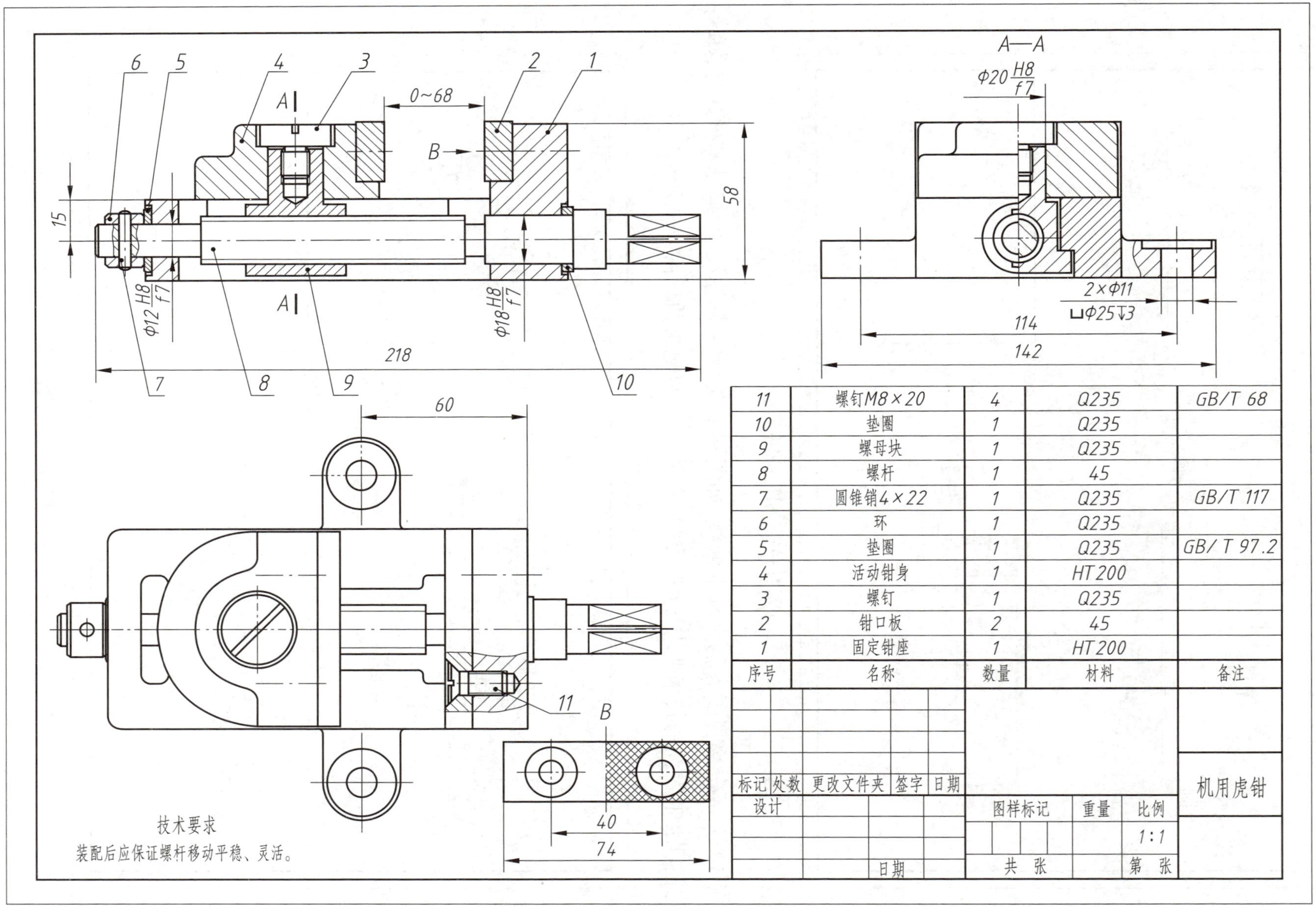

序号	名称	数量	材料	备注
11	螺钉M8×20	4	Q235	GB/T 68
10	垫圈	1	Q235	
9	螺母块	1	Q235	
8	螺杆	1	45	
7	圆锥销4×22	1	Q235	GB/T 117
6	环	1	Q235	
5	垫圈	1	Q235	GB/T 97.2
4	活动钳身	1	HT200	
3	螺钉	1	Q235	
2	钳口板	2	45	
1	固定钳座	1	HT200	

标记	处数	更改文件夹	签字	日期		机用虎钳
设计					图样标记	
					重量　比例	
				日期	共　张　第　张	1:1

技术要求

装配后应保证螺杆移动平稳、灵活。

图9-15　机用虎钳装配图

概览与思考

一、内容概览

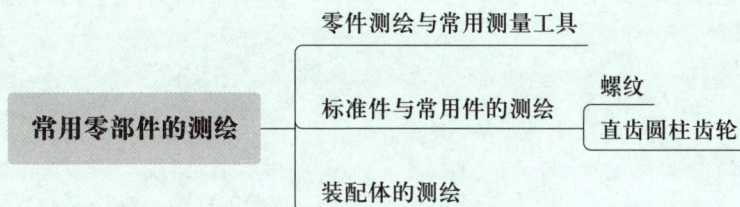

二、思考与实践

1. 如何测量和规范配合尺寸中的公称尺寸和极限偏差？

2. 零件草图和零件图有何异同？

3. 绘制零件图和装配图时，它们的视图选择有何不同？

4. 通过测绘装配体实践，总结测绘装配体的主要方法和步骤。

模块九
小结

9

模块十　其他图样

导　语

　　钣金制件和焊接件在造船、机械、化工、电子和建筑等领域都有广泛应用。

　　本模块主要介绍钣金展开图和焊接图。钣金展开图重点介绍常用展开法及表面展开图画法，焊接图则重点介绍国家标准规定的常见焊缝画法、符号、尺寸标注和焊接方法的表示符号等。掌握钣金制件展开图及焊接图的识读和绘制是工程技术人员专业素质的重要组成部分。

　　"其他图样"是机械图样的补充，可按需学习。其他图样和机械图样的表达方法有所不同，但思维方式是一致的，学习中要注重知识的迁移与运用，不断提高自主学习能力，这也是积极进取、与时俱进、追求卓越的优秀品格。

10.1　钣金展开图

在实际生产中,经常需要用金属板料制作零部件,如图 10-1 所示。制造此类薄壁制件,一般先在薄板上画出其表面展开图(放样),然后下料,再弯卷成形,最后经过焊接或咬接、铆接制作而成。

将立体的各表面按其实际形状和大小展开在一个平面上所得的图形称为表面展开图。画表面展开图实质就是按 1:1 的比例画立体表面的实形。常用的展开法有三种。

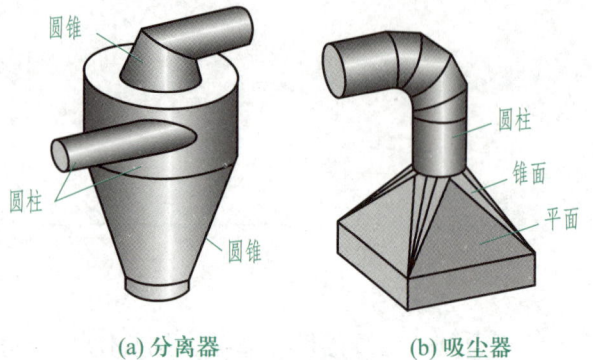

(a) 分离器　　　　(b) 吸尘器

图 10-1　薄板制件

一、平行线展开法

平行线展开法适用于棱柱和圆柱的表面展开。

(1)棱柱

棱柱等平面立体的表面展开图作法比较简单,以斜截四棱柱管(图 10-2)为例,说明作图方法:

① 先将棱柱各底边的实长展开成一条水平线,标出点 I、II、III、IV、I。

② 过这些点向上作垂线,在其上量取各棱线的实长,即得顶点 A、B、C、D、A。

③ 用直线连接各顶点,所得图形即为斜截四棱柱管的表面展开图。

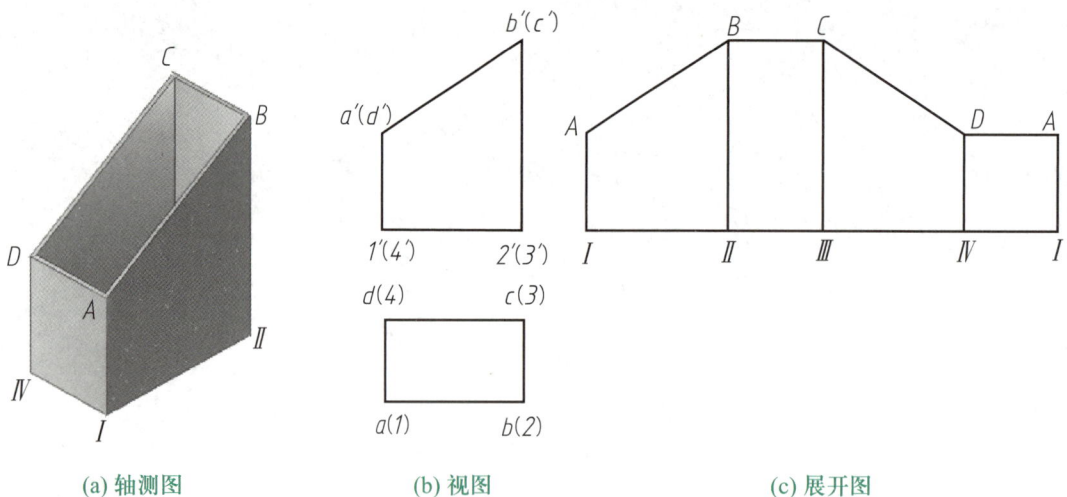

(a) 轴测图　　　　(b) 视图　　　　(c) 展开图

图 10-2　斜截四棱柱管的展开

(2)圆管

如图 10-3 所示,圆管的表面展开图为一矩形,矩形的底边长为圆管(底圆)的周长 πD,高度为管高 H。

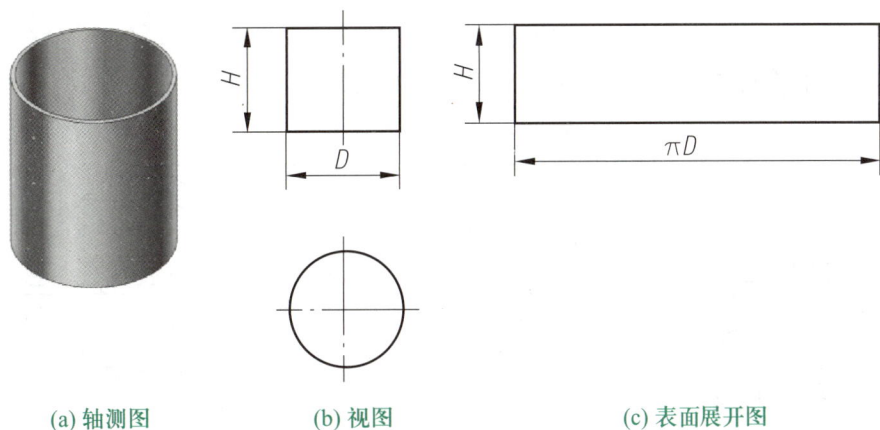

(a) 轴测图　　　(b) 视图　　　(c) 表面展开图

图 10-3　圆管的展开

例 10-1　作斜截圆管的表面展开图。

分析　圆管被平面斜截后（图 10-4a、b），表面素线长度不一，但仍相互平行且垂直于底面，其正面投影反映实长，斜截口展开后成为曲线。

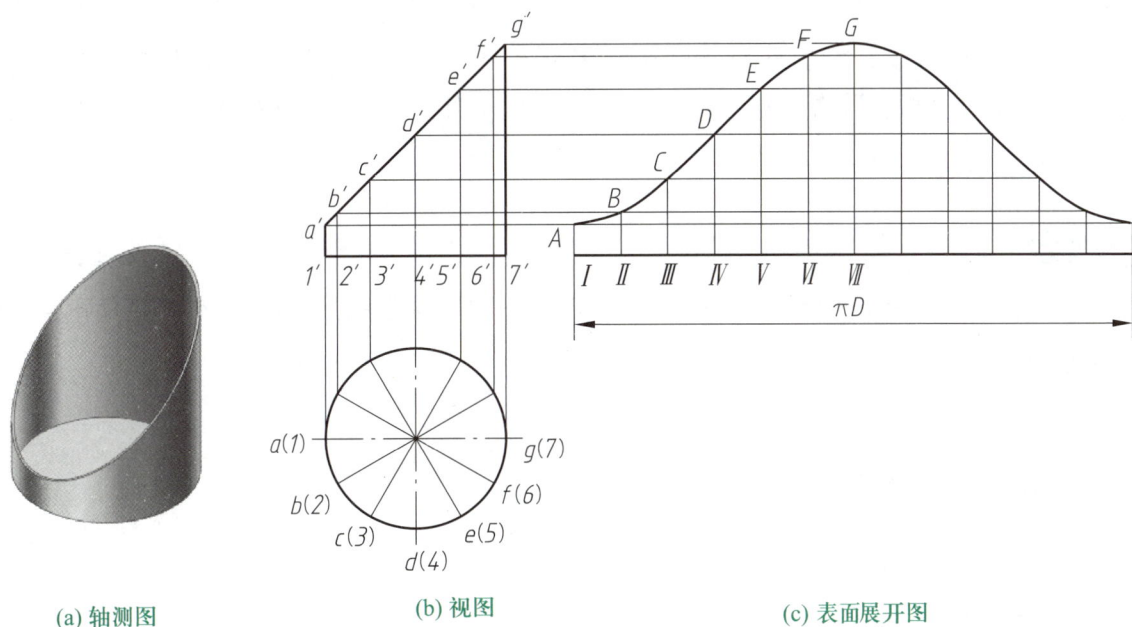

(a) 轴测图　　　(b) 视图　　　(c) 表面展开图

图 10-4　斜截圆管的展开

作图步骤如下：

① 将底圆分为若干等份（图中分为 12 等份），作出相应素线的正面投影 1′ a′、2′ b′、3′ c′、…、7′ g′ 等。

② 展开底圆得一水平线，其长度为 πD，同样将其分为 12 等份，得点 1、Ⅱ、Ⅲ、…、Ⅶ等。

③ 过点 1、Ⅱ、Ⅲ、…、Ⅶ等作铅垂线，并截取相应素线长 1A=1′ a′、ⅡB=2′ b′、…、Ⅶ G=7′ g′ 等，得点 A、B、…、G 等。

④ 光滑连接 A、B、…、G 等点，即为斜截圆管的表面展开图，如图 10-4c 所示。

如果圆管需要焊接，下料时应注意留出焊缝空隙。若是金属薄板卷边连接，则要注意留出一定余量。

例 10-2　作等径直角弯管（图 10-5a）的表面展开图。

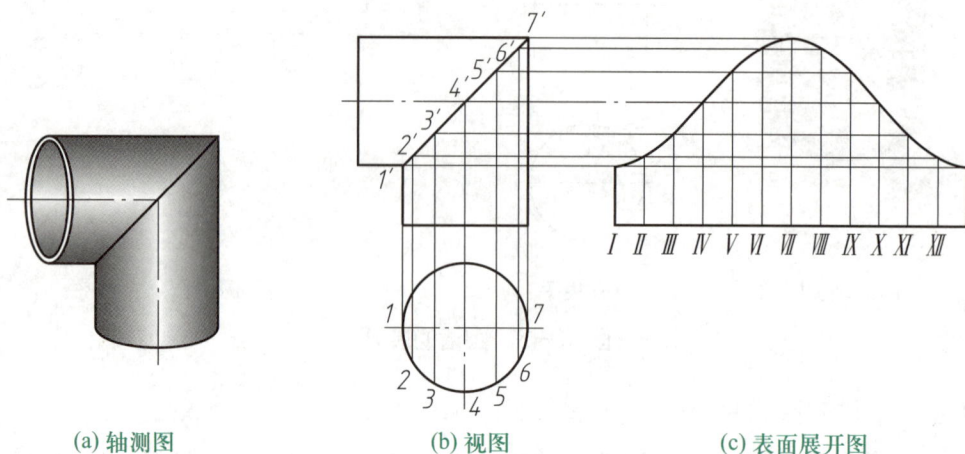

(a) 轴测图　　　　　　(b) 视图　　　　　　(c) 表面展开图

图 10-5　等径直角弯管的展开

分析　图 10-5a 所示为一个两节直径相等的直角弯管。它相当于两个斜口圆筒的组合。因此，一个直角弯管的表面展开图实际上就是两个斜口圆筒的表面展开图。其作法同45°斜口圆筒的表面展开图作法。做一个组合的弯管时，可下两块同样大小的料，但需注意接口部位要留出一定的余量。

做一做

尝试在软纸板上作一个等径直角弯头的表面展开图，并将它们连接成立体的直角弯管。尺寸自定。

二、放射线展开法

放射线展开法适用于棱锥和圆锥的表面展开。

例 10-3　作正四棱锥的表面展开图（图 10-6）。

分析　如图 10-6 所示，由于正四棱锥的棱线有汇聚点 S，因此以点 S 为中心将正四棱锥依次翻转开来，即可得到表面展开图。

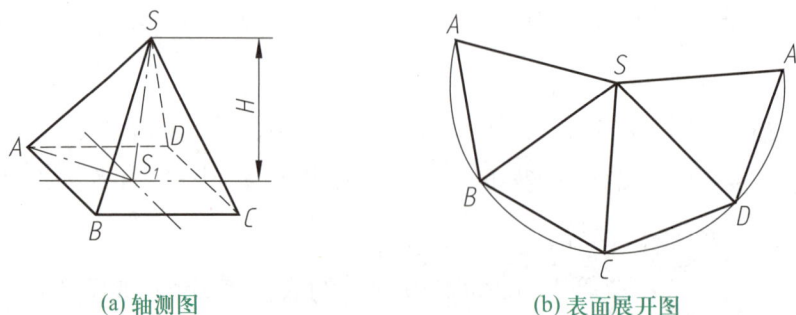

(a) 轴测图　　　　　　　　(b) 表面展开图

图 10-6　正四棱锥的展开

10

作图步骤如下：

① 棱线长度 AS 可按下式计算：

$$AS=\sqrt{H^2+(AS_1)^2}$$

式中：H——正四棱锥的高；

AS_1——正四边形顶点到其中心的距离。

② 取正四棱锥棱线长 AS 为半径，以点 S 为中心画圆弧。

③ 以正四棱锥的底边长为弦，在圆弧上依次截取数次（此正四棱锥截取 4 次），用直线连接所截各点，可得正四棱锥的表面展开图。

例 10-4 作圆锥的表面展开图（图 10-7）。

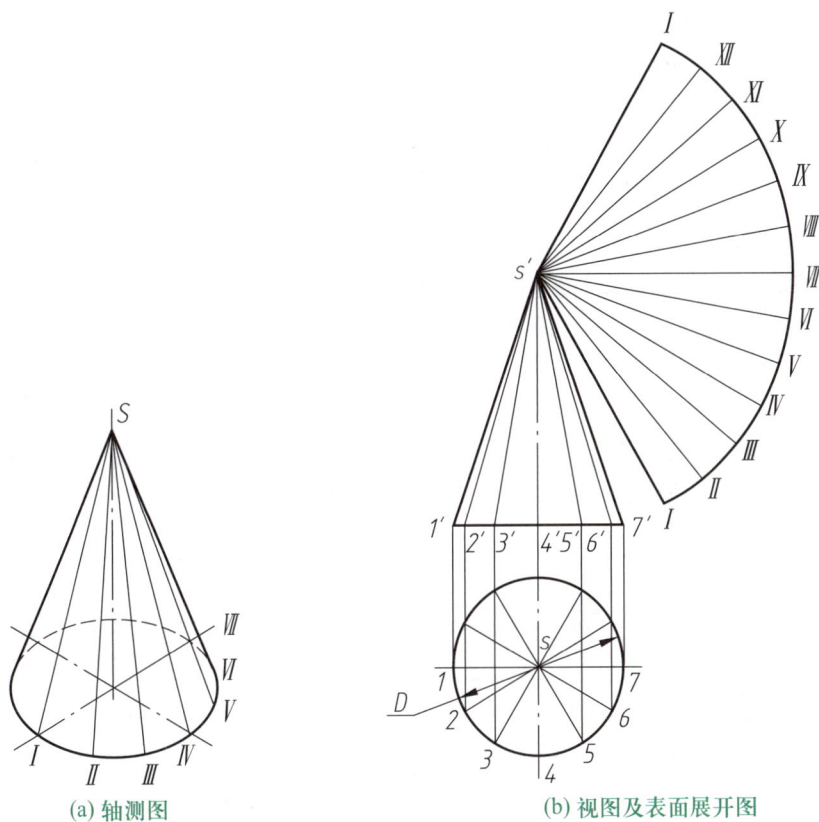

(a) 轴测图   (b) 视图及表面展开图

图 10-7 圆锥的展开

分析 如图 10-7 所示的圆锥，它的表面展开图是一个扇形。该扇形的半径等于主视图中轮廓素线 $s'\ 7'$ 的实长，而扇形的弧长则等于俯视图上的圆周长 πD。

作图步骤如下：

① 画正圆锥的主、俯视图，如图 10-7 所示。

② 将俯视图的圆周分成 12 等份，按投影关系在主视图上找出 1、2、3、…、7 的对应投影 $1'$、$2'$、$3'$、…、$7'$。过锥顶连接 $1'\ s'$、$2'\ s'$、$3'\ s'$、…、$7'\ s'$，其中 $s'\ 7'$、$s'\ 1'$ 反映素线的实长。

③ 以点 s' 为圆心、以 $s'\ 7'$ 为半径画圆弧，然后近似地以弦长代替弧长，在圆弧上量取 Ⅰ Ⅱ、Ⅱ Ⅲ、…、Ⅻ Ⅰ 等 12 段弦长，使其均等于底圆上两相邻等分点之间的距离，最后连接两

10

起、止线 $s'I$，得一扇形，即为圆锥的表面展开图。

三、三角形展开法

三角形展开法适用于平面锥体和不规则变形接头等制件的表面展开。

运用三角形展开法，应先掌握用直角三角形法求倾斜线段实长的作图方法。

1. 用直角三角形法求线段的实长

在直线段的投影中，一般位置直线段的投影不能反映该线段的实长。现分析直线段和它的投影之间的关系，以寻找图解法求实长的方法。

如图 10-8 所示，在一般位置直线段 $AⅡ$ 及其水平投影 $a2$ 所决定的铅垂面 $AⅡ2a$ 内，作 $AⅡ_0 /\!/ a2$，则三角形 $AⅡ_0Ⅱ$ 为一个直角三角形。可见，求直线段 $AⅡ$ 实长的问题可以归结为作出直角三角形 $AⅡ_0Ⅱ$ 的全等三角形问题。直角三角形一直角边 $AⅡ_0=a2$，另一直角边 $ⅢⅡ_0$ 等于点 $Ⅱ$ 和点 A 的高度差，它们可以从直线段的投影图中量得。因此，用直线段的水平投影（$a2$）和两点的高度差（$ⅢⅡ_0$）为两直角边画出直角三角形 $AⅡ_0Ⅱ$ 的全等三角形，就可求出直线段 $AⅡ$ 的实长。

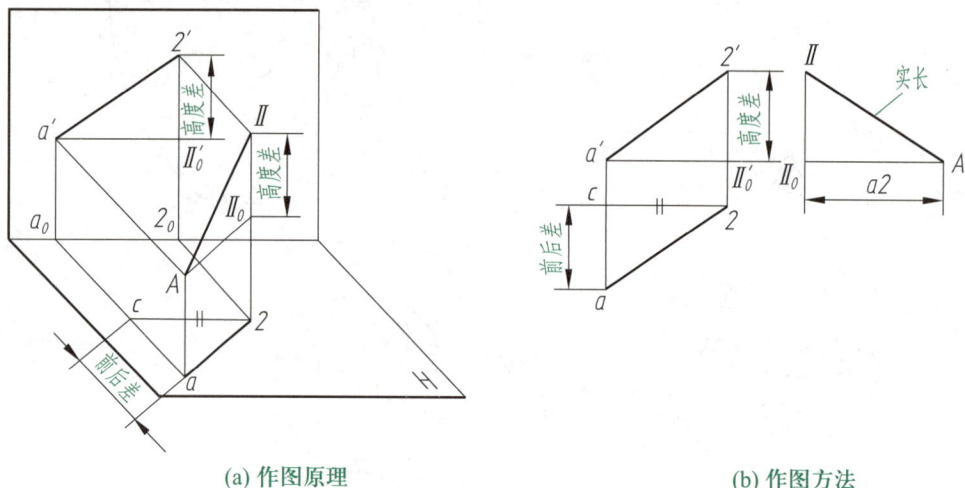

(a) 作图原理　　　　　　　　　　(b) 作图方法

图 10-8　用直角三角形法求直线段实长

根据以上分析，依据直线段的两面投影求实长的作图方法如图 10-8b 所示。

在适当位置作直角三角形，$ⅢⅡ_0=2'Ⅱ'_0$，$Ⅱ_0A=a2$，连接 $ⅡA$，即为直线段的实长。

2. 用三角形展开法作棱锥台和不规则变形接头的表面展开图

例 10-5　根据图 10-9 所示的投影图和轴测图，作正四棱锥台管的表面展开图。

分析　该正四棱锥台管的表面由四个相同的等腰梯形组成，但这四个等腰梯形由于都不平行于基本投影面（H、V、W 面），所以在主、俯视图上都没有反映出真实形状。要想解决作表面展开图的问题，就得求出等腰梯形的实形。为此，首先把等腰梯形的两对角连一条线，使一个梯形变成两个三角形，如图 10-9 所示。求出两个三角形各边实长，便可作出等腰梯形，从而作出表面展开图。

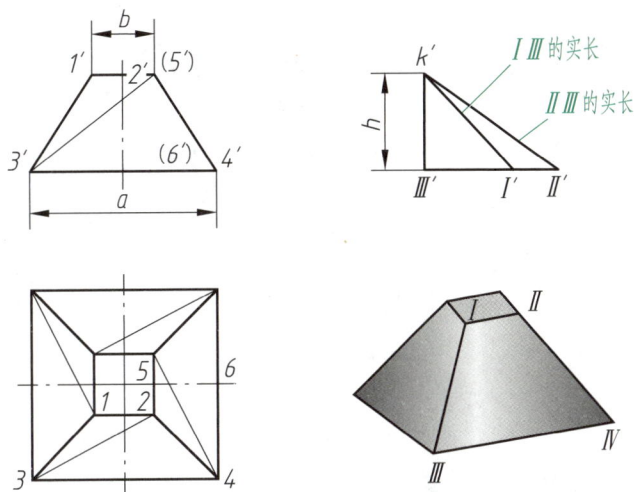

图 10-9　正四棱锥台管的投影图、轴测图

由图 10-9 可知，三角形 $I\,III$ 的边 $I\,II$ 是侧垂线，因此投影 12 和 $1'\,2'$ 都反映实长。只要求出 $I\,III$、$II\,III$ 两边的实长，即可作出三角形的实形。

作图步骤如下：

① 用直角三角形法求边 $I\,III$ 的实长，在图 10-9 所示的主视图右侧截取 $k'\,III\,' =h$，由点 $III\,'$ 截取 $III\,'\,I\,' =31$，连接 $k'\,I\,'$，便是边 $I\,III$ 的实长。用同样的方法求出边 $II\,III$ 的实长。

② 表面展开图的作图方法：用已知的三条边作出三角形 $I\,II\,III$，再用同样的方法，以边 $II\,III$ 为已知边，作出三角形 $II\,III\,IV$，即可得梯形 $I\,II\,III\,IV$ 的实形。连续进行三角形作图，即可得到正四棱锥台管的表面展开图，如图 10-10 所示。

例 10-6　作上圆下方变形接头的表面展开图（图 10-11）。

分析　图 10-11 所示的上圆下方变形接头的表面由四个等腰三角形和四个四分之一斜圆锥面组成。

作展开图时，对于等腰三角形，它的底边在投影图上反映实长，因此只要设法求出等腰三角形的两腰实长即可。对于斜圆锥面，可将它近似地分成若干个小三角形（图中分成四个小三角形），然后求出各小三角形的实形。将这些等腰三角形和小三角形的实形依次画在一起，即得接头的表面展开图。

作图步骤如下：

① 用直角三角形法求出等腰三角形两腰和各小三角形两边的实长，在图 10-11a 所示的主视图右侧截取 $R\,I =h$，由点 I 截取 $I\,a_1=1a$，连接 $R\,a_1$，便是 $A\,I$ 的实长。用同样的方法可求得 $B\,I$、$C\,I$ 的实长 $R\,b_1$ 和 $R\,c_1$（$E\,I$、$D\,I$ 的实长分别等于 $A\,I$、$B\,I$ 的实长）。

② 作 $I\,IV =14$，分别以点 I、IV 为圆心，以 $R\,a_1$ 为半径作圆弧，交于点 E。再分别以点 I、E 为圆心，以 $R\,b_1$、$\overgroup{ED}$ 为半径作圆弧交于点 D。以此类推，依次求出各小三角形的顶点 C、B、A，

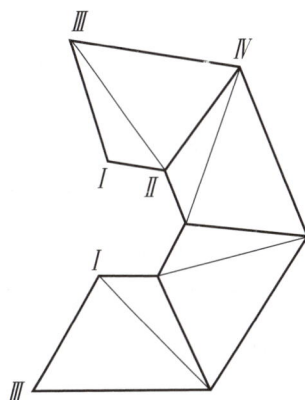

图 10-10　利用三角形法作正四棱锥台管的表面展开图

10

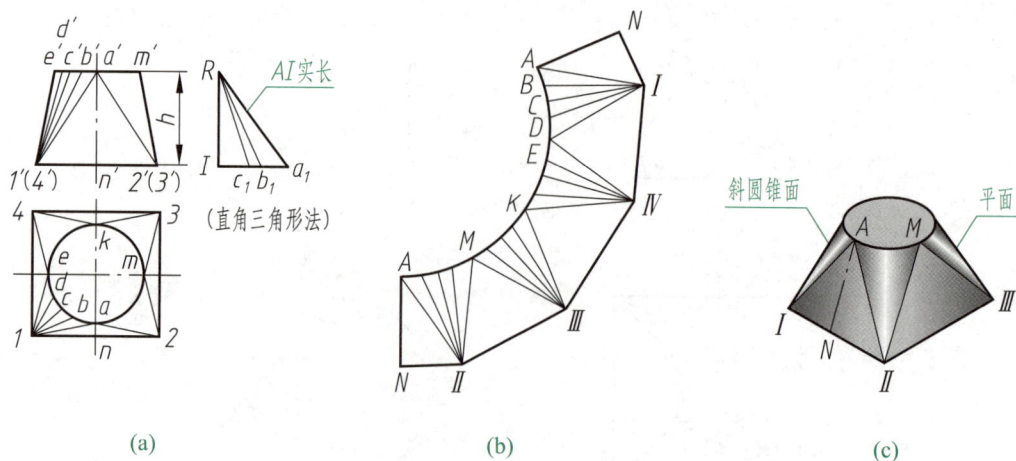

图 10-11　上圆下方变形接头的表面展开图作法

然后光滑连接点 A、B、C、D、E，即得一个等腰三角形和一个四分之一圆锥面的展开图，如图 10-11b 所示。

③ 用同样方法作出其他表面的展开图，依次排列即得整个接头的表面展开图（为方便下料，图 10-11c 中将等腰三角形 I 和 II 分成两个相等的直角三角形）。

10.2　焊　接　图

焊接图是焊接加工时所用的图样。焊接图不仅要把焊件的结构形状表达清晰，还必须把焊接的相关内容表达清楚。为此，国家标准规定了焊缝的画法、符号、尺寸标注和焊接方法的表示代号。

焊接工件时，常见的焊接接头有对接接头、搭接接头、T 形接头和角接接头等，如图 10-12 所示。

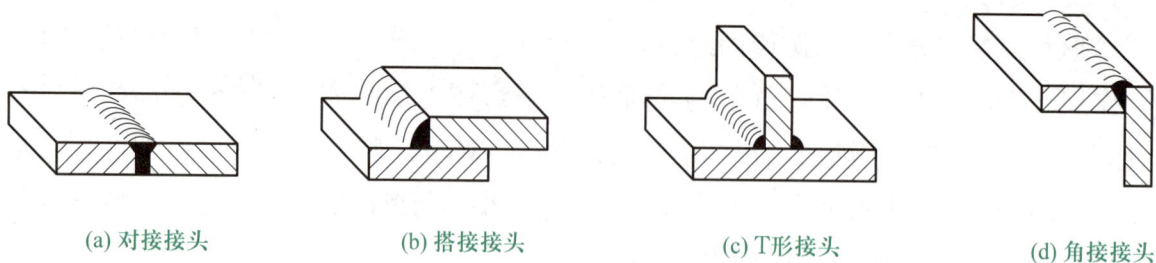

(a) 对接接头　　　(b) 搭接接头　　　(c) T 形接头　　　(d) 角接接头

图 10-12　常见的焊接接头形式

国家标准 GB/T 324—2008《焊缝符号表示法》和 GB/T 12212—2012《技术制图　焊缝符号的尺寸、比例及简化表示法》对焊缝的画法做了规定。

一、焊缝的规定画法

（1）在垂直于焊缝的剖视图或断面图中，一般应画出焊缝的形式并涂黑，如图 10-13a、

b、c、e、f 所示。

（2）在视图中,可用栅线段表示可见焊缝,如图 10-13b、c、d 所示,栅线段为细实线,允许徒手绘制。也可用粗实线段(宽度为粗实线的 2～3 倍)表示可见焊缝,如图 10-13e、f 所示。在同一图样中只能采用一种画法。

（3）一般只用粗实线表示可见焊缝。

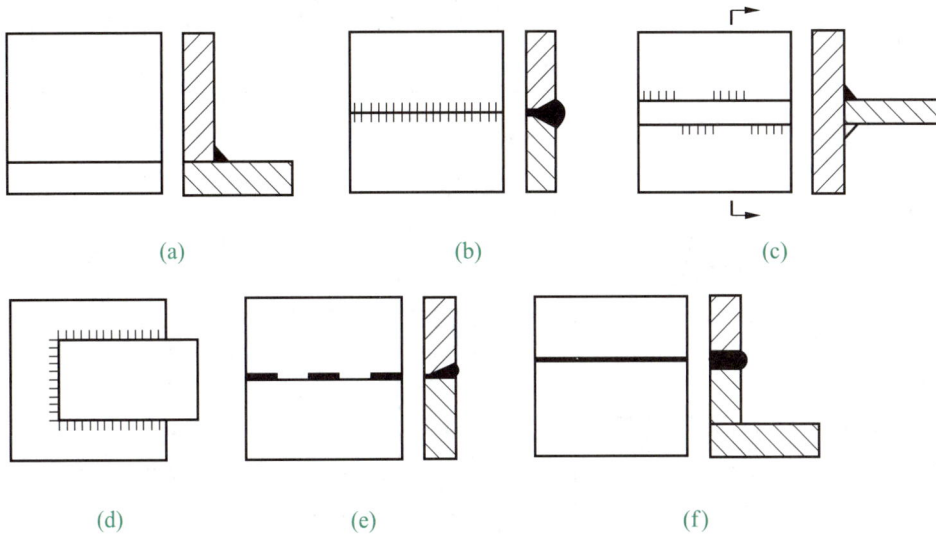

(a)　　　　　　　　(b)　　　　　　　　(c)

(d)　　　　　　　　(e)　　　　　　　　(f)

图 10-13　焊缝的画法示例

二、焊接符号及标注

焊缝符号由基本符号和指引线组成,必要时还可以加注辅助符号、补充符号和焊缝尺寸符号。

1. 基本符号

基本符号是表示焊缝横截面形状的符号,采用近似焊缝横截面形状的符号来表示。基本符号用粗实线绘制。常用焊缝的基本符号、图示法及标注方法示例见表 10-1。

表 10-1　常用焊缝的基本符号、图示法及标注方法示例（摘自 GB/T 324—2008）

名称	符号	示意图	图示法	标注方法
I形焊缝	‖			

续表

名称	符号	示意图	图示法	标注方法
V 形焊缝	V			
角焊缝	△			
点焊缝	○			

2. 指引线

指引线由箭头线和基准线（两条相互平行的细实线、细虚线）组成,如图 10-14 所示。箭头线用细实线绘制,用于将整个焊缝符号指引到图样上的有关焊缝处,必要时允许弯折一次。基准线一般与图样标题栏的长边平行,必要时也可与之垂直,基准线的上面和下面用于标注各种符号和尺寸,基准线的细虚线可画在基准线细实线的上侧或下侧,必要时可在基准线（细实线）末端加尾部符号,作为其他说明,如焊接方法和焊缝数量等。

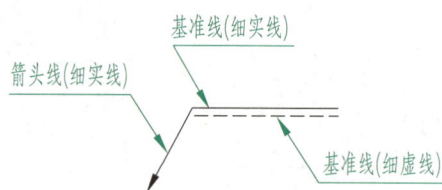

基准线(细实线)
箭头线(细实线)
基准线(细虚线)

图 10-14　指引线

3. 补充符号

补充符号是为了补充说明焊缝或接头的某些特征所使用的符号,用粗实线绘制,见表 10-2。

表 10-2　补充符号及其标注示例（摘自 GB/T 324—2008）

名称	符号	形式及标注示例		说明
平面	—			表示 V 形对接焊缝表面平齐（一般通过加工）
凹面	⌣			表示角焊缝表面凹陷

续表

名称	符号	形式及标注示例	说明
凸面	⌒		表示 X 形对接焊缝表面凸起
永久衬垫	Ⓜ		表示 V 形焊缝的背面底部有永久衬垫
临时衬垫	MR		
三面焊缝	⊏		表示三面施焊,开口方向与实际方向一致
周围焊缝	○		表示在现场沿工件周围施焊
现场焊缝	▶		
尾部	⟨	5 ▷ 250 ⟨111 4条	表示用焊条电弧焊,有 4 条相同的角焊缝

4. 焊缝尺寸符号

焊缝尺寸符号用来表示坡口及焊缝尺寸,一般不必标注。当设计或生产需要焊缝尺寸时,可按 GB/T 324—2008 要求标注。常见的焊缝尺寸符号见表 10-3。

表 10-3 常见的焊缝尺寸符号(摘自 GB/T 324—2008)

符号	名称	示意图	符号	名称	示意图
δ	工件厚度		e	焊缝间距	
α	坡口角度		K	焊脚尺寸	
b	根部间隙		d	点焊:熔核直径 塞焊:孔径	
p	钝边		S	焊缝有效厚度	

10

续表

符号	名称	示意图	符号	名称	示意图
c	焊缝宽度		N	相同焊缝数量	
R	根部半径		H	坡口深度	
I	焊缝长度		h	余高	
n	焊缝段数		β	坡口面角度	

三、焊接方法及数字代号

常用的焊接方法有电弧焊、点渣焊、点焊、钎焊等,其中以电弧焊应用最广。焊接方法可用文字在技术要求中注明,也可用数字代号直接注写在指引线的尾部。常用焊接方法及数字代号见表 10–4。

表 10–4   常用焊接方法及数字代号(摘自 GB/T 324—2008)

焊接方法	数字代号	焊接方法	数字代号
焊条电弧焊	111	激光焊	751
埋弧焊	12	氧 – 乙炔焊	311
电渣焊	72	硬钎焊	91
感应焊	74	点焊	21

四、焊缝标注示例

在技术图样或文件中需要表示焊缝或接头时,推荐采用焊缝符号。焊缝标注示例见表 10–5。

表 10–5   焊缝标注示例

接头形式	焊缝形式	标注示例	说明
对接接头			111 表示用焊条电弧焊,V形坡口,坡口角度为 α,根部间隙为 b,有 n 段焊缝,焊缝长度为 l

续表

接头形式	焊缝形式	标注示例	说明
T 形接头	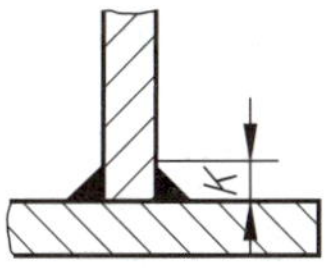	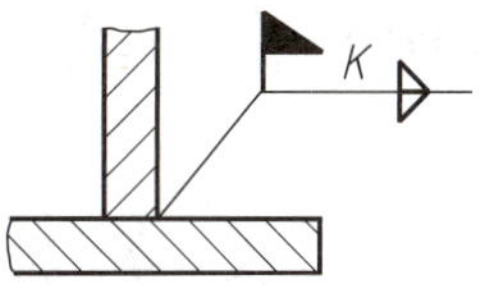	▶ 表示在现场装配时进行焊接。 ▷ 表示双面角焊缝,焊脚尺寸为 K
	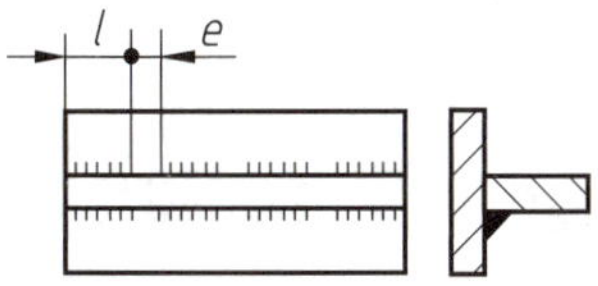	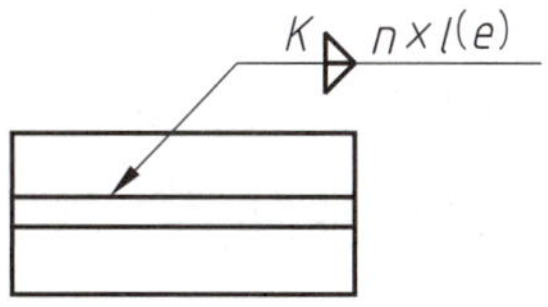	$\underline{K}\!\!\rhd n\times l(e)$ 表示有 n 段断续双面角焊缝,l 表示焊缝长度,e 表示断续焊缝的间距
	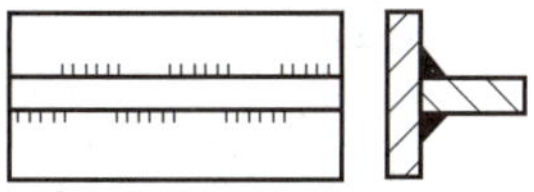	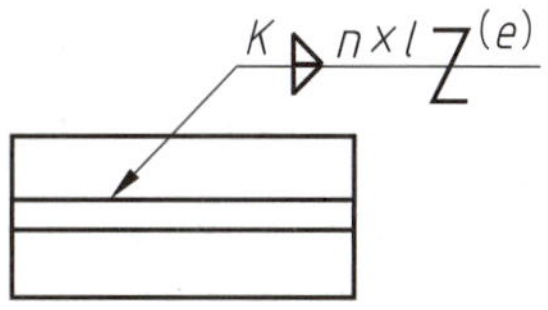	Z 表示交错断续角焊缝
角接接头	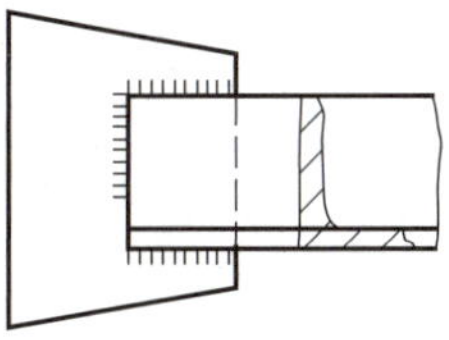	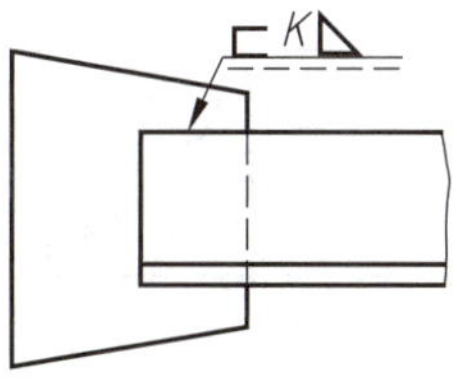	⊏ 表示三面焊缝,◁ 表示单面角焊缝
	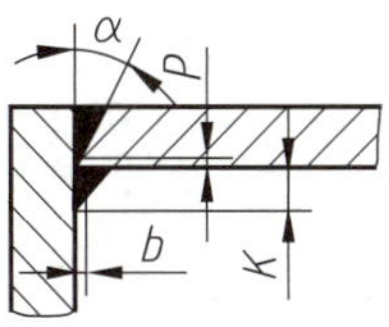	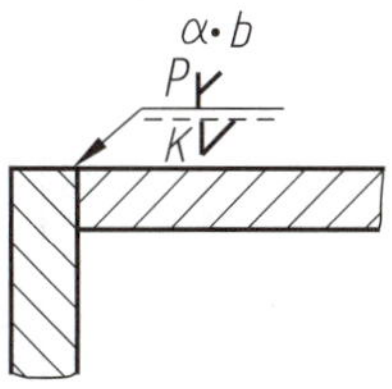	表示双面焊缝,上面为带钝边单边 V 形焊缝,下面为角焊缝
搭接接头	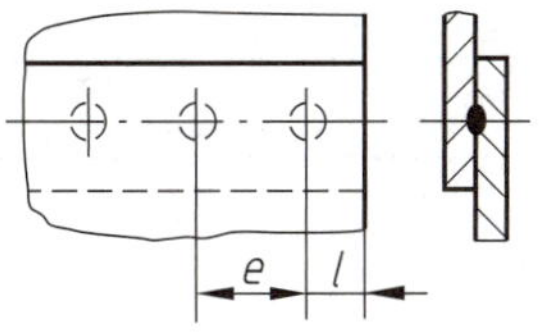	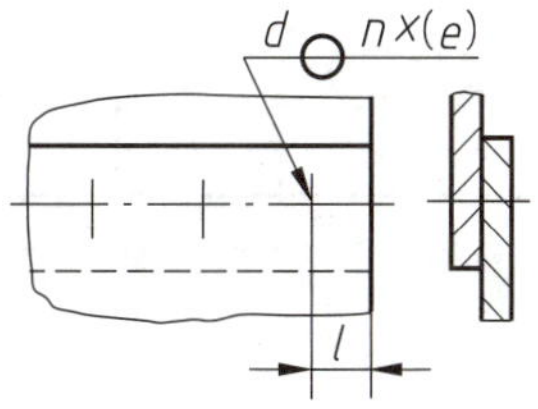	○ 表示点焊缝,d 表示焊点直径,e 表示焊点的间距,n 为点焊数量,l 表示起始焊点中心至板边的间距

10

五、识读焊接图示例

图 10-15 所示的弯头是化工设备上的一个焊接件,由底盘、弯管、方形凸缘三个零件组成,图中除了一般装配图应具备的内容外,还有与焊接有关的说明、标注和明细栏。从焊接图可知:

(1)底盘和弯管间焊缝代号为 ⊙———⟨111,其中"$\frac{2}{11}$"表示 I 型焊缝,根部间隙 $b=$ 2 mm,"111"表示全部焊缝均采用焊条电弧焊。

(2)方形凸缘和弯管外壁的焊缝代号为 ⊙——6⟨111,其中"○"表示环绕工件周围焊接,"◺"表示角焊缝,焊脚高度为 6 mm。

(3)方形凸缘和弯管的内焊缝代号为 ⟍4⟨111,其中"⌣"表示焊接表面凹陷。

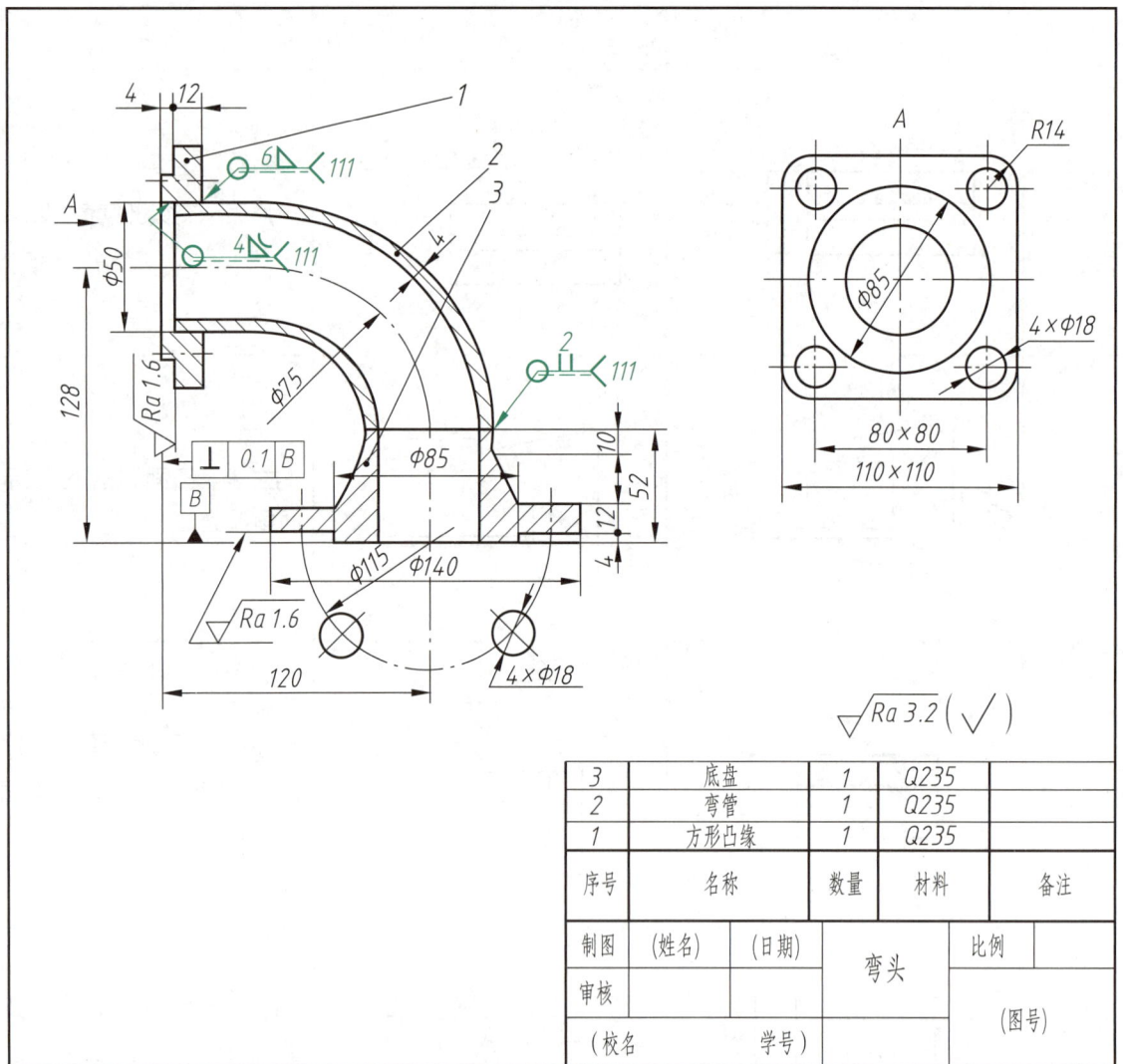

图 10-15　弯头

概览与思考

一、内容概览

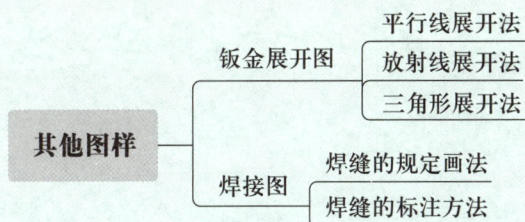

模块十
小结

二、思考与实践

1. 表面展开图的常用作图法有哪几种？分别适用于哪些范围？

2. 焊缝的常用基本代号是什么？

3. 采用焊缝代号标注焊缝时，一般标注哪些内容？怎样标注？

10

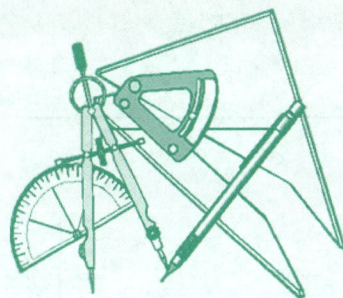

附 录

—— 附录一 螺 纹 ——

附表 1 普通螺纹（摘自 GB/T 193—2003、GB/T 196—2003）

标记示例:

M10-5g6g

（粗牙普通螺纹,公称直径 10 mm,中径公差带代号 5g,顶径公差带代号 6g,中等旋合长度组）

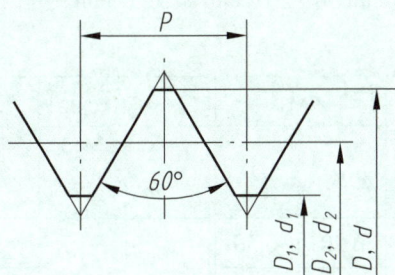

D——内螺纹大径（公称直径）
d——外螺纹大径（公称直径）
D_2——内螺纹中径
d_2——外螺纹中径
D_1——内螺纹小径
d_1——外螺纹小径
P——螺距

mm

公称直径 D、d		螺距 P		粗牙小径 D_1、d_1	公称直径 D、d		螺距 P		粗牙小径 D_1、d_1
第一系列	第二系列	粗牙	细牙		第一系列	第二系列	粗牙	细牙	
5		0.8	0.5	4.134	20		2.5		17.294
6		1		4.917		22	2.5	2、1.5、1	19.294
	7	1	0.75	5.917	24		3		20.752
8		1.25	1、0.75	6.647	27		3		23.752
10		1.5	1.25、1、0.75	8.376	30		3.5	（3）、2、1.5、1	26.211
12		1.75	1.25、1	10.106		33	3.5	（3）、2、1.5	29.211
	14	2	1.5、1.25、1	11.835	36		4	3、2、1.5	31.670
16		2	1.5、1	13.835		39	4		34.670
	18	2.5	2、1.5、1	15.294					

注: 1. 优先选用第一系列,括号内尺寸尽可能不用。第三系列未列入。

2. M14 × 1.25 仅用于发动机的火花塞。

附表 2　梯形螺纹（摘自 GB/T 5796.3—2022）

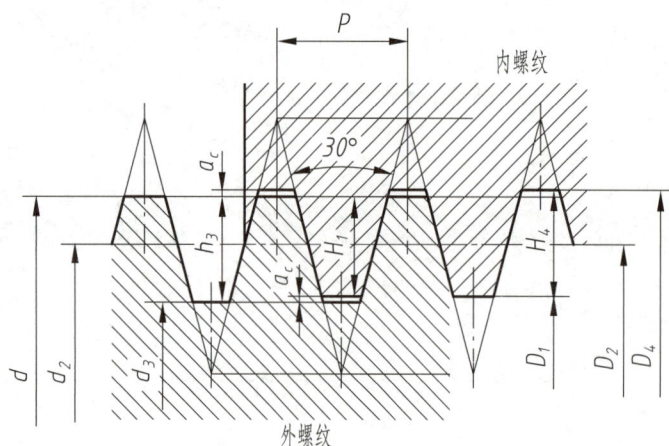

D_4——内螺纹大径
d——外螺纹大径
D_2——内螺纹中径
d_2——外螺纹中径
D_1——内螺纹小径
d_3——外螺纹小径
P——螺距
a_c——牙顶间隙

标记示例：

Tr28×5-7H（公称直径 28 mm、螺距 5 mm、中径公差带代号 7H 的单线右旋梯形内螺纹，中等旋合长度组）

Tr28×10P5-8e-L-LH（公称直径 28 mm、导程 10 mm、螺距 5 mm、中径公差带代号 8e 的双线左旋梯形外螺纹，长旋合长度组）

公称直径(d)		螺距 P	中径 $d_2=D_2$	大径 D_4	小径		公称直径(d)		螺距 P	中径 $d_2=D_2$	大径 D_4	小径	
第1系列	第2系列				d_3	D_1	第1系列	第2系列				d_3	D_1
8		1.5	7.25	8.30	6.20	6.50			3	20.50	22.50	18.50	19.00
	9	1.5	8.25	9.30	7.20	7.50		22	5	19.50	22.50	16.50	17.00
		2	8.00	9.50	6.50	7.00			8	18.00	23.00	13.00	14.00
10		1.5	9.25	10.30	8.20	8.50			3	22.50	24.50	20.50	21.00
		2	9.00	10.50	7.50	8.00	24		5	21.50	24.50	18.50	19.00
	11	2	10.00	11.50	8.50	9.00			8	20.00	25.00	15.00	16.00
		3	9.50	11.50	7.50	8.00			3	24.50	26.50	22.50	23.00
12		2	11.00	12.50	9.50	10.00		26	5	23.50	26.50	20.50	21.00
		3	10.50	12.50	8.50	9.00			8	22.00	27.00	17.00	18.00
	14	2	13.00	14.50	11.50	12.00			3	26.50	28.50	24.50	25.00
		3	12.50	14.50	10.50	11.00	28		5	25.50	28.50	22.50	23.00
16		2	15.00	16.50	13.50	14.00			8	24.00	29.00	19.00	20.00
		4	14.00	16.50	11.50	12.00			3	28.50	30.50	26.50	27.00
	18	2	17.00	18.50	15.50	16.00		30	6	27.00	31.00	23.00	24.00
		4	16.00	18.50	13.50	14.00			10	25.00	31.00	19.00	20.00
20		2	19.00	20.50	17.50	18.00			3	30.50	32.50	28.50	29.00
		4	18.00	20.50	15.50	16.00	32		6	29.00	33.00	28.00	26.00
									10	27.00	33.00	21.00	22.00

附表3　55°非密封管螺纹（摘自 GB/T 7307—2001）　　　　mm

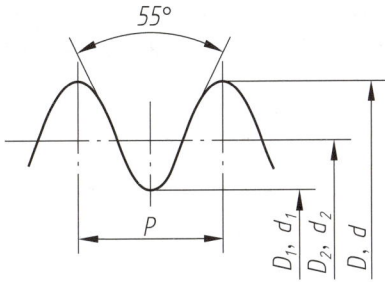

标记示例：

G3/4 LH

（55°非密封管螺纹、尺寸代号为3/4、左旋）

尺寸代号	每 25.4 mm 内所包含的牙数 n	螺距 P	基本直径	
			大径 D、d	小径 D_1、d_1
3/8	19	1.337	16.662	14.950
1/2	14	1.814	20.955	18.631
1	11	2.309	33.249	30.291
1 ½	11	2.309	47.803	44.845
2	11	2.309	59.614	56.656
2 ½	11	2.309	75.184	72.226
3	11	2.309	87.884	84.926

附录二　常用标准件

附表4　六角头螺栓（摘自 GB/T 5782—2016、GB/T 5783—2016）

六角头螺栓（GB/T 5782—2016）　　六角头螺栓　　全螺纹（GB/T 5783—2016）

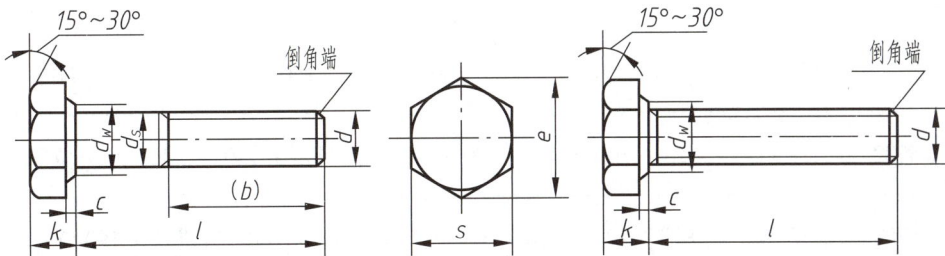

标记示例：

螺栓　GB/T 5782　M12×80

（螺纹规格 d=M12、公称长度 l=80 mm、性能等级为 8.8 级、表面不经处理、产品等级为 A 级的六角头螺栓）

螺栓　GB/T 5783　M12×80

（螺纹规格 d=M12、公称长度 l=80 mm、性能等级为 8.8 级、表面不经处理、产品等级为 A 级的六角头螺栓）

螺纹规格	d	M4	M5	M6	M8	M10	M12	M16	M20	M24	M30	M36	M42	M48
b 参考	$l \leqslant 125$	14	16	18	22	26	30	38	46	54	66	—	—	—
	$125 < l \leqslant 200$	20	22	24	28	32	36	44	52	60	72	84	96	108
	$l > 200$	33	35	37	41	45	49	57	65	73	85	97	109	121
c max		0.4	0.5		0.6				0.8				1	
k max	A	2.925	3.65	4.15	5.45	6.58	7.68	10.18	12.715	15.215	—	—	—	—
	B	3	3.74	4.24	5.54	6.69	7.79	10.29	12.85	15.35	19.12	22.92	26.42	30.42
d_s max		4	5	6	8	10	12	16	20	24	30	36	42	48
s max		7	8	10	13	16	18	24	30	36	46	55	65	75
e min	A	7.66	8.79	11.05	14.38	17.77	20.03	26.75	33.53	39.98	—	—	—	—
	B	7.50	8.63	10.89	14.2	17.59	19.85	26.17	32.95	39.55	50.85	60.79	71.3	82.6
d_w min	A	5.88	6.88	8.88	11.63	14.63	16.63	22.49	28.19	33.61	—	—	—	—
	B	5.74	6.74	8.74	11.47	14.47	16.47	22	27.7	33.25	42.75	51.11	59.95	69.45
l 范围	GB/T 5782	25 ~ 40	25 ~ 50	30 ~ 60	40 ~ 80	45 ~ 100	50 ~ 120	65 ~ 160	80 ~ 200	90 ~ 240	110 ~ 300	140 ~ 360	160 ~ 440	180 ~ 480
	GB/T 5783	8 ~ 40	10 ~ 50	12 ~ 60	16 ~ 80	20 ~ 100	25 ~ 120	30 ~ 150	40 ~ 150	50 ~ 150	60 ~ 200	70 ~ 200	80 ~ 200	100 ~ 200
l 系列	GB/T 5782	20 ~ 65（5 进位）、70 ~ 160（10 进位）、180 ~ 500（20 进位）												
	GB/T 5783	8、10、12、16、20 ~ 65（5 进位）、70 ~ 160（10 进位）、180、200												

注：1. 螺纹公差带：6g。

2. 产品等级：A 级用于 $d = 1.6 \sim 24$ mm 和 $l \leqslant 10d$ 或 $\leqslant 150$ mm（按较小值）；B 级用于 $d > 24$ mm 或 $l < 10d$ 或 > 150 mm（按较小值）的螺栓。

附表5　双头螺柱(摘自 GB/T 897 ~ 900—1988)

$b_m=1d$　GB/T 897—1988　　$b_m=1.25d$　GB/T 898—1988　　$b_m=1.5d$　GB/T 899—1988　　$b_m=2d$　GB/T 900—1988

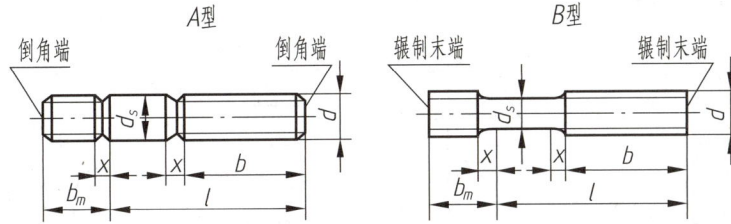

标记示例：

螺柱　GB/T 897　M10×50

(两端均为粗牙普通螺纹,$d=10$ mm,公称长度$l=50$ mm,性能等级为4.8级,B型,$b_m=1d$)

螺柱　GB/T 897　AM10–M10×1×50

(旋入一端为粗牙普通螺纹,旋螺母一端为螺距$P=1$ mm的细牙普通螺纹,$d=10$ mm,公称长度$l=50$ mm,性能等级为4.8级,A型,$b_m=1d$)

mm

螺纹规格 d		M5	M6	M8	M10	M12	M16	M20	M24	M30	M36	M42	M48
b_m	GB/T 897	5	6	8	10	12	16	20	24	30	36	42	48
	GB/T 898	6	8	10	12	15	20	25	30	38	45	52	60
	GB/T 899	8	10	12	15	18	24	30	36	45	54	63	72
	GB/T 900	10	12	16	20	24	32	40	48	60	72	84	96
d_s		5	6	8	10	12	16	20	24	30	36	42	48
X		1.5P	1.5P	1.5P	1.5P	1.5P	1.5P	1.5P	1.5P	1.5P	1.5P	1.5P	1.5P
$\dfrac{l}{b}$		$\frac{16\sim22}{10}$	$\frac{20\sim22}{10}$	$\frac{20\sim22}{12}$	$\frac{25\sim28}{14}$	$\frac{25\sim30}{16}$	$\frac{30\sim38}{20}$	$\frac{35\sim40}{25}$	$\frac{45\sim50}{30}$	$\frac{60\sim65}{40}$	$\frac{65\sim75}{45}$	$\frac{70\sim80}{50}$	$\frac{80\sim90}{60}$
		$\frac{25\sim50}{16}$	$\frac{25\sim30}{14}$	$\frac{25\sim30}{16}$	$\frac{30\sim38}{16}$	$\frac{32\sim40}{20}$	$\frac{40\sim55}{30}$	$\frac{45\sim65}{35}$	$\frac{55\sim75}{45}$	$\frac{70\sim90}{50}$	$\frac{80\sim110}{60}$	$\frac{85\sim110}{70}$	$\frac{95\sim110}{80}$
			$\frac{32\sim75}{18}$	$\frac{32\sim90}{22}$	$\frac{40\sim120}{26}$	$\frac{45\sim120}{30}$	$\frac{60\sim120}{38}$	$\frac{70\sim120}{46}$	$\frac{80\sim120}{54}$	$\frac{95\sim120}{60}$	$\frac{120}{78}$	$\frac{120}{90}$	$\frac{120}{102}$
					$\frac{130}{32}$	$\frac{130\sim180}{36}$	$\frac{130\sim200}{44}$	$\frac{130\sim200}{52}$	$\frac{130\sim200}{60}$	$\frac{130\sim200}{72}$	$\frac{130\sim200}{84}$	$\frac{130\sim200}{96}$	$\frac{130\sim200}{108}$
										$\frac{210\sim250}{85}$	$\frac{210\sim300}{97}$	$\frac{210\sim300}{109}$	$\frac{210\sim300}{121}$
l (系列)		16、(18)、20、(22)、25、(28)、30、(32)、35、(38)、40、45、50、(55)、60、(65)、70、(75)、80、(85)、90、(95)、100、110、120、130、140、150、160、170、180、190、200、210、220、230、240、250、260、280、300											

注:1. 括号内的规格尽可能不采用。

　　2. d_s ≈螺纹中径(仅适用于B型)。

附表 6　六角螺母（摘自 GB/T 6170—2015、GB/T 41—2016）

1 型六角螺母（GB/T 6170—2015）　　　　　六角螺母　C 级（GB/T 41—2016）

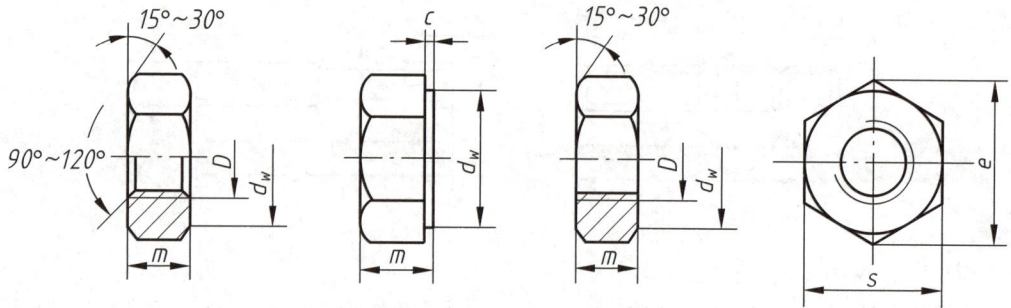

标记示例：

螺母　GB/T 6170　M12

（螺纹规格 D=M12、性能等级为 10 级、不经表面处理、产品等级为 A 级的 1 型六角螺母）

螺母　GB/T 41　M12

（螺纹规格 D=M12、性能等级为 5 级、不经表面处理、产品等级为 C 级的六角螺母）

mm

螺纹规格 D		M4	M5	M6	M8	M10	M12	M16	M20	M24	M30	M36	M42	M48
c　max		0.4	0.5			0.6				0.8			1	
s　公称 =max		7	8	10	13	16	18	24	30	36	46	55	65	75
e　min	A、B 级	7.66	8.79	11.05	14.38	17.77	20.03	26.75	32.95	39.55	50.85	60.79	71.3	82.6
	C 级	—	8.63	10.89	14.2	17.59	19.85	26.17	32.95	39.55	50.85	60.79	71.3	82.6
m　max	A、B 级	3.2	4.7	5.2	6.8	8.4	10.8	14.8	18	21.5	25.6	31	34	38
	C 级	—	5.6	6.4	7.9	9.5	12.2	15.9	19.0	22.3	26.4	31.9	34.9	38.9
d_w　min	A、B 级	5.9	6.9	8.9	11.6	14.6	16.6	22.5	27.7	33.3	42.8	51.1	60	69.5
	C 级	—	6.7	8.7	11.5	14.5	16.5	22	27.7	33.3	42.8	51.1	60	69.5

注：1. A 级用于 D ≤ 16 mm 的 1 型六角螺母；B 级用于 D>16 mm 的 1 型六角螺母；C 级用于螺纹规格为 M5 ~ M64 的六角螺母。

2. 螺纹公差：A、B 级为 6H，C 级为 7H；性能等级：A、B 级为 6、8、10 级（钢）、A2-50、A2-70、A4-50、A4-70 级（不锈钢）、CU2、CU3、AL4 级（非铁金属）；C 级为 4、5 级。

附表 7　平垫圈（摘自 GB/T 97.1 ～ 97.2—2002）

平垫圈　A 级（GB/T 97.1—2002）　　　　平垫圈　倒角型　A 级（GB/T 97.2—2002）

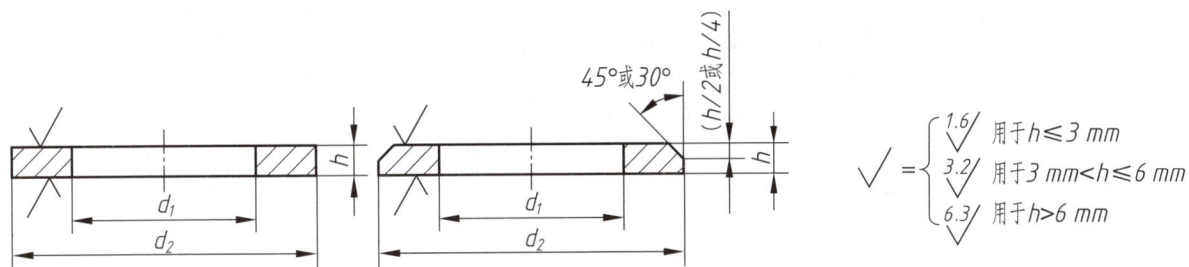

$$\sqrt{} = \begin{cases} 1.6/ & \text{用于 } h \leqslant 3 \text{ mm} \\ 3.2/ & \text{用于 } 3 \text{ mm} < h \leqslant 6 \text{ mm} \\ 6.3/ & \text{用于 } h > 6 \text{ mm} \end{cases}$$

标记示例：

垫圈　GB/T 97.1　8

（标准系列、公称规格为 8 mm、性能等级为 140HV 级、不经表面处理的平垫圈）

mm

公称规格（螺纹大径 d）	内径 d_1		外径 d_2		厚度 h		
	公称（min）	max	公称（max）	min	公称	max	min
5	5.3	5.48	10	9.64	1	1.1	0.9
6	6.4	6.62	12	11.57	1.6	1.8	1.4
8	8.4	8.62	16	15.57	1.6	1.8	1.4
10	10.5	10.77	20	19.48	2	2.2	1.8
12	13	13.27	24	23.48	2.5	2.7	2.3
16	17	17.27	30	29.48	3	3.3	2.7
20	21	21.33	37	36.38	3	3.3	2.7
24	25	25.33	44	43.38	4	4.3	3.7
30	31	31.39	56	55.26	4	4.3	3.7
36	37	37.62	66	64.8	5	5.6	4.4
42	45	45.62	78	76.8	8	9	7
48	52	52.74	92	90.6	8	9	7

注：平垫圈　倒角型　A 级（GB/T 97.2—2002）用于螺纹规格为 M5 ～ M64。

附表 8　开槽沉头螺钉（摘自 GB/T 68—2016）　　mm

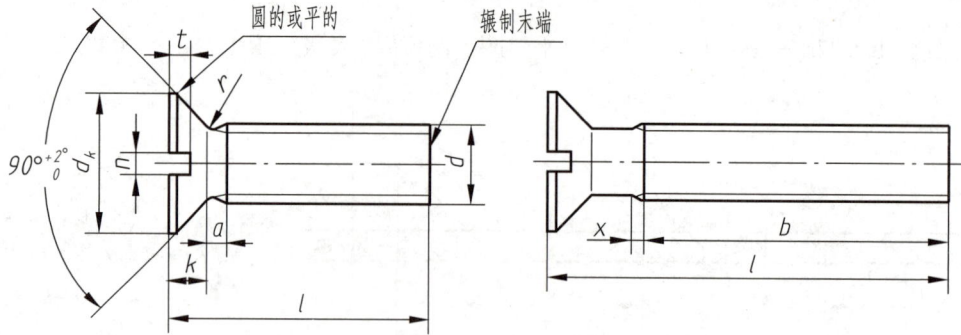

圆的或平的　　辗制末端

标记示例：

螺钉 GB/T 68　M5×20

（螺纹规格为 M5、公称长度 l=20 mm、性能等级为 4.8 级、表面不经处理的 A 级开槽沉头螺钉）

螺纹规格 d	M1.6	M2	M2.5	M3	M4	M5	M6	M8	M10
P（螺距）	0.35	0.4	0.45	0.5	0.7	0.8	1	1.25	1.5
a_{max}	0.7	0.8	0.9	1	1.4	1.6	2	2.5	3
b_{min}	25	25	25	25	38	38	38	38	38
d_{kmax}（公称）	3	3.8	4.7	5.5	8.4	9.3	11.3	15.8	18.3
k_{max}	1	1.2	1.5	1.65	2.7	2.7	3.3	4.65	5
n（公称）	0.4	0.5	0.6	0.8	1.2	1.2	1.6	2	2.5
r_{max}	0.4	0.5	0.6	0.8	1	1.3	1.5	2	2.5
t_{max}	0.5	0.6	0.75	0.85	1.3	1.4	1.6	2.3	2.6
x_{max}	0.9	1	1.1	1.25	1.75	2	2.5	3.2	3.8
公称长度 l	2.5~16	3~20	4~25	5~30	6~40	8~50	8~60	10~80	12~80
l 系列	2.5、3、4、5、6、8、10、12、(14)、16、20、25、30、35、40、45、50、(55)、60、(65)、70、(75)、80								

注：1. 括号内的规格尽可能不采用。

　　2. M1.6~M3 公称长度在 30 mm 以内的螺钉，制出全螺纹；M4~M10 公称长度在 40 mm 以内的螺钉，制出全螺纹。

附表 9　开槽圆柱头螺钉（摘自 GB/T 65—2016）　　mm

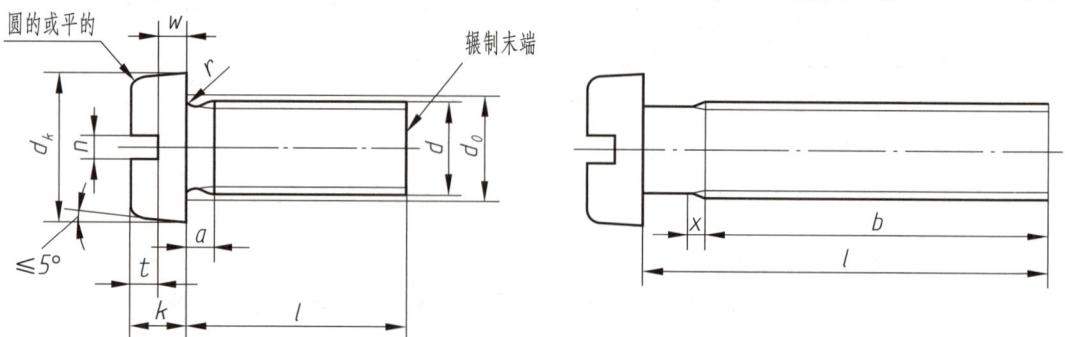

圆的或平的　　辗制末端

标记示例：

螺钉 GB/T 65　M5×20

（螺纹规格为 M5、公称长度 l=20 mm、性能等级为 4.8 级、表面不经处理的 A 级开槽圆柱头螺钉）

续表

螺纹规格 d	M1.6	M2	M2.5	M3	M4	M5	M6	M8	M10
P（螺距）	0.35	0.4	0.45	0.5	0.7	0.8	1	1.25	1.5
a_{max}	0.7	0.8	0.9	1	1.4	1.6	2	2.5	3
b_{min}	25	25	25	25	38	38	38	38	38
d_{kmax}	3.00	3.80	4.50	5.50	7	8.50	10.00	13.00	16.00
k_{max}	1.10	1.40	1.80	2.00	2.60	3.30	3.9	5.0	6.0
n 公称	0.4	0.5	0.6	0.8	1.2	1.2	1.6	2	2.5
r_{min}	0.1	0.1	0.1	0.1	0.2	0.2	0.25	0.4	0.4
t_{min}	0.45	0.6	0.7	0.85	1.1	1.3	1.6	2	2.4
w_{min}	0.4	0.5	0.7	0.75	1.1	1.3	1.6	2	2.4
x_{max}	0.9	1	1.1	1.25	1.75	2	2.5	3.2	3.8
公称长度	2~16	2.5~20	3~25	4~40	5~40	6~50	8~60	10~80	12~80
l 系列	2、2.5、3、4、5、6、8、10、12、（14）、16、20、25、30、35、40、45、50、（55）、60、（65）、70、（75）、80								

注：1. 括号内的规格尽可能不采用。

　　2. M1.6~M3 公称长度在 30 mm 以内、M4~M10 公称长度在 40 mm 以内的螺钉制出全螺纹。

附表 10　开槽紧定螺钉　　　　　　　　　　　　mm

开槽锥端紧定螺钉　　　　　　开槽平端紧定螺钉　　　　　　开槽长圆柱端紧定螺钉
（GB/T 71—2018）　　　　　　（GB/T 73—2017）　　　　　　（GB/T 75—2018）

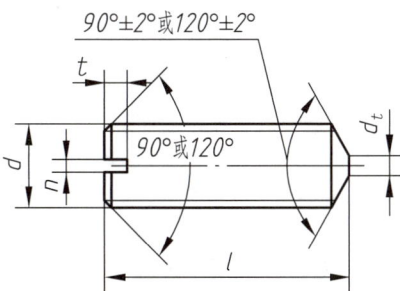

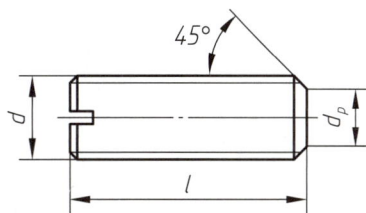

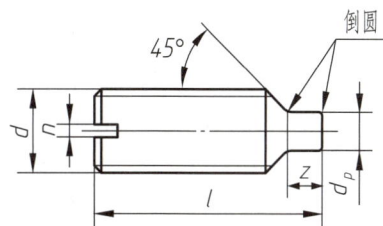

标记示例：

螺钉 GB/T 71　M5 × 12

（螺纹规格为 M5、公称长度 l=12 mm、钢制、硬度等级为 14H 级、表面不经处理、产品等级为 A 级的开槽锥端紧定螺钉）

续表

螺纹规格 d	M1.6	M2	M2.5	M3	M4	M5	M6	M8	M10	M12
P（螺距）	0.35	0.4	0.45	0.5	0.7	0.8	1	1.25	1.5	1.75
n	0.25	0.25	0.4	0.4	0.6	0.8	1	1.2	1.6	2
t	0.74	0.84	0.95	1.05	1.42	1.63	2	2.5	3	3.6
d_t	0.16	0.2	0.25	0.3	0.4	0.5	1.5	2	2.5	3
d_p	0.8	1	1.5	2	2.5	3.5	4	5.5	7	8.5
z	1.05	1.25	1.5	1.75	2.25	2.75	3.25	4.3	5.3	6.3
l　GB/T 71—2018	2~8	3~10	3~12	4~16	6~20	8~25	8~30	10~40	12~50	14~60
GB/T 73—2017	2~8	2~10	2.5~12	3~16	4~20	5~25	6~30	8~40	10~50	12~60
GB/T 75—2018	2.5~8	3~10	4~12	5~16	6~20	8~25	8~30	10~40	12~50	14~60
l 系列	2、2.5、3、4、5、6、8、10、12、（14）、16、20、25、30、35、40、45、50、（55）、60									

注：1. 括号内的规格尽可能不采用。

　　2. 螺纹公差为 6g，力学性能等级为 14H、22H。

附表 11　平键（摘自 GB/T 1095—2003、GB/T 1096—2003）

1. GB/T 1095—2003　平键　键槽的剖面尺寸

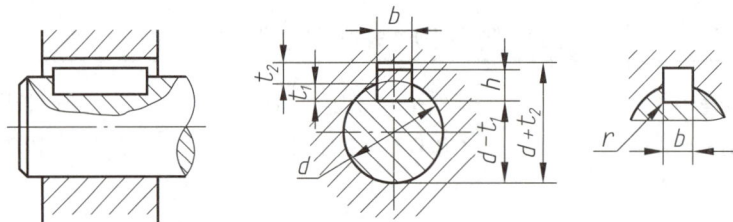

2. GB/T 1096—2003　普通型　平键

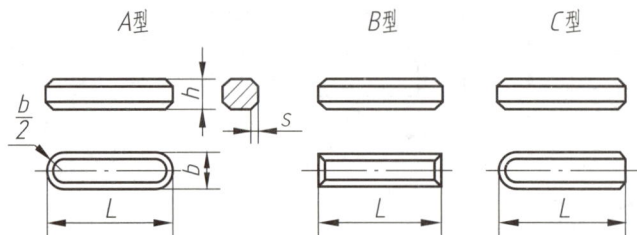

标记示例：

GB/T 1096　键 B　16×10×100

（b=16 mm、h=10 mm、L=100 mm 的普通 B 型平键）

续表
mm

轴径 d	键尺寸 宽度 b	键尺寸 高度 h	键尺寸 长度 L	键尺寸 倒角或倒圆 s	宽度 b 公称尺寸	松连接 轴 H9	松连接 毂 D10	正常连接 轴 N9	正常连接 毂 JS9	紧密连接 轴和毂 P9	轴 t_1 公称尺寸	轴 t_1 极限偏差	毂 t_2 公称尺寸	毂 t_2 极限偏差	半径 r min (max)
自 6~8	2	2	6~20	0.16~0.25	2	+0.025 0	+0.060 +0.020	-0.004 -0.029	±0.012 5	-0.006 -0.031	1.2	+0.1 0	1	+0.1 0	0.08 (0.16)
>8~10	3	3	6~36		3						1.8		1.4		
>10~12	4	4	8~45	0.25~0.40	4	+0.030 0	+0.078 +0.030	0 -0.030	±0.015	-0.012 -0.042	2.5		1.8		0.16 (0.25)
>12~17	5	5	10~56		5						3.0		2.3		
>17~22	6	6	14~70		6						3.5		2.8		
>22~30	8	7	18~90	0.40~0.60	8	+0.036 0	+0.098 +0.040	0 -0.036	±0.018	-0.015 -0.051	4.0	+0.2 0	3.3	+0.2 0	0.25 (0.40)
>30~38	10	8	22~110		10						5.0		3.3		
>38~44	12	8	28~140	0.40~0.60	12	+0.043 0	+0.120 +0.050	0 -0.043	±0.021 5	-0.018 -0.061	5.0		3.3		
>44~50	14	9	36~160		14						5.5		3.8		
>50~58	16	10	45~180		16						6.0		4.3		
L（系列）	6、8、10、12、14、16、18、20、22、25、28、32、36、40、45、50、56、63、70、80、90、100、110、125、140、160、180														

注：1. 轴槽、轮毂槽的键槽宽度 b 两侧面表面粗糙度 Ra 值推荐为 3.2~1.6 μm。

2. 轴槽底面、轮毂槽底面的表面粗糙度 Ra 值为 6.3 μm。

附表 12 半圆键（摘自 GB/T 1098—2003、GB/T 1099.1—2003）

1. GB/T 1098—2003 半圆键 键槽的剖面尺寸

2. GB/T 1099.1—2003 普通型 半圆键

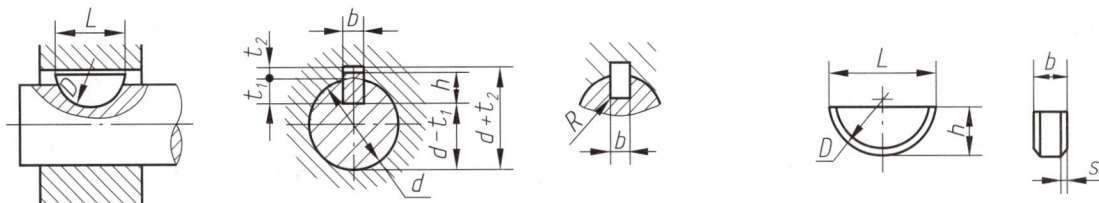

标记示例：

GB/T 1099.1 键 6×10×25

（b=6 mm、h=10 mm、D=25 mm 的普通型半圆键）

续表
mm

键尺寸 $b \times h \times D$	倒角或倒圆 s min	倒角或倒圆 s max	宽度 b 公称尺寸	正常连接 轴 N9	正常连接 毂 JS9	紧密连接 轴和毂 P9	松连接 轴 H9	松连接 毂 D10	深度 轴 t_1 公称尺寸	轴 t_1 极限偏差	毂 t_2 公称尺寸	毂 t_2 极限偏差	半径 R min	半径 R max
$1 \times 1.4 \times 4$			1.0						1.0		0.6			
$1.5 \times 2.6 \times 7$			1.5						2.0		0.8			
$2 \times 2.6 \times 7$			2.0						1.8	+0.1 0	1.0			
$2 \times 3.7 \times 10$	0.16	0.25	2.0	−0.004 −0.029	±0.012 5	−0.006 −0.031	+0.025 0	+0.060 +0.020	2.9		1.0		0.08	0.16
$2.5 \times 3.7 \times 10$			2.5						2.7		1.2			
$3 \times 5 \times 13$			3.0						3.8		1.4			
$3 \times 6.5 \times 16$			3.0						5.3		1.4	+0.1 0		
$4 \times 6.5 \times 16$			4.0						5.0	+0.2 0	1.8			
$4 \times 7.5 \times 19$			4.0						6.0		1.8			
$5 \times 6.5 \times 16$			5.0						4.5		2.3			
$5 \times 7.5 \times 19$	0.25	0.40	5.0	0 −0.030	±0.015	−0.012 −0.042	+0.030 0	+0.078 +0.030	5.5		2.3		0.16	0.25
$5 \times 9 \times 22$			5.0						7.0		2.3			
$6 \times 9 \times 22$			6.0						6.5	+0.3 0	2.8			
$6 \times 10 \times 25$			6.0						7.5		2.8			
$8 \times 11 \times 28$	0.40	0.60	8.0	0 −0.036	±0.018	−0.015 −0.051	+0.036 0	+0.098 +0.040	8.0		3.3	+0.2 0	0.25	0.40
$10 \times 13 \times 32$			10.0						10.0		3.3			

注：1. 轴槽、轮毂槽的键槽宽度 b 两侧面表面粗糙度 Ra 值按 GB/T 1031 选 3.2 ~ 1.6 μm。

2. 轴槽底面、轮毂槽底面的表面粗糙度 Ra 值按 GB/T 1031 选 6.3 μm。

附表 13　圆柱销　不淬硬钢和奥氏体不锈钢（摘自 GB/T 119.1—2000）

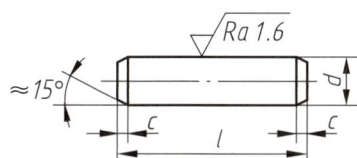

标记示例:

销　GB/T 119.1　8m6×30

（公称直径 d=8 mm、公差为 m6、公称长度 l=30 mm、材料为钢、不经淬火、不经表面处理的圆柱销）

mm

d 公称	2	2.5	3	4	5	6	8	10	12	16	20
c ≈	0.35	0.40	0.50	0.63	0.80	1.2	1.6	2.0	2.5	3.0	3.5
l（商品范围）	6 ~ 20	6 ~ 24	8 ~ 30	8 ~ 40	10 ~ 50	12 ~ 60	14 ~ 80	16 ~ 95	22 ~ 140	26 ~ 180	35 ~ 200
l（系列）	6、8、10、12、14、16、18、20、22、24、26、28、30、32、35、40、45、50、55、60、65、70、75、80、85、90、95、100、120、140、160、180、200										

注: 1. 公称直径 d 的公差规定为 m6 和 h8,其他公差由供需双方协议。

　　2. 公称长度 l 大于 200 mm,按 20 mm 递增。

附表 14　圆锥销（摘自 GB/T 117—2000）

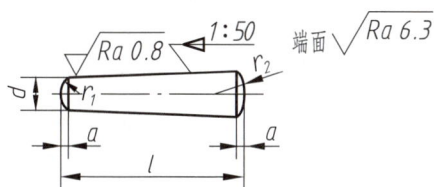

$$r_1=d, r_2 \approx \frac{a}{2}+d+\frac{(0.02l)^2}{8a}$$

标记示例:

销　GB/T 117　10×60

（公称直径 d=10 mm、公称长度 l=60 mm、材料为 35 钢、热处理硬度 28~38HRC、表面氧化处理的 A 型圆锥销）

mm

d 公称	2	2.5	3	4	5	6	8	10	12	16	20
a ≈	0.25	0.3	0.4	0.5	0.63	0.8	1	1.2	1.6	2	2.5
l（商品范围）	10 ~ 35		12 ~ 45	14 ~ 55	18 ~ 60	22 ~ 90	22 ~ 120	26 ~ 160	32 ~ 180	40 ~ 200	45 ~ 200
l（系列）	10、12、14、16、18、20、22、24、26、28、30、32、35、40、45、50、55、60、65、70、75、80、85、90、95、100、120、140、160、180、200										

注: 1. 公称直径 d 的公差规定为 h10,其他公差如 a11、c11 和 f8 由供需双方协议。

　　2. 圆锥销有 A 型和 B 型。A 型为磨削,锥面 Ra=0.8 μm; B 型为切削或冷镦,锥面 Ra=3.2 μm。

　　3. 公称长度 l 大于 200 mm,按 20 mm 递增。

附表 15　滚动轴承（摘自 GB/T 276—2013、GB/T 297—2015、GB/T 301—2015）　mm

深沟球轴承

圆锥滚子轴承

推力球抽求

标记示例：

滚动轴承 6208 GB/T 276—2013

（深沟球轴承，内径 d=40 mm，直径系列代号为 2）

标记示例：

滚动轴承 30208 GB/T 297—2015

（圆锥滚子轴承，内径 d=40 mm，宽度系列代号为 0，直径系列代号为 2）

标记示例：

滚动轴承 51205 GB/T 301—2015

（推力球轴承，内径 d=25 mm，高度系列代号为 1，直径系列代号为 2）

轴承型号	d	D	B	轴承型号	d	D	B	C	T	轴承型号	d	D	T	d_1
尺寸系列（02）				尺寸系列（02）						尺寸系列（12）				
6202	15	35	11	30203	17	40	12	11	13.25	51202	15	32	12	17
6203	17	40	12	30204	20	47	14	12	15.25	51203	17	35	12	19
6204	20	47	14	30205	25	52	15	13	16.25	51204	20	40	14	22
6205	25	52	15	30206	30	62	16	14	17.25	51205	25	47	15	27
6206	30	62	16	30207	35	72	17	15	18.25	51206	30	52	16	32
6207	35	72	17	30208	40	80	18	16	19.75	51207	35	62	18	37
6208	40	80	18	30209	45	85	19	16	20.75	51208	40	68	19	42
6209	45	85	19	30210	50	90	20	17	21.75	51209	45	73	20	47
6210	50	90	20	30211	55	100	21	18	22.75	51210	50	78	22	52
6211	55	100	21	30212	60	110	22	19	23.75	51211	55	90	25	57
6212	60	110	22	30213	65	120	23	20	24.75	51212	60	95	26	62
尺寸系列（18）				尺寸系列（03）						尺寸系列（13）				
61802	15	24	5	30302	15	42	13	11	14.25	51304	20	47	18	22
61803	17	26	5	30303	17	47	14	12	15.25	51305	25	52	18	27
61804	20	32	7	30304	20	52	15	13	16.25	51306	30	60	21	32

续表

轴承型号	d	D	B	轴承型号	d	D	B	C	T	轴承型号	d	D	T	d_1
尺寸系列（18）				尺寸系列（03）						尺寸系列（13）				
61805	25	37	7	30305	25	62	17	15	18.25	51307	35	68	24	37
61806	30	42	7	30306	30	72	19	16	20.75	51308	40	78	26	42
61807	35	47	7	30307	35	80	21	18	22.75	51309	45	85	28	47
61808	40	52	7	30308	40	90	23	20	25.25	51310	50	95	31	52
61809	45	58	7	30309	45	100	25	22	27.25	51311	55	105	35	57
61810	50	65	7	30310	50	110	27	23	29.25	51312	60	110	35	62
61811	55	72	9	30311	55	120	29	25	31.5	51313	65	115	36	67
61812	60	78	10	30312	60	130	31	26	33.5	51314	70	125	40	72
61813	65	85	10	30313	65	140	33	28	36.0	51315	75	135	44	77

—— 附录三　极限与配合 ——

附表 16　公称直径至 250 mm 的标准公差数值（摘自 GB/T 1800.1—2020）

公称尺寸 / mm		标准公差等级																			
		IT01	IT0	IT1	IT2	IT3	IT4	IT5	IT6	IT7	IT8	IT9	IT10	IT11	IT12	IT13	IT14	IT15	IT16	IT17	IT18
大于	至	标准公差值																			
		μm												mm							
—	3	0.3	0.5	0.8	1.2	2	3	4	6	10	14	25	40	60	0.1	0.14	0.25	0.4	0.6	1	1.4
3	6	0.4	0.6	1	1.5	2.5	4	5	8	12	18	30	48	75	0.12	0.18	0.3	0.48	0.75	1.2	1.8
6	10	0.4	0.6	1	1.5	2.5	4	6	9	15	22	36	58	90	0.15	0.22	0.36	0.58	0.9	1.5	2.2
10	18	0.5	0.8	1.2	2	3	5	8	11	18	27	43	70	110	0.18	0.27	0.43	0.7	1.1	1.8	2.7
18	30	0.6	1	1.5	2.5	4	6	9	13	21	33	52	84	130	0.21	0.33	0.52	0.84	1.3	2.1	3.3
30	50	0.6	1	1.5	2.5	4	7	11	16	25	39	62	100	160	0.25	0.39	0.62	1	1.6	2.5	3.9
50	80	0.8	1.2	2	3	5	8	13	19	30	46	74	120	190	0.3	0.46	0.74	1.2	1.9	3	4.6
80	120	1	1.5	2.5	4	6	10	15	22	35	54	87	140	220	0.35	0.54	0.87	1.4	2.2	3.5	5.4
120	180	1.2	2	3.5	5	8	12	18	25	40	63	100	160	250	0.4	0.63	1	1.6	2.5	4	6.3
180	250	2	3	4.5	7	10	14	20	29	46	72	115	185	290	0.46	0.72	1.15	1.85	2.9	4.6	7.2

附表 17　轴 a~j 的基本偏差数值（摘自 GB/T 1800.1—2020）　　　　μm

大于	至	a[a]	b[a]	c	cd	d	e	ef	f	fg	g	h	js	j (IT5和IT6)	j (IT7)	j (IT8)
—	3	−270	−140	−60	−34	−20	−14	−10	−6	−4	−2	0	偏差$=\pm\dfrac{ITn}{2}$，式中，n 是标准公差等级数	−2	−4	−6
3	6	−270	−140	−70	−46	−30	−20	−14	−10	−6	−4	0		−2	−4	
6	10	−280	−150	−80	−56	−40	−25	−18	−13	−8	−5	0		−2	−5	
10	14	−290	−150	−95	−70	−50	−32	−23	−16	−10	−6	0		−3	−6	
14	18	−290	−150	−95	−70	−50	−32	−23	−16	−10	−6	0		−3	−6	
18	24	−300	−160	−110	−85	−65	−40	−25	−20	−12	−7	0		−4	−8	
24	30	−300	−160	−110	−85	−65	−40	−25	−20	−12	−7	0		−4	−8	
30	40	−310	−170	−120	−100	−80	−50	−35	−25	−15	−9	0		−5	−10	
40	50	−320	−180	−130	−100	−80	−50	−35	−25	−15	−9	0		−5	−10	
50	65	−340	−190	−140		−100	−60		−30		−10	0		−7	−12	
65	80	−360	−200	−150		−100	−60		−30		−10	0		−7	−12	
80	100	−380	−220	−170		−120	−72		−36		−12	0		−9	−15	
100	120	−410	−240	−180		−120	−72		−36		−12	0		−9	−15	

[a] 公称尺寸≤ 1 mm 时，不使用基本偏差 a 和 b

附表 18　轴 k~zc 的基本偏差数值（摘自 GB/T 1800.1—2020）　　　　μm

大于	至	k (IT4至IT7)	k (≤IT3,>IT7)	m	n	p	r	s	t	u	v	x	y	z	za	zb	zc
—	3	0	0	+2	+4	+6	+10	+14		+18		+20		+26	+32	+40	+60
3	6	+1	0	+4	+8	+12	+15	+19		+23		+28		+35	+42	+50	+80
6	10	+1	0	+6	+10	+15	+19	+23		+28		+34		+42	+52	+67	+97
10	14	+1	0	+7	+12	+18	+23	+28		+33		+40		+50	+64	+90	+130
14	18	+1	0	+7	+12	+18	+23	+28		+33	+39	+45		+60	+77	+108	+150
18	24	+2	0	+8	+15	+22	+28	+35		+41	+47	+54	+63	+73	+98	+136	+188
24	30	+2	0	+8	+15	+22	+28	+35	+41	+48	+55	+64	+75	+88	+118	+160	+218
30	40	+2	0	+9	+17	+26	+34	+43	+48	+60	+68	+80	+94	+112	+148	+200	+274
40	50	+2	0	+9	+17	+26	+34	+43	+54	+70	+81	+97	+114	+136	+180	+242	+325

续表

公称尺寸/mm		基本偏差数值 下极限偏差, ei															
		IT4 至 IT7	≤IT3, >IT7	所有公差等级													
大于	至	k		m	n	p	r	s	t	u	v	x	y	z	za	zb	zc
50	65	+2	0	+11	+20	+32	+41	+53	+66	+87	+102	+122	+144	+172	+226	+300	+405
65	80	+2	0	+11	+20	+32	+43	+59	+75	+102	+120	+146	+174	+210	+274	+360	+480
80	100	+3	0	+13	+23	+37	+51	+71	+91	+124	+146	+178	+214	+258	+335	+445	+585
100	120	+3	0	+13	+23	+37	+54	+79	+104	+144	+172	+210	+254	+310	+400	+525	+690

附表 19 孔 A~M 的基本偏差数值(摘自 GB/T 1800.1—2020)　μm

公称尺寸/mm		基本偏差数值																		
		下极限偏差, EI												上极限偏差, ES						
		所有公差等级												IT6	IT7	IT8	≤IT8	>IT8	≤IT8	>IT8
大于	至	A[a]	B[a]	C	CD	D	E	EF	F	FG	G	H	JS	J			K[c,d]		M[b,c,d]	
—	3	+270	+140	+60	+34	+20	+14	+10	+6	+4	+2	0		+2	+4	+6	0	0	−2	−2
3	6	+270	+140	+70	+46	+30	+20	+14	+10	+6	+4	0		+5	+6	+10	−1+Δ		−4+Δ	−4
6	10	+280	+150	+80	+56	+40	+25	+18	+13	+8	+5	0	偏差 = ± $\frac{ITn}{2}$, 式中 n 为标准公差等级数	+5	+8	+12	−1+Δ		−6+Δ	−6
10	14	+290	+150	+95	+70	+50	+32	+23	+16	+10	+6	0		+6	+10	+15	−1+Δ		−7+Δ	−7
14	18	+290	+150	+95	+70	+50	+32	+23	+16	+10	+6	0		+6	+10	+15	−1+Δ		−7+Δ	−7
18	24	+300	+160	+110	+85	+65	+40	+28	+20	+12	+7	0		+8	+12	+20	−2+Δ		−8+Δ	−8
24	30	+300	+160	+110	+85	+65	+40	+28	+20	+12	+7	0		+8	+12	+20	−2+Δ		−8+Δ	−8
30	40	+310	+170	+120	+100	+80	+50	+35	+25	+15	+9	0		+10	+14	+24	−2+Δ		−9+Δ	−9
40	50	+320	+180	+130	+100	+80	+50	+35	+25	+15	+9	0		+10	+14	+24	−2+Δ		−9+Δ	−9
50	65	+340	+190	+140		+100	+60		+30		+10	0		+13	+18	+28	−2+Δ		−11+Δ	−11
65	80	+360	+200	+150		+100	+60		+30		+10	0		+13	+18	+28	−2+Δ		−11+Δ	−11
80	100	+380	+220	+170		+120	+72		+36		+12	0		+16	+22	+34	−3+Δ		−13+Δ	−13
100	120	+410	+240	+180		+120	+72		+36		+12	0		+16	+22	+34	−3+Δ		−13+Δ	−13

a 公称尺寸 ≤ 1 mm 时,不适用基本偏差 A 和 B。

b 特例:对于公称尺寸大于 250 ~ 315 mm 的公差代号 M6,ES=−9 μm(计算结果不是 −11 μm)。

c 为确定 K 和 M 的值,请查阅相关资料。

d 对于 Δ 值,请查阅相关资料

附表20　孔N~ZC 的基本偏差数值（摘自 GB/T 1800.1—2020）

μm

公称尺寸/mm 大于	至	N[a,b] ≤IT8	N[a,b] >IT8	P	R	S	T	U	V	X	Y	Z	ZA	ZB	ZC	Δ值 IT3	IT4	IT5	IT6	IT7	IT8
—	3	-4	-4	-6	-10	-14		-18		-20		-26	-32	-40	-60	0	0	0	0	0	0
3	6	-8+Δ	0	-12	-15	-19		-23		-28		-35	-42	-50	-80	1	1.5	1	3	4	6
6	10	-10+Δ	0	-15	-19	-23		-28		-34		-42	-52	-67	-97	1	1.5	2	3	6	7
10	14	-12+Δ	0	-18	-23	-28		-33		-40		-50	-64	-90	-130	1	2	3	3	7	9
14	18	-12+Δ	0	-18	-23	-28		-33	-39	-45		-60	-77	-108	-150	1	2	3	3	7	9
18	24	-15+Δ	0	-22	-28	-35		-41	-47	-54	-63	-73	-98	-136	-188	1.5	2	3	4	8	12
24	30	-15+Δ	0	-22	-28	-35	-41	-48	-55	-64	-75	-88	-118	-160	-218	1.5	2	3	4	8	12
30	40	-17+Δ	0	-26	-34	-43	-48	-60	-68	-80	-94	-112	-148	-200	-274	1.5	3	4	5	9	14
40	50	-17+Δ	0	-26	-34	-43	-54	-70	-81	-97	-114	-136	-180	-242	-325	1.5	3	4	5	9	14
50	65	-20+Δ	0	-32	-41	-53	-66	-87	-102	-122	-144	-172	-226	-300	-405	2	3	5	6	11	16
65	80	-20+Δ	0	-32	-43	-59	-75	-102	-120	-146	-174	-210	-274	-360	-480	2	3	5	6	11	16
80	100	-23+Δ	0	-37	-51	-71	-91	-124	-146	-178	-214	-258	-335	-445	-585	2	4	5	7	13	19
100	120	-23+Δ	0	-37	-54	-79	-104	-144	-172	-210	-254	-310	-400	-525	-690	2	4	5	7	13	19

基本偏差数值 上极限偏差，ES。P~ZC（≤IT7）：在 >IT7 的标准公差等级的基本偏差数值上增加一个 Δ 值。>IT7 的标准公差等级。Δ 值：标准公差等级。

a 为确定 N 和 P~ZC 的值，请查阅相关资料。

b 公称尺寸 ≤ 1 mm 时，不适用标准公差等级 >IT8 的基本偏差 N

附表 21　基孔制配合的优先配合（摘自 GB/T 1800.1—2020）

基准孔	轴公差带代号															
	间隙配合							过渡配合				过盈配合				
H6						g5	h5	js5	k5	m5		n5	p5				
H7					f6	g6	h6	js6	k6	m6	n6	p6	r6	s6	t6	u6	x6
H8			e7	f7			h7	js7	k7	m7				s7		u7	
		d8	e8	f8			h8										
H9		d8	e8	f8			h8										
H10	b9	c9	d9	e9			h9										
H11	b11	c11	d10				h10										

附表 22　基轴制配合的优先配合（摘自 GB/T 1800.1—2020）

基准轴	孔公差带代号															
	间隙配合							过渡配合				过盈配合				
h5						G6	H6	JS6	K6	M6		N6	P6				
h6					F7	G7	H7	JS7	K7	M7	N7	P7	R7	S7	T7	U7	X7
h7				E8	F8		H8										
h8			D9	E9	F9		H9										
			E8	F8		H8											
h9			D9	E9	F9		H9										
	B11	C10	D10				H10										

参考文献

［1］柳燕君,应龙泉,范梅梅.机械制图(多学时)［M］.3版.北京:高等教育出版社,2023.

［2］钱可强.机械制图［M］.3版.北京:高等教育出版社,2023.

［3］丁一,李奇敏.机械制图［M］.2版.北京:高等教育出版社,2020.

郑重声明

高等教育出版社依法对本书享有专有出版权。任何未经许可的复制、销售行为均违反《中华人民共和国著作权法》，其行为人将承担相应的民事责任和行政责任；构成犯罪的，将被依法追究刑事责任。为了维护市场秩序，保护读者的合法权益，避免读者误用盗版书造成不良后果，我社将配合行政执法部门和司法机关对违法犯罪的单位和个人进行严厉打击。社会各界人士如发现上述侵权行为，希望及时举报，我社将奖励举报有功人员。

反盗版举报电话 （010）58581999　58582371

反盗版举报邮箱 dd@hep.com.cn

通信地址 北京市西城区德外大街4号　高等教育出版社知识产权与法律事务部

邮政编码 100120

读者意见反馈

为收集对教材的意见建议，进一步完善教材编写并做好服务工作，读者可将对本教材的意见建议通过如下渠道反馈至我社。

咨询电话 400-810-0598

反馈邮箱 zz_dzyj@pub.hep.cn

通信地址 北京市朝阳区惠新东街4号富盛大厦1座
高等教育出版社总编辑办公室

邮政编码 100029

防伪查询说明

用户购书后刮开封底防伪涂层，使用手机微信等软件扫描二维码，会跳转至防伪查询网页，获得所购图书详细信息。

防伪客服电话 （010）58582300

学习卡账号使用说明

一、注册/登录

访问 https://abooks.hep.com.cn，点击"注册/登录"，在注册页面可以通过邮箱注册或者短信验证码两种方式进行注册。已注册的用户直接输入用户名加密码或者手机号加验证码的方式登录。

二、课程绑定

登录之后，点击页面右上角的个人头像展开子菜单，进入"个人中心"，点击"绑定防伪码"按钮，输入图书封底防伪码（20位密码，刮开涂层可见），完成课程绑定。

三、访问课程

在"个人中心"→"我的图书"中选择本书，开始学习。

如有账号问题，请发邮件至：4a_admin_zz@pub.hep.cn。